高等学校教材

高等数学讲义

第二版 上册

樊映川 等 编

中国教育出版传媒集团
高等教育出版社·北京

内容提要

樊映川先生等编的《高等数学讲义》是新中国成立以后，我国编写的具有中国特色的优秀教材之一，分别在 1958 年和 1964 年出版了两个版本，先后获得 1982 年度全国优秀科技图书一等奖，1988 年全国高等院校优秀教材奖。樊映川先生等编的《高等数学讲义》开创了我国理工科基础数学教材“中国化”的先河，堪称中国科技书籍出版史和中国高等教育史上的一座丰碑。

本书是第二版（1964 年版）的精装版，其第一版（1958 年版）是根据高等教育部 1954 年颁布的高等工业学校高等数学教学大纲而编写的。1964 年又参照 1962 年高等工业学校高等数学课程教材编审委员会审订的《高等数学（基础部分）教学大纲（试行草案）》作了修订。

全书分上、下两册，上册包括解析几何、函数与极限、一元函数的微分学和积分学。

先后参加本书编写与修订工作的有樊映川、张国隆、陆振邦、侯希忠、方淑姝、王福楹、王福保、王嘉善、陈雄南、经贞琨等。

图书在版编目（CIP）数据

高等数学讲义．上册 / 樊映川等编．--2 版．北京：高等教育出版社，2024. 11. -- ISBN 978-7-04-062724-4

Ⅰ. O13

中国国家版本馆 CIP 数据核字第 20243NY166 号

Gaodeng Shuxue Jiangyi

策划编辑 李 茜　　责任编辑 蒋 青　　封面设计 杨立新　　版式设计 杨 树
责任绘图 裴一丹　　责任校对 高 歌　　责任印制 赵 佳

出版发行 高等教育出版社
社　　址 北京市西城区德外大街4号
邮政编码 100120
印　　刷 北京中科印刷有限公司
开　　本 787mm×1092mm 1/16
印　　张 28.75
字　　数 410千字
购书热线 010-58581118
咨询电话 400-810-0598
网　　址 http://www.hep.edu.cn
　　　　 http://www.hep.com.cn
网上订购 http://www.hepmall.com.cn
　　　　 http://www.hepmall.com
　　　　 http://www.hepmall.cn
版　　次 1958 年 3 月第 1 版
　　　　 1964 年10月第 2 版
印　　次 2024 年11月第 1 次印刷
定　　价 55.00 元

物 料 号 62724-00

使用说明

为更好地适应我国中学教师培训的要求, 1990 年和 1991 年国家教委师范司对 1983 年由原教育部制定的中学教师进修高等师范专科各专业的教学计划和教学大纲进行了修订。今后中学教师学历培训全部执行新的教学计划和教学大纲。物理专业高等数学教材正在按大纲要求编写。在新教材出版前仍用樊映川等编的《高等数学讲义》上、下册进行教学。

按新的教学大纲要求使用本教材时, 还有"场论""行列式、矩阵、线性方程组"两部分内容及习题, 需另外补充。读者可分别阅读谢树艺编《工程数学——矢量分析与场论》(高等教育出版社, 1978 年) 二、三章及同济大学数学教研室编《工程数学——线性代数 (第二版)》(高等教育出版社, 1991 年) 的前四章。习题可使用与本书配套的同济大学数学教研室编《高等数学习题集》(修订版) (高等教育出版社, 1965 年)。

为使读者更好地使用本书, 兹介绍如下参考书目:

1. 高等数学学习方法指导书 (上、下册), 同济大学高等数学教研室编, 高等教育出版社, 1981 年;

2. 《高等数学习题集》习题选解 (上、下册), 桂子鹏等编, 高等教育出版社, 1980 年。

第二版序言

本书原是根据 1954 年高等教育部颁发的高等工业学校高等数学教学大纲编写的, 在内容的深广度以及章节次序方面, 与 1962 年高等工业学校高等数学课程教材编审委员会审订的现行《高等数学 (基础部分) 教学大纲 (试行草案)》不完全相符, 为了教学上的方便, 在这次出版前作了部分的修订:

(1) 在教材内容的深广度以及章节次序方面, 力求做到基本符合现行教学大纲; 凡超出大纲要求的内容, 概用小字排印。

(2) 根据兄弟院校与我们自己几年来在教学实践中的经验, 发现原书的某些缺点和某些使学生理解起来比较困难的地方, 这次尽可能加以修改或重写。

(3) 在这一版本中, 平面曲线的参数方程单独成为一章; 中值定理及导数的应用修改较多, 并分成两章; 曲线积分及曲面积分、微分方程两章几乎全部重写, 并把微分方程移到最后一章。

编者

一九六四年四月

第一版序言

本书是同济大学数学教研组教师为了教学上的需要，根据前高等教育部 1954 年颁布的高等工业学校高等数学教学大纲集体编写的。

本书分上、下两册。上册内容包括解析几何学，函数、极限，一元函数的微分学和积分学。

几年来，本书在教学实践中经过多次的修订与补充。先后参加这项编写与修订工作的有樊映川、张国隆、陆振邦、侯希忠、方淑姝、王福楹、王福保、王嘉善等。

本书重印时作了少量的修改，可作为高等院校教学参考书。

上册目录

第二篇 数学分析

绪论

在高等工业学校各专业的教学计划中, 高等数学 (包括解析几何、微积分与微分方程) 是一门基础理论课, 它的目的是为学习物理、力学以及专业课程打好数学基础. 在开始学习高等数学的时候, 首先对数学研究的对象及其特点, 它与生产实践的关系, 它对自然科学、工程技术的作用等问题, 有一个初步的了解是必要的. 这不仅能帮助我们对数学有一个正确的认识, 而且也有助于今后的学习. 下面我们就来谈谈这些问题.

一、数学研究的对象及其特点

数学研究的对象是什么? 我们先来看一看过去学过的算术、代数、几何、三角等所谓初等数学: 算术与代数研究的是数量关系; 几何研究的是几何图形或者说是空间形式; 三角则既研究数量关系, 也研究空间形式. 事实上, 不仅初等数学是以空间形式与数量关系为研究对象, 任何数学分科, 包括我们即将学习的高等数学, 也仍然是以这二者为对象. 所以说, 数学是研究现实世界中的空间形式和数量关系的科学.

数学研究的对象决定了它的两个基本特点: 高度的抽象性和应用的广泛性. 数学的抽象性表现在它暂时抛弃事物的具体内容, 而单纯从量的关系来考察. 例如, 二头牛和三头牛放在一起, 共合五头牛; 二把锄头和三把锄头放在一起, 共合五把锄头, 等等. 我们把 “牛”“锄头” 等事物的具体内容撇开, 单纯从量的关系上考察, 就得出一种抽象的数量关系: $2+3=5$. 现实世界中许多更为复杂的数量关系, 就表现为更抽象的形式. 但这种抽象形式, 只是表面上掩盖了它的实际来源, 其内容却是非常现实的. 我们千万不要被这种表面的抽象形式所迷惑而否认它的现实意义. 任何科学都有很多的应用, 但数学的应用却特别广泛. 数学上的某一个数量关系, 往往不仅适用于某一个具体问题, 而是适用于很多的具体问题. 例如, 上面所说的数量关系: $2+3=5$, 就不仅适用于二头牛和三头牛、二把锄头和三把锄头, 也适用于二辆车子和三辆车子、二亩地和三亩地, 等等. 又如函数关系 $y=ax^2$, 它可以描述圆的面积 y 与半径 x 的关系 (当 $a=\pi$ 时), 也可以描述自由落体落下的距离 y 与时间 x 的关系 $\left(当a=\dfrac{1}{2}g时\right)$, 等等. 各种不同性质的问题所以会具有相同的数学形式, 即相同的数量关系, 那是因为量的关系不只是存在于某一种特定的物质形态或其特定的运动形式中, 而是普遍地存在于各种物质形态和各种运动形式中. 数学, 正是因为它是从现实世界中抽象出来的, 正确地反映了客观世界联系形式的一部分, 所以它才能被应用, 才能指导实践.

二、数学和生产实践的关系

数学的发展归根到底依赖于人类生产实践. 正如恩格斯所说: “**和其他一切科学一样, 数学是从人的需要中产生的, 是从丈量土地和测量容积, 从计算时间和制造器皿产生的**” 例如, 自从人类需要比较事物的多少, 计算劳动果实, 随之而来的就产生了数的概念和简单的量的关系; 由于量地的需要, 就产生了几何学; 由于力学的需要, 在十七世纪就诞生了微积分学, 等等. 由此可见: 生产实践是数学知识的源泉. 生产的发展给数学提供日益丰富的研究材料, 开辟日益广阔的研究领域, 促进了数学新理论新方法的建立. 那种认为数学的发展纯粹是个别天才数学家的自由创造, 而和生产实践无关的观点是毫无根据的. 微积分学产生的例子可以更好地说明这一点. 尽管在古代, 在计算曲线所围绕的面积时已有了类似现在的积分概念, 但微积分学不能诞生在古代, 而还是诞生在十七世纪. 这是因为古代各国生产力很低, 还没有具备为研究运动状态所必需的数学——微积分学的诞生的条件. 那时即使有个别数学家有一点想法, 也不能超越历史条件的限制. 到了十五世纪以后的欧洲, 资本主义逐渐发展, 由于航海、采矿、修筑运河等的需要, 必须研究各种力学, 这一切都需要崭新的数学工具来表达运动规律, 从而微积分学的诞生就成为必需的了. 也有人说: 古代数学的诞生虽然是起源于人类生产实践, 但现代数学则不然. 这种"现代数学例外论"也是没有根据的. 事实上, 尽管自从十九世纪以来, 数学日益取得更加抽象的形式, 但生产实践始终是数学发展的基本推动力量. 现代数学中许多发展得最迅速、影响最大的新学科如微分方程论、概率论和数理统计、计算数学、规划论和信息论等都是由生产实践的需要所引起的.

生产实践不仅直接推动数学的发展, 而且也通过推动自然科学的发展而间接地推动数学的发展. 例如微积分学就是由于力学的需要而产生的. 反过来, 数学的发展又促进了自然科学的前进, 促进社会生产的发展.

生产实践的需要不仅促使数学理论的发展; 同时, 数学理论反映客观现实的真实性, 也要受实践的考验. 所以说: 实践是科学真实性的准绳. 列宁教导我们"**生活、实践的观点, 应该是认识论的首要的和基本的观点.**"

最后, 顺便指出一下: 我们说数学的发展归根到底依赖于生产实践, 这并不是说数学发展的每一步骤都是由于生产实践的推动. 在历史发展的一定阶段, 数学知识已经有了丰富的积累, 于是在大量材料的基础上, 有了概括建立新理论的必要和可能; 同时在积累的大量知识的基础上, 在理论概括的过程中, 产生了一些理论本身的矛盾. 这些也引起数学新理论的建立. 例如复数就不是像我们说过的整数那样从现实世界中提取出来的, 而是由于推广代数方程解的概念而创造的一种新的概念, 后来由这种概念发展成解析函数理论, 成为研究流体力学、弹性力学的有力工具. 儒科夫斯基关于飞机的机翼的理论, 就是利用这种理论得出的. 又如罗巴切夫斯基几何学或称非欧几何学是从几何学体系的内部产生的, 即从欧氏几何平行公设是否可以从其他公理公设推出来这样一个纯理论的问题建立起来的. 后来也终于成为说明很多自然现象的数学工具.

由此可见，当谈到数学发展归根到底依赖于人类生产实践时，如果以为数学发展的每一步骤都是在生产实践提出了要求之后才是可能的，那就未免把人类认识的发展过程过于简单化了．但如果因而否认数学的发展依赖于生产实践，那就陷入错误的唯心主义观点．当我们把认识的一个特定阶段孤立地加以考察时，似乎是从理论到理论，或先有理论而后把它用到实际中去；但从认识发展的总过程来看，却总是按照实践—理论—实践的这个马克思主义的认识论公式前进的．

三、高等数学的对象、方法和它对自然科学的作用

一直到十七世纪以前，人类关于数学的知识基本上停留在所谓初等数学的阶段；那时人们只考虑了现实世界中最简单的量的关系，而且主要只考虑了常量与固定的图形．这是因为当时人们对于客观世界的认识还是不深刻的，还不善于从世界的变化中观察它，为了把握某种事物，只能暂时把它看成不变的．

随着生产力的发展，自然科学也跟着一道发展．到十六世纪，由于航海、采矿、修筑运河等生产实践的需要，使得力学的各个分支发展起来，对于运动的研究成了当时自然科学的中心问题．对运动的研究，对各种变化过程和各种变化着的量之间的依赖关系的研究，引起了许多新的数学上的问题．这些问题和已往的数学问题有着原则性的区别．要解决它们，初等数学已不够用了，需要创立全新的概念和方法．这就促使数学在这些年代里有了一个飞跃的发展——从初等数学到高等数学．

标志着数学飞跃发展的是十七世纪初法国数学家笛卡儿把变量引进了数学，并创立了坐标概念．于是在数学中不再限制于考虑常量和固定的图形，进而考虑变的量和图形．数学对象的这种重大扩展就决定了变量数学即高等数学的新时代．随后，微积分法也就在那时产生，而总的说来它们是由牛顿和莱布尼兹初步总结起来的．

初等数学与高等数学的基本区别不仅是在研究的对象——前者主要是常量与固定的图形, 而后者是变量和图形的变化, 而且还在方法上也有根本性的区别. 初等数学的方法一般说来是静止的、孤立的, 而高等数学则是运动的、联系的, 因而也是辩证的. 世界本来是在永恒的变化中, 所以只有从世界的变化中去认识它, 才能对它获得更深刻的了解.

对于自然科学与工程技术来说, 数学是其理论研究的重要工具, 而且起着越来越重要的作用. 尤其是在现代物理, 关于微观世界的研究中, 如果没有现代数学, 就不可能前进. 谈到工程技术, 不但尖端技术离不开数学, 就是各种工程设计也不能离开数学. 恩格斯在《反杜林论》一书中曾说: "…… **要确立辩证的同时又是唯物主义的自然观, 需要具备数学和自然科学的知识.** " 因此, 要掌握近代技术科学, 高等数学是必须具备的基础理论知识.

第一篇

解析几何

第一章

行列式及线性方程组

§1.1 二阶行列式和二元线性方程组

考察两个二元线性方程所组成的方程组:

$$\begin{cases} a_1x + b_1y = c_1, \\ a_2x + b_2y = c_2. \end{cases} \tag{1}$$

为求方程组 (1) 的解, 先以 b_2 遍乘第一个方程, b_1 遍乘第二个方程, 然后再由第一个方程减去第二个方程, 如此便消去 y, 得

$$(a_1b_2 - a_2b_1)\,x = c_1b_2 - c_2b_1. \tag{2}$$

用同样方法消去 x, 得

$$(a_1b_2 - a_2b_1)\,y = a_1c_2 - a_2c_1. \tag{3}$$

若代数式 $a_1b_2 - a_2b_1 \neq 0$, 用它除 (2) 和 (3) 的两端, 得

$$x = \frac{c_1b_2 - c_2b_1}{a_1b_2 - a_2b_1}, \quad y = \frac{a_1c_2 - a_2c_1}{a_1b_2 - a_2b_1}. \tag{4}$$

为了使公式 (4) 便于记忆, 我们在下面引入二阶行列式的概念. 设已知四个数排成正方表

$$\begin{pmatrix} A_1 & B_1 \\ A_2 & B_2 \end{pmatrix},$$

则数 $A_1B_2-A_2B_1$ 称为对应于这个表的**二阶行列式**. 这个二阶行列式用记号

$$\begin{vmatrix} A_1 & B_1 \\ A_2 & B_2 \end{vmatrix}$$

表示, 因此有定义

$$\begin{vmatrix} A_1 & B_1 \\ A_2 & B_2 \end{vmatrix} = A_1B_2 - A_2B_1. \tag{5}$$

数 A_1、A_2、B_1、B_2 叫做这个行列式的**元素**, 横排叫做**行**, 竖排叫做**列**.

例如 $\begin{vmatrix} -2 & 5 \\ -4 & 3 \end{vmatrix} = -2\cdot 3-(-4)\cdot 5 = 14.$

从定义 (5) 易知

$$\begin{vmatrix} A_1 & A_2 \\ B_1 & B_2 \end{vmatrix} = \begin{vmatrix} A_1 & B_1 \\ A_2 & B_2 \end{vmatrix} \text{ 及 } \begin{vmatrix} B_1 & A_1 \\ B_2 & A_2 \end{vmatrix} = -\begin{vmatrix} A_1 & B_1 \\ A_2 & B_2 \end{vmatrix},$$

这就是: 二阶行列式的行改为同号数的列, 列改为同号数的行, 它的值不变; 但两列 (或两行) 对调, 则要改变符号.

显然, 利用行列式便可将方程组 (1) 的解 (4) 表示为

$$x = \frac{\begin{vmatrix} c_1 & b_1 \\ c_2 & b_2 \end{vmatrix}}{\begin{vmatrix} a_1 & b_1 \\ a_2 & b_2 \end{vmatrix}}, \quad y = \frac{\begin{vmatrix} a_1 & c_1 \\ a_2 & c_2 \end{vmatrix}}{\begin{vmatrix} a_1 & b_1 \\ a_2 & b_2 \end{vmatrix}}. \tag{6}$$

分母中的行列式是由方程组 (1) 的系数所组成的, 这行列式就称为方程组 (1) 的系数行列式. 我们用 Δ 表示这个行列式, 并用 Δ_x 及 Δ_y 表示公式 (6) 的分子中的两个行列式, 则

$$x = \frac{\Delta_x}{\Delta}, \quad y = \frac{\Delta_y}{\Delta} \quad (\Delta \neq 0).$$

值得注意: 将方程组 (1) 的常数项 (在各方程右侧的) 代换行列式 Δ 中未知数 x 的系数便得 Δ_x; 代换行列式 Δ 中未知数 y 的系数便得 Δ_y.

其次, 我们来讨论方程组 (1) 的系数行列式等于零的情形: 仍利用记号 Δ、Δ_x 及 Δ_y, 则 (2) 和 (3) 可写为

$$\Delta \cdot x = \Delta_x, \quad \Delta \cdot y = \Delta_y. \tag{7}$$

当 $\Delta = 0$, 但 Δ_x、Δ_y 中至少有一个不等于零时, 则显而易见, x 和 y 无论取什么数值总不能使 (7) 中的两个等式同时成立. 因此方程组 (1) 是没有解的.

另外一种情形是: Δ、Δ_x 及 Δ_y 都等于零. 这时因

$$a_1b_2 - a_2b_1 = 0, c_1b_2 - c_2b_1 = 0, a_1c_2 - a_2c_1 = 0,$$

故

$$\frac{a_1}{a_2} = \frac{b_1}{b_2} = \frac{c_1}{c_2}.$$

这表明, 方程组 (1) 中的一个方程可由另一方程乘上一适当的常数得到. 因此要解方程组 (1), 实际只要解其中一个方程就够了. 这时方程组 (1) 有无限多组解.

综合以上讨论可得结论如下:

1° 若 $\Delta \neq 0$ 时, 则方程组 (1) 有唯一确定的解:

$$x = \frac{\Delta_x}{\Delta}, \quad y = \frac{\Delta_y}{\Delta}.$$

2° 若 $\Delta = 0$, 但 Δ_x 及 Δ_y 中至少有一个不等于零时, 则方程组 (1) 没有解.

3° 若 $\Delta = \Delta_x = \Delta_y = 0$ 时, 方程组 (1) 有无限多组解.

例 1 解方程组

$$\begin{cases} 2x + 3y - 8 = 0, \\ x - 2y + 3 = 0. \end{cases}$$

$$\Delta = \begin{vmatrix} 2 & 3 \\ 1 & -2 \end{vmatrix} = -7 \neq 0, \text{故方程组有唯一确定解.}$$

$$\Delta_x = \begin{vmatrix} 8 & 3 \\ -3 & -2 \end{vmatrix} = -7, \quad \Delta_y = \begin{vmatrix} 2 & 8 \\ 1 & -3 \end{vmatrix} = -14,$$

$$x = \frac{\Delta_x}{\Delta} = \frac{-7}{-7} = 1, \quad y = \frac{\Delta_y}{\Delta} = \frac{-14}{-7} = 2.$$

例 2 解方程组

$$\begin{cases} 3x + y = 1, \\ 6x + 2y = 5. \end{cases}$$

$$\Delta = \begin{vmatrix} 3 & 1 \\ 6 & 2 \end{vmatrix} = 6 - 6 = 0, \quad \Delta_x = \begin{vmatrix} 1 & 1 \\ 5 & 2 \end{vmatrix} = -3 \neq 0.$$

方程组无解. 如果把第一个方程乘 2 且与第二个方程比较, 便知这两个方程是不相容的.

例 3 解方程组

$$\begin{cases} x - 2y = 3, \\ 2x - 4y - 6 = 0. \end{cases}$$

$$\Delta = \begin{vmatrix} 1 & -2 \\ 2 & -4 \end{vmatrix} = 0, \quad \Delta_x = \begin{vmatrix} 3 & -2 \\ 6 & -4 \end{vmatrix} = 0, \quad \Delta_y = \begin{vmatrix} 1 & 3 \\ 2 & 6 \end{vmatrix} = 0.$$

方程组有无限多组解. 事实上, 把第一个方程乘 2 便得第二个方程, 这方程组实际可看成一个方程

$$x - 2y = 3.$$

取 y 为任意值而 $x = 2y + 3$, 便得方程组的无限多组解.

§1.2 三阶行列式

用二阶行列式来解二元线性方程组的方法, 可以加以推广. 一般地, 利用 n 阶行列式可以解 n 元线性方程组. 但是对于这种一般情形, 我们不准

备讨论. 我们只限于讨论如何利用三阶行列式来解三元线性方程组. 为此, 先说明三阶行列式这个概念.

设已知九个数排成正方表

$$\begin{pmatrix} a_1 & b_1 & c_1 \\ a_2 & b_2 & c_2 \\ a_3 & b_3 & c_3 \end{pmatrix},$$

则数 $a_1b_2c_3 + a_2b_3c_1 + a_3b_1c_2 - a_1b_3c_2 - a_2b_1c_3 - a_3b_2c_1$ 称为对应于这个表的**三阶行列式**. 这个三阶行列式用记号

$$\begin{vmatrix} a_1 & b_1 & c_1 \\ a_2 & b_2 & c_2 \\ a_3 & b_3 & c_3 \end{vmatrix}$$

表示, 因此有定义

$$\begin{vmatrix} a_1 & b_1 & c_1 \\ a_2 & b_2 & c_2 \\ a_3 & b_3 & c_3 \end{vmatrix} = a_1b_2c_3 + a_2b_3c_1 + a_3b_1c_2 - a_1b_3c_2 - a_2b_1c_3 - a_3b_2c_1.$$

与二阶行列式一样, 数 a_1、a_2、a_3、b_1、b_2、b_3、c_1、c_2、c_3 叫做这行列式的元素, 横排叫做行, 竖排叫做列.

根据上述定义, 我们发现下面的三阶行列式的计算法则 (通常叫它做**对角线法则**):

从三阶行列式左上角到右下角的对角线叫做**主对角线**, 从右上角到左下角的对角线叫做**第二对角线**. 我们注意到: 在三阶行列式的定义中, 有三项的符号是正的, 有三项的符号是负的; 符号是正的三项中, 有一项是位在主对角线上三个元素的乘积, 其他两项中的每一项都是位在主对角线的一条平行线上的两个元素与对角上的元素的乘积. 利用第二对角线可以类似地得出符号是负的三项的组成规律. 这样我们就得到计算三阶行列式的对角线法则. 现在我们把计算法则用下面的两个图表示出来:

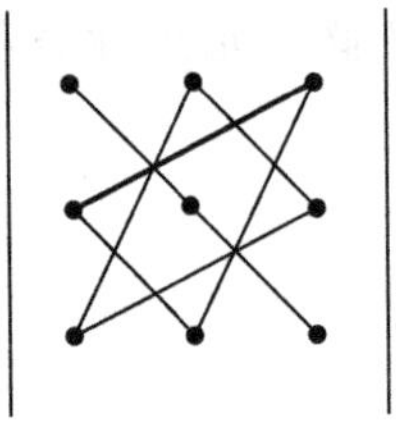

图 1.1

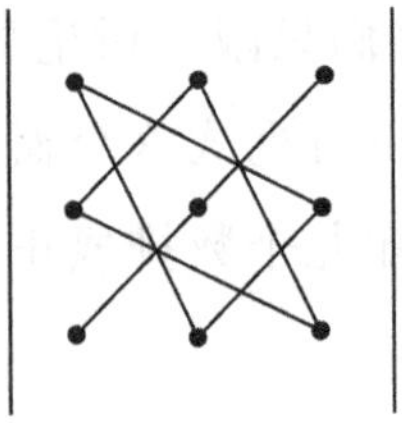

图 1.2

图 1.1 指出计算三阶行列式的正项规则, 图 1.2 指出计算负项规则.

例 计算行列式

$$\Delta=\begin{vmatrix}1&2&3\\-1&3&4\\2&5&2\end{vmatrix}.$$

利用对角线法则得

$$\begin{aligned}\Delta=&1\cdot3\cdot2+2\cdot4\cdot2+(-1)\cdot5\cdot3-1\cdot5\cdot4-(-1)\cdot2\cdot2-2\cdot3\cdot3\\=&6+16-15-20+4-18=-27.\end{aligned}$$

§1.3 三阶行列式的主要性质

性质 I 把行列式的行改为同号数的列, 列改为同号数的行, 行列式的值不变, 即

$$\begin{vmatrix}a_1&b_1&c_1\\a_2&b_2&c_2\\a_3&b_3&c_3\end{vmatrix}=\begin{vmatrix}a_1&a_2&a_3\\b_1&b_2&b_3\\c_1&c_2&c_3\end{vmatrix}.$$

利用对角线法则计算等式左右两边的行列式, 这性质便得到证实.

由此可见, 对于行列式的行成立的性质对于列也一定成立; 反过来, 也是对的.

性质 Ⅱ　对调行列式的两行 (或两列), 行列式的符号改变, 但绝对值不变.

例如, 对调第一行与第二行, 得

$$\begin{vmatrix} a_1 & b_1 & c_1 \\ a_2 & b_2 & c_2 \\ a_3 & b_3 & c_3 \end{vmatrix} = -\begin{vmatrix} a_2 & b_2 & c_2 \\ a_1 & b_1 & c_1 \\ a_3 & b_3 & c_3 \end{vmatrix}.$$

这性质也容易用对角线法则来证实.

性质 Ⅲ　有两行 (或两列) 相同的行列式的值必等于零.

事实上, 把相同两行对调, 行列式当然不变. 但另一方面, 根据性质 Ⅱ, 它应改变符号. 因此如果用 Δ 表示行列式的值, 则 $\Delta = -\Delta$, 即 $2\Delta = 0$, 故 $\Delta = 0$.

性质 Ⅳ　把一个行列式的某一行 (或一列) 的所有元素同乘某一数 k 的结果, 等于以数 k 乘这个行列式.

例如:

$$\begin{vmatrix} ka_1 & kb_1 & kc_1 \\ a_2 & b_2 & c_2 \\ a_3 & b_3 & c_3 \end{vmatrix} = k\begin{vmatrix} a_1 & b_1 & c_1 \\ a_2 & b_2 & c_2 \\ a_3 & b_3 & c_3 \end{vmatrix}$$

事实上, 如果按对角线法则计算左侧的行列式, 所得各项皆含有因子 k. 提出公因子 k 后, 所剩的多项式便可写成右侧的行列式.

由性质 Ⅳ, 我们可以得出以下推论:

推论 1　一个行列式中某一行 (或一列) 各元素的公因子可以提到行列式记号的外边.

推论 2　如果一个行列式中有一行 (或一列) 的元素全部是零, 那么这个行列式等于零.

性质 Ⅴ　如果行列式的两行 (或两列) 的对应元素成比例, 那么此行

列式等于零. 例如: 由性质 Ⅳ 和性质 Ⅲ 易知

$$\begin{vmatrix} a_1 & b_1 & c_1 \\ ka_1 & kb_1 & kc_1 \\ a_3 & b_3 & c_3 \end{vmatrix} = k\begin{vmatrix} a_1 & b_1 & c_1 \\ a_1 & b_1 & c_1 \\ a_3 & b_3 & c_3 \end{vmatrix} = 0.$$

性质 Ⅵ 如果行列式的一行 (或一列) 的元素都是两项式, 那么此行列式等于两个行列式的和, 例如:

$$\begin{vmatrix} a_1+a_1' & b_1+b_1' & c_1+c_1' \\ a_2 & b_2 & c_2 \\ a_3 & b_3 & c_3 \end{vmatrix} = \begin{vmatrix} a_1 & b_1 & c_1 \\ a_2 & b_2 & c_2 \\ a_3 & b_3 & c_3 \end{vmatrix} + \begin{vmatrix} a_1' & b_1' & c_1' \\ a_2 & b_2 & c_2 \\ a_3 & b_3 & c_3 \end{vmatrix}.$$

事实上, 如果按对角线法则计算左侧的行列式, 所得各项都含有两项式作为它的因子. 乘开两项式后, 集合含有 a_1、b_1、c_1 的各项, 即得到右侧的第一个行列式; 集合含有 a_1'、b_1'、c_1' 的各项, 即得到右侧的第二个行列式.

性质 Ⅶ 把行列式的某一行 (或某一列) 所有的元素同乘一数后, 加于另一行 (或另一列) 的对应元素, 行列式的值不变.

这性质可由性质 VI 和性质 V 推得. 例如用某数 k 乘行列式第二列的各元素, 然后加到第一列的各对应元素上去, 此时, 根据性质 VI 得

$$\begin{vmatrix} a_1+kb_1 & b_1 & c_1 \\ a_2+kb_2 & b_2 & c_2 \\ a_3+kb_3 & b_3 & c_3 \end{vmatrix} = \begin{vmatrix} a_1 & b_1 & c_1 \\ a_2 & b_2 & c_2 \\ a_3 & b_3 & c_3 \end{vmatrix} + \begin{vmatrix} kb_1 & b_1 & c_1 \\ kb_2 & b_2 & c_2 \\ kb_3 & b_3 & c_3 \end{vmatrix};$$

又因为等号右边的第二个行列式中有两列的对应元素成比例, 根据性质 V, 这第二个行列式等于零. 于是, 我们便得等式

$$\begin{vmatrix} a_1+kb_1 & b_1 & c_1 \\ a_2+kb_2 & b_2 & c_2 \\ a_3+kb_3 & b_3 & c_3 \end{vmatrix} = \begin{vmatrix} a_1 & b_1 & c_1 \\ a_2 & b_2 & c_2 \\ a_3 & b_3 & c_3 \end{vmatrix}$$

§1.4 行列式的按行按列展开

我们现在要利用上节所得行列式的性质来简化行列式的计算. 为此, 首先引入子行列式和代数余子式两个新的概念.

把行列式中某一元素所在的行和列划去后, 留下来的行列式称为这行列式对应于该元素的**子行列式**. 例如,

$$\Delta=\begin{vmatrix} a_1 & b_1 & c_1 \\ a_2 & b_2 & c_2 \\ a_3 & b_3 & c_3 \end{vmatrix},$$

行列式 Δ 对应于元素 b_3 的子行列式为

$$\begin{vmatrix} a_1 & c_1 \\ a_2 & c_2 \end{vmatrix}.$$

设行列式中某一元素所在的行数为 i, 列数为 j, 将对应于该元素的子行列式乘上 $(-1)^{i+j}$ 所得的式子称为对应于该元素的**代数余子式**. 例如, 行列式 Δ 对应于元素 b_3 的代数余子式为

$$B_3=-\begin{vmatrix} a_1 & c_1 \\ a_2 & c_2 \end{vmatrix},$$

因为 b_3 在第 2 列第 3 行, 而 $(-1)^{2+3}=(-1)^5=-1$. 某元素的代数余子式, 我们用这个元素的大写字母并附以相同的下标来表示, 例如元素 a_1 的代数余子式用 A_1, b_2 的代数余子式用 B_2 表示, 其他依次类推.

定理 1 行列式等于它的任意一列 (或一行) 的各元素与对应于它们的代数余子式的乘积的和.

换句话说, 我们可以按某一列 (或某一行) 展开行列式:

$$\varDelta = a_1A_1 + a_2A_2 + a_3A_3, \quad \varDelta = a_1A_1 + b_1B_1 + c_1C_1,$$

$$\varDelta = b_1B_1 + b_2B_2 + b_3B_3, \quad \varDelta = a_2A_2 + b_2B_2 + c_2C_2,$$

$$\varDelta = c_1C_1 + c_2C_2 + c_3C_3, \quad \varDelta = a_3A_3 + b_3B_3 + c_3C_3.$$

证 我们只需证实第一个等式, 因为其他五个等式的证法完全相同.

用对角线法则展开行列式 $\varDelta$, 把含有元素 a_1、a_2 和 a_3 的项分别括在一起, 并将公因子 a_1、a_2 和 a_3 提出得

$$\varDelta = a_1(b_2c_3 - b_3c_2) - a_2(b_1c_3 - b_3c_1) + a_3(b_1c_2 - b_2c_1).$$

但

$$A_1 = b_2c_3 - b_3c_2, \quad A_2 = -(b_1c_3 - b_3c_1), \quad A_3 = b_1c_2 - b_2c_1,$$

因此第一个等式 $\varDelta = a_1A_1 + a_2A_2 + a_3A_3$ 得证.

例 将行列式

$$\varDelta = \begin{vmatrix} 1 & 2 & 3 \\ -1 & 3 & 4 \\ 2 & 5 & 2 \end{vmatrix}$$

按第一行展开, 并计算它的值.

$$\varDelta = 1 \cdot \begin{vmatrix} 3 & 4 \\ 5 & 2 \end{vmatrix} - 2 \cdot \begin{vmatrix} -1 & 4 \\ 2 & 2 \end{vmatrix} + 3 \begin{vmatrix} -1 & 3 \\ 2 & 5 \end{vmatrix}$$

$$= (6 - 20) - 2(-2 - 8) + 3(-5 - 6) = -27.$$

结果与 §1.2 中用对角线法则所算得的一致.

定理 2 **行列式某一列 (或某一行) 的各元素与另一列 (或另一行) 对应元素的代数余子式的乘积的和恒等于零.**

换句话说, 下面的等式成立:

$$b_1A_1+b_2A_2+b_3A_3=0,\quad c_1A_1+c_2A_2+c_3A_3=0,$$

$$a_1B_1+a_2B_2+a_3B_3=0,\quad c_1B_1+c_2B_2+c_3B_3=0,$$

$$a_1C_1+a_2C_2+a_3C_3=0,\quad b_1C_1+b_2C_2+b_3C_3=0,$$

$$a_2A_1+b_2B_1+c_2C_1=0,\quad a_3A_1+b_3B_1+c_3C_1=0,$$

$$a_1A_2+b_1B_2+c_1C_2=0,\quad a_3A_2+b_3B_2+c_3C_2=0,$$

$$a_1A_3+b_1B_3+c_1C_3=0,\quad a_2A_3+b_2B_3+c_2C_3=0.$$

证 我们只需证实第一个等式, 因为其他十一个等式的证法完全相同.

将行列式 Δ 中第一列的元素 a_1、a_2、a_3 换成第二列的元素 b_1、b_2、b_3 得行列式 Δ'. 根据性质 Ⅲ, $\Delta'=0$. 另一方面, 把行列式 Δ' 按第一列展开, 而第一列各元素的代数余子式就是对应于行列式 Δ 中第一列各元素的代数余子式 A_1、A_2、A_3, 因此, 得

$$b_1A_1+b_2A_2+b_3A_3=0.$$

例 计算行列式

$$\begin{vmatrix} 2 & 3 & 4 \\ 1 & 2 & 5 \\ 4 & 7 & 6 \end{vmatrix}$$

从第二列的元素中减去第一列对应元素的 2 倍, 再从第三列的元素中减去第一列对应元素的 5 倍, 最后按第二行展开得

$$\begin{vmatrix} 2 & 3 & 4 \\ 1 & 2 & 5 \\ 4 & 7 & 6 \end{vmatrix}=\begin{vmatrix} 2 & -1 & -6 \\ 1 & 0 & 0 \\ 4 & -1 & -14 \end{vmatrix}=-\begin{vmatrix} -1 & -6 \\ -1 & -14 \end{vmatrix}=-8.$$

§1.5 三元线性方程组

我们已经引入了三阶行列式的概念. 现在可以讨论如何利用三阶行列式来解三元线性方程组

$$\begin{cases} a_1x + b_1y + c_1z = d_1, \\ a_2x + b_2y + c_2z = d_2, \\ a_3x + b_3y + c_3z = d_3 \end{cases} \tag{1}$$

的问题. 我们假定, 这方程组的系数行列式

$$\varDelta = \begin{vmatrix} a_1 & b_1 & c_1 \\ a_2 & b_2 & c_2 \\ a_3 & b_3 & c_3 \end{vmatrix}$$

不等于零. 像以前一样, 我们仍用 A_1、A_2、$\cdots$ 表示行列式 $\varDelta$ 对应于元素 a_1、a_2、$\cdots$ 的代数余子式.

我们以 A_1、A_2、A_3 分别乘方程组 (1) 的第一、第二和第三个方程的两边, 然后将这些方程加起来, 得

$$(a_1A_1 + a_2A_2 + a_3A_3)\,x + (b_1A_1 + b_2A_2 + b_3A_3)\,y + (c_1A_1 + c_2A_2 + c_3A_3)\,z$$
$$= d_1A_1 + d_2A_2 + d_3A_3.$$

根据 §1.4 的定理 1 和定理 2, 上式可写为

$$\varDelta \cdot x = d_1A_1 + d_2A_2 + d_3A_3.$$

应用同样的方法, 可以从方程组 (1) 中消去 x 和 z 或 x 和 y. 因此从方程组 (1) 可以得出下面的方程组:

$$\begin{cases} \varDelta \cdot x = d_1A_1 + d_2A_2 + d_3A_3, \\ \varDelta \cdot y = d_1B_1 + d_2B_2 + d_3B_3, \\ \varDelta \cdot z = d_1C_1 + d_2C_2 + d_3C_3. \end{cases} \tag{2}$$

从方程组 (1) 可以推出方程组 (2), 因此方程组 (1) 的解也一定是方程组 (2) 的解. 反过来也容易证明, 方程组 (2) 的解也一定是方程组 (1) 的解, 因为从方程组 (2) 也能够推出方程组 (1). 事实上, 以 a_1、b_1、c_1 分别乘方程组 (2) 的第一、第二和第三个方程的两边, 然后将这些方程加起来, 得

$$\begin{aligned}&\Delta\cdot(a_1x+b_1y+c_1z)\\&=d_1\left(a_1A_1+b_1B_1+c_1C_1\right)+d_2\left(a_1A_2+b_1B_2+c_1C_2\right)+d_3\left(a_1A_3+b_1B_3+c_1C_3\right).\end{aligned}$$

根据 §1.4 的定理 1 和定理 2, 上式就是

$$\Delta\cdot(a_1x+b_1y+c_1z)=d_1\cdot\Delta.$$

约去 $\Delta(\Delta\neq 0)$, 即得方程组 (1) 中的第一个方程. 用同样的方法也可以推出第二和第三个方程. 这样的两个方程组 (1) 与 (2) 叫做等价的.

我们既然已经证明了方程组 (1) 和方程组 (2) 是等价的, 因此代替解方程组 (1) 可以解方程组 (2), 而解方程组 (2) 这件事是很容易的, 只要用 $\Delta(\Delta\neq 0)$ 除一下就可以解出.

如果用记号 Δ_x、Δ_y、Δ_z 分别表示方程组 (2) 中第一、第二、第三个方程的右边的式子, 则方程组 (2) 可写为

$$\Delta\cdot x=\Delta_x,\quad \Delta\cdot y=\Delta_y,\quad \Delta\cdot z=\Delta_z. \tag{3}$$

这里 $\Delta_x=d_1A_1+d_2A_2+d_3A_3$ 是把 $\Delta=a_1A_1+a_2A_2+a_3A_3$ 中的 a_1、a_2、a_3 换成 d_1、d_2、d_3 后得到的, 因此

$$\Delta_x=\begin{vmatrix}d_1&b_1&c_1\\d_2&b_2&c_2\\d_3&b_3&c_3\end{vmatrix}.$$

这就是说, Δ_x 是一个三阶行列式, 它是把行列式 Δ 中的第一列元素换成 d_1、d_2、d_3 而得到的.

同样的考察使我们得到

$$\Delta_y=\begin{vmatrix} a_1 & d_1 & c_1 \\ a_2 & d_2 & c_2 \\ a_3 & d_3 & c_3 \end{vmatrix},\quad \Delta_z=\begin{vmatrix} a_1 & b_1 & d_1 \\ a_2 & b_2 & d_2 \\ a_3 & b_3 & d_3 \end{vmatrix}.$$

总结以上讨论得结论如下:

如果方程组 (1) 的系数行列式 $\Delta\neq 0$, 则方程组 (1) 有唯一确定的解

$$x=\frac{\Delta_x}{\Delta},\quad y=\frac{\Delta_y}{\Delta},\quad z=\frac{\Delta_z}{\Delta},$$

其中 Δ_x、Δ_y、Δ_z 是把行列式 Δ 中对应未知数的各系数换成 (在等号右边的) 常数项后的三阶行列式.

例 1 解方程组

$$\begin{cases} 2x-3y+z+1=0, \\ x+y+z=6, \\ 3x+y-2z=-1. \end{cases}$$

$$\Delta=\begin{vmatrix} 2 & -3 & 1 \\ 1 & 1 & 1 \\ 3 & 1 & -2 \end{vmatrix}=\begin{vmatrix} 1 & -4 & 0 \\ 1 & 1 & 1 \\ 5 & 3 & 0 \end{vmatrix}=-\begin{vmatrix} 1 & -4 \\ 5 & 3 \end{vmatrix}=-23.$$

$$\Delta_x=\begin{vmatrix} -1 & -3 & 1 \\ 6 & 1 & 1 \\ -1 & 1 & -2 \end{vmatrix}=\begin{vmatrix} -1 & -3 & 1 \\ 7 & 4 & 0 \\ -3 & -5 & 0 \end{vmatrix}=\begin{vmatrix} 7 & 4 \\ -3 & -5 \end{vmatrix}=-23.$$

$$\Delta_y=\begin{vmatrix} 2 & -1 & 1 \\ 1 & 6 & 1 \\ 3 & -1 & -2 \end{vmatrix}=\begin{vmatrix} 0 & 0 & 1 \\ -1 & 7 & 1 \\ 7 & -3 & -2 \end{vmatrix}=\begin{vmatrix} -1 & 7 \\ 7 & -3 \end{vmatrix}=-46.$$

$$\Delta_z=\begin{vmatrix} 2 & -3 & -1 \\ 1 & 1 & 6 \\ 3 & 1 & -1 \end{vmatrix}=\begin{vmatrix} 0 & -5 & -13 \\ 1 & 1 & 6 \\ 0 & -2 & -19 \end{vmatrix}=-\begin{vmatrix} -5 & -13 \\ -2 & -19 \end{vmatrix}=-69.$$

$$x=\frac{-23}{-23}=1,\quad y=\frac{-46}{-23}=2,\quad z=\frac{-69}{-23}=3.$$

如果 $\Delta=0$, 但 Δ_x、Δ_y、Δ_z 中至少有一个不等于零, 则方程组 (1) 是没有解的. 因为 x、y、z 无论取什么值均不能使方程组 (3) 满足, 因此方程组 (3) 亦即方程组 (2) 没有解. 但方程组 (1) 的解也一定是方程组 (2) 的解, 现在方程组 (2) 无解, 故方程组 (1) 也无解.

如果 $\Delta=0$, 且 Δ_x、Δ_y、Δ_z 也均为零, 这时方程组 (1) 可能没有解, 也可能有无限多组解. 这两方面的例子都不难找到.

例 2　解方程组

$$\begin{cases}x+y+z=1,\\x+y+z=2,\\x+y+z=3.\end{cases}$$

关于这方程组, $\Delta=0$、$\Delta_x=\Delta_y=\Delta_z=0$. 很显然, 这方程组中的三个方程是彼此矛盾的, 因而无解.

例 3　解方程组

$$\begin{cases}x+y+z=1,\\2x+2y+2z=2,\\3x+3y+3z=3.\end{cases}$$

关于这方程组, $\Delta=0$、$\Delta_x=\Delta_y=\Delta_z=0$. 容易看出, 第一个方程乘 2 得第二个方程, 第一个方程乘 3 得第三个方程. 要解这方程组只要解第一个方程就行了, 因此这方程组有无限多组解.

§1.6　齐次线性方程组

先讨论含有两个三元齐次线性方程的方程组

$$\begin{cases}a_1x+b_1y+c_1z=0,\\a_2x+b_2y+c_2z=0.\end{cases}\tag{1}$$

很显然, $x=y=z=0$ 是方程组 (1) 的一组解, 这组解称为齐次线性方程组 (1) 的**零解**. 现在的问题是: 方程组 (1) 除了这组零解以外, 是否还有不全是零的解? 如果有, 则如何来求? 下面我们分两种情形来讨论这个问题.

I. 方程组 (1) 的系数所组成的三个行列式

$$\begin{vmatrix} a_1 & b_1 \\ a_2 & b_2 \end{vmatrix}, \begin{vmatrix} a_1 & c_1 \\ a_2 & c_2 \end{vmatrix}, \begin{vmatrix} b_1 & c_1 \\ b_2 & c_2 \end{vmatrix}$$

中至少有一个不等于零, 例如第一个不等于零.

将方程组 (1) 改写为

$$\begin{cases} a_1x+b_1y=-c_1z, \\ a_2x+b_2y=-c_2z. \end{cases} \tag{2}$$

在这里可给未知数 z 以任意的数值, 当 z 的数值给定后, 则方程组 (2) 有唯一的一组解, 这组解可以利用 §1.1 公式 (6) 求得为

$$x=\frac{\begin{vmatrix} -c_1z & b_1 \\ -c_2z & b_2 \end{vmatrix}}{\begin{vmatrix} a_1 & b_1 \\ a_2 & b_2 \end{vmatrix}}, \quad y=\frac{\begin{vmatrix} a_1 & -c_1z \\ a_2 & -c_2z \end{vmatrix}}{\begin{vmatrix} a_1 & b_1 \\ a_2 & b_2 \end{vmatrix}}. \tag{3}$$

因 $\begin{vmatrix} -c_1z & b_1 \\ -c_2z & b_2 \end{vmatrix}=\begin{vmatrix} b_1 & c_1 \\ b_2 & c_2 \end{vmatrix}z, \begin{vmatrix} a_1 & -c_1z \\ a_2 & -c_2z \end{vmatrix}=\begin{vmatrix} c_1 & a_1 \\ c_2 & a_2 \end{vmatrix}z$, 故 (3) 式可写为

$$x=\frac{\begin{vmatrix} b_1 & c_1 \\ b_2 & c_2 \end{vmatrix}}{\begin{vmatrix} a_1 & b_1 \\ a_2 & b_2 \end{vmatrix}}z, \quad y=\frac{\begin{vmatrix} c_1 & a_1 \\ c_2 & a_2 \end{vmatrix}}{\begin{vmatrix} a_1 & b_1 \\ a_2 & b_2 \end{vmatrix}}z, \tag{4}$$

其中的 z 可以取任意的数值.

如令

$$\frac{z}{\begin{vmatrix} a_1 & b_1 \\ a_2 & b_2 \end{vmatrix}} = k,$$

则得

$$x = k\begin{vmatrix} b_1 & c_1 \\ b_2 & c_2 \end{vmatrix}, \quad y = k\begin{vmatrix} c_1 & a_1 \\ c_2 & a_2 \end{vmatrix}, \quad z = k\begin{vmatrix} a_1 & b_1 \\ a_2 & b_2 \end{vmatrix}, \tag{5}$$

其中 k 是任意的常数. 若取 $k \neq 0$, 使得方程组 (1) 的 x、y、z 不全是零的解, 叫做方程组 (1) 的**非零解**. 值得注意, 公式 (5) 的三个行列式可从方程组 (1) 的系数表

$$\begin{matrix} a_1 & b_1 & c_1 \\ a_2 & b_2 & c_2 \end{matrix}$$

中划去相当的列而得到, 但在划去第二列时, 还需要对调所得行列式中两列的位置.

以上的结论虽然是在第一个行列式不等于零的假定下得到的, 但如果第一个行列式等于零而第二或第三个行列式不等于零时, 结论并不会改变, 这是不难用同样的推论来加以证实的. 因此, **若三个行列式中至少有一个不等于零, 则齐次方程组 (1) 的解由公式 (5) 所确定.**

II. 三个行列式都等于零, 即 $b_1c_2 - b_2c_1 = 0, a_1c_2 - a_2c_1 = 0$, $a_1b_2 - b_1a_2 = 0$. 这时方程组 (1) 的对应系数成比例, 因而方程组 (1) 变成一个方程

$$a_1x + b_1y + c_1z = 0.$$

假定有一个系数, 例如 $a_1 \neq 0$, 便得

$$x = -\frac{b_1y + c_1z}{a_1},$$

其中 y 和 z 可取任何数值. 因此, 若三个行列式都等于零, 齐次方程组 (1) 也一定有非零解.

例 1 解方程组

$$\begin{cases} x+2y-3z=0, \\ 2x+3y+z=0. \end{cases}$$

把方程组的系数组成一表

$$\begin{matrix} 1 & 2 & -3 \\ 2 & 3 & 1 \end{matrix},$$

依次划去一列作出三个行列式

$$\begin{vmatrix} 2 & -3 \\ 3 & 1 \end{vmatrix}=11, \quad \begin{vmatrix} -3 & 1 \\ 1 & 2 \end{vmatrix}=-7, \quad \begin{vmatrix} 1 & 2 \\ 2 & 3 \end{vmatrix}=-1$$

(中间的行列式是对调过两列而作成的). 按公式 (5) 方程组的解是

$$x=11k, y=-7k, z=-k,$$

其中 k 是任意的.

例 2 解方程组

$$\begin{cases} 2x-y-5z=0, \\ 4x-2y-10z=0. \end{cases}$$

把方程组的系数组成一表

$$\begin{matrix} 2 & -1 & -5 \\ 4 & -2 & -10 \end{matrix},$$

作出三个行列式

$$\begin{vmatrix} -1 & -5 \\ -2 & -10 \end{vmatrix}=0, \quad \begin{vmatrix} -5 & 2 \\ -10 & 4 \end{vmatrix}=0, \begin{vmatrix} 2 & -1 \\ 4 & -2 \end{vmatrix}=0.$$

因此, 方程组变成一个方程

$$2x-y-5z=0;$$

如果用 2 除第二个方程, 便可直接看出这结果. 方程组的解是

$$y=2x-5z,$$

其中 x 和 z 可以取任何值.

现在转入讨论含有三个三元齐次线性方程的方程组

$$\begin{cases} a_1x+b_1y+c_1z=0,\\ a_2x+b_2y+c_2z=0,\\ a_3x+b_3y+c_3z=0. \end{cases} \tag{6}$$

若方程组 (6) 的系数行列式 $\Delta\neq 0$, 按 §1.5, 这时方程组只有唯一的一组零解: $x=y=z=0$. 由此可得出一结论: 如果方程组 (6) 有 x、y、z 不全为零的解, 也就是方程组 (6) 有非零解, 那就必须 $\Delta=0$.

反之, 如果 $\Delta=0$, 我们可以证明方程组 (6) 一定有非零解. 现在分做两种情形证明如下:

(I) 如果 $\Delta=0$, 但它的子行列式中至少有一个不等于零, 比如说

$$\begin{vmatrix} a_1 & b_1\\ a_2 & b_2 \end{vmatrix}\neq 0.$$

在这个条件下, 方程组 (6) 的前两个方程有无限多组非零解, 这些解由前面的公式 (5) 所确定:

$$x=k\begin{vmatrix} b_1 & c_1\\ b_2 & c_2 \end{vmatrix},y=k\begin{vmatrix} c_1 & a_1\\ c_2 & a_2 \end{vmatrix},z=k\begin{vmatrix} a_1 & b_1\\ a_2 & b_2 \end{vmatrix}. \tag{7}$$

容易证实, 所有这些解也满足方程组 (6) 的第三个方程. 事实上, 将它们代入方程组 (6) 的第三个方程, 便得

$$a_3x+b_3y+c_3z=k\left(a_3\begin{vmatrix} b_1 & c_1\\ b_2 & c_2 \end{vmatrix}-b_3\begin{vmatrix} a_1 & c_1\\ a_2 & c_2 \end{vmatrix}+c_3\begin{vmatrix} a_1 & b_1\\ a_2 & b_2 \end{vmatrix}\right)=k\cdot\Delta.$$

因为 $\Delta=0$, 所以结果是零. 因此对于任意的 k, 公式 (5) 确定方程组 (6) 的解; 如果 $k\neq 0$, 则这组解是非零解.

(Ⅱ) 如果 $\varDelta=0$, 且它的子行列式都等于零. 此时方程组 (6) 中的任何两个方程的系数成比例, 因此方程组 (6) 实际上只有一个方程. 显然, 这样的方程组有无限多组非零解, 因为可以给两个未知数以任意的值, 而第三个未知数可从方程组的一个方程中求得.

以上关于方程组 (6) 的讨论中, 我们看到 "方程组 (6) 有非零解" 这个结论与 "条件 $\varDelta=0$" 之间有如下的关系: "如果方程组 (6) 有非零解这个结论成立, 就有条件 $\varDelta=0$", 换句话说, "如果没有条件 $\varDelta=0$, 方程组就没有非零解". 这样, 条件 $\varDelta=0$ 叫做方程组 (6) 有非零解的**必要条件**. 又 "如果条件 $\varDelta=0$ 成立, 则方程组 (6) 一定有非零解", 这样, 能保证方程组 (6) 有非零解的条件 $\varDelta=0$, 叫做方程组有非零解的**充分条件**. 所以, 条件 $\varDelta=0$, 既是方程组 (6) 有非零解的必要条件, 又是充分条件, 因之, 我们得到定理:

齐次线性方程组 (6) 有非零解的必要与充分条件是这方程组的系数行列式 $\varDelta=0$.

我们必须注意: 一般来说, 某一结论的必要条件, 不一定同时是充分条件, 例如 "两组对边两两平行" 是一个四边形为菱形的必要条件, 但不是充分条件. 同样, 某一结论的充分条件并不一定同时是必要条件, 例如 "每边各长 1 寸" 是一个四边形为菱形的充分条件, 但不是必要条件.

例 3 解方程组

$$\begin{cases} 2x-3y+z=0, \\ x+y+z=0, \\ 3x+y-2z=0. \end{cases}$$

方程组的系数行列式

$$\varDelta=\begin{vmatrix} 2 & -3 & 1 \\ 1 & 1 & 1 \\ 3 & 1 & -2 \end{vmatrix}=-23$$

不等于零. 因此, 所给方程组只有零解.

例 4 解方程组

$$\begin{cases} x+y+z=0, \\ 3x-y+2z=0, \\ x-3y=0. \end{cases}$$

方程组的系数行列式

$$\Delta=\begin{vmatrix} 1 & 1 & 1 \\ 3 & -1 & 2 \\ 1 & -3 & 0 \end{vmatrix}=0.$$

行列式 Δ 的子行列式, 例如

$$\begin{vmatrix} 1 & 1 \\ 3 & -1 \end{vmatrix}=-4,$$

不等于零. 解前两个方程, 得

$$x=k\begin{vmatrix} 1 & 1 \\ -1 & 2 \end{vmatrix}=3k, \quad y=k\begin{vmatrix} 1 & 1 \\ 2 & 3 \end{vmatrix}=k, \quad z=k\begin{vmatrix} 1 & 1 \\ 3 & -1 \end{vmatrix}=-4k,$$

其中 k 是任意的. 取 $k \neq 0$, 就得所求方程组的非零解.

例 5 解方程组

$$\begin{cases} x-y+z=0, \\ 2x-2y+2z=0, \\ 3x-3y+3z=0. \end{cases}$$

方程组的系数行列式

$$\Delta=\begin{vmatrix} 1 & -1 & 1 \\ 2 & -2 & 2 \\ 3 & -3 & 3 \end{vmatrix}=0.$$

行列式 Δ 的所有子行列式也都等于零. 因此, 方程组实际上只有一个方程, 这是很明显的, 只要用 2 除第二方程且用 3 除第三方程就会看得出来. 要找方程组的解, 只要解第一个方程就行了. 由此获得

$$y = x + z,$$

其中 x 和 z 是任意的.

§1.7 高阶行列式概念

二阶及三阶行列式的概念, 可类似地推广至四阶或更高阶的行列式. 在 §1.3 中就三阶行列式所证明的性质, 对任意阶行列式也完全成立. 但是必须注意, 对于四阶及更高阶的行列式, 在 §1.2 中讲述的对角线法则不能适用, 因此我们必须用 §1.4 中按一行 (或一列) 展开行列式的方法来计算高阶行列式. 如同时利用性质 Ⅶ 使同一行或同一列中的某些元素为零, 则计算可变得简单些. 现在以四阶行列式为例说明如下:

例 1 计算四阶行列式

$$\Delta = \begin{vmatrix} 3 & 1 & -1 & 2 \\ -5 & 1 & 3 & -4 \\ 2 & 0 & 1 & -1 \\ 1 & -5 & 3 & -3 \end{vmatrix}.$$

解法 1 在这个行列式里, 第三行有一个元素是零. 我们按照 §1.4 的定理 1 把 Δ 按第三行展开, 得

$$\Delta = 2(-1)^{3+1}\begin{vmatrix} 1 & -1 & 2 \\ 1 & 3 & -4 \\ -5 & 3 & -3 \end{vmatrix} + 1\times(-1)^{3+3}\begin{vmatrix} 3 & 1 & 2 \\ -5 & 1 & -4 \\ 1 & -5 & -3 \end{vmatrix}$$

$$+(-1)(-1)^{3+4}\begin{vmatrix} 3 & 1 & -1 \\ -5 & 1 & 3 \\ 1 & -5 & 3 \end{vmatrix}.$$

计算出三个三阶行列式, 就得

$$\varDelta = 2 \cdot 16 - 40 + 48 = 40.$$

解法 2 如果应用行列式的性质 Ⅶ: 由第一列减去第三列的二倍, 再把第三列加到第四列上, 得

$$\varDelta = \begin{vmatrix} 5 & 1 & -1 & 1 \\ -11 & 1 & 3 & -1 \\ 0 & 0 & 1 & 0 \\ -5 & -5 & 3 & 0 \end{vmatrix}.$$

根据 §1.4 的定理 1

$$\varDelta = 1 \times (-1)^{3+3}\begin{vmatrix} 5 & 1 & 1 \\ -11 & 1 & -1 \\ -5 & -5 & 0 \end{vmatrix} = 40.$$

通过上述的例题, 我们看到, 直接应用 §1.4 的定理 1 来计算一个 n 阶行列式, 还是比较麻烦的. 因为这时我们还要计算许多 $n-1$ 阶的行列式. 实际计算时我们常先应用行列式的性质 Ⅶ, 使行列式的某一行 (或某一列) 中除去一个元素外, 把其余的元素都化为零, 然后应用定理 1 来计算.

例 2 计算四阶行列式

$$\varDelta = \begin{vmatrix} 2 & 4 & 4 & 6 \\ 4 & 2 & 5 & 7 \\ 3 & 2 & 8 & 5 \\ 2 & 8 & 7 & 3 \end{vmatrix}.$$

应用性质 Ⅶ: 由第二列减去第一列的二倍, 由第三列减去第一列的二倍, 由第四列减去第一列的三倍, 得

$$\Delta = \begin{vmatrix} 2 & 0 & 0 & 0 \\ 4 & -6 & -3 & -5 \\ 3 & -4 & 2 & -4 \\ 2 & 4 & 3 & -3 \end{vmatrix} = 2 \cdot \begin{vmatrix} -6 & -3 & -5 \\ -4 & 2 & -4 \\ 4 & 3 & -3 \end{vmatrix} = 296.$$

第二章

平面上的直角坐标、曲线及其方程

§2.1 轴和轴上的线段

任意一条直线, 它有两个相反的方向, 我们可以随意指定其中的一个叫做它的正向, **这样指定了正向的直线称为轴**. 图 2.1 表示一个轴, 它的正向是自左至右的. 为了表示这正向, 我们在右端加一箭头.

图 2.1

设有任意两点 A 和 B, 用直线连接 A 和 B 得一线段. 在几何及力学的许多问题中, 不但线段的长度值得注意, 同时线段的方向也有着重要的意义. 这就是说, 认清 A 和 B 中哪一个是起点, 哪一个是终点这件事是有意义的. 从起点到终点的方向是线段的方向. **有方向的线段叫做有向线段.** 以 A 为起点、B 为终点的有向线段, 我们用记号 $\overline{AB}$ 表示它. 这样, $\overline{AB}$ 和 $\overline{BA}$ 表示两个不同的有向线段, 因为 $\overline{AB}$ 和 $\overline{BA}$ 的长度虽然相同, 但是 $\overline{AB}$ 的方向是从 A 到 B, 而 $\overline{BA}$ 的方向是从 B 到 A.

设已知一轴. A 和 B 是该轴上的任意两点. 这样, $\overline{AB}$ 便是轴上的有向线段了. **我们规定这样一个数叫做轴上有向线段 $\overline{AB}$ 的值, 这数的绝对值等于 $\overline{AB}$ 的长度** (这里当然假定预先已指定了单位长度), **这数的符号则这样决定: 如果 $\overline{AB}$ 的方向和轴的正向相同, 就取正号; 如果 $\overline{AB}$ 的方向**

和轴的正向相反, 就取负号. $\overline{AB}$ 的值我们用记号 AB 表示. $\overline{AB}$ 的长度用记号 $|AB|$ 表示. 显然, $|AB| = |BA|$, 但 $AB = -BA$.

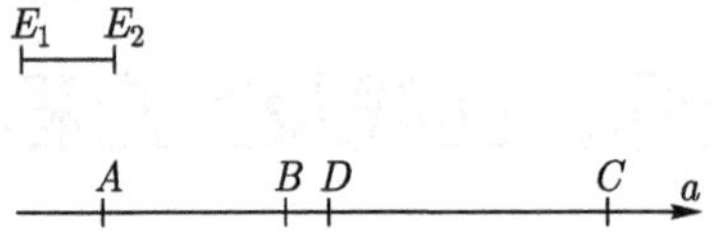

图 2.2

在图 2.2 中表示着一个轴 a 和轴上的四个点 A、B、C、D, E_1E_2 是单位长度. 假设点 A、B、C、D 是这样排列的: A 和 B 间的距离等于 2, C 和 D 间的距离等于 3 ; 从 A 到 B 的方向和轴的正向相同, 从 C 到 D 的方向和轴的方向相反. 在这种情况下, 我们便得

$$AB = 2, \quad BA = -2, \quad |AB| = |BA| = 2;$$

$$CD = -3, \quad DC = 3, \quad |CD| = |DC| = 3.$$

如图 2.3, A、B、C **是轴上任意三点, 则** $\overline{AB}$ $\overline{BC}$ **和** $\overline{AC}$ **的值** AB BC **和** AC **间成立下面关系式:**

$$AB + BC = AC. \tag{1}$$

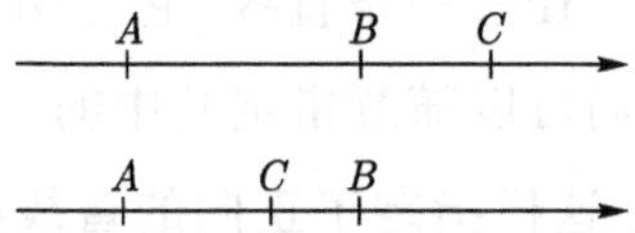

图 2.3

值得注意, 这关系式的成立并不受 A、B、C 三点在轴上排列的情形所限制. 因此, 要证明这关系式成立, 必须证明它对于一切可能的排列情形都成立. 我们可以把 A、B、C 在轴上排列的情形分成两类: 1° $\overline{AB}$ 和 $\overline{BC}$ 的方向相同, 2° $\overline{AB}$ 和 $\overline{BC}$ 的方向相反. 下面只要证明 (1) 式在这两种场合中都成立. 如果 $\overline{AB}$ 和 $\overline{BC}$ 的方向相同, 则 $|AC| = |AB| + |BC|$ 且 AB、BC 和 AC 的符号相同, 因此 (1) 式成立. 如果 $\overline{AB}$ 和 $\overline{BC}$ 的方向相反, 则 $|AC|$ 为 $|AB|$ 和 $|BC|$ 之差. AC 的符号和 $\overline{AB}$、$\overline{BC}$ 中较长者的值的符号相同. 因此, 根据代数中的加法原则, 知道 (1) 式也成立.

(1) 式可以推广. 设 A_1、A_2、A_3、$\cdots$、A_n 是轴上任意的 n 个点, 则 $\overline{A_1A_2}$、$\overline{A_2A_3}$、$\cdots$、$\overline{A_{n-1}A_n}$ 的值 A_1A_2、A_2A_3、$\cdots$、$A_{n-1}A_n$ 间成立下面关系式:

$$A_1A_2 + A_2A_3 + \cdots + A_{n-1}A_n = A_1A_n. \tag{2}$$

事实上, 我们只要应用数学归纳法并利用 (1) 式, (2) 式便可得证.

§2.2 直线上点的坐标 · 数轴

用数来决定点的位置的方法, 称为坐标法, 是解析几何的出发点. 下面我们先讲一种用数来决定直线上点的位置的方法.

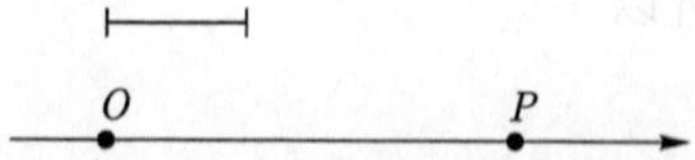

图 2.4

设有任一直线. 首先, 指定它的正向, 这样, 这直线就成为一个轴了. 再在直线上任意取一点 O, **称为原点**. 此外, 取定一单位长度. 如图 2.4, 我们规定, 这直线 (轴) 上的任意点 P 和这样的数 x 对应, 这数 x 等于这轴上以 O 为起点, 以 P 为终点的有向线段 $\overline{OP}$ 的值 OP:

$$OP = x.$$

这数 x 称为直线上点 P 的坐标. 依照这种规定, 已知直线上任意一点 P, 必有一确定的数 x 作为它的坐标. 反过来, 已知一数 x, 可在直线上决定一点 P, 这点 P 的坐标是等于 x 的.

如果这轴的位置是水平的, 且正向是自左至右, 则容易明白, 在点 O 之右的点, 它们的坐标都是正数; 在点 O 之左的点, 它们的坐标都是负数. 点 O 的坐标是零.

上面我们使数和直线上的点之间建立了一一对应的关系. **所谓数轴, 就是这样的直线, 这直线上的点和数之间是已建立起一一对应关系的.**

下面我们证明一个很有用的公式. 设 P_1, P_2 是直线上任意两点, P_1 的坐标为 x_1, P_2 的坐标为 x_2, 则 $\overline{P_1P_2}$ 的值 P_1P_2 等于 $x_2 - x_1$, 即

$$P_1P_2 = x_2 - x_1. \tag{1}$$

证 根据 §2.1 的 (1) 式

$$OP_1 + P_1P_2 = OP_2,$$

由此

$$P_1P_2 = OP_2 - OP_1.$$

但

$$OP_2 = x_2, \quad OP_1 = x_1,$$

所以

$$P_1P_2 = x_2 - x_1.$$

例 已知直线上点 A、B、C、D 的坐标依次为 5、−1、−8、2, 求 $\overline{AB}$、$\overline{CD}$ 和 $\overline{DB}$ 的值及长度.

解

$$AB = -1 - 5 = -6, \quad |AB| = 6.$$

$$CD = 2 - (-8) = 10, \quad |CD| = 10$$

$$DB = -1 - 2 = -3, \quad |DB| = 3.$$

§2.3 平面上的点的笛卡儿直角坐标

在直线上的点和数之间已建立起一一对应关系的基础上, 我们再讲一种用数来决定平面上点的位置的方法.

在平面上选定两条互相垂直的直线, 并分别指定这两条直线的正向. 这样, 这两条直线已成为两个轴了. 按任意次序把这两个轴编号, 一个称为第一轴, 另一个称为第二轴. 此外, 取定一单位长度 (通常, 两轴上取同一个单位长度, 但也可以各取不同的单位长度.), 并把两轴的交点作为第一轴的原点, 同时也作为第二轴的原点. 用字母 O 表示这共同原点. 这样, 按照 §2.2 所说明的方法, 现在这两个轴都已成为数轴了. 这就是说, 第一轴上任意点 P 有确定的数 x 与之对应, x 即 P 在第一轴上的坐标. 同样地, 第二轴上任意点 Q 也有确定的数 y 与之对应, y 即 Q 在第二轴上的坐标.

通常, 第一轴取水平位置, 正向自左至右; 第二轴取铅直位置, 正向自下至上. 第一轴也称横轴或 x 轴. 第二轴也称纵轴或 y 轴.

现在我们可以使平面上任意一点 M 的位置用两个有一定次序的数来决定. 过点 M 向横轴作垂线得垂足 P.P 称为点 M 在横轴上的投影 (如图 2.5). **设点 P 在横轴上的坐标为数 x, 则称数 x 为点 M 的横标**. 同样地, 过点 M 向纵轴作垂线得垂足 Q. Q 称为点 M 在纵轴上的投影. **设点 Q 在纵轴上的坐标为数 y, 则称数 y 为点 M 的纵标**. 记号 $M(x,y)$ 表示横标为 x 而纵标为 y 的点 M.

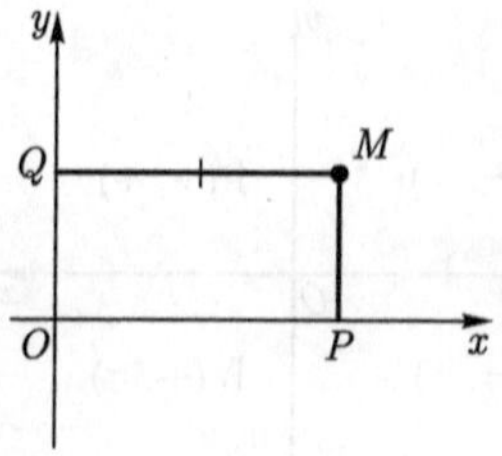

图 2.5

依照上述方法, 当平面上取定了 x 轴和 y 轴之后, 如果已知平面上任意一点 M 的位置, 则点 M 的坐标 x、y 便可确定. 反过来, 如果已知平面上某点 M 的坐标为 x、y, 则点 M 的位置也可确定. 方法是这样的: 在横轴上取定以数 x 为坐标的点 P. 在纵轴上取定以数 y 为坐标的点 Q. 过 P 作平行纵轴的直线. 过 Q 作平行横轴的直线. 这两直线的交点即点 M 的位置.

上述使平面上点的位置可用两个有序的数 (即点的坐标) 来决定的方法, 是十七世纪法国数学家笛卡儿所提出的, 因此这种点的坐标便称为平面上点的笛卡儿直角坐标. 在平面上取定 x 轴和 y 轴而使平面上点的位置可用它的坐标 x、y 来决定这回事, 称为**在平面上导入坐标系 xOy**. 以后我们总假定平面上已导入坐标系 xOy 而不再声明.

必须指出: **在平面上导入坐标系 xOy 后可使平面上的点和一对有序的实数 x、y 之间建立一一对应关系**这件事是有头等重要意义的, 因为它是解析几何学的基础.

x 轴和 y 轴都称为坐标轴. 两轴的公共原点 O 称为坐标原点. 两轴将平面分成四个部分. 这些部分称为**象限**. 四个象限有一定的次序. 在正的 x 半轴和正的 y 半轴之间的称为第 I 象限. 在正的 y 半轴和负的 x 半轴之间的称为第 II 象限. 在负的 x 半轴和负的 y 半轴之间的称为第 III 象限. 在负的 y 半轴和正的 x 半轴之间的称为第 IV 象限 (图 2.6).

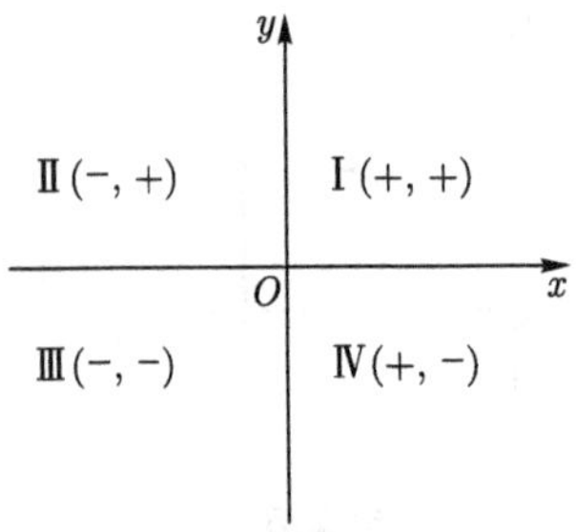

图 2.6

设点 M 的坐标为 x、y. 如果 $x>0, y>0$, 则 M 在第Ⅰ象限. 如果 $x<0, y>0$, 则 M 在第Ⅱ象限. 如果 $x<0, y<0$, 则 M 在第Ⅲ象限. 如果 $x>0, y<0$, 则 M 在第Ⅳ象限.

设点 M 的坐标为 x、y, 根据初等几何上点的轴对称与心对称的定义, 则易知点 (x,y) 与点 $(x,-y)$ 关于 x 轴相对称; 点 (x,y) 与点 $(-x, y)$ 关于 y 轴相对称; 而点 (x,y) 与点 $(-x,-y)$ 关于原点相对称.

§2.4 坐标变换问题①

平面上点的坐标是与平面上所导入的坐标系有关的. 平面上同一点 M 对不同的坐标系 xOy 和 $x'O'y'$ 会有不同的坐标 x、y 和 x'、y'.

所谓坐标变换的问题是: 平面上有两不同的坐标系 xOy 和 $x'O'y'$, 平面上任意一点 M, 它在坐标系 xOy 下的坐标是 x、y, 在坐标系 $x'O'y'$ 下的坐标是 x'、y' (图 2. 7), x、y 和 x'、y' 间的关系如何? 或者说, 如何用 x'、y' 来表示 x 和 y? 反过来, 如何用 x、y 来表示 x' 和 y'?

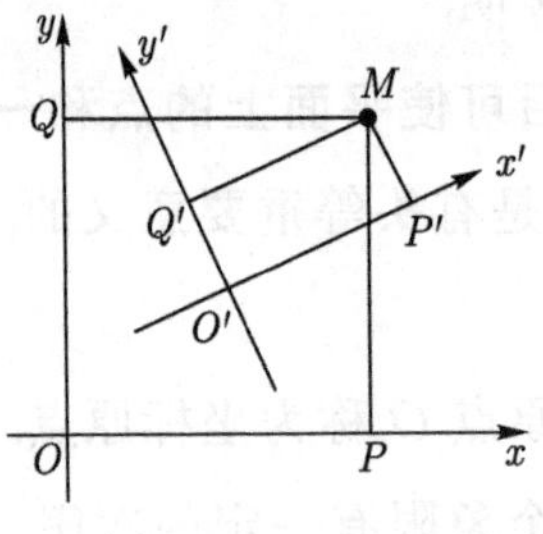

图 2.7

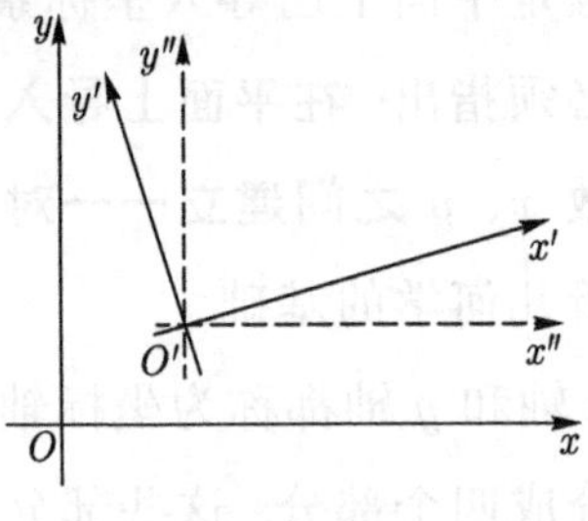

图 2.8

我们可以设想, 坐标系 $x'O'y'$ 是由坐标系 xOy 经过两种运动后所得到

① 这一节可以移到 §4.9 的前面讲.

的 (图 2.8).

1° 坐标轴的方向不变, 原点从 O 移到 O'. 这样, xOy 先运动到 $x''O'y''$. 这种坐标轴的运动, 称为**轴的平移**.

2° 原点不动, 坐标轴旋转某一角度. 这样, $x''O'y''$ 运动到 $x'O'y'$. 这种坐标轴的运动, 称为**轴的旋转**.

当然, 也可设想先有轴的旋转而后有轴的平移, 结果还是一样的.

下面我们分别来讨论: 在轴的平移和轴的旋转下, x、y 和 x'、y' 间的关系如何?

I. 轴的平移

设有原点不同而轴的方向相同的两坐标系 xOy 和 $x'O'y'$. 为方便起见, 我们称坐标系 xOy 为旧系, 坐标系 $x'O'y'$ 为新系, 因为可以设想新系是由旧系经轴的平移得到的. 点 O' 在旧系下的坐标设为 a、b, 在新系下的坐标当然为 0、0. 平面上任意点 M 在旧系下的坐标为 x、y, 在新系下的坐标为 x'、y'. 现在来研究坐标 x、y 和坐标 x'、y' 间的关系 (图 2.9).

设点 M 在 x 轴和 x' 轴上的投影顺次为 P 和 P', 又点 O' 在 x 轴上的投影为 A. 则 $OP = x, O'P' = x', OA = a$. 根据 §2.1 的 (1) 式得

$$OP = OA + AP.$$

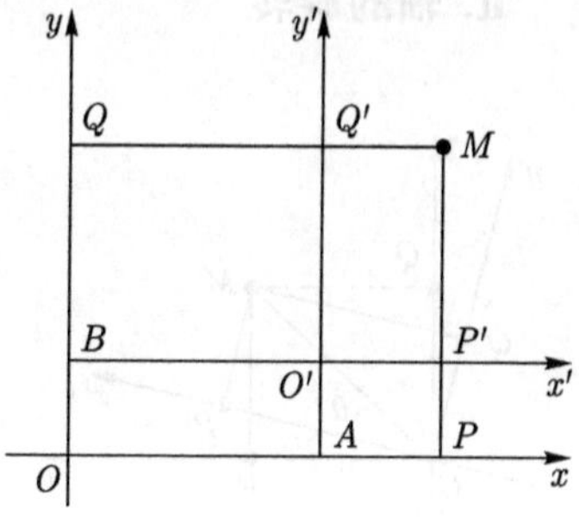

图 2.9

但

$$AP = O'P',$$

因此

$$OP = OA + O'P',$$

即

$$x = a + x'.$$

用同样方法可得

$$y = b + y'.$$

这样我们就得到了**在轴的平移下用新系的坐标表示旧系的坐标的公式**:

$$\begin{cases} x = x' + a, \\ y = y' + b. \end{cases} \tag{1}$$

将 (1) 式移项便可得**在轴的平移下用旧系坐标表示新系坐标的公式**:

$$\begin{cases} x' = x - a, \\ y' = y - b. \end{cases} \tag{2}$$

例 1 两坐标系有相同方向的轴. 设旧系的原点 O 关于新系的坐标是 7、-5, 求新系的原点 O' 关于旧系的坐标.

解 已知点 O 关于新系的坐标是 $x' = 7$、$y' = -5$, 关于旧系的坐标为 $x = 0$、$y = 0$. 设点 O' 关于旧系的坐标为 a、b, 则由 (1) 得

$$a = x - x' = -7, \quad b = y - y' = 5.$$

II. 轴的旋转

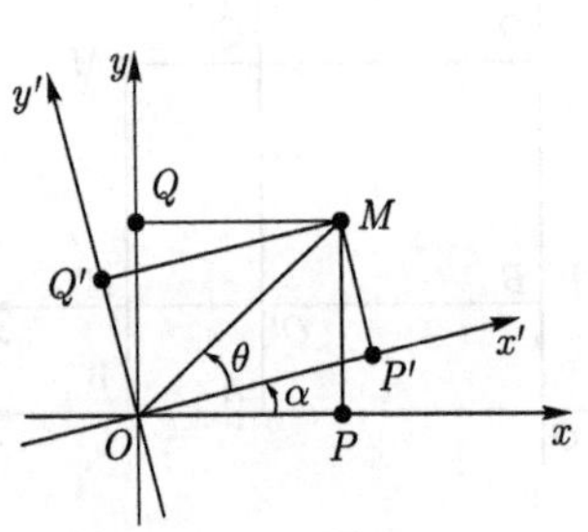

图 2.10

设平面上有一坐标系 xOy. 现在原点 O 不动, 将两轴都旋转 α 角, 这样就得到一新的坐标系 $x'Oy'$. 平面上任意点 M 在旧系和新系下的坐标顺次用 x、y 和 x'、y' 表示. 现在来研究坐标 x、y 和坐标 x'、y' 间的关系 (图 2.10).

设点 M 在 x 轴、y 轴、x' 轴、y' 轴上的投影顺次为 P、Q、P'、Q'. 则

$$OP = x, \quad OQ = y, \quad OP' = x', \quad OQ' = y'.$$

又设 $\angle P'OM = \theta$, 则

$$x = OP = |OM|\cos(\alpha + \theta) = |OM|\cos\alpha\cos\theta - |OM|\sin\alpha\sin\theta.$$

但

$$|OM|\cos\theta = OP' = x',$$

$$|OM|\sin\theta = P'M = OQ' = y',$$

因此

$$x = x'\cos\alpha - y'\sin\alpha,$$

又

$$y = OQ = PM = |OM|\sin(\alpha+\theta) = |OM|\sin\alpha\cos\theta + |OM|\cos\alpha\sin\theta,$$

故

$$y = x'\sin\alpha + y'\cos\alpha.$$

这样就得到了**在轴的旋转下用新系坐标表示旧系坐标的公式**:

$$\begin{cases} x = x'\cos\alpha - y'\sin\alpha, \\ y = x'\sin\alpha + y'\cos\alpha. \end{cases} \tag{3}$$

为了获得在轴的旋转下用旧系坐标表示新系坐标的公式, 我们把公式 (3) 中的两个等式看作是两个关于 x'、y' 的二元一次方程. 把这两个方程联立并解出 x' 和 y' 便能达到目的. 但也可这样来推论: 新系是由旧系旋转 α 角所得到的, 反过来旧系便可由新系旋转 $-\alpha$ 角得到. 因此, 将公式 (3) 中的新旧系坐标互换, 同时以 $-\alpha$ 代 α, 便获得**在轴的旋转下用旧系坐标表示新系坐标的公式**:

$$\begin{cases} x' = x\cos\alpha + y\sin\alpha, \\ y' = -x\sin\alpha + y\cos\alpha. \end{cases} \tag{4}$$

例 2 把坐标轴旋转 135° 后, 点 $M(2,0)$ 的坐标将如何?

解 已知点 M 关于旧系的坐标: $x = 2$、$y = 0$, 且 $\alpha = 135°$, 由 (4) 得点 M 关于新系的坐标为

$$x' = 2\cos 135° = -\sqrt{2},\ y' = -2\sin 135° = -\sqrt{2}.$$

§2.5 两点间的距离

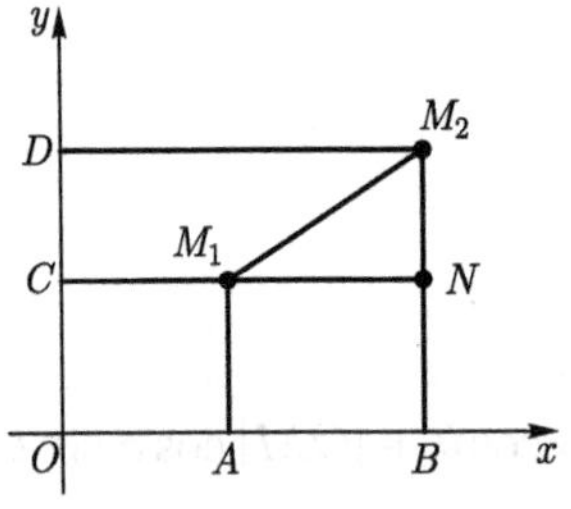

图 2.11

设有两点 $M_1(x_1,y_1)$、$M_2(x_2,y_2)$. 现在要计算这两点间的距离 $d=|M_1M_2|$(图 2.11).

过 M_1、M_2 分别引垂直于 x 轴的直线 M_1A、M_2B 和垂直于 y 轴的直线 M_1C、M_2D. 延长 CM_1 与 BM_2 相交于 N.$\triangle M_1NM_2$ 是一直角三角形. 根据商高定理 † 得

$$|M_1M_2|^2=|M_1N|^2+|NM_2|^2. \tag{1}$$

但

$$|M_1N|=|AB|,\quad |NM_2|=|CD|,$$

又根据 §2.2 公式 (1) 有

$$AB=x_2-x_1,\quad CD=y_2-y_1. \tag{2}$$

从而, (2) 式可写为

$$|AB|^2=(x_2-x_1)^2,\quad |CD|^2=(y_2-y_1)^2. \tag{3}$$

将 (3) 式代入 (1) 式得

$$|M_1M_2|^2=(x_2-x_1)^2+(y_2-y_1)^2.$$

因此

$$d=\sqrt{(x_2-x_1)^2+(y_2-y_1)^2}.$$

例 1 求点 (3,4) 和点 (6,0) 间的距离.

† 商高定理即勾股定理, 编辑注.

解 $$d=\sqrt{(6-3)^2+(0-4)^2}=\sqrt{9+16}=5.$$

例 2 求点 $M(x,y)$ 和坐标原点 $O(0,0)$ 间的距离.

解 $$d=\sqrt{x^2+y^2}.$$

§2.6 线段的定比分点

在某一轴上已知两点 $M_1(x_1,y_1)$ 和 $M_2(x_2,y_2)$. 设点 M 在同一轴上且使两有向线段 $\overline{M_1M}$ 和 $\overline{MM_2}$ 的值之比等于 λ, 即

$$\frac{M_1M}{MM_2}=\lambda,$$

求点 M 的坐标 x 和 y.

过 M_1、M_2、M 引垂直于 x 轴的直线 M_1P_1、M_2P_2、MP 及垂直于 y 轴的直线 M_1Q_1、M_2Q_2、MQ.

因 $M_1P_1//MP//M_2P_2, M_1Q_1//MQ//M_2Q_2$ (图 2.12), 利用平行线间诸线段的比值相等这性质, 我们得

$$\frac{P_1P}{PP_2}=\frac{M_1M}{MM_2}=\lambda,$$

$$\frac{Q_1Q}{QQ_2}=\frac{M_1M}{MM_2}=\lambda.$$

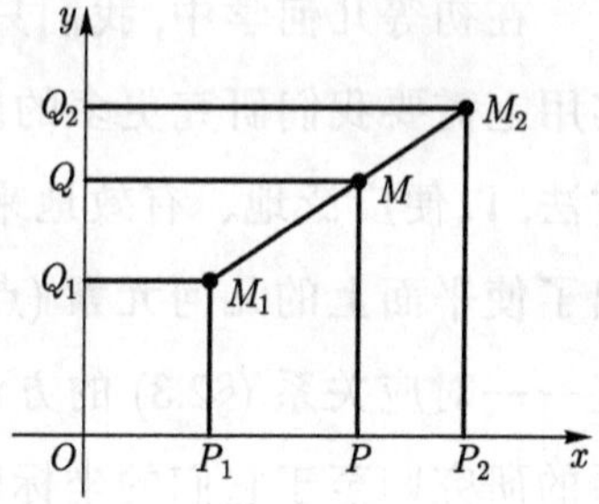

图 2.12

但根据 §2.2 公式 (1) 知

$$P_1P=x-x_1,\quad PP_2=x_2-x,\quad Q_1Q=y-y_1,\quad QQ_2=y_2-y,$$

因此

$$\frac{x-x_1}{x_2-x}=\lambda,\quad \frac{y-y_1}{y_2-y}=\lambda,$$

解出 x、y, 便得分点 M 的坐标公式

$$x=\frac{x_1+\lambda x_2}{1+\lambda},\quad y=\frac{y_1+\lambda y_2}{1+\lambda}.$$

若 $\lambda=1$, 即点 M 为线段 $\overline{M_1M_2}$ 的中点时, 得中点坐标公式

$$x=\frac{x_1+x_2}{2},\quad y=\frac{y_1+y_2}{2}.$$

例 $A(1,2)$ 和 $B(-1,4)$ 为两已知点. 求分线段 $\overline{AB}$ 得比值为 $1:2$ 的点 M 的坐标.

解 $$x_1=1,\quad y_1=2,\quad x_2=-1,\quad y_2=4,\quad \lambda=\frac{1}{2}.$$

$$x=\frac{1+\frac{1}{2}\cdot(-1)}{1+\frac{1}{2}}=\frac{1}{3},\quad y=\frac{2+\frac{1}{2}\cdot 4}{1+\frac{1}{2}}=\frac{8}{3}.$$

§2.7 平面上曲线方程的概念

在初等几何学中, 我们只研究过很少数的曲线: 直线、圆周和折线. 但实用上需要我们研究更多的曲线. 因此我们应该有比初等几何学更完善的方法, 以便广泛地、有效地来研究各种曲线的形状和特性. 自从笛卡儿提出了使平面上的几何元素 (点) 和一对有序的实数 x、y (点的坐标) 之间建立一一对应关系 (§2.3) 的方法之后, 我们就有可能把点的分布中的几何关系的研究归至于它们的坐标间的代数关系的研究. **利用代数来研究几何问题**, 这是一个新的方法, 在 §2.5 — §2.6 中, 我们已初步看到了这方法的运用. 我们将会看到, 这方法对曲线的研究来说, 也是一个好的方法. 这方法是解析几何学的基本方法. 事实上, 所谓 “解析几何学” 就是应用代数方法来研究几何图形的科学.

为了可以用代数方法来研究曲线, 下面来建立平面上的曲线与包含两个变量的方程之间的对应关系.

在解析几何中, 曲线都看做点的几何轨迹. 这就是说, 曲线是一些点的集合, 这些点是有着共同的性质的. 以 x 和 y 表示定曲线上的任何一点关

于某笛卡儿坐标系的坐标, 我们借助于 x 和 y 间的方程来表示曲线上一切点的共同性质. 这样, 便形成了变量坐标 x 与 y 间的方程. 定曲线上任何点的坐标都满足这方程, 而不在曲线上的任何点的坐标则不满足它. 这方程称为该曲线的方程. 方程中所含有的坐标 x 和 y 称为**流动坐标**.

所以凡变量 x 与 y 间的方程为定曲线上的任何点的坐标所满足, 而不在定曲线上的任何一点的坐标都不满足它, 这样的方程称为定曲线的方程.

下面举几个说明建立已知曲线的方程的例子.

例 1 求平分坐标系 xOy 中第 I 和第 III 象限的两直角的直线 (图 2.13 中直线 AB) 的方程.

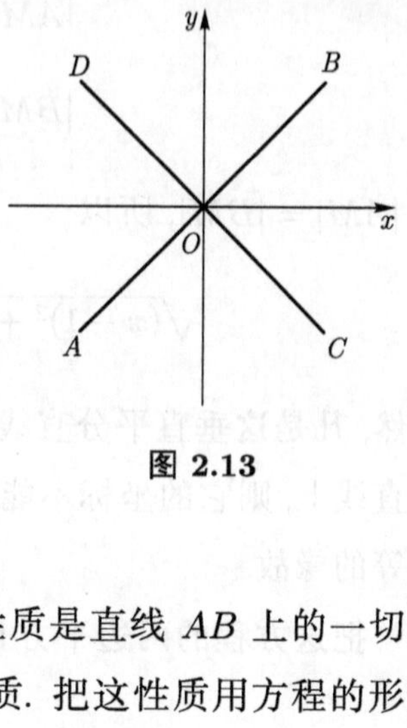

图 2.13

从初等几何知道: 角的平分线是到角的两边有等距离的点的几何轨迹. 所以平分线 AB 上的各点到两坐标轴的距离相等. 因此对于平分线 AB 上的任何点 $M(x,y)$ 成立等式 $|y|=|x|$.

其次, 平分线 AB 上任何点的横标和纵标有相同的符号, 因此横标和纵标相等, 这性质是直线 AB 上的一切点的共同性质, 且只有直线 AB 上的点才有这性质. 把这性质用方程的形式表示为 $x=y$ 或 $x-y=0$. 这就是所求的平分线的方程. 直线 AB 上任何点的坐标都满足这方程, 而不在直线 AB 上的任何点的坐标决不满足这方程.

例 2 求平分坐标系 xOy 中第 II 和第 IV 象限的两直角的直线 (图 2.13 中直线 CD) 的方程.

和前例类似, 直线 CD 上任何点与两坐标轴的距离相等. 但是直线 CD 上的点在第 II 象限时, 有正的纵标和负的横标; 而在第 IV 象限时却相反. 因此这直线上的一切点的共同性质是: 这些点的横标与纵标的绝对值相等

而符号相反:

$$x=-y \text{ 或 } x+y=0,$$

这便是直线 CD 的方程.

例 3 连接两点 $A(1,2)$ 和 $B(-3,4)$ 得一线段 $\overline{AB}$. 求垂直且平分 $\overline{AB}$ 的直线的方程.

从初等几何知道: 所求直线是与点 A 和点 B 距离相等的点的几何轨迹.

设 $M(x,y)$ 为直线上任意一点. 按 §2.5 两点间的距离公式得

$$|AM|=\sqrt{(x-1)^2+(y-2)^2},$$

$$|BM|=\sqrt{(x+3)^2+(y-4)^2}.$$

因 $|AM|=|BM|$, 所以

$$\sqrt{(x-1)^2+(y-2)^2}=\sqrt{(x+3)^2+(y-4)^2}.$$

显然, 凡是这垂直平分直线上的点的坐标是能满足这方程的. 如果点不在这直线上, 则它的坐标不能满足这方程, 这是因为这点与点 A 和点 B 距离不等的缘故.

把这方程的两边平方且化简, 得所求垂直平分线的方程为

$$2x-y+5=0.$$

例 4 一直线平行于 x 轴且在 x 轴的上方, 距 x 轴有 2 单位长的距离. 求这直线的方程.

明显地, 这直线可看做纵标等于 2 的点的几何轨迹, 即

$$y=2 \text{ 或 } y-2=0.$$

这便是所求直线的方程.

例 5 求中心在点 $C(a,b)$, 半径等于 R 的圆的方程.

从圆的定义知道，这圆是和点 C 的距离等于 R 的一动点的几何轨迹. 设 $M(x,y)$ 为圆上任意一点，则

$$|CM| = R.$$

但 $|CM| = \sqrt{(x-a)^2+(y-b)^2}$，因此

$$\sqrt{(x-a)^2+(y-b)^2} = R.$$

两边平方消除根号，得中心为点 (a,b)，半径等于 R 的圆的方程为

$$(x-a)^2+(y-b)^2 = R^2.$$

特别是，若中心为坐标原点，即 $a=b=0$，则圆的方程为

$$x^2+y^2=R^2.$$

上面看到，曲线可由它的点的坐标间的方程来表示. 反过来，变量 x 和 y 间的方程一般说来是表示曲线，这曲线上点的坐标 x 和 y 满足这方程.

两坐标 x 和 y 间的方程 $F(x,y)=0$ 表示一曲线，这曲线是坐标满足这方程的点的几何轨迹.

已知一方程如何作出这方程所表示的曲线？在解析几何学中为了解决这问题而采用的基本方法是**描点法**. 方法是这样的：先设定 x 为某些确定值，把这些值逐一代入方程中算出对应的 y 值（如果设定 y 来计算 x 比较方便的话，当然也可以反过来做）. 这样每一对对应的数值是曲线上一点的坐标. 其次，按已算得的点的坐标把各点描下来. 最后，通过各点作一平滑的曲线. 这种描点法虽然不是一个很完善的方法，但是它是解析几何学中用来作图的一个基本方法，因此，我们还是应该给予充分重视. 下面再举一个具体例子来说明这方法.

例 6　作方程 $y=x^2-2x-3$ 的轨迹.

解　1° 算得对应的数值并列成下表.

2° 描点.

3° 过各点连成曲线 (图 2.14).

x	y	x	y
1	-4	0	-3
2	-3	-1	0
3	0	-2	5
4	5	-3	12
5	12		

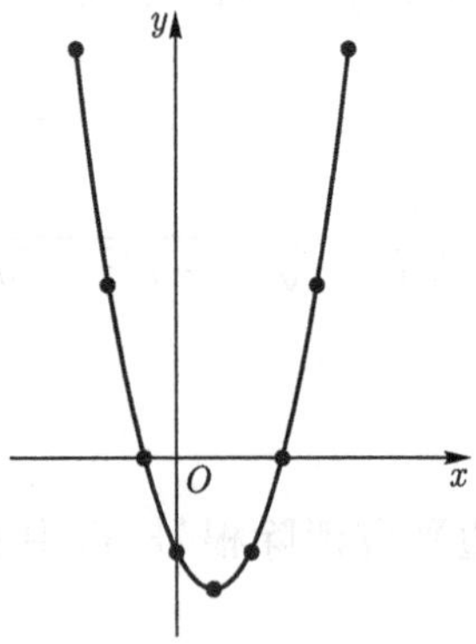

图 2.14

有几种方程的特殊形式值得讨论.

(1) 方程中可能仅含一个变量, 但也确定某曲线. 例如上面例 4 中方程 $y-2=0$ 便确定了一条平行于 x 轴的直线. 方程 $x+1=0$ 确定了一条平行于 y 轴的直线.

(2) 假如方程 $F(x,y)=0$ 的左侧可以分解为几个因子, 那么令各因子分别等于零, 获得几个新的方程, 而每个方程表示某一条曲线. 例如, 方程 $x^2-y^2=0$ 即 $(x+y)(x-y)=0$ 表示一对直线 $x+y=0$ 和 $x-y=0$, 即坐标角的两条平分线.

(3) 方程 $F(x,y)=0$ 所表示的几何轨迹可能是一个或几个孤立点组成的. 例如, 方程 $x^2+y^2=0$ 只表示一点 $O(0,0)$; 方程 $\left(x^2-1\right)^2+\left(y^2-4\right)^2=0$ 所对应的几何轨迹是由四点

$$(1,2),\ (1,-2),\ (-1,2),\ (-1,-2)$$

组成的.

(4) 最后还有一种可能情况: 方程 $F(x,y)=0$ 不表示任何的几何轨迹. 例如方程 $x^2+y^2+1=0$ 不能为任何实数值的坐标 x 和 y 所满足. 这时我们说: 这方程对应于**点的虚轨迹**.

上面所讨论的两类问题就是解析几何的两个基本问题:

I. 作为点的几何轨迹的曲线已知时, 如何建立它的方程.

II. 两坐标 x 和 y 之间的方程已知时, 如何作出它所表示的曲线.

以后我们将对一些比较简单而常用的曲线和方程加以研究.

§2.8　两曲线的交点

设 $f(x,y)=0$ 是曲线 K_1 的方程, $\varphi(x,y)=0$ 是曲线 K_2 的方程, $S(a,b)$ 是 K_1 和 K_2 两曲线的交点.

因为 S 是 K_1 和 K_2 的交点, 所以 S 应该是 K_1 上的点, 同时也是 K_2 上的点. 因此, a、b 应同时满足方程 $f(x,y)=0$ 和 $\varphi(x,y)=0$. 这就是说, a、b 是方程组

$$\begin{cases} f(x,y)=0, \\ \varphi(x,y)=0 \end{cases} \tag{1}$$

的解.

反之, 若 a、b 是方程组 (1) 的实数解, 则以 a、b 为坐标的点 S 必为曲线 K_1 和 K_2 的交点. 因此为了要找两曲线的交点, 必须把两曲线的方程联立成一方程组. 这方程组的每一组实数解给出一交点. 值得注意, 如果解中有不是实数的, 则这一组解并不给出交点, 因为平面上点的坐标总是实数.

例 1　求下列方程所表示的曲线的交点:

$$x-7y+25=0, \quad x^2+y^2=25.$$

解　将所给方程联立得一方程组

$$\begin{cases} x-7y+25=0, \\ x^2+y^2=25. \end{cases}$$

解此方程组得两组解

$$\begin{cases} x=-4, \\ y=3; \end{cases} \quad \begin{cases} x=3, \\ y=4, \end{cases}$$

故所求交点为 $(-4,3),(3,4)$.

例 2 求下列方程所表示的曲线的交点:

$$2x^2+3y^2=35,\quad 3x^2-4y=0.$$

解 将所给方程联立得方程组

$$\begin{cases}2x^2+3y^2=35,\\3x^2-4y=0.\end{cases}$$

解此方程组得四组解

$$\begin{cases}x=2,\\y=3;\end{cases}\quad\begin{cases}x=-2,\\y=3;\end{cases}\quad\begin{cases}x=\dfrac{2}{9}\sqrt{105}i^{\dagger},\\y=-\dfrac{35}{9};\end{cases}\quad\begin{cases}x=-\dfrac{2}{9}\sqrt{105}i,\\y=-\dfrac{35}{9}.\end{cases}$$

$(2,3)$ 和 $(-2,3)$ 是两曲线的交点. 后两组解并不给出交点.

† 现排版用正体 i, 编辑注.

第三章

直线与二元一次方程

在本章中, 我们将确定二元一次方程和直线间的关系, 并研究各种不同形式的直线方程及有关直线的一些问题.

§3.1 过定点有定斜率的直线方程

为了便于确定直线的位置, 下面先来说明直线的斜率这概念, 并讨论如何计算直线的斜率.

设有一直线与 x 轴相交, 交点为 A. P 是在 x 轴上且在 A 点右方的一点, 而 Q 是在直线上且在上半平面的一点. 角 $\alpha = \angle PAQ$ **叫做这直线对于 x 轴的倾角**.

如果直线平行于 x 轴, 则它对于 x 轴的倾角认为等于零. 因此对于任一直线都有 $0 \leqslant \alpha < \pi$ 的关系.

一直线对于 x 轴的倾角的正切, 叫做该直线的斜率. 我们常用 k 表示斜率

$$k = \operatorname{tg} \alpha^{\dagger}.$$

直线的斜率是解析几何学中重要概念之一.

注意, 平行于 x 轴的直线, 其斜率 $= 0$ (因为 $\alpha = 0$); 与 x 轴成锐角的直线 (图 3.1(a)), 其斜率 > 0 (因为锐角的正切是正值); 与 x 轴成钝角的直

† $\operatorname{tg}\alpha$ 表示 α 的正切, 现用 $\tan\alpha$. 编辑注.

线 (图 3.1(b)), 其斜率 <0 (因为钝角的正切是负值). 垂直于 x 轴的直线没有斜率, 因为直角的正切是不存在的.

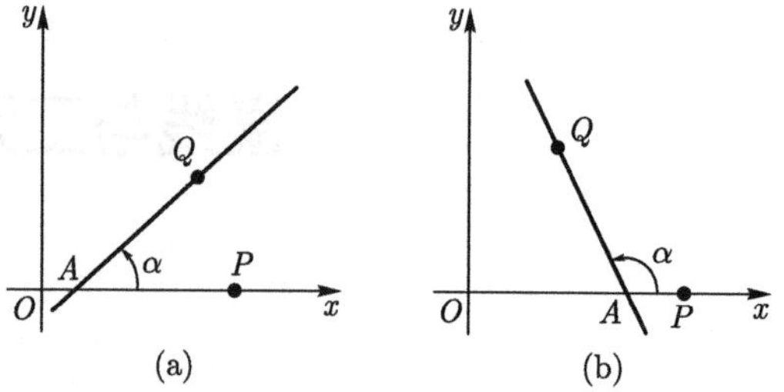

图 3.1

已知一直线通过点 $M_1(x_1,y_1)$ 和点 $M_2(x_2,y_2)$, 问这直线的斜率等于多少?

自 M_1、M_2 向 x 轴引垂线 M_1A、M_2B, 向 y 轴引垂线 M_1C 、M_2D. 延长 CM_1 与 BM_2 相交于 Q (图 3.2), 则

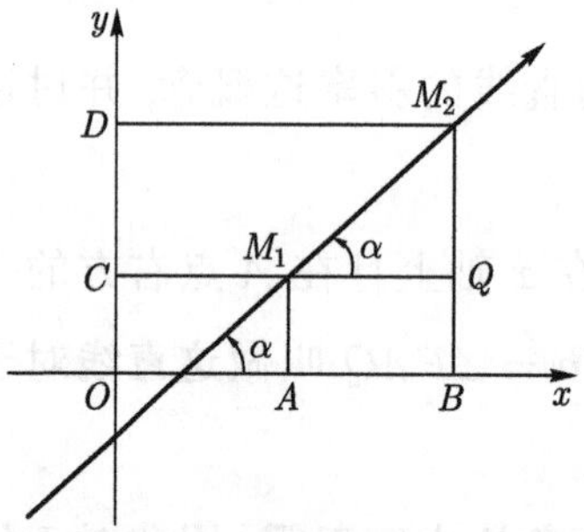

图 3.2

$$k=\operatorname{tg}\alpha=\frac{QM_2}{M_1Q}=\frac{CD}{AB}.$$

但

$$CD=y_2-y_1,\ AB=x_2-x_1,$$

故

$$k=\frac{y_2-y_1}{x_2-x_1}. \tag{1}$$

上面假定 $x_2\neq x_1$. 如果 $x_2=x_1$, 则直线垂直于 x 轴, 因此斜率不存在.

在 (1) 式中 y_2 与 y_1,x_2 与 x_1 可同时互换而不改变斜率 k 的值. 所以由已知直线上两点的坐标来确定直线的斜率时, 哪一点的坐标作 x_1、y_1, 哪一点的坐标作 x_2、y_2 是可以任意的.

现在我们来讨论: 设有一直线, 它的斜率为 k, 且过定点 $M_0(x_0,\ y_0)$, 应怎样建立这直线的方程.

设 $M(x,y)$ 为所设直线上 M_0 外的任意一点 (图 3.3), 则 M 点的坐标必满足下列方程:

$$\frac{y-y_0}{x-x_0}=k. \tag{2}$$

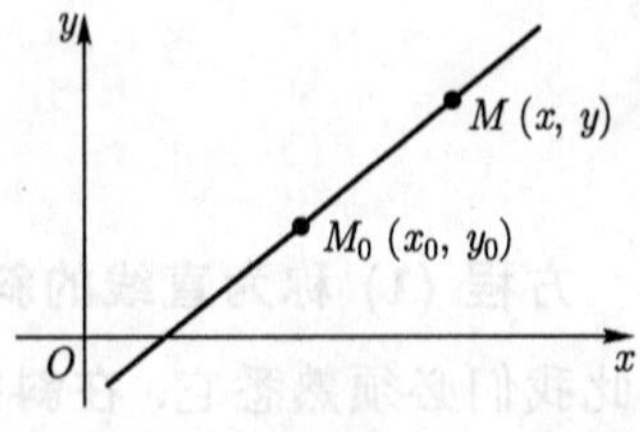

图 3.3

另一方面, 不是所设直线上的点, 一定不能满足方程 (2). 因为不是所设直线上的点与 M_0 连接后所成的直线的斜率, 是不会等于 k 的.

现在已经看到, 所设直线上除了 M_0 外的一切点, 均能满足方程 (2), 而且也只有这种点才能满足方程 (2).

方程 (2) 尚不能作为所设直线的方程, 因为尚有 M_0 这一点的坐标不能满足它. 但是我们注意到: 当 $x\neq x_0$ 时, 方程 (2) 与方程

$$y-y_0=k(x-x_0) \tag{3}$$

是一致的. 当 $x=x_0$ 时, 方程 (2) 没有意义, 而方程 (3) 则给出 $y=y_0$. 这表示在方程 (2) 的轨迹中加入 (x_0,y_0) 这一点, 便是方程 (3) 的轨迹. 因此方程 (3) 是所设直线的方程了.

方程 (3) 称为直线的点斜式方程.

§3.2　直线的斜截式方程

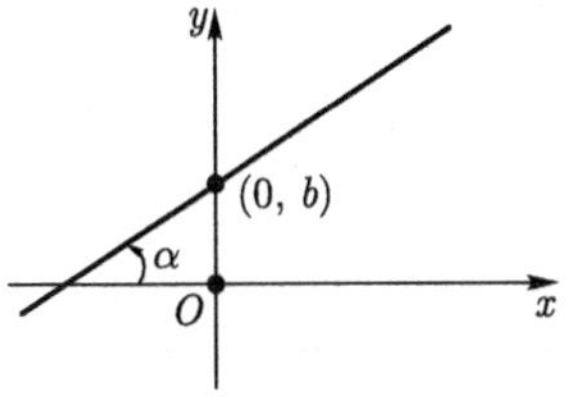

图 3.4

设一直线与 y 轴的交点为 $(0,b)$, 则我们称数 b 为该直线在 y 轴上的截距 (图 3.4). 同样地, 设一直线与 x 轴的交点为 $(a,0)$, 则我们称数 a 为该直线在 x 轴上的截距. 截距可为任何实数, 正的、负的和零都可能.

设有一斜率为 k 的直线, 它在 y 轴上的截距为 b. 建立这直线的方程.

因这直线的斜率为 k 且通过定点 $(0, b)$, 根据直线的点斜式方程得

$$y-b=k(x-0),$$

即

$$y=kx+b. \tag{1}$$

方程 (1) 称为直线的斜截式方程. 直线方程的这一形式是最常用的. 因此我们必须熟悉它. **在斜截式方程中, 等号左侧只有 y 一项, 且 y 的系数为 1 , 等号右侧 x 的系数表示该直线的斜率, 而常数项表示该直线在 y 轴上的截距.**

此外, 还有一点需要说明: 函数 $y=kx+b$ 叫做**线性函数**. 但根据上面的讨论, $y=kx+b$ 表示斜率为 k, 在 y 轴上的截距为 b 的直线的方程. 所以, **线性函数的图形是一条直线**. 特别当 $b=0$ 时, $y=kx$ 表示 x 与 y 是成正比且比例系数为 k 的两个变量, 它的图形是通过原点而斜率为 k 的一条直线.

例 1 已知一直线的斜率为 5 而它在 y 轴上的截距为 $-\frac{2}{3}$, 求该直线的方程.

此地 $b=-\frac{2}{3}, k=5$. 所以所求直线的方程是

$$y=5x-\frac{2}{3}.$$

例 2 已知一直线对于 x 轴的倾角为 $\frac{\pi}{4}$ 且通过原点, 求它的方程.

此地 $b=0, \alpha=\frac{\pi}{4}, k=\operatorname{tg} \alpha=1$. 所以所求直线的方程是

$$y=x.$$

§3.3 直线的两点式方程

设 $M_1(x_1, y_1)$、$M_2(x_2, y_2)$ 为两个不同的点. 建立通过这两点的直线的方程.

若 $x_1 = x_2$, 则直线平行 y 轴, 因此它的方程为 $x = x_1$.

若 $y_1 = y_2$, 则直线平行 x 轴, 因此它的方程为 $y = y_1$.

下面的讨论中, 我们把上面的两种情形除外, 即 $x_1 \neq x_2$ 同时 $y_1 \neq y_2$. 因 $x_1 \neq x_2$, 直线不平行 y 轴. 故直线有确定的斜率, 设为 k. 由 §3.1 公式 (1) 知 $k = \dfrac{y_2 - y_1}{x_2 - x_1}$. 又因直线通过点 (x_1, y_1), 引用直线的点斜式方程得

$$y - y_1 = \frac{y_2 - y_1}{x_2 - x_1}(x - x_1),$$

即

$$\frac{y - y_1}{y_2 - y_1} = \frac{x - x_1}{x_2 - x_1} \tag{1}$$

(1) 式称为直线的两点式方程.

§3.4 直线的截距式方程

设有一直线, 它在 x 轴上的截距为 a, 在 y 轴上的截距为 b, 且 a 和 b 均不为零. 求这直线的方程.

因这直线在 x 轴上的截距为 a, 在 y 轴上的截距为 b, 故知这直线通过 $(a, 0)$ 和 $(0, b)$ 两点. 又因 $a \neq 0, b \neq 0$, 所以可以引用直线的两点式方程. 由此得

$$\frac{y - 0}{b - 0} = \frac{x - a}{0 - a},$$

即

$$\frac{x}{a} + \frac{y}{b} = 1 \tag{1}$$

(1) 式称为直线的截距式方程.

例 化直线方程 $3x - 5y + 15 = 0$ 为截距式并作图. 此直线的截距式方程为

$$\frac{x}{-5} + \frac{y}{3} = 1.$$

图形如图 3.5 所示.

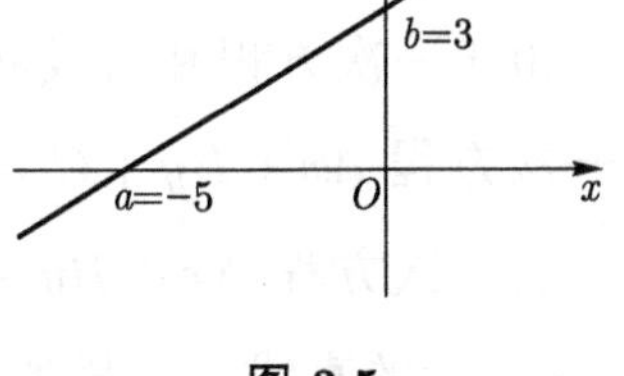

图 3.5

§3.5 直线的一般方程

直线和一次方程之间有着密切的联系. 这种联系可用下面的定理来表达.

定理 任何直线都可用一个含有变量 x 和 y 的一次方程来表示. 反之, 任何含有变量 x 和 y 的一次方程都表示一直线.

证 平面上所有直线可分成这样的两类: 平行于 y 轴的和不平行于 y 轴的.

平行于 y 轴的任一直线, 必和 x 轴相交. 设交点为 $(a,0)$, 则该直线可用一次方程 $x=a$ 表示.

不平行于 y 轴的任一直线, 必可用斜截式表示, 而斜截式也是一次方程. 这就证明了定理的第一部分.

含有变量 x 和 y 的一次方程可写为 $Ax+By+C=0$, 其中 A、B、C 为任意常数, 但 A、B 不能同时为零. 我们用 y 的系数 B 来把所有的一次方程分成两类: $B=0$ 和 $B\neq 0$.

属于 $B=0$ 这一类的一次方程具有形式 $Ax+C=0$. 这里的 $A\neq 0$, 否则 A、B 同时为零了. 但 $Ax+C=0$ 表示一平行于 y 轴的直线, 这直线在 x 轴上的截距为 $-\dfrac{C}{A}$.

$B\neq 0$ 时, $Ax+By+C=0$ 可化为 $y=-\dfrac{A}{B}x-\dfrac{C}{B}$. 与斜截式相比较, 知道后一方程表示一不平行于 y 轴的直线. 这直线的斜率为 $-\dfrac{A}{B}$, 它在 y 轴上的截距为 $-\dfrac{C}{B}$.

定理全部证毕.

由于一次方程和直线间有着定理中所说的那种密切的关系, 因此我们把**一次方程 $Ax+By+C=0$ 叫做直线的一般方程**.

若一次方程 $Ax+By+C=0$ 的系数 A、B、C 中有一个或两个为零时, 所表示的直线是怎样的? 下面我们来讨论这个问题:

1°　$A=0$、$B\neq 0$. $By+C=0$, 即 $y=-\dfrac{C}{B}$. 这方程表示一平行于 x 轴 $(C\neq 0)$ 或与 x 轴重合 $(C=0)$ 的直线.

2°　$A\neq 0$、$B=0$. $Ax+C=0$, 即 $x=-\dfrac{C}{A}$. 这方程表示一平行于 y 轴 $(C\neq 0)$ 或与 y 轴重合 $(C=0)$ 的直线.

3°　$A\neq 0$、$B\neq 0$ 而 $C=0$. $Ax+By=0$. 这方程表示通过原点, 斜率为 $-\dfrac{A}{B}$ 的一条直线.

§3.6　两直线的交角

如图 3.6(a) 及图 3.6(b), 直线 (I) 和 (Ⅱ) 为两已知相交直线. 把直线 (I) 绕交点 S 回转使它第一次合于 (Ⅱ) 时所需要转的角度称为直线 (I) 到直线 (Ⅱ) 的角. 直线 (I) 回转时可按正的方向也可按负的方向, 因此 (I) 到 (Ⅱ) 的角就有正负两个. 这两个角的绝对值之和等于 π†. 因此, 如果 θ_1 是正的, θ_2 是负的, 则有

$$\theta_1-\theta_2=\pi \text{ 或 } \theta_1-\pi=\theta_2, \tag{1}$$

图 3.6(a) 就是这种情形. 反之, 如果 θ_1 是负的, θ_2 是正的, 则有

$$\theta_2-\theta_1=\pi \text{ 或 } \theta_1+\pi=\theta_2, \tag{1'}$$

图 3.6(b) 就是这种情形.

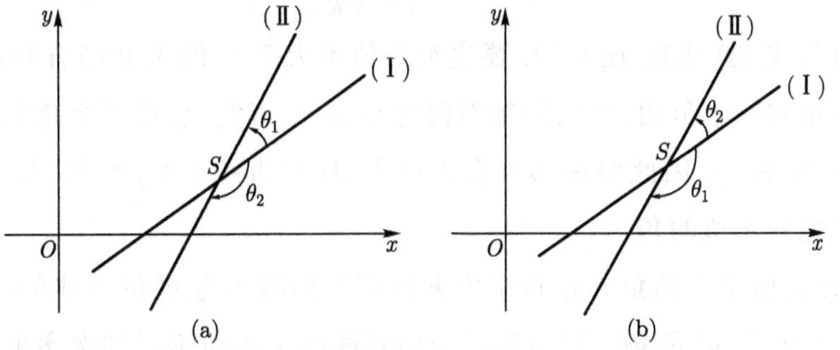

图 3.6

† 现排版用正体 π, 编辑注.

值得注意, 这两个角的正切是相等的, 因为

$$\operatorname{tg}\theta_2=\operatorname{tg}(\theta_1\pm\pi)=\operatorname{tg}\theta_1. \tag{2}$$

求出 θ_1 和 θ_2 中的任一个后, 其他一个也容易得到, 所以下面我们讨论如何求这两个角中的任一个角就够了.

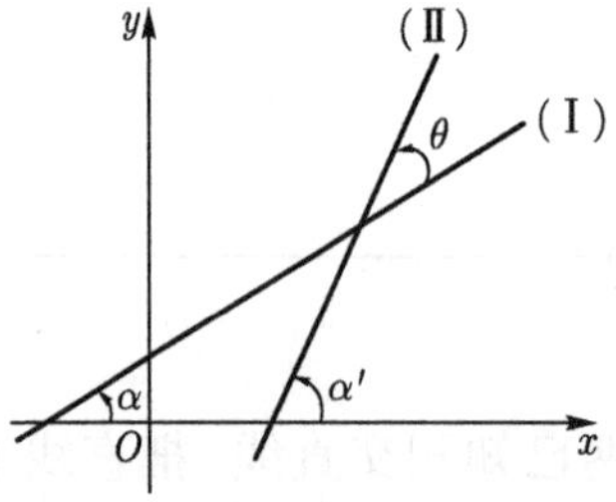

图 3.7

设直线 (I) 的方程为 $y=kx+b$, 直线 (Ⅱ) 的方程为 $y=k'x+b'$. 以 α 表示直线 (I) 对 x 轴的倾角, α' 表示直线 (Ⅱ) 对 x 轴的倾角, θ 表示直线 (I) 到直线 (Ⅱ) 的角 (图 3.7). 于是

$$\alpha+\theta=\alpha',$$

$$\theta=\alpha'-\alpha.$$

如果直线 (I) 和直线 (Ⅱ) 不垂直的话, 则

$$\operatorname{tg}\theta=\operatorname{tg}(\alpha'-\alpha)=\frac{\operatorname{tg}\alpha'-\operatorname{tg}\alpha}{1+\operatorname{tg}\alpha\operatorname{tg}\alpha'}.$$

但

$$\operatorname{tg}\alpha=k,\ \operatorname{tg}\alpha'=k',$$

因此得到

$$\operatorname{tg}\theta=\frac{k'-k}{1+k'k}. \tag{3}$$

由公式 (3) 求得 $\operatorname{tg}\theta$ 后, 要定绝对值不大于 π 的角 θ 尚有两种可能, 一个正角和一个负角, 它们的绝对值之和为 π. 事实上, 这两个角就是前面所说的 θ_1 和 θ_2, 因此照理都可作为直线 (I) 到直线 (Ⅱ) 的角, 但实用上, 照惯例是取正值的角.

(3) 式所定义的角 θ 是斜率为 k 的直线到斜率为 k' 的直线的角 [即直线 (I) 到直线 (Ⅱ) 的角]. 若问题在于两直线的交角而不提到次序来讨论它们, 那么可以随意建立它们的次序. 这就是说, 我们可以随意选定一直线的斜率为 k 而另一直线的斜率为 k' 然后应用公式 (3).

例 求两直线 $y = 2x - 3$ 和 $3x + y - 2 = 0$ 的交角.

若照所给的次序排定两直线的次序, 那么直线 (I) 的斜率 $k = 2$, 直线 (II) 的斜率 $k' = -3$. 按照公式 (3) 得

$$\text{tg}\ \theta = \frac{-3-2}{1+(-3)\cdot 2} = 1,$$

因此

$$\theta = \frac{\pi}{4}$$

§3.7 两直线平行及两直线垂直的条件

设已知两直线的斜率为 k_1 和 k_2. 我们用 α_1 和 α_2 表示这两直线对于 x 轴的倾角. 显然, 只有当 $\alpha_1 = \alpha_2$ 时, 也就是当 $\text{tg}\ \alpha_1 = \text{tg}\ \alpha_2$ 时, 这两条直线才能平行. 但 $\text{tg}\ \alpha_1 = k_1, \text{tg}\ \alpha_2 = k_2$, 所以我们知道: **两直线平行的条件是它们的斜率相等.**

设直线 L_1 及直线 L_2 的方程分别为 $A_1x+B_1y+C_1 = 0$ 及 $A_2x+B_2y+C_2 = 0$. 如果 $A_1 = \mu A_2, B_1 = \mu B_2$, 其中 μ 是不为零的任一常数, 则 L_1 及 L_2 平行. 事实上, 由 $B_1 = \mu B_2$ $(\mu \neq 0)$ 推知, B_1 及 B_2 必同时为零或同时不为零. 当 B_1 及 B_2 同时为零时, 这时 L_1 及 L_2 均平行于 y 轴, 因而彼此平行. 当 B_1 及 B_2 同时不为零时, 这时 L_1 及 L_2 的斜率分别为 $k_1 = -\dfrac{A_1}{B_1}$ 及 $k_2 = -\dfrac{A_2}{B_2}$. 但 $-\dfrac{A_1}{B_1} = -\dfrac{\mu A_2}{\mu B_2} = -\dfrac{A_2}{B_2}$, 故 $k_1 = k_2$, 因而 $L_1 // L_2$. 例如直线 $x - 3y - 7 = 0$ 与直线 $2x - 6y + 5 = 0$ 是平行的, 因 $\mu = \dfrac{1}{2}$.

其次, 如果两直线互相垂直, 则 $\alpha_2 = \alpha_1 \pm \dfrac{\pi}{2}$, 于是

$$k_2 = \text{tg}\ \alpha_2 = \text{tg}\left(\alpha_1 \pm \frac{\pi}{2}\right) = -\text{ctg}\ \alpha_1{}^{\dagger} = -\frac{1}{\text{tg}\ \alpha_1} = -\frac{1}{k_1},$$

由此得 $k_1k_2 = -1$. 所以**两直线垂直的条件是它们的斜率的乘积等于 -1.**

† ctg α 表示 α 的余切, 现用 cot α. 编辑注.

例 1 一直线通过点 $(1,2)$ 且平行于直线 $2x-3y+1=0$, 建立这直线的方程.

因直线 $2x-3y+1=0$ 的斜率 $k_2=\dfrac{2}{3}$, 根据两直线平行的条件知所求直线的斜率 $k_1=\dfrac{2}{3}$. 应用直线的点斜式方程, 所求直线的方程为

$$y-2=\frac{2}{3}(x-1),$$

即

$$2x-3y+4=0.$$

例 2 一直线通过点 $(-1,1)$ 且垂直于直线 $3x-y+2=0$, 建立这直线的方程.

因直线 $3x-y+2=0$ 的斜率 $k_2=3$, 根据两直线垂直的条件, 知所求直线的斜率 $k_1=-\dfrac{1}{3}$. 应用直线的点斜式方程, 所求直线的方程为

$$y-1=-\frac{1}{3}(x+1),$$

即

$$x+3y-2=0.$$

§3.8 点到直线的距离

已知一直线 l 和一定点 $M_1(x_1,y_1)$, 求点 M_1 到直线 l 的距离.

设已知直线 l 的一般方程为

$$Ax+By+C=0. \tag{1}$$

自点 M_1 作 l 的垂直线, 并设垂足 M_2 的坐标为 x_2、y_2.

先设直线 l 不与 y 轴平行 (图 3.8(a)), 此时 $B\neq 0$. 由于 $M_1M_2\perp l$, 所以它们的斜率互成负倒数, 即

$$-\frac{x_2-x_1}{y_2-y_1}=-\frac{A}{B},$$

或

$$\frac{x_2-x_1}{A}=\frac{y_2-y_1}{B}.$$

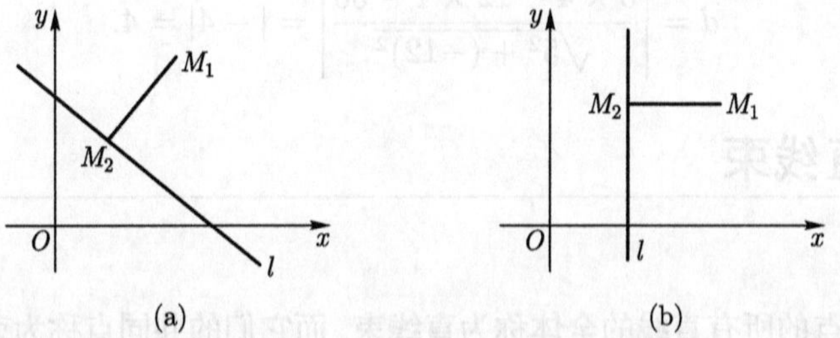

图 3.8

设公比为 r, 则

$$x_2=x_1+Ar,\quad y_2=y_1+Br. \tag{2}$$

因点 M_2 在直线 l 上, 所以它的坐标 x_2、y_2 应满足方程 (1), 故有

$$A(x_1+Ar)+B(y_1+Br)+C=0,$$

从而得

$$r=-\frac{Ax_1+By_1+C}{A^2+B^2}. \tag{3}$$

设点 M_1 到直线 l 的距离为 d, 则

$$d=\sqrt{(x_2-x_1)^2+(y_2-y_1)^2}.$$

把 (2) 代入上式, 并应用 (3), 得所求的距离

$$d=\left|\frac{Ax_1+By_1+C}{\sqrt{A^2+B^2}}\right|. \tag{4}$$

其次, 设直线 l 与 y 轴平行 (图 3.8(b)), 容易直接推得

$$d=\left|x_1+\frac{C}{A}\right|,$$

而当 $B=0$ 时, 公式 (4) 就成为上式, 所以不论直线 l 是否平行于 y 轴, 公式 (4) 都是适用的.

例 求点 $(4,1)$ 到直线 $5x-12y-60=0$ 的距离.

解 应用公式 (4), 所求的距离

$$d=\left|\frac{5\times4-12\times1-60}{\sqrt{5^2+(-12)^2}}\right|=|-4|=4.$$

§3.9 直线束

通过某点的所有直线的全体称为**直线束**, 而它们的共同点称为**束**的中心.

我们已经知道, 通过点 (x_0,y_0) 而斜率为 k 的直线的方程为

$$y-y_0=k\,(x-x_0)\,. \tag{1}$$

如果把方程 (1) 中的 k 看做可能取任何实数值的所谓参数, 那么这方程表达通过点 (x_0,y_0) 的一切直线 (除了平行于 y 轴的一条直线), 因此方程 (1) 表示以点 $(x_0\,,\,y_0\,)$ 为中心的直线束.

直线束的中心有时不是直接知道的, 而是由属于束的两条直线所决定的. 当然, 在这种情况下, 我们可以先找出束的中心 (x_0,y_0) (这就是先计算出两已知直线的交点的坐标), 然后应用 (1) 式写出直线束方程; 但我们也可以不必先计算束的中心的坐标就直接写出直线束的方程. 下面所要研究的就是这种方法.

已知直线束中的两条直线

$$A_1x+B_1y+C_1=0 \text{ 和 } A_2x+B_2y+C_2=0,$$

求直线束的方程.

我们将指出, **方程**

$$A_1x+B_1y+C_1+\lambda\,(A_2x+B_2y+C_2)=0 \tag{2}$$

就是所要求的直线束方程, 其中 λ 表示可取任何实数值的参数.

首先, 我们注意到, 方程 (2) 中 x 的系数 $A_1+\lambda A_2$ 及 y 的系数 $B_1+\lambda B_2$ 不会同时为零. 因为, 如果同时有 $A_1+\lambda A_2=0$ 及 $B_1+\lambda B_2=0$, 则

$A_1 = -\lambda A_2, B_1 = -\lambda B_2$, 这表示所给的两条直线是平行的, 与它们属于同一直线束的假定矛盾. 因方程 (2) 中 x 的系数及 y 的系数不同时为零, 故方程 (2) 关于变量 x 及 y 的确是一次方程, 它对于任何值 λ 必代表直线.

其次, 设已知两直线的交点为 (x_0, y_0), 即 $A_1x_0 + B_1y_0 + C_1 = 0$ 和 $A_2x_0 + B_2y_0 + C_2 = 0$, 则方程 (2) 所表示的直线也一定通过这点 (x_0, y_0), 这是因为

$$A_1x_0 + B_1y_0 + C_1 + \lambda(A_2x_0 + B_2y_0 + C_2) = 0.$$

这样, 无论 λ 取什么实数值, 方程 (2) 都表示属于以点 (x_0, y_0) 做中心的直线束的直线. 最后可证明, 适当地选择方程 (2) 中的 λ 可获得直线束中任一直线的方程.

设 (α, β) 是平面上的任意点. 由方程 (2) 所代表的直线要通过这点, 其条件是 (α, β) 要满足方程 (2), 就是当

$$A_1\alpha + B_1\beta + C_1 + \lambda(A_2\alpha + B_2\beta + C_2) = 0$$

的时候. 由此得知, 取

$$\lambda = -\frac{A_1\alpha + B_1\beta + C_1}{A_2\alpha + B_2\beta + C_2},$$

代入方程 (2) 便可获得通过任意选定点 (α, β) 的直线方程.

若点 (α, β) 在直线 $A_2x + B_2y + C_2 = 0$ 上, 那么参数 λ 就不能够选定, 而且只限于这种场合 λ 才不能选定. 因此使方程 (2) 中的 λ 取一切实数值时, 便表示直线束的一切直线, 但直线 $A_2x + B_2y + C_2 = 0$ 是唯一的例外.

例 一直线通过两相交直线 $2x - 3y - 1 = 0$ 和 $3x - y - 2 = 0$ 的交点且垂直于直线 $y = x$. 建立这直线的方程.

所求直线的方程可写做形式

$$2x - 3y - 1 + \lambda(3x - y - 2) = 0.$$

或

$$(2 + 3\lambda)x + (-3 - \lambda)y - 1 - 2\lambda = 0. \tag{3}$$

由方程 (3) 所表示的直线, 它的斜率是

$$k=\frac{2+3\lambda}{3+\lambda}.$$

要所求直线垂直于直线 $y=x$, 必须置 $k=-1$. 这时得

$$\frac{2+3\lambda}{3+\lambda}=-1,$$

于是

$$2+3\lambda=-3-\lambda,\quad 4\lambda=-5,\quad \lambda=-\frac{5}{4}.$$

把所求到的值 λ 代入方程 (3) 并化简, 便获得所求直线的方程为

$$7x+7y-6=0.$$

第四章

圆锥曲线与二元二次方程

在笛卡儿坐标系下, 由二元二次方程

$$Ax^2+Bxy+Cy^2+Dx+Ey+F=0 \tag{1}$$

所确定的曲线, 称为**二次曲线**. 这类曲线也称为**圆锥曲线**[①]. 方程 (1) 叫做**一般二次方程**. 如果给方程 (1) 中的系数 A、B、C、D、E、F 以各种不同的数值 (但 A、B、C 中至少有一个不等于零, 否则它就不是二次方程了), 便可得到各种不同的二次曲线.

在本章中, 我们将研究三种二次曲线: 椭圆 (圆可看做是椭圆的特例)、双曲线和抛物线. 此外, 我们将讨论利用坐标变换来简化二次方程的方法.

§4.1 圆的一般方程

在 §2.7 中已经看到, 中心在 (a,b)、半径为 R 的圆的方程是

$$(x-a)^2+(y-b)^2=R^2. \tag{1}$$

将方程 (1) 中的括弧展开并移项, 得

$$x^2+y^2-2ax-2by+(a^2+b^2-R^2)=0. \tag{2}$$

如果令

① 如果用不通过正圆锥面的顶点的平面去截正圆锥面, 则所得的截痕就是这类二次曲线.

$$D = -2a, \quad E = -2b, \quad F = a^2 + b^2 - R^2,$$

则方程 (2) 就成为

$$x^2 + y^2 + Dx + Ey + F = 0. \tag{3}$$

方程 (3) 称为**圆的一般方程**.

由方程 (3) 看到, 圆是由二次方程表示的. 但反过来, 并不是任何二次方程都表示圆. 实际上, 从方程 (3) 我们看到, **在圆的方程中, 关于坐标平方项 x^2 和 y^2 的两系数相等, 而坐标的乘积项 xy 的系数等于零**. 反过来说, 如果一个二次方程满足这两条件 (x^2 和 y^2 的系数相等而项 xy 消失), 那么一般地说, 这方程表示一个圆, 因为用 x^2 项的系数来除, 就可把原方程化成形式 (3) 的缘故. 在特殊情况下, 具有这两条件的二次方程也会表示零半径的圆 (就是一点) 或者虚圆.

所以按已知的二次方程的形状, 我们可以判别它是否表示圆. 例如, 方程

$$x^2 + y^2 - 2x + 4y - 4 = 0$$

表示圆; 这是因为, 在这方程里坐标平方项的系数相等, 且坐标乘积项消失. 如果希望绘出这圆的话, 我们必须先决定它的中心的坐标和半径的大小. 为此, 我们将已知方程化成方程 (1) 的形式:

$$x^2 - 2x + 1 + y^2 + 4y + 4 = 4 + 1 + 4,$$

$$(x-1)^2 + (y+2)^2 = 3^2.$$

把最后的方程与圆的方程 (1) 比较, 便看出 $a = 1, b = -2, R = 3$. 所以圆的中心是点 $(1, -2)$ 而圆的半径等于 3. 从此, 我们就可以用圆规作出这个圆.

§4.2 椭圆及其标准方程

与两定点的距离之和等于定量的点的轨迹称为椭圆 (这定量必须大于两定点间的距离). 两定点称为**椭圆的焦点**.

为了建立椭圆的方程, 我们来设立坐标系. 用 F, F' 表示焦点. 把通过 F', F 的直线作为 x 轴, 线段 $\overline{F'F}$ 的中点作为坐标原点. 设 $|F'F| = 2c$, 则 F 及 F' 的坐标顺次为 $(c, 0)$ 及 $(-c, 0)$ (图 4.1).

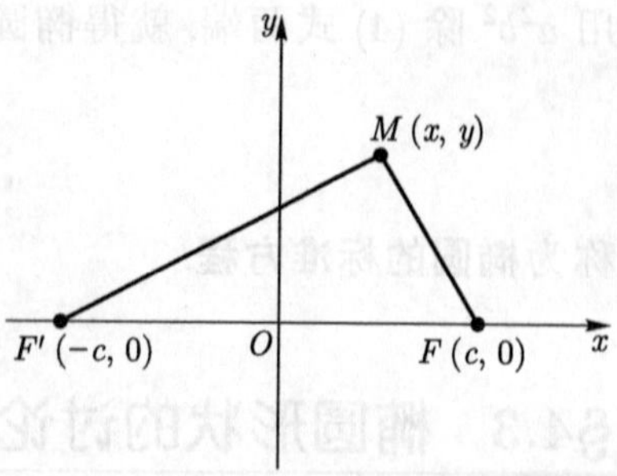

图 4.1

设 $M(x, y)$ 为椭圆上任意一点, 则

$$|FM| = \sqrt{(x-c)^2 + y^2},$$

$$|F'M| = \sqrt{(x+c)^2 + y^2}.$$

按椭圆的定义, 和 $|FM| + |F'M|$ 是一定量. 以 $2a$ 表示这定量, 就得

$$|FM| + |F'M| = 2a$$

即

$$\sqrt{(x-c)^2 + y^2} + \sqrt{(x+c)^2 + y^2} = 2a. \tag{1}$$

为了使所得的椭圆方程取最简形式, 必须消去方程 (1) 中的根号, 因此我们作下面一系列的运算:

$$\sqrt{(x-c)^2 + y^2} = 2a - \sqrt{(x+c)^2 + y^2},$$

$$x^2 - 2cx + c^2 + y^2 = 4a^2 - 4a\sqrt{(x+c)^2 + y^2} + x^2 + 2cx + c^2 + y^2,$$

$$cx + a^2 = a\sqrt{(x+c)^2 + y^2},$$

$$c^2x^2 + 2a^2cx + a^4 = a^2\left(x^2 + 2cx + c^2 + y^2\right),$$

$$\left(a^2 - c^2\right)x^2 + a^2y^2 = a^2\left(a^2 - c^2\right). \tag{2}$$

因 $|FM| + |F'M| > |F'F|$, 即 $2a > 2c, a > c$; 故 $a^2 - c^2$ 为一正数. 我们用 b^2 表示这正数, 即

$$b^2 = a^2 - c^2. \tag{3}$$

用 (3) 式代入 (2) 式得

$$b^2x^2 + a^2y^2 = a^2b^2. \tag{4}$$

用 a^2b^2 除 (4) 式两端, 就得椭圆的方程

$$\frac{x^2}{a^2}+\frac{y^2}{b^2}=1, \tag{5}$$

称为**椭圆的标准方程**.

§4.3 椭圆形状的讨论

下面我们来讨论, 由方程

$$\frac{x^2}{a^2}+\frac{y^2}{b^2}=1 \tag{1}$$

所表示的椭圆的形状是怎样的.

方程 (1) 可写为

$$y=\pm\frac{b}{a}\sqrt{a^2-x^2}. \tag{2}$$

方程 (2) 表明, 作为椭圆上的点, 它的横标必须满足关系 $x^2\leqslant a^2$, 即 $-a\leqslant x\leqslant a$. 因只有当 x 取得这样的数值时, 对应的纵标 y 才为实数, 而平面上才确实有对应的点存在. 作平行于 y 轴的直线 PQ 及 RS, 它们的方程顺次为 $x=a$ 及 $x=-a$. 则上面的讨论表明, 椭圆上的点, 不会在直线 PQ 的右方, 也不会在直线 RS 的左方. 将方程 (1) 写为

$$x=\pm\frac{a}{b}\sqrt{b^2-y^2}. \tag{3}$$

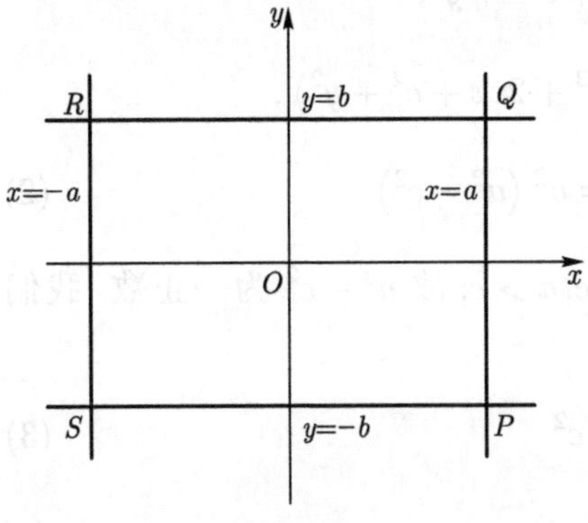

图 4.2

作平行于 x 轴的直线 RQ 及 SP, 它们的方程分别为 $y=b$ 及 $y=-b$. 经相仿的讨论, 我们可以肯定, 椭圆上的点, 不会在直线 RQ 的上方, 也不会在直线 SP 的下方. 综合两方面的讨论, 得出结论: 椭圆上的点, 不会在矩形 $PQRS$ 的外部 (图 4.2).

方程 (1) 中仅含变量 y 的偶次幂. 因此, 若 $M_1(x_1, y_1)$ 是椭圆上的点, 则 $M_2(x_1, -y_1)$ 也是椭圆上的点. 因为, 若 x_1、y_1 满足方程 (1), 则 x_1、$-y_1$ 也满足方程 (1). 但 (x_1, y_1) 与 $(x_1, -y_1)$ 是对称于 x 轴的点; 由此可知, 该椭圆是以 x 轴为对称轴的. 同样, 因方程 (1) 仅含变量 x 的偶次幂. 因此, 若 $M_1(x_1, y_1)$ 是椭圆上的点, 则 $M_3(-x_1, y_1)$ 也是椭圆上的点. 但 (x_1, y_1) 与 $(-x_1, y_1)$ 是对称于 y 轴的点; 由此可知, 该椭圆也以 y 轴为对称轴. 又方程 (1) 中同时仅含变量 x 的偶次幂和变量 y 的偶次幂, 因此, 若 $M_1(x_1, y_1)$ 是椭圆上的点, 则 $M_4(-x_1, -y_1)$ 也是椭圆上的点. 但 $M_1(x_1, y_1)$ 与 $M_4(-x_1, -y_1)$ 是对称于坐标原点 O 的; 由此, 该椭圆也对称于坐标原点 O.

椭圆有两对称轴. 焦点所在的对称轴称为**焦点轴**. 两对称轴的交点, 称为椭圆的**中心**. 对称轴与椭圆的交点称为椭圆的**顶点**. 由方程 (1) 所表示的椭圆, 它的对称轴合于 x 轴和 y 轴, 焦点轴合于 x 轴, 它的中心即坐标原点, 它的顶点为 $A(a, 0)$、$A'(-a, 0)$、$B(0, b)$、$B'(0, -b)$. 因为在方程 (3) 中令 $y = 0$, 便得着 $x = \pm a$, 在方程 (2) 中令 $x = 0$, 便得着 $y = \pm b$. 焦点轴上两顶点间的线段 $A'A$ 称为椭圆的**长轴**. 另一对称轴上两顶点间的线段 $B'B$ 称为椭圆的**短轴**. 长轴的长 $|A'A| = 2a$, 短轴的长 $|B'B| = 2b$. **量 a 和 b 顺次称为椭圆的长半轴和短半轴.**

椭圆的对称性大大地减轻了我们作图的工作. 例如, 我们先作出方程 (1) 在第 I 象限中 $(x \geqslant 0, y \geqslant 0)$ 的图形, 再根据对称性, 便可获得整个椭圆的形状了. 为此, 我们取

$$y = +\frac{b}{a}\sqrt{a^2 - x^2}. \tag{4}$$

当 x 从 0 增加到 a 时, y 相应地从 b 减少到 0. 如此我们得到图 4.3 中 BA 这一段曲线. 再由椭圆的对称性, 便获得了整个椭圆的形状如图 4.3 所示.

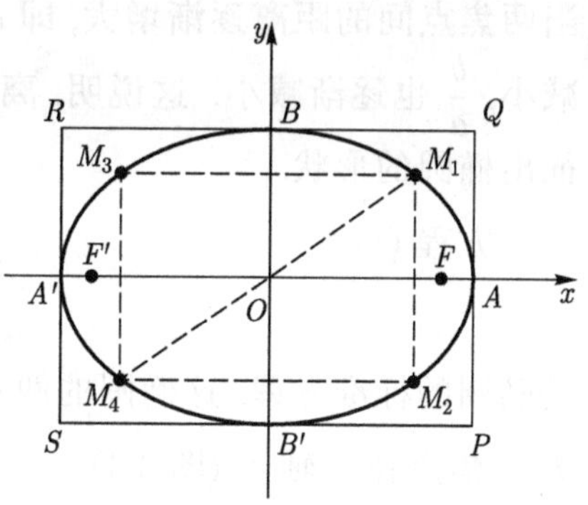

图 4.3

比值 $\dfrac{c}{a}$ 称为椭圆的**离心率**, 通常以 e 表示:

$$e=\frac{c}{a}. \tag{5}$$

这里 a 是长半轴, c 是椭圆中心到任意一个焦点的距离. 因 $c<a$, 所以 $e<1$, 也就是: **每一个椭圆的离心率必小于** 1. 由 (5) 式和 §4.2 的 (3) 式得

$$e^2=\frac{c^2}{a^2}=\frac{a^2-b^2}{a^2}=1-\left(\frac{b}{a}\right)^2;$$

由此得

$$e=\sqrt{1-\left(\frac{b}{a}\right)^2}$$

和

$$\frac{b}{a}=\sqrt{1-e^2}.$$

当两焦点重合, 即 $c=0$ 时, $e=0, b=a$. 这时方程 (1) 变为

$$\frac{x^2}{a^2}+\frac{y^2}{a^2}=1, \tag{6}$$

即

$$x^2+y^2=a^2.$$

方程 (6) 表示以坐标原点为中心, 半径为 a 的圆. 所以说, 圆是椭圆的特例. 当两焦点间的距离逐渐增大, 即 c 增大, 则离心率 e 也增大, 而 $1-e^2$ 逐渐减小, $\dfrac{b}{a}$ 也逐渐减小. 这说明, **离心率愈大, 则椭圆愈扁平**. 所以离心率表征出椭圆的形状.

方程 (1)

$$\frac{x^2}{a^2}+\frac{y^2}{b^2}=1$$

是椭圆的标准方程. 这椭圆的两对称轴是 x 轴和 y 轴. 长半轴为 a, 短半轴为 b, 焦点在 x 轴上 (图 4.4).

若椭圆仍以两坐标轴为对称轴, 长半轴仍为 a, 短半轴仍为 b, 但焦点在 y 轴上, 则椭圆的标准方程为

$$\frac{x^2}{b^2}+\frac{y^2}{a^2}=1. \tag{7}$$

方程 (7) 是将方程 (1) 中的变量 x 和 y 互相交换所得到的 (图 4.5).

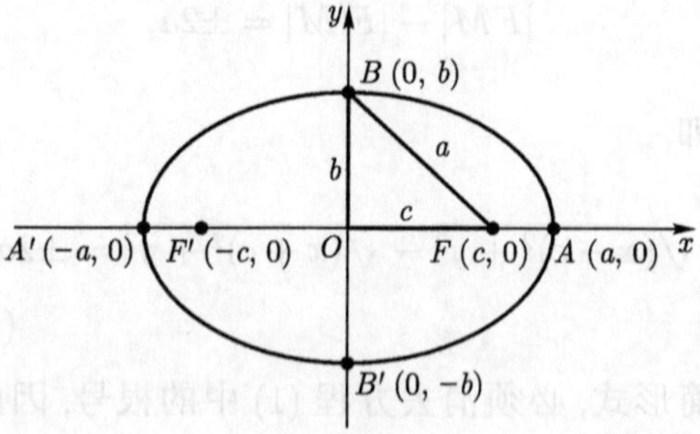

图 4.4

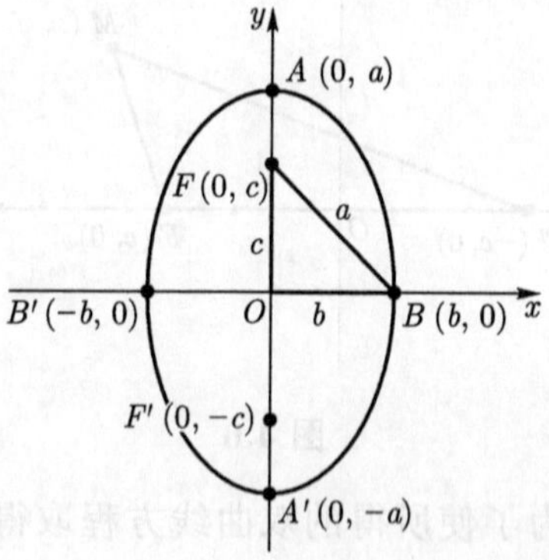

图 4.5

例 设有椭圆, 它的中心在原点, 焦点在 y 轴上, 并且 $c=4, e=0.8$, 试求这个椭圆的方程.

解 由 $e=\dfrac{4}{a}=0.8$, 得 $a=5$. 又

$$b^2=a^2-c^2=25-16=9,$$

得 $b=3$. 代入标准方程 (7), 得所求的椭圆方程为

$$\frac{x^2}{9}+\frac{y^2}{25}=1.$$

§4.4 双曲线及其标准方程

与两定点的距离之差等于定量的点的轨迹称为双曲线. 这两定点称为双曲线的焦点.

为了建立双曲线的方程, 像 §4.2 那样来设立坐标系. 用 F' 及 F 表示焦点. 把通过 $F'F$ 的直线作为 x 轴, 线段 $\overline{F'F}$ 的中点作为坐标原点. 设 $|F'F|=2c$, 则 F' 及 F 的坐标顺次为 $(-c,0)$ 及 $(c,0)$ (图 4.6).

设 $M(x,y)$ 为双曲线上任意一点, 则

$$|FM|=\sqrt{(x-c)^2+y^2},\quad |F'M|=\sqrt{(x+c)^2+y^2},$$

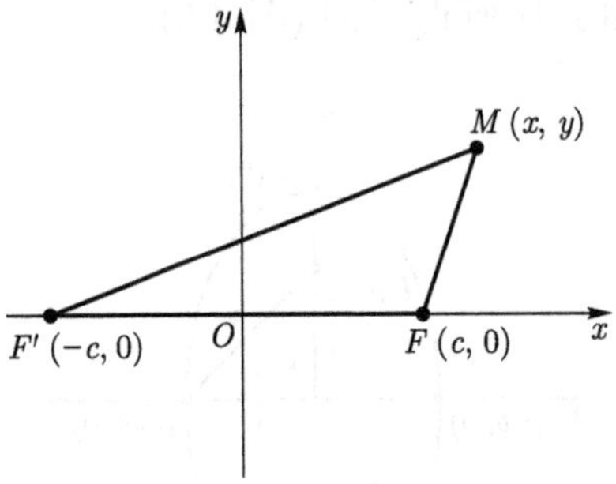

图 4.6

按双曲线的定义, $|FM|$ 与 $|F'M|$ 的差是一定量. 以 $2a$ 表这定量, 就得 (图 4.6)

$$|FM|-|F'M|=\pm 2a,$$

即

$$\sqrt{(x-c)^2+y^2}-\sqrt{(x+c)^2+y^2}=\pm 2a. \tag{1}$$

为了使所得的双曲线方程取得最简形式, 必须消去方程 (1) 中的根号, 因此我们作下面的一系列的运算:

$$\sqrt{(x-c)^2+y^2}=\pm 2a+\sqrt{(x+c)^2+y^2},$$

$$x^2-2cx+c^2+y^2=4a^2\pm 4a\sqrt{(x+c)^2+y^2}+x^2+2cx+c^2+y^2,$$

$$cx+a^2=\pm a\sqrt{(x+c)^2+y^2},$$

$$c^2x^2+2a^2cx+a^4=a^2\left(x^2+2cx+c^2+y^2\right),$$

$$\left(a^2-c^2\right)x^2+a^2y^2=a^2\left(a^2-c^2\right). \tag{2}$$

因 $|F'F|+|F'M|>|FM|, |F'F|>|FM|-|F'M|$, 即 $2c>2a, c>a$; 故 c^2-a^2 为一正数. 我们用 b^2 表示这正数, 即

$$b^2=c^2-a^2. \tag{3}$$

用 (3) 式代入 (2) 式并变号得

$$b^2x^2-a^2y^2=a^2b^2. \tag{4}$$

用 a^2b^2 除 (4) 式的两端, 就得双曲线的方程

$$\frac{x^2}{a^2}-\frac{y^2}{b^2}=1, \tag{5}$$

称为**双曲线的标准方程**.

§4.5 双曲线形状的讨论

下面我们来讨论, 由方程

$$\frac{x^2}{a^2}-\frac{y^2}{b^2}=1 \tag{1}$$

所表示的双曲线的形状是怎样的. 这种讨论和 §4.3 中的讨论相仿, 因此下面说得比较简略些.

方程 (1) 可写为

$$y=\pm\frac{b}{a}\sqrt{x^2-a^2}, \tag{2}$$

或

$$x=\pm\frac{a}{b}\sqrt{y^2+b^2}. \tag{3}$$

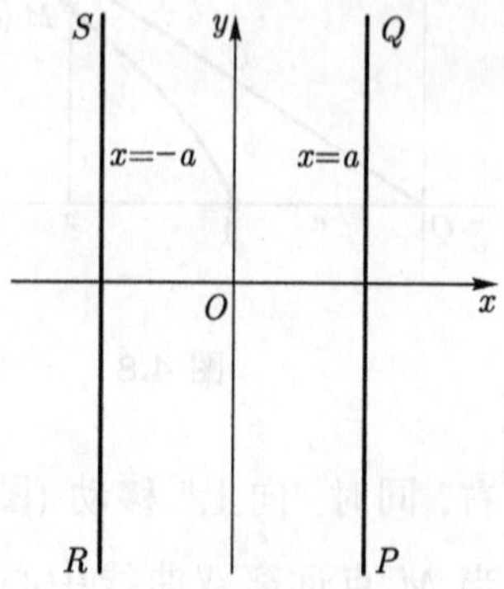

图 4.7

方程 (2) 指出, 作为双曲线上的点, 它的横坐标必须满足关系式 $x^2\geqslant a^2$, 即 $x\leqslant -a$ 及 $x\geqslant a$. 作平行于 y 轴的直线 PQ 及 RS, 它们的方程顺次为 $x=a$ 及 $x=-a$. 双曲线上的点, 不会在直线 PQ 与 RS 之间. 方程 (3) 表明, y 可取任何实数值 (图 4.7).

方程 (1) 中仅含变量 y 的偶次幂及变量 x 的偶次幂, 因此该双曲线是对称于 x 轴, 对称于 y 轴并对称于坐标原点的.

双曲线有两对称轴. 焦点所在的对称轴称为**焦点轴**. 两对称轴的交点称为双曲线的**中心**. 对称轴与双曲线的交点称为双曲线的**顶点**. 由方程 (1) 所表示的双曲线, 它的对称轴合于 x 轴和 y 轴, 焦点轴合于 x 轴, 它的中心即坐标原点, 它的顶点为 $A(a,0)$、$A'(-a,0)$. 因为在方程 (3) 中令 $y=0$, 便得 $x=\pm a$. 双曲线的顶点在焦点轴上. 双曲线与另一对称轴没有交点. 因在方程 (2) 中令 $x=0$, 得 $y=\pm b\sqrt{-1}$. 这表明, 双曲线与另一对称轴的交点是虚的. 按照这事实, 与双曲线相交的对称轴称为实的对称轴 (亦即焦点轴); 与双曲线不相交的对称轴称为虚的对称轴. 实的对称轴上两顶点间的

线段 $A'A$ 称为双曲线的**实轴**. 实轴的长 $|A'A| = 2a$. 在虚的对称轴上, 从中心 O 截取线段 OB 和 OB', 它们的长都等于 b, 则线段 $B'B$ 称为双曲线的**虚轴**. 虚轴的长 $|B'B| = 2b$. **量 a 和 b 顺次称为双曲线的实半轴和虚半轴**.

让我们来作方程 (1) 所表示的双曲线. 由于双曲线的对称性, 我们先作双曲线在第 I 象限的一部分; 再利用对称性便可得到整个的双曲线.

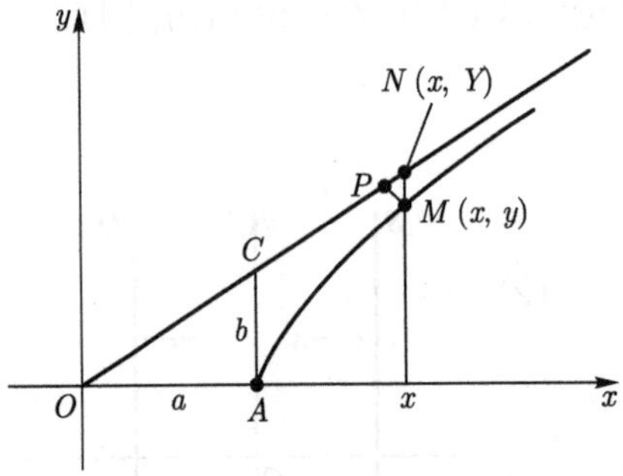

图 4.8

在第 I 象限中, $x \geqslant 0, y \geqslant 0, x$ 和 y 之间的关系由

$$y = +\frac{b}{a}\sqrt{x^2 - a^2}$$

所确定. 当 $0 \leqslant x < a$ 时, y 一直保持虚数. 取 $x = a$, 得 $y = 0$. 所以点 $A(a, 0)$ 是图形上最左边的点. 当 x 从 a 起逐渐增大, 相应的 y 从 0 起随着逐渐增大. 这表明, 图形上的点 M 随着 x 的增大而 "向右" 同时 "向上" 移动 (图 4.8). 为了进一步认识 M 点移动的情形, 特别是当 M 点远离双曲线中心时移动的情形, 我们将方程 $y = +\frac{b}{a}\sqrt{x^2 - a^2}$ 和直线方程 $Y = \frac{b}{a}x$ 来作比较研究. 容易看出, 这直线通过原点, 斜率 $m = \frac{b}{a}$. 作直角三角形 OAC, 使 $|OA| = a, |AC| = b$, 把斜边 OC 延长便是这直线. 取任意数值 $x(x \geqslant a)$, 并研究双曲线上的点 $M(x, y)$ 和直线上的点 $N(x, Y)$. 因对于同一个 $x(x \geqslant a)$, 恒有 $Y > y$[①], 因此点 M 总在点 N 的下方. 点 M 和 N 的距离 $|MN| = Y - y$. 但

$$\begin{aligned} Y - y &= \frac{b}{a}\left(x - \sqrt{x^2 - a^2}\right) \\ &= \frac{b}{a}\frac{\left(x - \sqrt{x^2 - a^2}\right)\left(x + \sqrt{x^2 - a^2}\right)}{x + \sqrt{x^2 - a^2}} = \frac{ab}{x + \sqrt{x^2 - a^2}}. \end{aligned} \tag{4}$$

由 (4) 式看出, x 从 a 起逐渐增大时, 分母增大; 但分子为常量, 因此 $Y - y$, 亦即点 M 和 N 间的距离逐渐减小. 我们用 P 表示从点 M 向直线 $Y = \frac{b}{a}x$

① $Y = +\frac{b}{a}x = \frac{b}{a}\sqrt{x^2} > +\frac{b}{a}\sqrt{x^2 - a^2} = y$.

所作垂线的垂足, 那么, $|MP|$ 便是点 M 到这一条直线上的距离. 显然, $|MP| < |MN|$. 因此, 当 x 从 a 起逐渐增大时, 双曲线 (由方程 (1) 所表示的) 上的点 M (在第 I 象限) 到直线 $y = \frac{b}{a}x$ 的距离是越来越减小的. 由于这事实, **我们称直线 $y = \frac{b}{a}x$ 是双曲线 $\frac{x^2}{a^2} - \frac{y^2}{b^2} = 1$ 的渐近线**. 现在我们再利用双曲线的对称性, 便得到由方程 (1) 所表示的双曲线的整个形状如图 4.9 所示. 图中的矩形 $CC'D'D$ 称为**双曲线的基本矩形**. **基本矩形的对角线即双曲线的渐近线**. 渐近线相交于双曲线的中心. 基本矩形的边平行于双曲线的两对称轴, 边长分别为 $2a$ 和 $2b$, a 和 b 顺次为双曲线的实半轴和虚半轴.

将方程 (1) 中的变量 x 和 y 互相交换, 便得

$$\frac{y^2}{a^2} - \frac{x^2}{b^2} = 1. \tag{5}$$

方程 (5) 表示一双曲线, 这双曲线的焦点轴与 y 轴重合, 中心即坐标原点, 实半轴为 a, 虚半轴为 b, 顶点为 $A(0,a), A'(0,-a)$. 这双曲线的形状如图 4.10 所示.

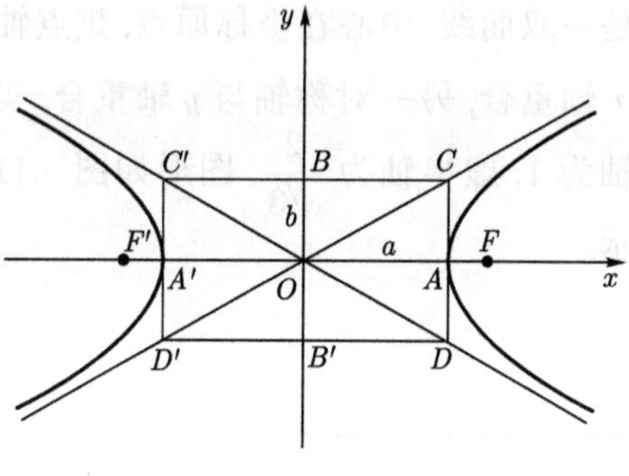

图 4.9

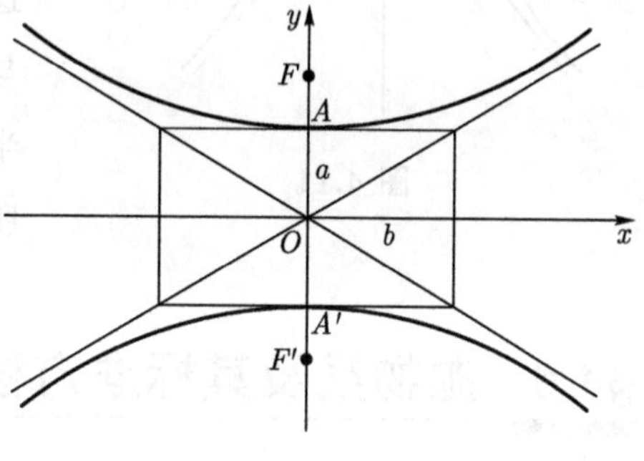

图 4.10

最后我们来讨论一下双曲线的离心率, 因为它与双曲线的形状有着密切的联系. 我们仍定义比值 $\frac{c}{a}$ 为双曲线的离心率; 其中 c 表示双曲线中心到任一焦点间的距离, a 为实半轴. 通常以 e 表示离心率, 故

$$e = \frac{c}{a}. \tag{6}$$

因 $c > a$, 所以 $e > 1$, 也就是: **双曲线的离心率必大于 1**. 由 (6) 式和 §4.4 中 (3) 式得

$$e^2 = \frac{c^2}{a^2} = \frac{a^2+b^2}{a^2} = 1 + \left(\frac{b}{a}\right)^2;$$

由此得

$$e = \sqrt{1+\left(\frac{b}{a}\right)^2} \quad 和 \quad \frac{b}{a} = \sqrt{e^2-1}.$$

离心率愈小, 也就是愈接近于 1, 则 e^2-1 也愈小, 所以, 比值 $\dfrac{b}{a}$ 也愈小; 这就是说, **双曲线的离心率愈小, 则它的基本矩形在焦点轴方向愈伸长**.

例 作方程 $4x^2 - 3y^2 - 4 = 0$ 的图形.

解 $4x^2 - 3y^2 - 4 = 0$ 可化为

$$\frac{x^2}{1^2} - \frac{y^2}{\left(\dfrac{2}{\sqrt{3}}\right)^2} = 1.$$

这是一双曲线, 中心在坐标原点, 焦点轴与 x 轴重合, 另一对称轴与 y 轴重合, 实半轴为 1, 虚半轴为 $\dfrac{2}{\sqrt{3}}$. 图形如图 4.11 所示.

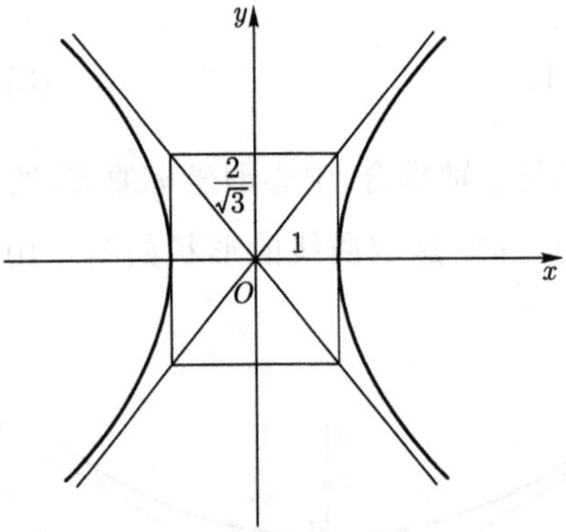

图 4.11

§4.6 抛物线及其标准方程

与一定点和一定直线等距离的点的轨迹称为抛物线. 定点称为**抛物线的焦点**, 定直线称为**抛物线的准线** (假定定点不在定直线上).

设焦点为 F, 把通过 F 且垂直于准线的直线作为 x 轴 (从准线向焦点的方向取为它的正向). 设 x 轴与准线的交点为 D, 取线段 $\overline{DF}$ 的中点作为坐标原点. 焦点到准线间的距离通常用 p 来表示.

在这样选定的坐标系中, 焦点 F 的坐标为 $\left(\frac{p}{2},0\right)$, 准线的方程为 $x=-\frac{p}{2}$(图 4.12). 设 $M(x,y)$ 为抛物线上任意一点. 从 M 向准线作垂线, 它的垂足 Q 的坐标应该是 $\left(-\frac{p}{2},y\right)$. 按两点间距离的公式得

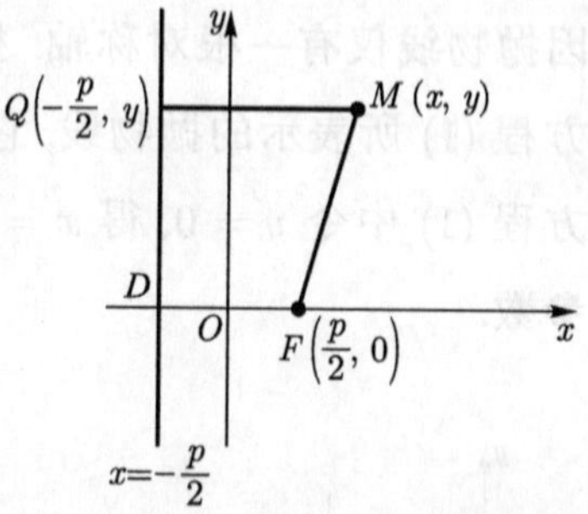

图 4.12

$$|FM|=\sqrt{\left(x-\frac{p}{2}\right)^2+y^2},$$

$$|QM|=\sqrt{\left(x+\frac{p}{2}\right)^2}.$$

按抛物线的定义, 得在所选定的坐标系下抛物线的方程

$$\sqrt{\left(x-\frac{p}{2}\right)^2+y^2}=\sqrt{\left(x+\frac{p}{2}\right)^2}. \tag{1}$$

化简得

$$\left(x-\frac{p}{2}\right)^2+y^2=\left(x+\frac{p}{2}\right)^2,$$

$$x^2-px+\frac{p^2}{4}+y^2=x^2+px+\frac{p^2}{4},$$

$$y^2=2px \quad (p>0). \tag{2}$$

方程 (2) 称为**抛物线的标准方程**.

§4.7 抛物线形状的讨论

下面我们来讨论, 由方程

$$y^2=2px \quad (p>0) \tag{1}$$

所表示的抛物线的形状是怎样的.

从方程 (1) 可知, 变量 x 不能取负值, 即 $x\geqslant 0$. 因此, 在 y 轴的左方没有抛物线上的点. 又方程 (1) 中仅出现变量 y 的偶次幂, 故抛物线对称于 x 轴. 焦点 F 也在这对称轴上.

抛物线有一对称轴. 这对称轴是抛物线的**焦点轴**; 也简称抛物线的**轴**, 因抛物线仅有一根对称轴. 抛物线与它的轴的交点称为抛物线的**顶点**. 由方程 (1) 所表示的抛物线, 它的轴合于 x 轴, 它的顶点即坐标原点, 因为在方程 (1) 中令 $y=0$, 得 $x=0$. 焦点与准线间的距离 p 称为**抛物线的焦点参数**.

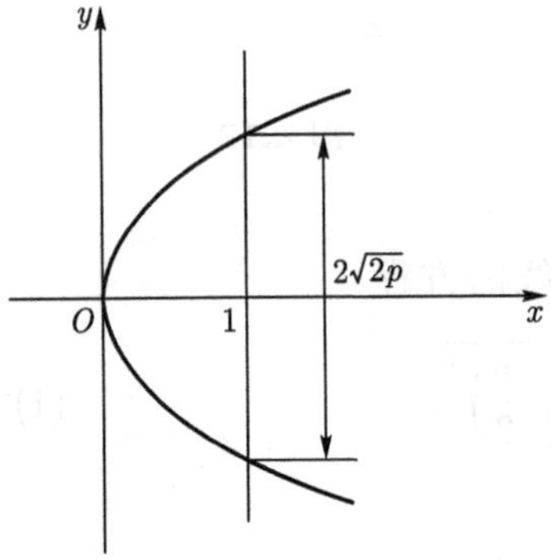

图 4.13

我们先作方程 (1) 所表示的抛物线在第 I 象限中的图形. 这一部分图形由方程

$$y=+\sqrt{2px} \tag{2}$$

所确定. $x=0$ 时, $y=0$. x 从零开始逐渐增大, y 也随着增大. 再利用抛物线的对称性, 得方程 (1) 所表示的抛物线的整个形状如图 4.13 所示.

方程 (1) 中的正数 p, 与抛物线的形状有很大关系. 在方程 (1) 中令 $x=1$, 得 $y=\pm\sqrt{2p}$. 因此, 如果在抛物线的轴上离抛物线的顶点为 1 单位长度的地方作一直线垂直于抛物线的轴, 则这直线被抛物线所截下来的一部分的长度为 $2\sqrt{2p}$. p 愈大, 这部分直线也愈长. 由此看出, p 表征出限制在抛物线内的区域的“宽窄”.

将方程 (1) 中变量 x 和 y 互相交换, 便得

$$x^2=2py \quad (p>0). \tag{3}$$

方程 (3) 也表示抛物线, 它的轴合于 y 轴, 它的顶点在坐标原点.

方程 $y^2=-2px$ 的图形与方程 $y^2=2px$ 的图形彼此对称于 y 轴. 因若 x_1、y_1 满足 $y^2=2px$, 则 $-x_1$、y_1 满足 $y^2=-2px$. 又方程 $x^2=-2py$ 的图形和方程 $x^2=2py$ 的图形彼此对称于 x 轴 (图 4.14, $p>0$).

例 作方程 $2x^2+5y=0$ 的草图.

解 $2x^2+5y=0$ 可化为

$$x^2=-\frac{5}{2}y.$$

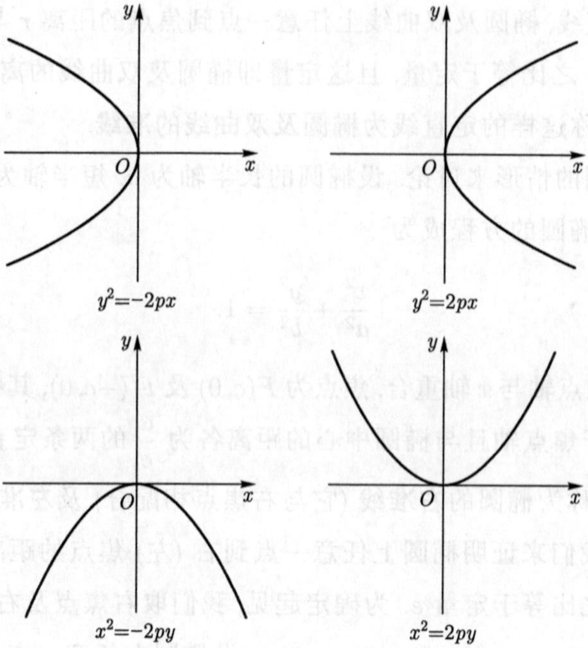

图 4.14

这是一抛物线, $p=\dfrac{5}{4}$. 抛物线的轴与 y 轴重合, 顶点在原点, 且此抛物线在 x 轴的下方.

令

$$y=-1,$$

得

$$x=\pm\sqrt{\frac{5}{2}}.$$

图形如图 4.15 所示.

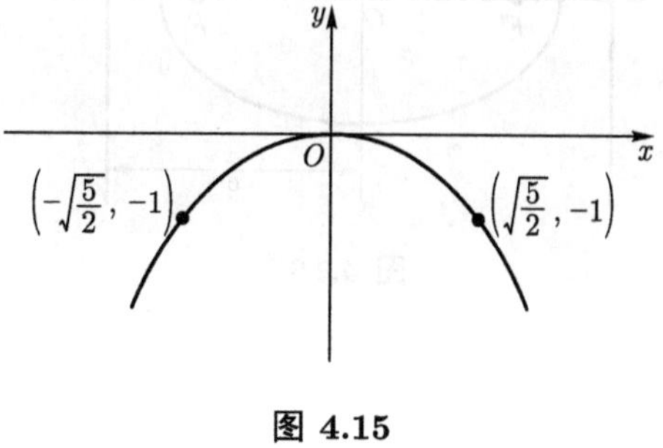

图 4.15

§4.8　椭圆及双曲线的准线

从抛物线的定义知道, 抛物线上任意一点到焦点的距离 r 与到定直线 (准线) 的距离 d 之比等于定量 1. 我们将指出, 关于椭圆及双曲线也都存在着这样的定直线,椭圆及双曲线上任意一点到焦点的距离 r 与到这样的定直线的距离 d 之比等于定量,且这定量即椭圆及双曲线的离心率 e. 很自然地,我们也称这样的定直线为**椭圆及双曲线的准线**.

先就椭圆的情形来讨论. 设椭圆的长半轴为 a,短半轴为 b. 适当地选取坐标系,使椭圆的方程成为

$$\frac{x^2}{a^2}+\frac{y^2}{b^2}=1. \tag{1}$$

这时椭圆的焦点轴与 x 轴重合,焦点为 $F(c,0)$ 及 $F'(-c,0)$,其中 $c^2=a^2-b^2$.

把垂直于焦点轴且与椭圆中心的距离各为 $\frac{a}{e}$ 的两条定直线 $x=\frac{a}{e}$ 及 $x=-\frac{a}{e}$ 分别称为椭圆的**右准线** (它与右焦点相配合) 及**左准线** (它与左焦点相配合). 我们来证明椭圆上任意一点到右 (左) 焦点的距离与到右 (左) 准线的距离之比等于定量 e. 为确定起见,我们取右焦点及右准线来证明.

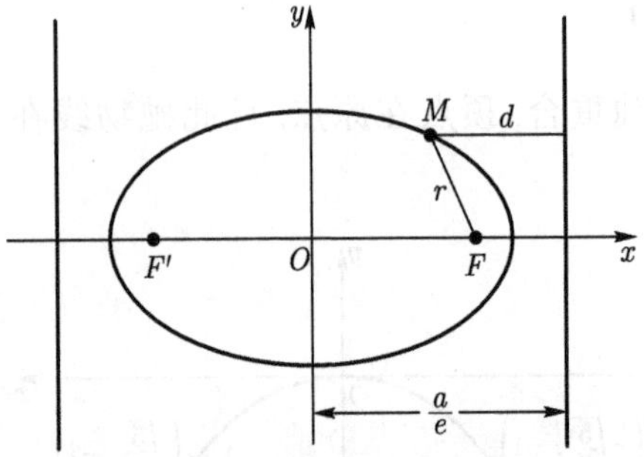

图 4.16

设椭圆上任意一点 $M(x,y)$ 到右焦点 $F(c,0)$ 的距离为 r,到右准线 $x=\frac{a}{e}$ 的距离为 d (如图 4.16),则

$$d=\frac{a}{e}-x, \tag{2}$$

$$r=\sqrt{(x-c)^2+y^2}. \tag{3}$$

由 (1)

$$y^2=\frac{b^2}{a^2}\left(a^2-x^2\right).$$

又因 $b^2=a^2-c^2, \frac{c}{a}=e$,得

$$y^2=\frac{a^2-c^2}{a^2}\left(a^2-x^2\right)=\left(1-e^2\right)\left(a^2-x^2\right).$$

将 y^2 代入 (3) 式得

$$r=\sqrt{(x-c)^2+\left(1-e^2\right)\left(a^2-x^2\right)}$$

$$=\sqrt{x^2-2cx+c^2+a^2-x^2-e^2a^2+e^2x^2}.$$

因 $ea=c$, 故

$$r=\sqrt{a^2-3eax+e^2x^2}=\sqrt{(a-ex)^2}=a-ex$$

最后一步开方时我们取 $a-ex$ 而不取 $ex-a$ 是根据这样的理由: 因 $|x|\leqslant a$ 及 $e<1$, 得 $|ex|<a$, 因此要 $r>0$ 必须选取 $r=a-ex$.

把求得的 r 与 (2) 式中的 d 相比得

$$\frac{r}{d}=\frac{a-ex}{\frac{a}{e}-x}=e,$$

这就是所要证明的.

同样地可以证明椭圆上任意一点到左焦点的距离 r' 与到左准线的距离 d' 之比也等于离心率 e.

现在再就双曲线来讨论同样的事. 设双曲线的实半轴为 a, 虚半轴为 b. 适当地选取坐标系, 可使双曲线的方程成为

$$\frac{x^2}{a^2}-\frac{y^2}{b^2}=1. \tag{4}$$

这时双曲线的焦点轴与 x 轴重合, 焦点为 $F(c,0)$ 及 $F'(-c,0)$, 其中 $c^2=a^2+b^2$.

垂直于焦点轴且与双曲线中心的距离各为 $\frac{a}{e}$ 的两条直线 $x=\frac{a}{e}$ 及 $x=-\frac{a}{e}$ 分别称为双曲线的**右准线**及**左准线**. 容易证明, 双曲线上任意一点到右焦点的距离与到右准线的距离之比是一定量, 这定量即双曲线的离心率 e. 把右焦点换成左焦点, 同时把右准线换成左准线, 则可得同样的结论.

设双曲线上任意一点 $M(x,y)$ 到右焦点 $F(c,0)$ 的距离为 r, 到右准线 $x=\frac{a}{e}$ 的距离为 d (如图 4.17), 则

$$d=\pm\left(x-\frac{a}{e}\right), \tag{5}$$

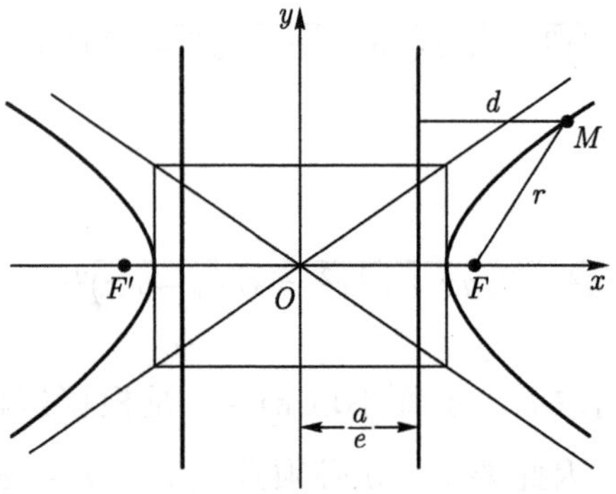

图 4.17

如果点 M 在右分支上则取 + 号, 在左分支上则取 − 号. 又

$$r=\sqrt{(x-c)^2+y^2}. \tag{6}$$

由 (4)

$$y^2=\frac{b^2}{a^2}\left(x^2-a^2\right).$$

又因 $b^2=c^2-a^2, \frac{c}{a}=e$, 得

$$y^2=\frac{c^2-a^2}{a^2}\left(x^2-a^2\right)=\left(e^2-1\right)\left(x^2-a^2\right).$$

将 y^2 代入 (6) 式并化简得

$$r=\sqrt{(a-ex)^2}=\pm(ex-a).$$

其中 + 号或 − 号按点 M 在右分支上或左分支上而取定. 因为这里 $|x| \geqslant a, e>1, |ex|>a$. 当点 M 在右分支上时, $x>0$, 这时必须取 + 号方能使 $r=ex-a>0$. 当点 M 在左分支上时, $x<0$, 这时必须取 − 号方能使 $r=a-ex>0$. 但无论点 M 在右分支上或左分支上, 都有

$$\frac{r}{d}=\frac{\pm(ex-a)}{\pm\left(x-\dfrac{a}{e}\right)}=e,$$

这就是所要证明的.

同样地可以证明双曲线上任意一点到左焦点的距离与到左准线的距离之比也等于离心率 e.

现在我们可以把椭圆、双曲线及抛物线的定义统一起来而作出圆锥曲线的定义. **设一动点到某定点的距离 r 与到某定直线的距离 d 之比为一定量 e, 则此动点的轨迹称为圆锥曲线. $e<1$ 时的圆锥曲线称为椭圆; $e>1$ 时的圆锥曲线称为双曲线; $e=1$ 时的圆锥曲线称为抛物线. 定点称为焦点, 定直线称为准线, 定量 e 称为离心率.**

§4.9　利用轴的平移简化二次方程

在 §2.4 中已经看到, 平面上同一点 M 对不同的坐标系 xOy 和 $x'O'y'$ 会有不同的坐标 x、y 和 x'、y'. 因此同一曲线在不同的坐标系下也就会有不同形式的方程. 利用坐标变换——轴的平移和旋转——可以使曲线方程由一种形式变成另一种形式. 改变曲线方程的形式这一件事对我们有什么意义呢? 我们知道, 利用曲线方程来讨论曲线的形状时, 如果方程的形式简单, 则讨论就方便, 方程的形式复杂, 讨论也就麻烦. 因此坐标变换的意义在于: 适当地选择坐标系便可将曲线方程的形式简化, 从而使我们根据曲线方程来研究曲线形状的工作可以减轻. 那么新坐标系应如何选择方可使曲线方程简化呢? 对这问题的讨论我们将限于二次方程. 本节中先讨论利用轴的平移来简化二次方程的方法.

如果新系原点 O' 在旧系下的坐标 a、b 已知, 便可利用 §2.4 公式 (1)

$$\begin{cases} x = x' + a, \\ y = y' + b, \end{cases}$$

将一曲线在旧系下的方程变换成同一曲线经轴的平移后在新系下的方程. 方法是将原方程中的 x 和 y 顺次用 $x'+a$ 和 $y'+b$ 代替, 再化简便得新系下的方程.

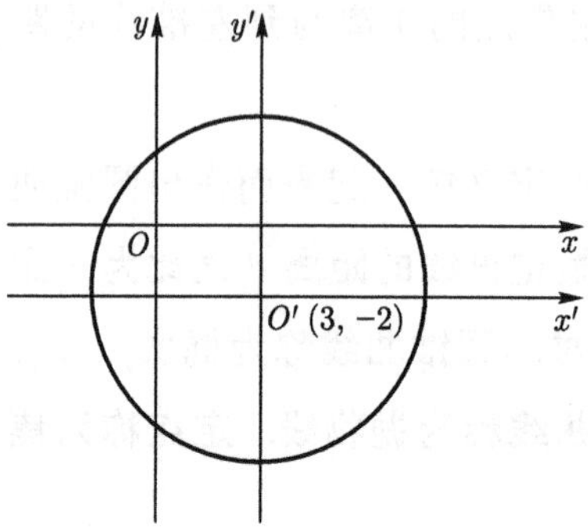

图 4.18

例 1 若以 $(3,-2)$ 为新原点, 平移坐标轴, 试求方程 $x^2+y^2-6x+4y-12=0$ 所表示的曲线在新系下的方程.

解 设 M 为曲线上任意一点, 它在旧系下的坐标是 x、y, 它在新系下的坐标是 x'、y' (如图 4.18).

因 $a=3, b=-2$, 得

$$x=x'+3,\ y=y'-2.$$

代入原方程, 得

$$(x'+3)^2+(y'-2)^2-6(x'+3)+4(y'-2)-12=0.$$

化简得

$$x'^2+y'^2=25.$$

这就是曲线在新系下的方程. 由此看出, 曲线为一半径等于 5 的圆 (图 4.18).

例 2 研究方程

$$y=ax^2+bx+c \quad (a\neq 0) \tag{1}$$

所表示的图形.

解 先将方程 (1) 改写成下列的形式:

$$y=a\left(x^2+\frac{b}{a}x\right)+c,$$

$$y=a\left(x^2+\frac{b}{a}x+\frac{b^2}{4a^2}\right)+c-\frac{b^2}{4a},$$

$$y-\frac{4ac-b^2}{4a}=a\left(x+\frac{b}{2a}\right)^2. \tag{2}$$

现在将坐标原点移到点 $\left(-\dfrac{b}{2a}, \dfrac{4ac-b^2}{4a}\right)$, 根据 §2.4 公式 (1), 平面上的点

的坐标按下列公式变换:

$$\begin{cases} x = x' - \dfrac{b}{2a}, \\ y = y' + \dfrac{4ac - b^2}{4a}, \end{cases}$$

其中 x'、y' 表示新系下的坐标. 方程 (2) 经变换后变为

$$y' = ax'^2, \quad 即 \quad x'^2 = \frac{1}{a}y'. \tag{3}$$

方程 (3) 是曲线在新坐标系下的方程. 若 $a > 0$, 令 $\dfrac{1}{a} = 2p$; 若 $a < 0$, 令 $\dfrac{1}{a} = -2p$. 这样, 方程 (3) 可写为

$$x'^2 = \pm 2py' \quad (p > 0). \tag{4}$$

方程 (4) 是抛物线的标准方程. 这抛物线的顶点是新坐标系的原点, 它的轴与 y' 轴重合. 前面取正号, 即 $a > 0$ 时这抛物线向上凹; 前面取负号, 即 $a < 0$ 时它向下凹. 再注意到新坐标系是旧坐标系经轴的平移得到的, 因此知道方程 (1) 确定一抛物线, 它的轴平行于 y 轴. 又在方程 (1) 中, 表达式 $ax^2 + bx + c$ 叫做关于变量 x 的二次三项式, 所以我们可以说, **二次三项式的图形是一条抛物线, 它的轴平行于 y 轴.**

从上面的两个例子看出, 如果新系的原点选择得适当, 经轴的平移后, 可以把原来的二元二次方程中的一次项或常数项消去. 这样就得到比原方程来得简单的新方程. 新系的原点在旧系下的坐标 a、b 应如何选择, 方能使新方程比原方程来得简单? 这问题表明, 在要使原方程中的一次项或常数项消失的条件下, 我们要来决定未知数 a 和 b. 这里我们便得出利用轴的平移把二次方程化简的一般步骤如下:

1° 将 $x = x' + a, y = y' + b$ 代入原方程. 合并关于 x' 和 y' 的同类项.

2° 将适当的两项的系数等于零, 得到含有 a、b 的两个方程.

3° 把上面两方程联立, 解出 a 和 b 的值.

4° 将求得的 a 和 b 的值代入 1° 的结果中即得经轴的平移后的新方程.

例 3 利用轴的平移简化二次方程 $4y = x^2 - 10x + 13$.

解 将 $x = x' + a, y = y' + b$ 代入原方程得

$$4\left(y'+b\right)=\left(x'+a\right)^2-10\left(x'+a\right)+13,$$

即

$$4y' = x'^2 + (2a-10)x' + \left(a^2 - 10a - 4b + 13\right).$$

令上式中 x' 的系数和常数项等于零, 即得含有两未知数 a 和 b 的两个方程:

$$\begin{cases} 2a - 10 = 0, \\ a^2 - 10a - 4b + 13 = 0. \end{cases}$$

解此联立方程组得

$$a = 5, \quad b = -3.$$

以 $(5, -3)$ 为新原点平移坐标轴, 可化简原方程为

$$x'^2 = 4y'.$$

在计算上有时利用完成平方 (或称配方) 的方法是比较便利的. 这方法在本节例 2 中已经采用过.

§4.10 利用轴的旋转简化二次方程

在 §2.4 中我们已经导出了在轴的旋转下用新坐标表示旧坐标的公式为

$$\begin{cases} x = x'\cos\alpha - y'\sin\alpha, \\ y = x'\sin\alpha + y'\cos\alpha, \end{cases} \tag{1}$$

其中 x、y 表示旧坐标, x'、y' 表示新坐标, α 表示旋转角度. 利用这公式, 便可将曲线在旧坐标系下的方程变换为新系下的方程.

例 1 若坐标轴旋转 $\dfrac{\pi}{4}$ 角, 试求方程 $xy = m$ (m 为不等于 0 的常数) 所表示的曲线在新系下的方程.

解 设 M 为曲线上任意一点, 它在旧系下的坐标是 x、y, 它在新系下的坐标是 x'、y'.

因 $\sin\dfrac{\pi}{4}=\cos\dfrac{\pi}{4}=\dfrac{1}{\sqrt{2}}$, 得

$$x=\frac{x'-y'}{\sqrt{2}},\quad y=\frac{x'+y'}{\sqrt{2}}.$$

代入原方程并化简, 得新方程为

$$\frac{x'^2}{2m}-\frac{y'^2}{2m}=1.$$

这是双曲线的标准方程. 因为它的实半轴和虚半轴相等, 即 $a=b=\sqrt{2|m|}$, 这样的双曲线叫做**等边双曲线**. 它的两渐近线与旧坐标轴相合. 如果 $m>0$, 此双曲线在第 I 和第 Ⅲ 两象限内 (图 4.19(a)), 如果 $m<0$, 此双曲线在第 Ⅱ 和第 Ⅳ 两象限内 (图 4.19(b)).

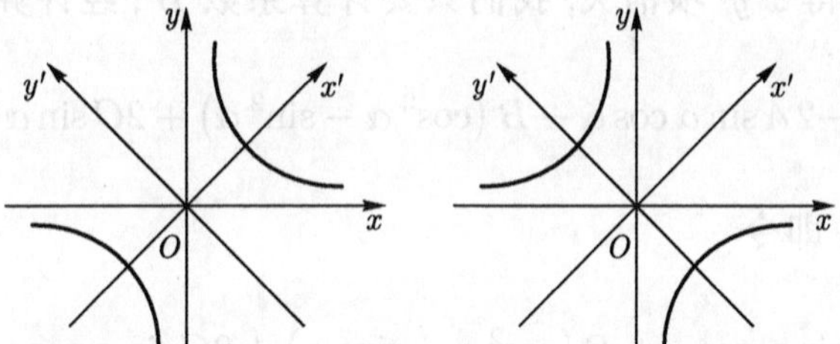

图 4.19

上面的例子表明, 如将坐标轴旋转一适当的角度, 可能将二次方程简化, 即可以使方程中的 xy 项消失.

由此发生了这样的问题: 利用轴的旋转来消去二次方程中的 xy 项是否一定可能? 答复是肯定的. 接着便有这样的问题: 要消去二次方程中的 xy 项, 坐标轴所旋转的角度 α 应如何选择? 为了解决这一问题, 我们取一般二次方程来研究:

$$Ax^2+Bxy+Cy^2+Dx+Ey+F=0,\tag{2}$$

其中 $B \neq 0$, 因若 $B=0$, 则这方程中已经没有 xy 项, 我们所要讨论的问题已经不存在.

设坐标轴所旋转的角度为 α. 又设 M 为曲线上任意一点, M 在归系下的坐标为 x、y, 在新系下的坐标为 x'、y'. 根据公式 (1), 用 $x'\cos\alpha - y'\sin\alpha$ 和 $x'\sin\alpha + y'\cos\alpha$ 顺次代替 (2) 式中的 x 和 y, 便得

$$A\left(x'\cos\alpha - y'\sin\alpha\right)^2 + B\left(x'\cos\alpha - y'\sin\alpha\right)\left(x'\sin\alpha + y'\cos\alpha\right) +$$

$$C\left(x'\sin\alpha + y'\cos\alpha\right)^2 + D\left(x'\cos\alpha - y'\sin\alpha\right) +$$

$$E\left(x'\sin\alpha + y'\cos\alpha\right) + F = 0.$$

归并同类项, 可得下列形式的方程

$$A'x'^2 + B'x'y' + C'y'^2 + D'x' + E'y' + F' = 0. \tag{3}$$

为了确定 α 使得 $x'y'$ 项消失, 我们只要计算系数 B', 经计算得

$$B' = -2A\sin\alpha\cos\alpha + B\left(\cos^2\alpha - \sin^2\alpha\right) + 2C\sin\alpha\cos\alpha. \tag{4}$$

令 $B'=0$, 即令

$$-2A\sin\alpha\cos\alpha + B\left(\cos^2\alpha - \sin^2\alpha\right) + 2C\sin\alpha\cos\alpha = 0.$$

移项并应用三角公式 $\cos^2\alpha - \sin^2\alpha = \cos 2\alpha$ 和 $2\sin\alpha\cos\alpha = \sin 2\alpha$ 得

$$B\cos 2\alpha = (A-C)\sin 2\alpha.$$

现在分两种情形来讨论:

1° $A=C$,

则

$$B\cos 2\alpha = 0.$$

但 $B \neq 0$, 故

$$\cos 2\alpha = 0.$$

可选定

$$\alpha=\frac{\pi}{4}.$$

2° $A\neq C$,

则

$$\operatorname{tg}\ 2\alpha=\frac{B}{A-C},\tag{5}$$

可选定

$$\alpha=\frac{1}{2}\operatorname{arctg}\frac{B}{A-C}^{\dagger}.$$

由此得出利用轴的旋转将二次方程中的 xy 项消去的一般步骤如下:

1° 若 $A=C$,设 $\alpha=\frac{\pi}{4}$. 若 $A\neq C$,设 $\alpha=\frac{1}{2}\operatorname{arctg}\frac{B}{A-C}$.

2° 将 1° 中所定出的 α 代入公式 (1).

3° 将 2° 中的结果代入原方程, 然后化简.

例 2 利用轴的旋转, 化简方程 $2x^2-\sqrt{3}xy+y^2=10$, 并描出它的图形.

解 因 $A\neq C$, 故

$$\alpha=\frac{1}{2}\operatorname{arctg}\frac{-\sqrt{3}}{2-1}=\frac{1}{2}\operatorname{arctg}(-\sqrt{3})=-\frac{\pi}{6},$$

因此

$$\sin\alpha=-\frac{1}{2},\quad \cos\alpha=\frac{\sqrt{3}}{2},$$

$$x=\frac{\sqrt{3}x'+y'}{2},\quad y=\frac{-x'+\sqrt{3}y'}{2}.$$

将上列两式代入原方程并化简得

$$5x'^2+y'^2=20,$$

即

$$\frac{x'^2}{2^2}+\frac{y'^2}{(2\sqrt{5})^2}=1.$$

曲线形状如图 4.20 所示.

† arctg x 表示 x 的反正切, 现用 arctan x. 编辑注.

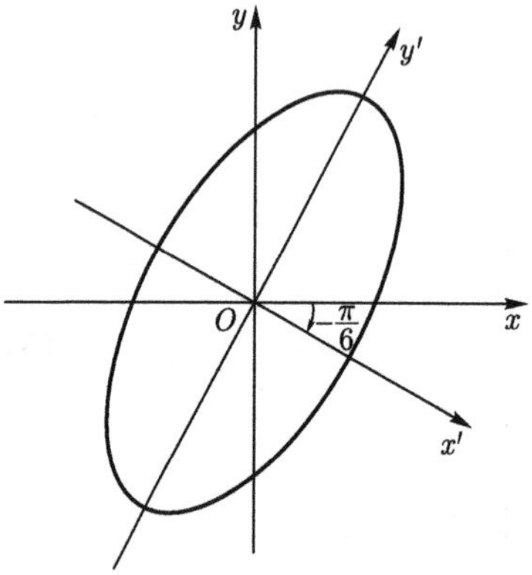

图 4.20

如果 α 不是特别角, 我们不必求出 α; 从公式 (5) 求出 tg 2α 后, 可直接利用三角公式:

$$\cos 2\alpha=\frac{1}{\sqrt{1+\mathrm{tg}^2 2\alpha}},$$

$$\sin\alpha=\pm\sqrt{\frac{1-\cos 2\alpha}{2}},$$

$$\cos\alpha=\sqrt{\frac{1+\cos 2\alpha}{2}},$$

求出 $\sin\alpha$ 和 $\cos\alpha$, 然后代入公式 (1). $\sin\alpha$ 的符号和 tg 2α 的符号相同, 因可以选择 α 在 $-\frac{\pi}{4}$ 至 $\frac{\pi}{4}$ 之间而使公式 (5) 成立, 但 α 在这范围内时 $\sin\alpha$ 和 ta 2α 就同符号.

例 3 化简方程 $16x^2-24xy+9y^2+60x+80y=0$.

解 $\mathrm{tg}\ 2\alpha=\frac{B}{A-C}=\frac{-24}{16-9}=-\frac{24}{7}$,

$$\cos 2\alpha=\frac{1}{\sqrt{1+\mathrm{tg}^2 2\alpha}}=\frac{1}{\sqrt{1+\frac{576}{49}}}=\frac{7}{25},$$

$$\sin\alpha=-\sqrt{\frac{1-\cos 2\alpha}{2}}=-\sqrt{\frac{1-\frac{7}{25}}{2}}=-\frac{3}{5},$$

$$\cos\alpha=\sqrt{\frac{1+\cos 2\alpha}{2}}=\sqrt{\frac{1+\frac{7}{25}}{2}}=\frac{4}{5}.$$

$$x=x'\cos\alpha-y'\sin\alpha=\frac{4x'+3y'}{5},$$

$$y=x'\sin\alpha+y'\cos\alpha=\frac{-3x'+4y'}{5}.$$

将上两式代入原方程并化简得

$$x'^2=-4y'.$$

§4.11 一般二元二次方程的简化

在上述两节中看到, 轴的平移能消去二次方程中的一次项或常数项, 轴的旋转能消去二次方程中的 xy 项. 因此在简化二次方程

$$Ax^2+Bxy+Cy^2+Dx+Ey+F=0 \tag{1}$$

时, 我们考虑下列两种情形:

(i) 如果 $B=0$, 只要利用适当的轴的平移就可以将方程 (1) 简化为标准方程.

(ii) 如果 $B\neq 0$, 又有一次项和常数项, 一般就需要同时利用轴的平移和旋转才能简化这方程. 这样就产生一个问题: 应该先作轴的平移呢, 还是先作轴的旋转呢? **一般说来, 先作轴的平移可以使简化工作省力些, 但是在 $B^2-4AC=0$ 的时候, 则应先作轴的旋转**. 因为在 $B^2-4AC=0$ 时如先作轴的平移, 会遇到不能确定新原点的坐标的情况. 事实上, 我们将 $x=x'+a, y=y'+b$ 代入 $Ax^2+Bxy+Cy^2+Dx+Ey+F=0$, 再归并同类项, 得到 x' 的系数为 $(2Aa+Bb+D)$ 而 y' 的系数为 $(Ba+2Cb+E)$, 使这两个系数同时为零来解 a 和 b 得

$$a=\frac{2CD-BE}{B^2-4AC},\quad b=\frac{2AE-BD}{B^2-4AC}\quad \left(B^2-4AC\neq 0\right),$$

在 $B^2-4AC=0$ 的条件下便不能确定 a 和 b.

还有一件事值得提出. 上一章中我们看到, 任何直线均可用一次方程表示, 反过来任何一次方程均表示一直线. 在本章中已经讨论过, **椭圆 (包括圆)、双曲线和抛物线的方程都是二次方程**; 这里我们是否也可反过来说, 任何二次方程的图形一定是椭圆或者是双曲线或者是抛物线呢? 经研究所得的结论是: **除了一些特殊情况外, 二次方程的图形是椭圆、双曲线和抛物线**. 如何得出这结论? 关于这方面我们不作进一步的研究, 读者可以在较详细的解析几何学教科书中找到这方面的材料. 所要补充说明的是: 上面结论中的所谓特殊情况是指, 二次方程的图形也可能是一点或点的虚

轨迹; 也可能是一对相交直线; 也可能是两平行直线或两重合直线. 如果实际有一二次方程给出, 则利用坐标变换把它化简后就可看到它的图形的确是上述三种曲线之一或者属于特殊情形之一. 最后, 我们叙述一下, 在坐标变换之前, 可以用二次方程 (1) 的所谓**判别式**

$$\Delta = B^2 - 4AC$$

判定这方程所表图形的类型. 列表如下:

判别式	一般情形	特殊情形
$\Delta = B^2 - 4AC < 0$	椭圆	一点或无图形
$\Delta = B^2 - 4AC > 0$	双曲线	两相交直线
$\Delta = B^2 - 4AC = 0$	抛物线	两平行直线或一直线

例 简化方程

$$5x^2 + 6xy + 5y^2 - 16x - 16y - 16 = 0, \tag{2}$$

并作图.

解 因为方程 (1) 的判别式 $\Delta = 6^2 - 4 \cdot 5 \cdot 5 < 0$, 所以它的图形属于椭圆型. 首先作轴的平移, 求新原点 (a, b).

令 $x = x' + a, y = y' + b$. 代入 (2) 中得

$$5(x' + a)^2 + 6(x' + a)(y' + b) + 5(y' + b)^2 - 16(x' + a) - 16(y' + b) - 16 = 0, \tag{3}$$

展开后归并同类项得 x'、y' 的系数顺次为 $10a + 6b - 16, 6a + 10b - 16$. 令

$$10a + 6b - 16 = 0,$$

$$6a + 10b - 16 = 0,$$

联立求得 a、b 的值为 $a = 1, b = 1$. 因此求得新原点为 $O'(1, 1)$.

以 $a = 1$、$b = 1$ 代入 (3), 得

$$5x'^2 + 6x'y' + 5y'^2 - 32 = 0. \tag{4}$$

其次作轴的旋转. 因为方程 (4) 中 x'^2、y'^2 的系数相等, 故可令 $\alpha=\dfrac{\pi}{4}$. 因而旋转公式为

$$\begin{cases} x'=x''\cos\dfrac{\pi}{4}-y''\sin\dfrac{\pi}{4}=\dfrac{x''-y''}{\sqrt{2}}, \\ y'=x''\sin\dfrac{\pi}{4}+y''\cos\dfrac{\pi}{4}=\dfrac{x''+y''}{\sqrt{2}}. \end{cases}$$

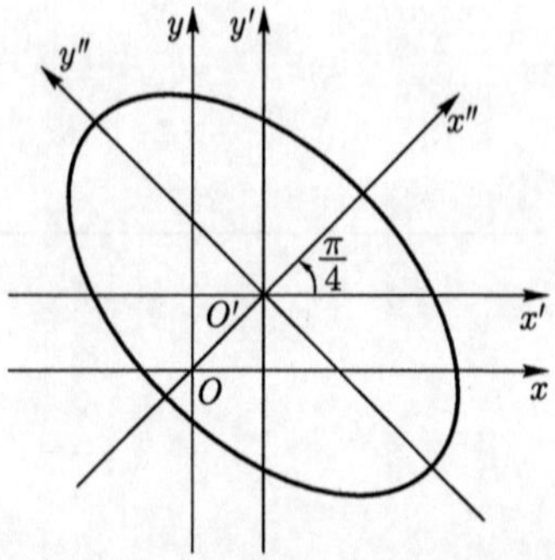

图 4.21

将上式代入 (4) 后化简, 得

$$4x''^2+y''^2=16$$

或

$$\frac{x''^2}{4}+\frac{y''^2}{16}=1. \tag{5}$$

方程 (5) 是椭圆的标准方程. 它的图形如图 4.21.

第五章

极坐标

§5.1 极坐标的概念

用两个数确定平面上一点位置的方法，除了前面所使用的直角坐标法以外，常用的还有极坐标法. 在某些场合，使用极坐标能使问题更便于研究.

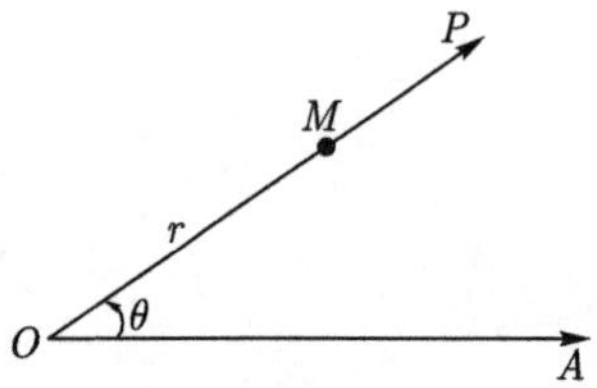

图 5.1

在平面上取定一点 O，称为**极点**，并自 O 引一射线 OA，称为**极轴** (图 5.1). 于是平面上任意一点 M (不在极点) 的位置，可以由两个数 $r=|OM|$ 及 $\theta=\angle AOM$ 来决定，其中 θ 就是射线 OP 绕 O 点由 OA 位置按逆时针方向旋转，第一次转到 OM 位置时所转过的角；r 是射线 OP 上由 O 到 M 的距离. 这样两个数 r、θ 称为点 M 的**极坐标**，且以记号 $M(r,\theta)$ 来表示点 M，r 称为**极径**，θ 称为**极角**.

根据上述定义，点 M 的极坐标 r、θ 的数值各自受到以下的限制：

$$r>0,\quad 0\leqslant\theta<2\pi.$$

在这样的限制下，任意给定一对数 r、θ，平面上就对应着唯一的一点 M；反之，平面上除极点 O 以外的任意一点 M，必有一对数 r、θ 与它对应. 当点 M 为极点时，$r=0$，而 θ 的值可任意.

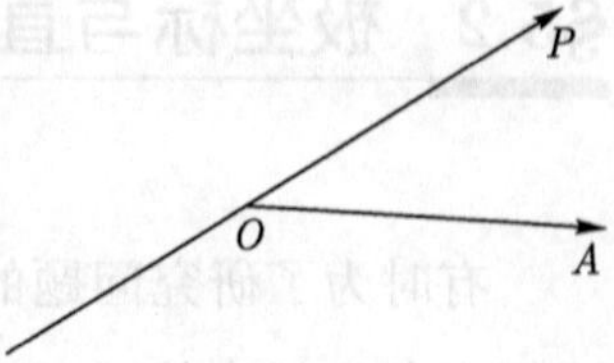

图 5.2

在极坐标的实际应用中，为了方便起见，我们往往取消上述对 r 和 θ 的限制，而规定它们可取任何实数值. 现设有任意实数 r 和 θ. 先作射线 OP 使以 OA 为始边, OP 为终边的角 $\angle AOP=\theta$ (图 5.2). 其次，如果 r 是正的，在 OP 上作一点 M, 使 $|OM|=r$; 如果 r 是负的，在 P 向 O 的延长线上作一点 M, 使 $|OM|=|r|$. 这样，对于任意的一对实数 r 和 θ, 总可以在平面上确定唯一的一点 M. 但是反过来，对平面上的同一点却对应着无限多对的数值. 因为如果 $r=r_1, \theta=\theta_1$ 是平面上某一点 M 的极坐标，则 $r=r_1, \theta=\theta_1+2\pi\cdot k$ 也是点 M 的极坐标；此外, $r=-r_1, \theta=\theta_1+\pi+2\pi\cdot k$ 也是点 M 的极坐标 (k 是任何整数).

例 描出下列各点:

$$M_1\left(8,\frac{\pi}{3}\right),\quad M_2\left(-8,\frac{\pi}{3}\right),\quad M_3\left(8,-\frac{\pi}{3}\right),\quad M_4\left(-8,-\frac{\pi}{3}\right),$$

$$M_5\left(8,\frac{4\pi}{3}\right),\quad M_6\left(8,\frac{301\pi}{3}\right),\quad M_7\left(8,-\frac{301\pi}{3}\right).$$

解 见图 5.3.

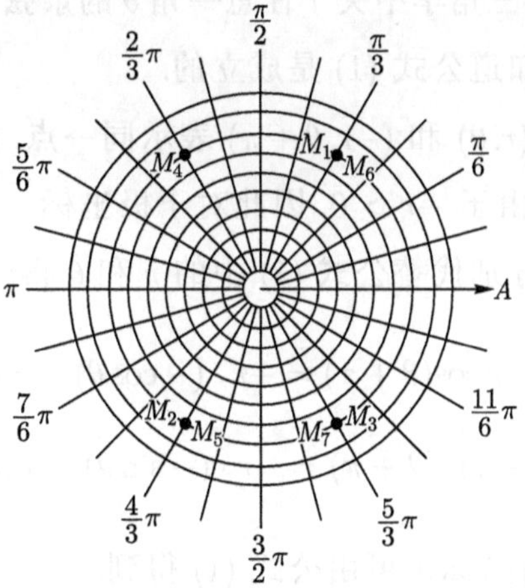

图 5.3

§5.2 极坐标与直角坐标的关系

有时为了研究问题的方便起见，需要把极坐标变换成直角坐标，或者需要把直角坐标变换成极坐标，因此，我们需要研究这两种坐标之间的关系.

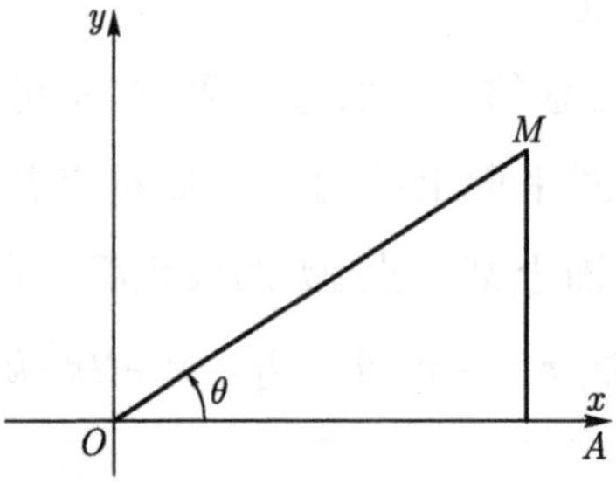

图 5.4

设平面上有一直角坐标系和一极坐标系，它们是这样取定的：极点和坐标原点重合，极轴和 x 轴的正半轴重合. 设平面上任意一点 M 在直角坐标系中的坐标为 x、y，在极坐标系中的坐标为 r、θ (图 5.4). 现在要来研究 x、y 和 r、θ 之间的关系. 如果点 M 的极坐标 r、θ 已知，则它的直角坐标可用下列变换公式求得:

$$x = r\cos\theta, \quad y = r\sin\theta. \tag{1}$$

关于公式 (1) 的成立我们讨论如下:

1° 若 $r = 0$，则公式 (1) 的成立是很显然的.

2° 若 $r > 0$，则由三角学中关于任意一角 θ 的余弦和正弦的定义 $\cos\theta = \dfrac{x}{r}$ 和 $\sin\theta = \dfrac{y}{r}$ 就可知道公式 (1) 是成立的.

3° 若 $r < 0$. 因 (r, θ) 和 $(-r, \theta + \pi)$ 表示同一点. 故可用 $(-r, \theta + \pi)$ 代替 (r, θ) 来求 x、y. 由于 $-r > 0$，因此对于极坐标 $-r$、$\theta + \pi$ 可引用公式 (1). 用 $-r$ 和 $\theta + \pi$ 分别代替公式 (1) 中的 r 和 θ 得:

$$x = -r\cos(\theta + \pi) = -r \cdot (-\cos\theta) = r\cos\theta,$$

$$y = -r\sin(\theta + \pi) = -r \cdot (-\sin\theta) = r\sin\theta.$$

由此看到该点的直角坐标仍可由公式 (1) 得到.

现在我们讨论反过来的问题: 点 M 的直角坐标 x、y 已知，求点 M 的极坐标 r、θ. 在 §5.1 中看到，点 M 对应着无限多对的数值，其中任一

对数值都可作为点 M 的极坐标, 且知道了其中某一对数值后, 其他无限多对的数值也就很容易写出来. 因此我们求出其中一对数值就够了. 我们求 $r\geqslant 0, 0\leqslant\theta<2\pi$ 的一对数值.

把公式 (1) 中的两个式子分别平方再相加得

$$x^2+y^2=r^2\cos^2\theta+r^2\sin^2\theta=r^2\left(\cos^2\theta+\sin^2\theta\right)=r^2,$$

因此

$$r=\sqrt{x^2+y^2}. \tag{2}$$

把公式 (1) 中的两个式子 (设 $x\neq 0$) 相除得

$$\operatorname{tg}\theta=\frac{y}{x}. \tag{3}$$

由 $\operatorname{tg}\theta$ 来决定 θ 时应根据点 $M(x,y)$ 在第几象限①.

例 1 将极坐标 $\left(5,\dfrac{\pi}{3}\right)$ 变换成直角坐标.

解 利用公式 (1) 得

$$x=5\cdot\cos\frac{\pi}{3}=\frac{5}{2},\quad y=5\cdot\sin\frac{\pi}{3}=\frac{5\sqrt{3}}{2}.$$

例 2 将直角坐标 $(1,-1)$ 变换成极坐标.

解 利用公式 (2) 和 (3) 得

$$r=\sqrt{1^2+(-1)^2}=\sqrt{2},\quad \operatorname{tg}\theta=\frac{-1}{1}=-1.$$

因点 $(1,-1)$ 在第 Ⅳ 象限, 故 $\theta=\dfrac{7\pi}{4}$.

§5.3 曲线的极坐标方程

像直角坐标系中曲线可用含有变量 x、y 的方程表示一样; 在极坐标系中曲线也可用含有变量 r、θ 的方程来表示.

① 若 $x=0$, 则 $\theta=\dfrac{\pi}{2}$ 或 $\dfrac{3\pi}{2}$, 因这时点 M 在 y 轴上.

例 1 求中心在极点 O, 半径为 a 的圆的极坐标方程.

解
$$r=a.$$

例 2 求通过极点 O 且与极轴 OA 成 α 角的直线的极坐标方程.

解
$$\theta=\alpha.$$

例 3 设半径为 a 的圆经过极点 O, 其中心 C 在极轴 OA 上, 求它的极坐标方程.

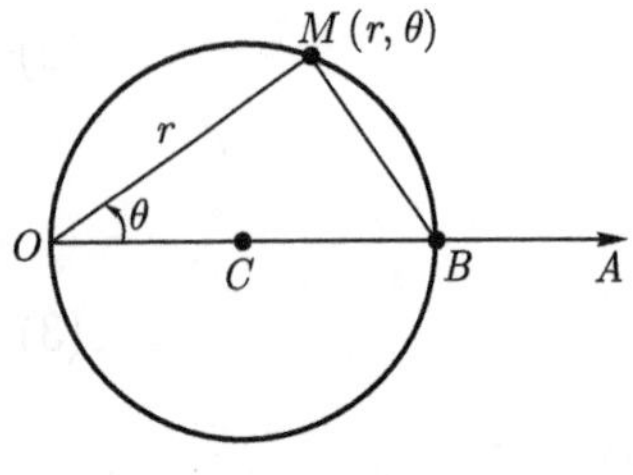

图 5.5

解 设圆周与极轴除了在极点 O 相交外, 还交于另一点 B. 在圆周上任取一点 $M(r,\theta)$ (图 5.5) . 因为 $\triangle OBM$ 是直角三角形, 所以 $r=OB\cos\theta$. 但 $OB=2a$, 故 $r=2a\cos\theta$. 这就是所求圆的极坐标方程.

若一曲线的直角坐标方程已知, 则利用前节变换公式:

$$x=r\cos\theta,\quad y=r\sin\theta,$$

可求得该曲线的极坐标方程.

例 4 设一直线在直角坐标系中的一般方程为 $Ax+By+C=0$. 若以直角坐标系的原点为极点, x 轴的正半轴为极轴, 求该直线的极坐标方程.

解 将 $x=r\cos\theta$ 及 $y=r\sin\theta$ 代入 $Ax+By+C=0$, 得

$$r(A\cos\theta+B\sin\theta)+C=0.$$

这就是直线的极坐标方程.

由此见到, 直线的极坐标方程非但不一定是一次方程, 而且还不一定是代数方程. 因此必须注意到: 我们说直线可用一次方程表示; 反之, 一次方程一定表示直线, 这是指在直角坐标系中而说的. 下面的例 5 指出在极坐标系中一次方程 $r=a\theta$ 并不表示直线.

极坐标方程的作图法和直角坐标方程的作图法在原则上是完全相同的. 这方法的一般步骤是

1° 求出满足方程的一些点 (r_1,θ_1)、(r_2,θ_2)、$\cdots$、(r_n,θ_n);

2° 把求出的点在平面上描下来;

3° 通过这些点连一曲线.

有时我们利用图形的对称性, 可以简化作图的工作. 下面我们讨论几条在应用中时常碰到的曲线作为例子.

例 5 描出 $r=a\theta\ (a>0)$ 的图形.

解

θ	0	$\frac{\pi}{2}$	π	$\frac{3\pi}{2}$	2π
r	0	$\frac{\pi}{2}a$	xa	$\frac{3\pi}{2}a$	$2\pi a$

若 r_1、θ_1 满足 $r=a\theta$, 则 $-r_1$、$-\theta_1$ 也满足 $r=a\theta$. 但 (r_1,θ_1) 和 $(-r_1,-\theta_1)$ 是对称于过极点 O 且垂直于极轴的直线的, 因此 $r=a\theta$ 的图形也对称于该直线. 图 5.6 中实线对应正的 θ; 虚线对应负的 θ. 这曲线称为**阿基米德螺线**.

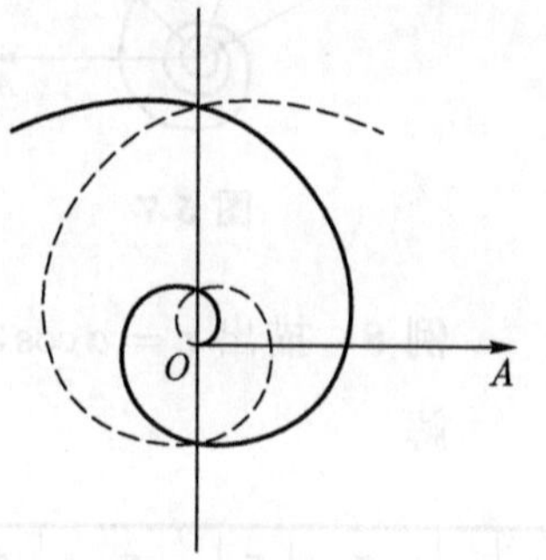

图 5.6

例 6 描出 $r=ae^{k\theta}$† $(a>0,k>0)$ 的图形.

解

θ	$-\pi$	$-\frac{\pi}{2}$	0	$\frac{\pi}{2}$	π
r	$ae^{-k\pi}$	$ae^{-k\pi/2}$	a	$ae^{k\pi/2}$	$ae^{k\pi}$

注意 θ 趋于负无穷大的情形是很有兴趣的. 这时曲线按顺时针方向永不休止地绕极点 O 回转, 且愈来愈逼近极点 O. 极点 O 是这曲线的渐近点. 这曲线称为**对数螺线**. 图形如图 5.7 所示.

例 7 描出 $r=a(1-\cos\theta)(a>0)$ 的图形.

† 现排版用正体 e. 编辑注.

解

θ	0	$\frac{\pi}{6}$	$\frac{\pi}{3}$	$\frac{\pi}{2}$	$\frac{2\pi}{3}$	$\frac{5\pi}{6}$	π
r	0	$0.134a$	$0.5a$	a	$1.5a$	$1.866a$	$2a$

若点 (r_1,θ_1) 是曲线上的点,则点 $(r_1,-\theta_1)$ 也是曲线上的点. 但点 (r_1,θ_1) 与 $(r_1,-\theta_1)$ 是对称于极轴的,故知该曲线对称于极轴. 这曲线称为**心形线**,形如图 5.8 所示.

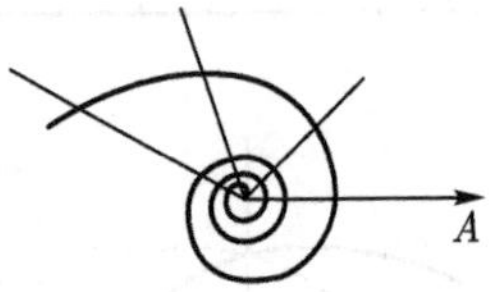

图 5.7

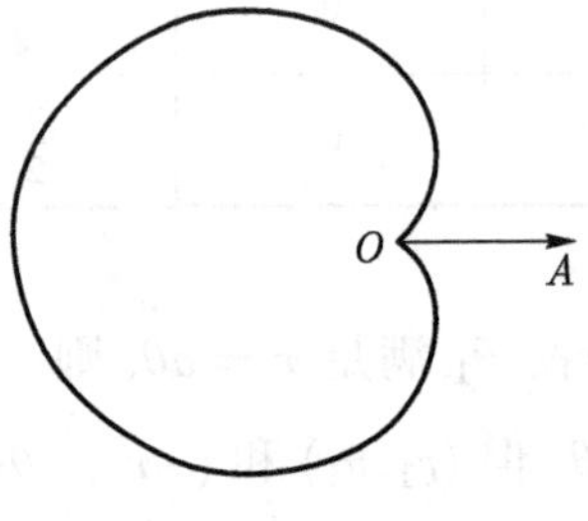

图 5.8

例 8 描出 $r=a\cos 3\theta\ (a>0)$ 的图形.

解

θ	0	$\frac{\pi}{12}$	$\frac{\pi}{6}$	$\frac{\pi}{4}$	$\frac{\pi}{3}$	$\frac{5\pi}{12}$	$\frac{\pi}{2}$	$\frac{7\pi}{12}$	$\frac{2\pi}{3}$	$\frac{3\pi}{4}$	$\frac{5\pi}{6}$	$\frac{11\pi}{12}$	π
r	a	$0.707a$	0	$-0.707a$	$-a$	$-0.707a$	0	$0.707a$	a	$0.707a$	0	$-0.707a$	$-a$

θ 每增加或减少 π 时,曲线按正方向或按负方向重复一次. 曲线的形状如图 5.9 所示. 这曲线称为**三叶玫瑰线**.

例 9 设有相距为 $2a$ 的两定点,已知动点与这两定点的距离的乘积等于 a^2,求动点的轨迹,并描出它的图形.

解 1° 设两定点为 F_1、F_2. 取 $\overline{F_1F_2}$ 的中点为极点 O,极轴通过定点 (图 5.10).

设点 $M(r,\theta)$ 是所求轨迹上的任意一点,连接 M、F_1 和 M、F_2. 由三角学知道:

$$|MF_2| = \sqrt{r^2 + a^2 - 2|r|a\cos\theta},$$

$$|MF_1| = \sqrt{r^2 + a^2 + 2|r|a\cos\theta}.$$

按题意有

$$|MF_2| \cdot |MF_1| = a^2,$$

即

$$\sqrt{r^2 + a^2 - 2|r|a\cos\theta} \cdot \sqrt{r^2 + a^2 + 2|r|a\cos\theta} = a^2.$$

两边平方, 并化简得轨迹方程为

$$r^2 = 2a^2\cos 2\theta^{①}.$$

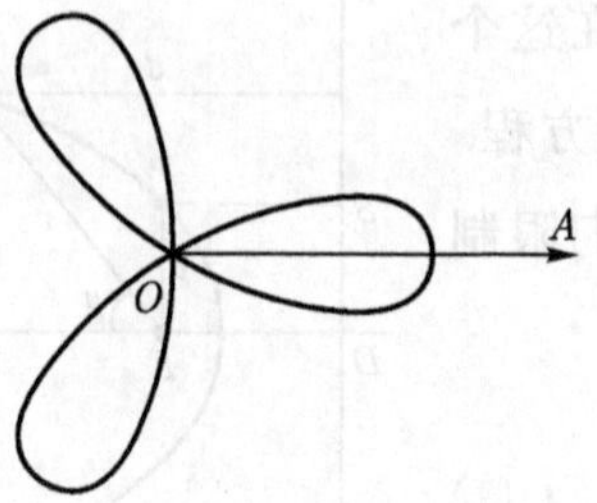

图 5.9

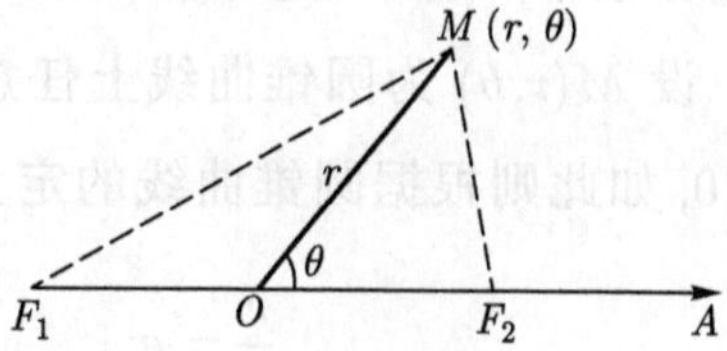

图 5.10

2° 方程 $r^2 = 2a^2\cos 2\theta$ 可以写为 $r = \pm\sqrt{2}a\sqrt{\cos 2\theta}$.

θ	0	$\frac{\pi}{12}$	$\frac{\pi}{6}$	$\frac{\pi}{4}$
r	$\pm\sqrt{2}a$	$\pm 0.93\sqrt{2}a$	$\pm 0.7\sqrt{2}a$	0

因为 $|\cos 2\theta| \leqslant 1$, 所以 $|r| \leqslant \sqrt{2}a$, 即 $-\sqrt{2}a \leqslant r \leqslant \sqrt{2}a$; 又当 θ 在 $\frac{\pi}{4}$ 与 $\frac{3\pi}{4}$ 之间取值时, $\cos 2\theta$ 为负, 对应的 r 为虚数, 所以在直线 $\theta = \frac{\pi}{4}$ 与 $\theta = \frac{3\pi}{4}$ 之间没有轨迹.

① $r^4 - 2a^2r^2\cos 2\theta = 0$ 相当于 $r^2 = 0$ 及 $r^2 = 2a^2\cos 2\theta$, 但前者的轨迹已包含在后者的轨迹之内, 故不必列出.

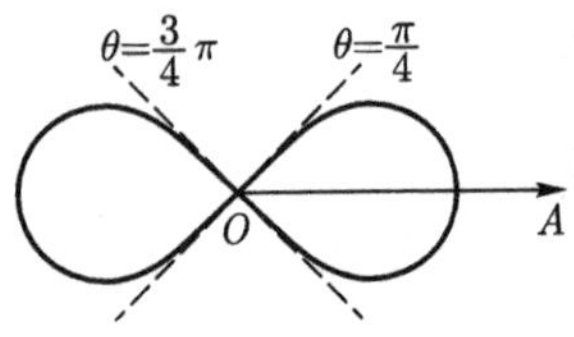

图 5.11

若r_1、θ_1满足方程，则r_1、$-\theta_1$与$-r_1$、θ_1也满足方程. 但点(r_1,θ_1)和$(r_1,-\theta_1)$是对称极轴的，而点(r_1,θ_1)和$(-r_1,\theta_1)$是对称极点的，所以$r^2=2a^2\cos 2\theta$的图形既与极轴对称，也与极点对称. 曲线的形状如图5.11所示. 这曲线称为**双纽线**.

§5.4 圆锥曲线的极坐标方程

设 F 为圆锥曲线的焦点, g 为与 F 相配合的准线 (参阅 §4.6 和 §4.8).

以点 F 为极点, 以 F 到 g 的垂线作极轴, 垂足 D 到 F 的方向为极轴的正向 (图 5.12). 在这个极坐标系中, 我们来建立圆锥曲线的极坐标方程.

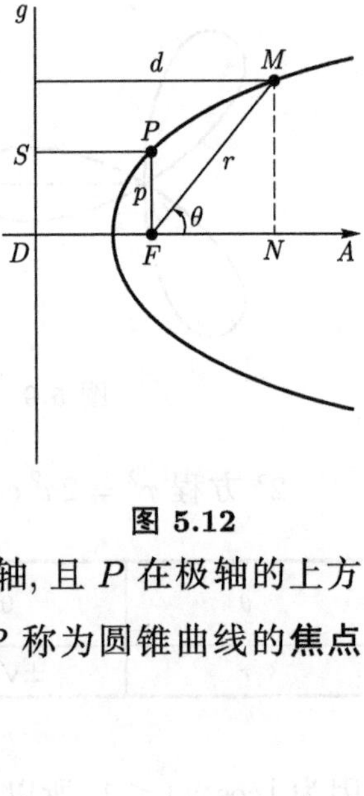

图 5.12

设 $M(r,\theta)$ 为圆锥曲线上任意一点. 我们限制 $r>0$, 如此则根据圆锥曲线的定义有

$$\frac{r}{d}=e, \tag{1}$$

其中 r 为极径, 同时亦为点 M 到焦点 F 的距离, d 为点 M 到准线 g 的距离, e 为离心率.

设 P 是圆锥曲线上这样的一点, FP 垂直于极轴, 且 P 在极轴的上方 (由对称性可知这极轴同时就是焦点轴), 则 $p=FP$ 称为圆锥曲线的**焦点参数**.

因

$$d=DN=DF+FN=DF+r\cos\theta,$$

又 $DF=SP$, 而 $\dfrac{FP}{SP}=\dfrac{p}{SP}=e$, 因此

$$d=\frac{p}{e}+r\cos\theta.$$

将 d 代入 (1) 式得

$$\frac{r}{\frac{p}{e}+r\cos\theta}=e,$$

由此

$$r=p+re\cos\theta,$$

$$r(1-e\cos\theta)=p,$$

$$r=\frac{p}{1-e\cos\theta}. \tag{2}$$

(2) 式就是所要推导的圆锥曲线的极坐标方程. e 为离心率. 当 $e<1$ 时得椭圆, 当 $e=1$ 时得抛物线, 当 $e>1$ 时得双曲线 (严格说来, 在 $r>0$ 的限制下, 应该是双曲线的一个右分支)①.

p 是圆锥曲线的焦点参数. 在抛物线的情形, p 等于焦点与准线间的距离. 在椭圆的情形, 若椭圆的长半轴为 a, 短半轴为 b, 则 $p=\frac{b^2}{a}$. 事实上, 因点 $P(c,p)$ 在曲线上, 所以要满足方程 $\frac{x^2}{a^2}+\frac{y^2}{b^2}=1$, 由此求得

$$p^2=b^2\left(1-\frac{c^2}{a^2}\right)=\frac{b^2\left(a^2-c^2\right)}{a^2}=\frac{b^4}{a^2},$$

因此

$$p=\frac{b^2}{a}.$$

在双曲线的情形, 若双曲线的实半轴为 a, 虚半轴为 b, 则用同样的方法可求得 $p=\frac{b^2}{a}$.

---

① 如点 M 在左分支上, 则因 $DF+r\cos\theta=-d$, 所以

$$d=-(DF+r\cos\theta).$$

于是由 $\frac{r}{d}=e$, 便得 $\frac{r}{-\left(\frac{p}{e}+r\cos\theta\right)}=e$, 即

$$r=\frac{-p}{1+e\cos\theta}.$$

这就是双曲线的左分支的极坐标方程.

第六章

参数方程

§6.1 参数方程的概念

在前面几章里, 平面上曲线的方程, 我们都是用曲线上流动点的直角坐标 x、y (或极坐标 r,θ) 之间一个方程来表示, 这就是所谓曲线的直角坐标 (或极坐标) 方程. 但从力学观点来考察, 如果把曲线看做质点运动的轨迹, 那么运动轨迹上点的坐标 x 与 y 各是时间 t 的函数. 所以作为质点运动轨迹的曲线, 可以用两个方程来表示.

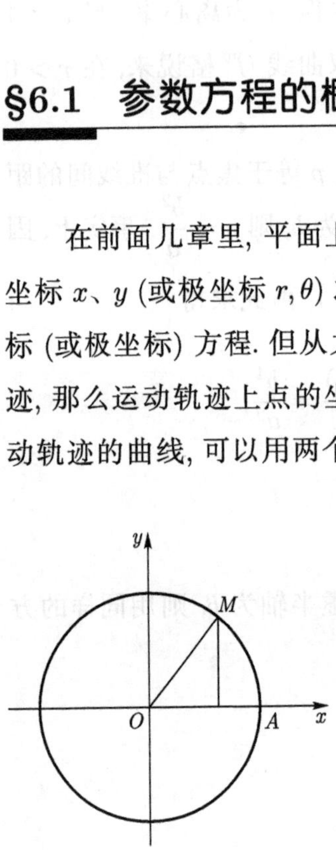

图 6.1

举例来说, 以原点为中心, R 为半径的圆, 可以看做是一个质点做等速圆周运动的轨迹. 设质点运动的角速度为 ω, 从圆周与 Ox 轴的交点 A 的位置按逆时针方向开始运动, 经过时间 t 后, 质点在圆周上达到一点 M 的位置 (图 6.1). 由于 $\angle AOM = \omega t$, 所以点 M 的坐标 x 与 y 可以各用一个 t 的函数来表示:

$$x = R\cos\omega t, \quad y = R\sin\omega t. \tag{1}$$

对于 t 的每一个值, 由 (1) 就有圆上的一点 $M(x,y)$ 与它对应. 当 t 的值从 O 逐渐增至 $\dfrac{2\pi}{\omega}$ 时, 点 M 就从点 A 开始按逆时针方向描出一个圆. 所以

(1) 式中的两个方程表示以原点为中心, R 为半径的圆的方程.

一般来说, 如果把平面曲线 C 上的点的流动坐标 x 与 y 分别用另一个变数 t 的函数

$$x = \varphi(t), \quad y = \psi(t) \tag{2}$$

来表示, 使点 (x, y) 随着变数 t 在某一范围内变化而描出曲线 C, 且只描出 C, 那么方程 (2) 就称为平面曲线 C 的参数方程, 变数 t 称为参数.

根据上述定义, 方程 (1) 就是以原点 O 为中心, R 为半径的圆的参数方程①.

这里要注意, 参数方程 (2) 中的参数 t 并不一定代表时间, 而可以代表其他任何意义, 如角度、有向线段的值, 等等.

一条曲线的参数方程与直角坐标方程之间有着密切的联系. 从已知曲线的参数方程消去参数 t, 一般就得到这曲线的直角坐标方程. 例如把 (1) 中的两个方程的两端平方相加, 消去 t 的结果就是这个圆的直角坐标方程:

$$x^2 + y^2 = R^2 \tag{3}$$

反之, 从已知曲线的直角坐标方程, 我们引进适当的参数后, 可以求得这曲线的参数方程. 例如已知以原点 O 为中心, R 为半径的圆的直角坐标方程 (3) , 我们引进中心角 $AOM = \varphi$ (图 6.1) 作为参数, 则 $x = R\cos\varphi$. 代入 (3), 解得 $y = \pm R\sin\varphi$. 从而得到这个圆的参数方程

$$x = R\cos\varphi, \quad y = R\sin\varphi; \tag{4}$$

或

$$x = R\cos\varphi, \quad y = -R\sin\varphi. \tag{5}$$

最后, 我们还要指出, 曲线的参数方程有以下两个特点:

1° 由参数方程表示的曲线具有一定的方向. 例如参数方程 (1) 所表示的圆, 当 t 从 0 增大至 $\dfrac{2\pi}{\omega}$ 时, 点 $M(x, y)$ 就从点 A 按逆时针方向描出一个

① 在力学上, 方程 (1) 叫做质点做等速圆周运动的运动方程.

圆; 如果 t 从 $\frac{2\pi}{\omega}$ 减小至 0, 点 $M(x,y)$ 就从点 A 按相反的方向描出一个圆 (图 6.1).

2° 一条曲线可以用不同的参数方程来表示. 例如参数方程 (1)、(4) 、(5) 都表示同一个圆.

§6.2 曲线的参数方程

从上节关于圆的参数方程这个例子, 得出通常建立曲线参数方程的两种方法: 一种是像建立方程 (1) 那样, 把曲线看做动点的轨迹, 适当选取参数 t, 使得曲线上点的流动坐标 x 与 y 分别用一个参数 t 的函数来表示; 另一种是像建立方程 (4) 或 (5) 那样, 从已知曲线的直角坐标方程引入适当的参数, 从而求得曲线的参数方程. 下面我们就根据这两种方法来建立几种曲线的参数方程.

1. 直线

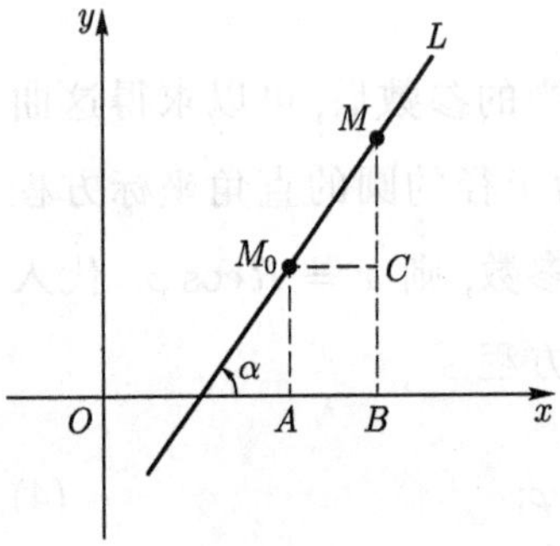

图 6.2

设直线 L 通过点 $M_0(x_0,y_0)$, 且与 x 轴的倾角为 α (图 6.2). 把这直线看做是质点做等速直线运动的轨迹, 并设速度为 v, 当时间 $t=0$ 时, 质点在 M_0 的位置. 经过时间 t 后, 设质点的位置为 M, 它的坐标为 x 与 y. 由于 $M_0M=vt$, 则得

$$\begin{cases} x=OB=OA+M_0C=x_0+vt\cos\alpha, \\ y=BM=AM_0+CM=y_0+vt\sin\alpha; \end{cases} \tag{1}$$

或

$$\begin{cases} x=x_0+mt, \\ y=y_0+nt; \end{cases} \tag{1$'$}$$

其中常数 $m=v\cos\alpha, n=v\sin\alpha$ 分别表示质点在 x 轴和 y 轴方向上的分速度. 方程 $(1)'$ 就是直线 L 以时间 t 为参数的参数方程.

令 $vt=\mu$, 由 (1) 又得直线 L 的参数方程

$$\begin{cases} x=x_0+\mu\cos\alpha, \\ y=y_0+\mu\sin\alpha, \end{cases} \tag{2}$$

其中参数 μ 表示有向线段 $\overline{M_0M}$ 的值.

2. 椭圆

设已知椭圆的标准方程

$$\frac{x^2}{a^2}+\frac{y^2}{b^2}=1.$$

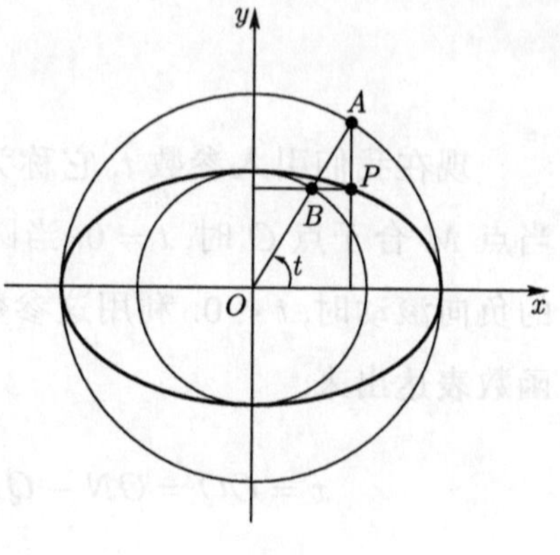

图 6.3

以原点 O 为中心, 作两个同心圆, 它们的半径分别为 a 和 $b(a>b)$. 从原点 O 出发任作一射线, 这射线与大圆及小圆分别交于点 A 及点 B. 再过 A 引 y 轴的平行线与椭圆相交于 P, 并设点 P 的坐标为 x、y. 取以 x 正半轴为始边、射线 OBA 为终边的正角 t 为参数. 由图 6.3, 有

$$x=a\cos t.$$

代入已知的椭圆标准方程, 解得

$$y=b\sin t.$$

上面两个方程:

$$x=a\cos t, \quad y=b\sin t \tag{3}$$

就是已知椭圆的参数方程, 其中参数 t 称为椭圆的**离心角**.

3. 摆线

一圆沿定直线滚动时, 圆周上一定点所描出的轨迹称为**摆线**, 或**旋轮线**, 下面我们来建立它的参数方程.

如图 6.4, 设滚动着的圆的半径为 a, 圆心为 C. 又设 M 为圆周上的定点, O 为直线 g 上的一点, 圆滚动时点 M 一度与点 O 重合. 今以点 O 为直角坐标系的原点, 直线 g 为 x 轴, y 轴指向直线 g 的这样的一侧, 也正是滚动着的圆所在的一侧.

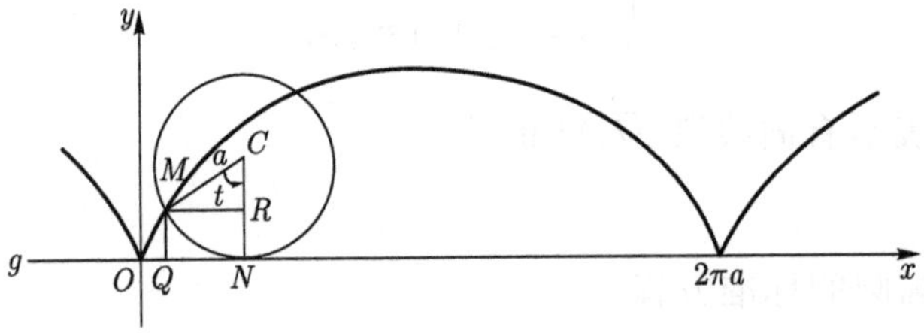

图 6.4

现在我们引入参数 t, 它称为**滚动角**, 这角的始边为 CM, 终边为 CN. 当点 M 合于点 O 时, $t=0$; 当圆向 x 轴的正向滚动时, $t>0$; 当圆向 x 轴的负向滚动时, $t<0$. 利用这参数 t, 就可把动点 M 的坐标 x、y 各用 t 的函数表达出来:

$$x = OQ = ON - QN = \overset{\frown}{MN} - MR = at - a\sin t,$$

$$y = QM = NC - RC = a - a\cos t.$$

所求摆线的参数方程为

$$\begin{cases} x = a(t - \sin t), \\ y = a(1 - \cos t). \end{cases} \tag{4}$$

摆线由无限多支彼此一样的分支组成, 每一分支称为摆线的一拱. 一拱之阔为 $2\pi a$ 而高为 $2a$, 其中 a 为滚动着的圆的半径.

4. 圆的渐伸线

把一条没有伸缩性的绳子围绕在定圆周上. 拉开绳子的一端并拉直, 使绳子与圆周始终相切. 绳子端点的轨迹, 称为**圆的渐伸线**[①].

① 在机械上, 齿轮上齿的轮廓曲线, 一般都是圆的渐伸线.

设定圆的中心为 O, 半径为 a, 而 A 是绳子未拉开时它的一端的位置 (图 6.5). 现取 O 为原点, 通过 O 与 A 的直线为 x 轴. 设 $M(x,y)$ 是圆的渐伸线上的任意一点, 这时绳子的一段为直线 MT, 且是圆的切线. 令 $\angle AOT = t$, 则有

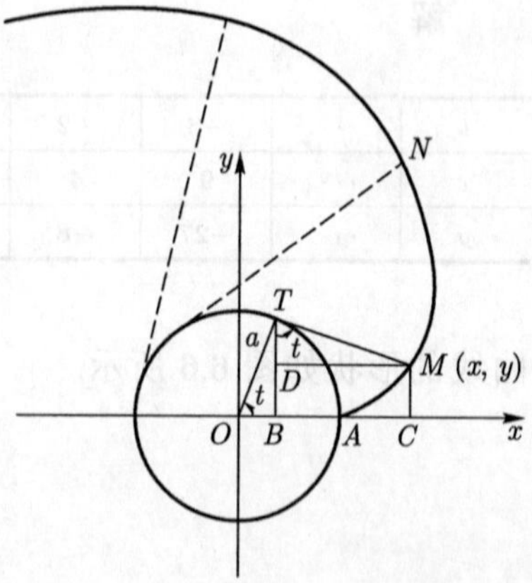

图 6.5

$$|MT| = \text{弧 } AT = at.$$

作 MC、TB 垂直于 x 轴, MD 平行于 x 轴. 因 $\angle MTD = \angle AOT = t$, 于是有

$$x = OC = OB + BC = OB + DM = a\cos t + at\sin t,$$

$$y = CM = BD = BT - DT = a\sin t - at\cos t.$$

所以圆的渐伸线的参数方程为

$$\begin{cases} x = a(\cos t + t\sin t), \\ y = a(\sin t - t\cos t). \end{cases} \tag{5}$$

§6.3 参数方程的作图法

要描出一参数方程的图形, 可先假定参数等于某些适当的实数值, 将这些实数值逐一代入参数方程中, 求得 x 和 y 的对应值. 由同一个参数值所算出的 x 值和 y 值是曲线上一点的坐标. 将这些点在平面上描下来. 通过这些点绘一曲线. 这曲线即参数方程的图形.

例 描出参数方程 $\begin{cases} x = t^2, \\ y = t^3 \end{cases}$ 的图形.

解

t	$\cdots$	-3	-2	-1	0	1	2	3	$\cdots$
x	$\cdots$	9	4	1	0	1	4	9	$\cdots$
y	$\cdots$	-27	-8	-1	0	1	8	27	$\cdots$

曲线的形状如图 6.6 所示.

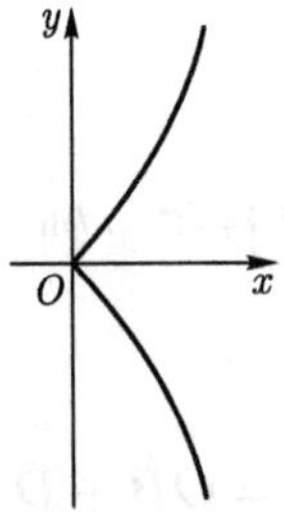

图 6.6

这曲线称为半立方抛物线, 因为将参数方程中的 t 消去后得

$$y = \pm x^{\frac{3}{2}}.$$

第七章

空间直角坐标与矢量代数

§7.1 空间点的直角坐标

为了确定平面上任意一点的位置, 我们曾经用了平面直角坐标系, 现在为了确定空间一点的位置, 就要引进**空间直角坐标系**. 从空间某一定点 O 引三条互相垂直的直线 Ox、Oy、Oz, 叫做**坐标轴**, 三直线的交点 O, 叫做**坐标原点**. 按照惯例, Ox 轴和 Oy 轴配置在水平面上, 而 Oz 轴是铅垂线. 我们又规定 Ox 轴的正向是朝着前方 (向读者的一边), Oy 轴的正向是由左到右, Oz 轴的正向是由下而上 (图 7.1).

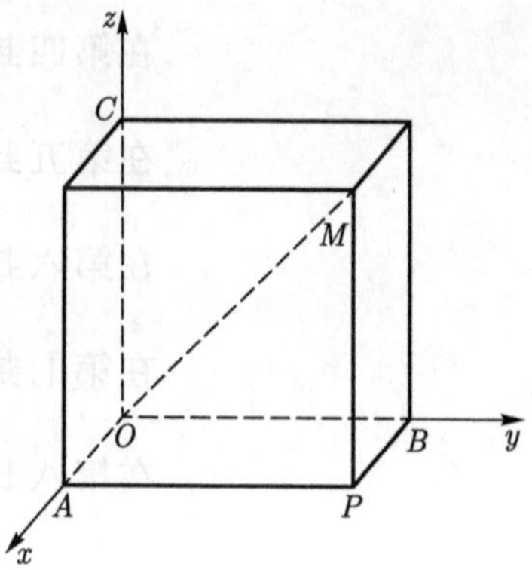

图 7.1

设点 M 为空间一已知点. 我们作点 M 在坐标轴上的投影, 即通过点 M 作三平面分别垂直于 Ox 轴、Oy 轴和 Oz 轴, 设与 Ox、Oy、Oz 的交点顺次为 A、B、C, 则它们就是点 M 分别在三个坐标轴上的投影. 反之, 在三轴上已知三点 A、B、C 的位置时, 在空间可以决定唯一的点 M, 这点以 A、B、C 为它在三轴上的投影. 因此, 点 M 的位置的决定就归结到它在轴上的投影 A、B、C 的位置的决定了. 但轴上 A、B、C 三点的位置又分别由有向线段 $\overline{OA}$、

$\overline{OB}$、$\overline{OC}$ 的值来决定. 若设这三个有向线段的值分别以 x、y 和 z 表示, 那么

$$x = OA, \quad y = OB, \quad z = OC.$$

于是空间的点 M 和一组有序的三个数 x、y、z 间便成立了一一对应关系. 这样的一组数 x、y、z 就叫做**点 M 的坐标**, 其中 x 叫做**横标**, y 叫做**纵标**, z 叫做**立标**. 记号 $M(x, y, z)$ 表示横标为 x、纵标为 y、立标为 z 的点 M.

三坐标轴 Ox、Oy、Oz 两两决定互相垂直的三平面 xOy、yOz、zOx, 称为**坐标平面**. 这三平面把整个空间分为八个区域, 称为**卦限**. 这八个卦限的顺序, 可用下列方法来规定它:

在第一卦限内 $x > 0, y > 0, z > 0$;

在第二卦限内 $x < 0, y > 0, z > 0$;

在第三卦限内 $x < 0, y < 0, z > 0$;

在第四卦限内 $x > 0, y < 0, z > 0$;

在第五卦限内 $x > 0, y > 0, z < 0$;

在第六卦限内 $x < 0, y > 0, z < 0$;

在第七卦限内 $x < 0, y < 0, z < 0$;

在第八卦限内 $x > 0, y < 0, z < 0$.

如果点 M 在平面 yOz 上, 则 $x = 0$; 同样, 对于平面 zOx 上的点, $y = 0$; 对于平面 xOy 上的点, $z = 0$. 如果点 M 在 x 轴上, 则 $y = z = 0$; 同样, 对于 y 轴上的点, $z = x = 0$; 对于 z 轴上的点, $x = y = 0$. 最后, 如点 M 为原点, 则 $x = y = z = 0$.

我们可以用下面的方法来求得点 M 的坐标 (图 7.1).

首先从点 M 对 xOy 平面作垂线, 与 xOy 平面交于 P, 然后从点 P 对 x 轴作垂线交 x 轴于 A, 于是有向线段 $\overline{OA}$, $\overline{AP}$ 和 $\overline{PM}$ 的值显然是与点

M 的坐标一致的, 即

$$OA = x, \quad AP = y, \quad PM = z.$$

§7.2　基本问题

应用前节中所述的直角坐标法, 我们就可以求得空间几何上几个简单问题的解答.

问题 1　设一点关于某坐标系的坐标为已知, 求同一点关于另一新坐标系的坐标, 但这新系的各轴平行于旧系的各轴.

设点 M 关于坐标系 $Oxyz$ 的坐标是 x、y、z. 新系 $O'x'y'z'$ 的轴 $O'x'$、$O'y'$、$O'z'$ 顺次平行于轴 Ox、Oy、Oz, 并且指着同一方向 (图 7.2). 设点 O' 关于旧系的坐标是 a、b、c, 并用 x'、y'、z' 表示点 M 关于新系的坐标.

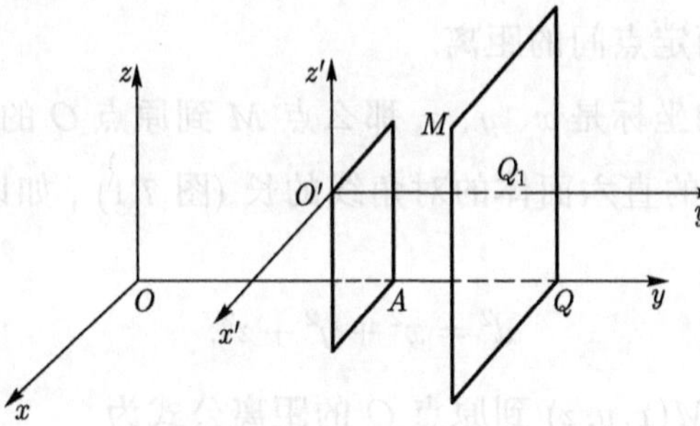

图 7.2

设 A 是点 O' 在轴 Oy 上的投影, Q 和 Q_1 是点 M 在轴 Oy 和 Oy' 上的投影, 那么由 §2.1 知

$$OQ = OA + AQ = OA + O'Q_1.$$

但

$$OQ = y, \quad OA = b, \quad O'Q_1 = y',$$

所以

$$y = b + y'.$$

同样, 如把点 O' 和点 M 投影到轴 Ox 及 Oz 上, 就得到

$$x = a + x',$$

$$z = c + z'.$$

因此, 我们就得到在轴的平移下用新系的坐标表示旧系的坐标的公式

$$\begin{cases} x = a + x', \\ y = b + y', \\ z = c + z'. \end{cases} \tag{1}$$

由上述公式可以得到在轴的平移下用旧系的坐标表示新系的坐标的公式

$$\begin{cases} x' = x - a, \\ y' = y - b, \\ z' = z - c. \end{cases} \tag{2}$$

问题 2 求两定点间的距离.

(i) 设点 M 的坐标是 x、y、z, 那么点 M 到原点 O 的距离就是三棱之长为 $|x|$、$|y|$、$|z|$ 的直六面体的对角线的长 (图 7.1) , 如以 d 表示这距离, 则

$$d^2 = x^2 + y^2 + z^2.$$

因此我们得到点 $M(x, y, z)$ 到原点 O 的距离公式为

$$d = \sqrt{x^2 + y^2 + z^2}. \tag{3}$$

(ii) 设两已知点为 $M_1(x_1, y_1, z_1)$ 和 $M_2(x_2, y_2, z_2)$, 求它们之间的距离. 如果把坐标原点移到点 M_1 处而保持轴的方向, 则点 M_1 关于新坐标系的坐标是 0、0、0 而点 M_2 关于新系的坐标是 $x_2 - x_1$、$y_2 - y_1$、$z_2 - z_1$. 由公式 (3) 得到

$$d = \sqrt{(x_2 - x_1)^2 + (y_2 - y_1)^2 + (z_2 - z_1)^2}. \tag{4}$$

这就是两点 $M_1(x_1, y_1, z_1)$ 和 $M_2(x_2, y_2, z_2)$ 间的距离公式.

问题 3 把已知线段 $\overline{AB}$ 分为定比, 求分点 M 的坐标.

设 $A(x_1,y_1,z_1)$ 和 $B(x_2,y_2,z_2)$ 为两已知点, 定比为 λ, 如点 M 分有向线段 $\overline{AB}$ 为两个线段 $\overline{AM}$ 与 $\overline{MB}$ 使它们的值的比等于 λ:

$$\frac{AM}{MB}=\lambda,$$

求分点 M 的坐标 x、y 及 z.

设 A、B、M 三点在 Oy 轴上的投影顺次为 Q_1、Q_2、S (图 7.3). 因为两直线在平行平面间的线段成比例, 所以

$$\frac{AM}{MB}=\frac{Q_1S}{SQ_2}.$$

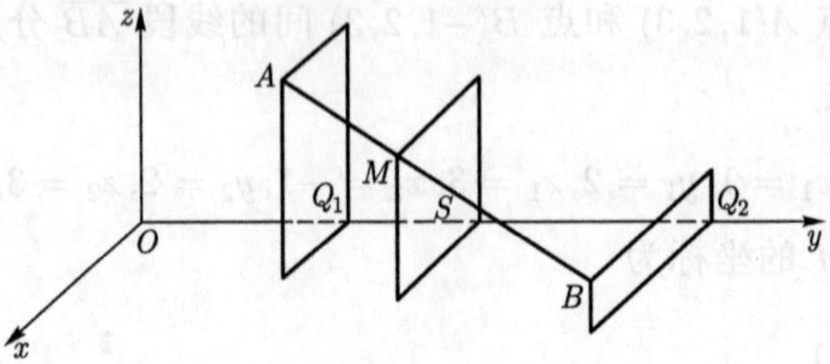

图 7.3

但 $Q_1S=y-y_1, SQ_2=y_2-y$, 按条件得

$$\frac{y-y_1}{y_2-y}=\lambda;$$

从而得到

$$y=\frac{y_1+\lambda y_2}{1+\lambda}.$$

如果把 A、B、M 三点投影到 Ox 和 Oz 轴上去, 就得到

$$x=\frac{x_1+\lambda x_2}{1+\lambda},\quad z=\frac{z_1+\lambda z_2}{1+\lambda}.$$

这样, 就求得分点 M 的坐标为

$$x=\frac{x_1+\lambda x_2}{1+\lambda},\quad y=\frac{y_1+\lambda y_2}{1+\lambda},\quad z=\frac{z_1+\lambda z_2}{1+\lambda}. \tag{5}$$

在公式中如令 $\lambda=1$, 则得到线段 $\overline{AB}$ 中点的坐标为

$$x=\frac{x_1+x_2}{2},\quad y=\frac{y_1+y_2}{2},\quad z=\frac{z_1+z_2}{2}. \tag{6}$$

例 1 求证以 $M_1(4,3,1)$、$M_2(7,1,2)$、$M_3(5,2,3)$ 三点为顶点的三角形是一个等腰三角形.

解 因

$$|M_1M_2|^2=(7-4)^2+(1-3)^2+(2-1)^2=14,$$

$$|M_2M_3|^2=(5-7)^2+(2-1)^2+(3-2)^2=6,$$

$$|M_3M_1|^2=(4-5)^2+(3-2)^2+(1-3)^2=6,$$

所以 $|M_2M_3|=|M_3M_1|$. 即三角形 $M_1M_2M_3$ 是一个等腰三角形.

例 2 把点 $A(1,2,3)$ 和点 $B(-1,2,3)$ 间的线段 $\overline{AB}$ 分为 1:2 的比, 求分点 M 的坐标.

解 已知 $x_1=1, y_1=2, z_1=3; x_2=-1, y_2=2, z_2=3, \lambda=\dfrac{1}{2}$, 由公式 (5) 求得分点 M 的坐标为

$$x=\frac{1-\dfrac{1}{2}\times 1}{1+\dfrac{1}{2}}=\frac{1}{3},\quad y=\frac{2+\dfrac{1}{2}\times 2}{1+\dfrac{1}{2}}=2,\quad z=\frac{3+\dfrac{1}{2}\times 3}{1+\dfrac{1}{2}}=3.$$

§7.3 矢量的概念 · 矢径

在研究力学、物理学以及其他应用科学时所遇到的量, 可以分为两类. 其中一类可以完全用数值来决定, 例如质量、温度、时间、密度、面积、体积等都是属于这一类. 这一类量叫做**数量**. 另一类的量, 只知道它们的数值大小是不够的. 要完全表示它们, 必须同时说明它们的方向, 例如力、速度、加速度等就是属于这一类. 这一类量叫做**矢量**.

我们可以把任何矢量用具有一定长度和一定方向的线段来表示, 这线段的长度表示所论矢量的长度, 这线段的方向表示所论矢量的方向. 这样, 抽去矢量所表示的物理意义, 就产生了几何矢量的概念, 就是在空间有一定长度和一定方向的线段. 现在我们所要讨论的对象, 就是这种几何矢量.

如果两矢量满足下面三个条件: (1) 两矢量的长度相等; (2) 两矢量平行, 即在同一直线上或在平行直线上;(3) 两矢量的指向相同; 就说这两矢量是**相等的**.

我们必须注意到矢量的起点和终点, 如果对调它们的位置, 就得到与原来矢量有相反方向的另一个矢量. 从两矢量相等的定义, 就知道将一矢量平行移动后, 仍为与原来矢量相等的矢量. 所以矢量的起点可以放置在空间的任何一点.

为表达矢量, 最好选择某点 O 做起点, 且把所有矢量都看做是从这点出发的. 若矢量的起点为 O, 终点为 M, 这个矢量就用带有箭头的两个字母 $\overrightarrow{OM}$ 来表示, 第一字母为起点, 第二字母为终点; 或者单用代表矢量终点的那个字母的黑体字 $\boldsymbol{M}$ 来表示, 而不带有箭头, 如

$$\boldsymbol{M} = \overrightarrow{OM}.$$

同样如 $\boldsymbol{A} = \overrightarrow{OA}, \boldsymbol{B} = \overrightarrow{OB}$, 等等.

如矢量的起点不在点 O, 则常用带有箭头的两个字母来表示. 例如 $\overrightarrow{AB}$ 表示起点为 A, 终点为 B 的矢量. 如果在讨论矢量的性质而不需要指出它的起点和终点时, 则常用一个不带有箭头的黑体字如 $\boldsymbol{A}$、$\boldsymbol{B}$ 等来表示.

矢量的长度叫做**矢量的模**. 矢量 $\overrightarrow{AB}$ 的模用 $|AB|$ 来表示. 矢量 $\boldsymbol{M}$ 的模用 $|\boldsymbol{M}|$ 来表示.

特别, 在直角坐标系中, 如以坐标原点 O 为起点, 向已知点 M 引矢量 $\overrightarrow{OM}$, 这个矢量称为点 M 对于点 O 的**矢径**, 经常用一个黑体字 $\boldsymbol{r}$ 表示, 即 $\boldsymbol{r} = \overrightarrow{OM}$. 于是对于空间一点 M 对应着一个矢径 $\overrightarrow{OM}$; 反之, 每一矢径 $\overrightarrow{OM}$ 对应着一个确定的点 M, 即它的终点.

§7.4 矢量的加减法

根据力学上所知道的有向的量, 如力、速度及加速度的合成法则, 我们定义**两矢量的和**如下:

两矢量 $\overrightarrow{OA}$ 与 $\overrightarrow{OB}$ 的和是以这两矢量做两边的平行四边形的对角线矢量 $\overrightarrow{OC}$ (图 7.4). 记作

$$\overrightarrow{OC}=\overrightarrow{OA}+\overrightarrow{OB}.$$

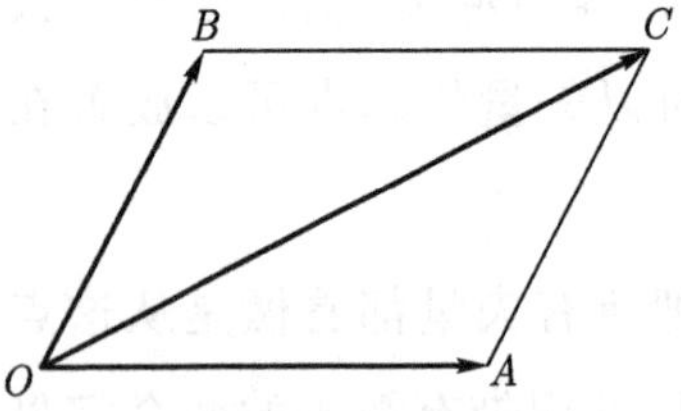

图 7.4

如果两矢量 $\overrightarrow{OA}$ 与 $\overrightarrow{OB}$ 在同一直线上, 那么定义它们的和是这样的一个矢量: 当 $\overrightarrow{OA}$ 与 $\overrightarrow{OB}$ 的指向相同, 和矢量的方向与原来两矢量的方向相同 (平行且指向相同) 而长度等于两矢量的长度的和; 当 $\overrightarrow{OA}$ 与 $\overrightarrow{OB}$ 的指向相反, 和矢量的方向与较长的矢量的方向相同, 而长度等于两矢量的长度的差.

在长度相等而方向相反 (平行, 但指向相反) 的两矢量的场合, 它们的和是长度等于零的一个特殊的矢量, 叫做**零矢量**, 并用记号 $\mathbf{0}$ 来表示. 零矢量的方向可以看作任意的.

从上述定义, **对于矢量加法, 交换律显然是成立的**, 即

$$\overrightarrow{OA}+\overrightarrow{OB}=\overrightarrow{OB}+\overrightarrow{OA}. \tag{1}$$

由两矢量相等的定义, 在图 7.4 中, 可见 $\overrightarrow{AC}=\overrightarrow{OB}$. 从此就得出**两矢量加法的三角形法则: 在第一矢量 $\overrightarrow{OA}$ 的终点 A 引第二矢量 $\overrightarrow{AC}=\overrightarrow{OB}$, 封闭这折线 OAC 的矢量 $\overrightarrow{OC}$ 就是 $\overrightarrow{OA}$ 与 $\overrightarrow{OB}$ 的和, 它的起点合于第一矢量的起点, 它的终点合于第二矢量的终点**.

若要求三矢量 $\boldsymbol{A}$、$\boldsymbol{B}$ 及 $\boldsymbol{C}$ 的和, 先求 $\boldsymbol{A}$ 及 $\boldsymbol{B}$ 的和 $\boldsymbol{A}+\boldsymbol{B}$, 再与 $\boldsymbol{C}$ 相加, 即得它们的和 $\boldsymbol{A}+\boldsymbol{B}+\boldsymbol{C}$ (图 7.5). 由图中显然可以看出, 若以 $\boldsymbol{A}$ 与 $\boldsymbol{B}+\boldsymbol{C}$ 相加, 则得到同一结果. 因之, 我们得到公式

$$(\boldsymbol{A}+\boldsymbol{B})+\boldsymbol{C}=\boldsymbol{A}+(\boldsymbol{B}+\boldsymbol{C})=\boldsymbol{A}+\boldsymbol{B}+\boldsymbol{C}, \tag{2}$$

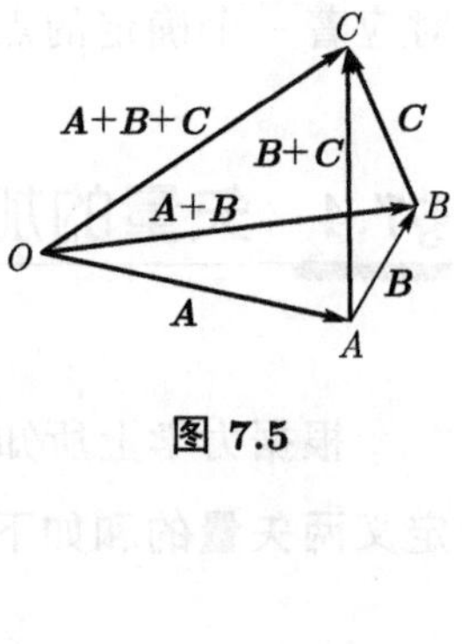

图 7.5

它表明**矢量加法具有结合律的性质**.

我们注意到矢量 $\boldsymbol{A}+\boldsymbol{B}+\boldsymbol{C}$ 就是封闭这折线 $OABC$ 的矢量 $\overrightarrow{OC}$, 同时由于矢量加法的交换律与结合律, 得到下面的一般法则:

矢量加法的一般法则: 以任何次序相继作矢量 $\boldsymbol{A}_1$、$\boldsymbol{A}_2$、$\cdots$、$\boldsymbol{A}_n$, 并以前一矢量的终点作为次一矢量的起点, 再由第一矢量的起点至最后一矢量的终点作所得折线的封闭线即为所求的和.

矢量的减法　像数量的减法是加法的逆运算一样, 矢量的减法也定义为加法的逆运算. 因此我们可以从两矢量的和来定义两矢量的差如下:

若两矢量 $\overrightarrow{OB}$ 与 $\overrightarrow{OC}$ 的和是矢量 $\overrightarrow{OA}$, 那么矢量 $\overrightarrow{OC}$ 就定义为矢量 $\overrightarrow{OA}$ 与矢量 $\overrightarrow{OB}$ 的差.

即若 $\overrightarrow{OB}+\overrightarrow{OC}=\overrightarrow{OA}$, 那么 $\overrightarrow{OA}-\overrightarrow{OB}=\overrightarrow{OC}$.

设已知两矢量 $\overrightarrow{OA}$ 及 $\overrightarrow{OB}$, 要求差 $\overrightarrow{OA}-\overrightarrow{OB}$. 从 $\overrightarrow{OB}$ 的终点 B 向 $\overrightarrow{OA}$ 的终点 A 引矢量 $\overrightarrow{BA}$ (图 7.6), 那么很显然

$$\overrightarrow{OB}+\overrightarrow{BA}=\overrightarrow{OA},$$

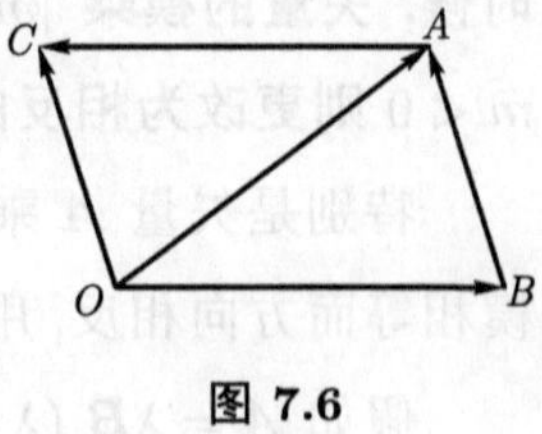

图 7.6

因而

$$\overrightarrow{OA}-\overrightarrow{OB}=\overrightarrow{BA}.$$

即矢量 $\overrightarrow{BA}$ 是所求的差. 这就是说: **为了从一矢量减去另一矢量, 应该把它们移到共同起点, 然后从减项矢量的终点向被减项矢量的终点引一矢量, 此即所求的差.**

两矢量的差也可用下述方法来求: 将三角形 OBA 补成以 $\overrightarrow{OA}$ 为对角线的平行四边形 $OBAC$ (图 7.6). 于是所求的差是

$$\overrightarrow{OA}-\overrightarrow{OB}=\overrightarrow{BA}=\overrightarrow{OC}.$$

从三角形 OAC 看出这个差 $\overrightarrow{OC}$ 也等于矢量 $\overrightarrow{OA}$ 与矢量 $\overrightarrow{AC}$ 之和, 即

$$\overrightarrow{OA}+\overrightarrow{AC}=\overrightarrow{OC},$$

其中 $\overrightarrow{AC}$ 是与 $\overrightarrow{OB}$ 长度相等而方向相反的矢量. 于是我们得到减法的法则:

要从 $\overrightarrow{OA}$ 减去 $\overrightarrow{OB}$, 只要把与 $\overrightarrow{OB}$ 长度相等而方向相反的矢量 $\overrightarrow{AC}$ 加到矢量 $\overrightarrow{OA}$ 上去.

§7.5 矢量与数量的乘法

矢量与数量的乘积的定义 **设已知矢量 $\boldsymbol{A}$ 和数量 m, 则它们的乘积 $m\boldsymbol{A}$ (或 $\boldsymbol{A}m$) 是这样的一个矢量. 这矢量的模等于矢量 $\boldsymbol{A}$ 的模与数量 $|m|$ 的乘积, 并且它平行于矢量 $\boldsymbol{A}$; 如果 m 为正数, 则它的指向与 $\boldsymbol{A}$ 的相同; 如果 m 为负数, 则它的指向与 $\boldsymbol{A}$ 的相反.**

根据这个定义, 就建立了**矢量与数量的乘法: 矢量 $\boldsymbol{A}$ 乘一数量 m 的时候, 矢量的模乘 $|m|$, 且对于 $m>0$ 保留矢量 $\boldsymbol{A}$ 原来的方向, 而对于 $m<0$ 则更改为相反的方向.**

特别是矢量 $\boldsymbol{A}$ 乘 (-1) 的时候, 我们得到矢量 $(-1)\boldsymbol{A}$, 它的模与 $\boldsymbol{A}$ 的模相等而方向相反, 用 $-\boldsymbol{A}$ 来表示它.

假如 $\boldsymbol{A}=\lambda\boldsymbol{B}$ (λ 是不为零的数量), 则定义

$$\frac{\boldsymbol{A}}{\lambda}=\frac{1}{\lambda}\boldsymbol{A}=\boldsymbol{B}.$$

从矢量与数量乘积的定义容易推出下面的结论: 若两矢量 $\boldsymbol{A}_1$ 与 $\boldsymbol{A}_2$ 互相平行, 则 $\boldsymbol{A}_2=\lambda\boldsymbol{A}_1$, 其中 λ 为一数量. 反之, 若 $\boldsymbol{A}_2=\lambda\boldsymbol{A}_1$, λ 为一数量, 则两矢量 $\boldsymbol{A}_1$ 与 $\boldsymbol{A}_2$ 互相平行.

关于矢量与数量的乘积有下列三个性质:

$$(\lambda+\mu)\boldsymbol{A}=\lambda\boldsymbol{A}+\mu\boldsymbol{A}; \tag{1}$$

$$\lambda(\mu\boldsymbol{A})=\mu(\lambda\boldsymbol{A})=(\lambda\mu)\boldsymbol{A}; \tag{2}$$

$$\lambda(\boldsymbol{A}+\boldsymbol{B})=\lambda\boldsymbol{A}+\lambda\boldsymbol{B}; \tag{3}$$

此处 λ 和 μ 是表示任意数量, $\boldsymbol{A}$ 和 $\boldsymbol{B}$ 表示任意矢量. 从矢量与数量的乘积定义可以直接得着上列恒等式 (1) 和 (2). 至于恒等式 (3), 可以用相似

图形来说明如下:

如矢量 $\boldsymbol{A}$ 和矢量 $\boldsymbol{B}$ 以点 O 为共同的起点, 则 $\boldsymbol{A}+\boldsymbol{B}$ 就是以两矢量 $\boldsymbol{A}$ 和 $\boldsymbol{B}$ 为两边所构成的平行四边形的对角线矢量. 当矢量 $\boldsymbol{A}$、$\boldsymbol{B}$ 及 $\boldsymbol{A}+\boldsymbol{B}$ 各乘 λ 时, 便得到一个与原来平行四边形相似的平行四边形 (图 7.7), 并且 $\lambda(\boldsymbol{A}+\boldsymbol{B})$ 就是以 $\lambda\boldsymbol{A}$、$\lambda\boldsymbol{B}$ 为两边的这个平行四边形的对角线矢量, 所以 $\lambda(\boldsymbol{A}+\boldsymbol{B})=\lambda\boldsymbol{A}+\lambda\boldsymbol{B}$.

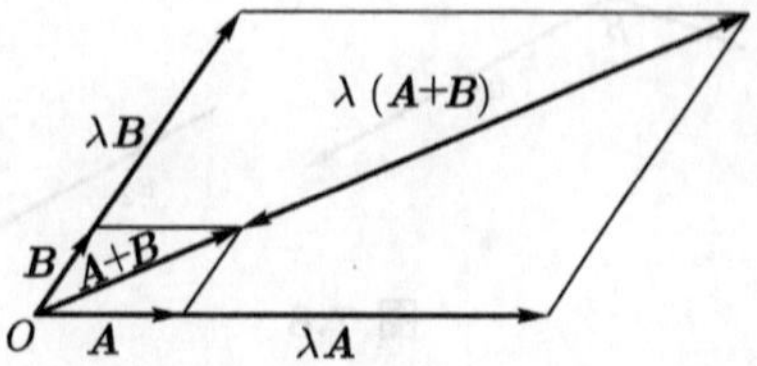

图 7.7

长度为一个单位长的矢量叫做**单位矢量**, 如用记号 $\boldsymbol{A}^0$ 表示与 $\boldsymbol{A}$ 同方向的单位矢量, 则按矢量与数量乘积的定义, 有

$$\boldsymbol{A}=|\boldsymbol{A}|\boldsymbol{A}^0.$$

所以一个矢量 (不为零矢量) 除以它的模的结果是一个同方向的单位矢量, 即

$$\frac{\boldsymbol{A}}{|\boldsymbol{A}|}=\boldsymbol{A}^0.$$

§7.6　矢量在轴上的投影 · 投影定理

首先我们来确定空间二轴间的角的概念. 设在空间已知相交于点 S 的两轴 u_1 和 u_2, 把其中一轴绕点 S 在二轴所决定的平面上旋转, 使它的正方向与另一轴的正方向重合时所需要旋转的角度, 我们就定义为这两轴间的角, 并且用记号 $\left(\widehat{u_1,u_2}\right)$ 或 $\left(\widehat{u_2,u_1}\right)$ 来表示.

必须指出, 平面上两轴间的角, 按旋转方向 (逆时针或顺时针) 有正或负的区别. 但在空间里从一轴到另一轴的旋转方向是与观望者在两轴所决定的平面的这一侧或那一侧有关系的. 所以在空间里, 除特别声明外, 我们一般规定二轴间的角限在 0 与 π 之间, 且不区分轴的顺序.

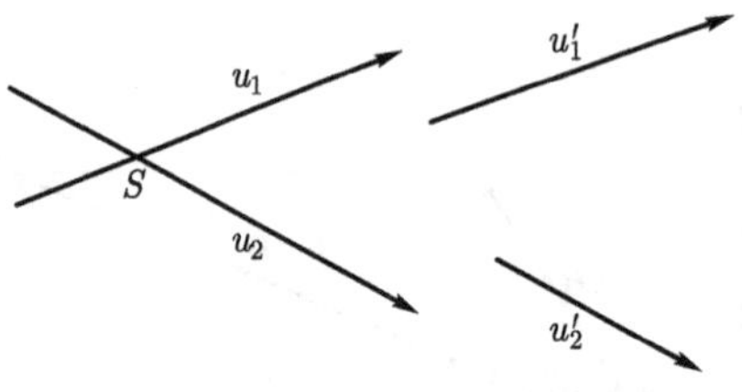

图 7.8

如果已知的二轴 u_1' 和 u_2' 不相交，则自空间的任何一点 S 引二轴 u_1 和 u_2，顺次与 u_1' 和 u_2' 平行且有相同的正方向 (图 7.8)；我们就用相交二轴 u_1 和 u_2 间的角来定义不相交二轴 u_1' 和 u_2' 间的角.

空间的轴 u 与矢量 $\boldsymbol{A}$ 间的角，我们用轴 u 与另一轴 u' 间的角来定义，其中轴 u' 的正方向是与这矢量 $\boldsymbol{A}$ 的正方向一致的. 同样，二矢量 $\boldsymbol{A}$、$\boldsymbol{B}$ 间的角用二轴 u、u' 间的角来定义，这二轴的正方向分别与矢量 $\boldsymbol{A}$、$\boldsymbol{B}$ 的正方向一致. 我们把矢量 $\boldsymbol{A}$、$\boldsymbol{B}$ 间的角记作 $(\widehat{\boldsymbol{A},\boldsymbol{B}})$ 或 $(\widehat{\boldsymbol{B},\boldsymbol{A}})$.

其次，我们来定义空间一点与一矢量在轴 u 上的投影. 设已知空间一点 A，并通过点 A 引轴 u 的垂直平面 α，则平面 α 与轴 u 的交点 A' 叫做**点 A 在轴 u 上的投影** (图 7.9). 从而，若设已知矢量 $\overrightarrow{AB}$ 的起点 A 和终点 B 在轴 u 上的投影分别为点 A' 和点 B' (图 7.10)，则轴 u 上的有向线段 $\overline{A'B'}$ 的值 $A'B'$ 叫做**矢量 $\overrightarrow{AB}$ 在轴 u 上的投影**，记作 $\mathrm{Prj}_u\overrightarrow{AB} = A'B'$. 轴 u 叫做**投影轴**.

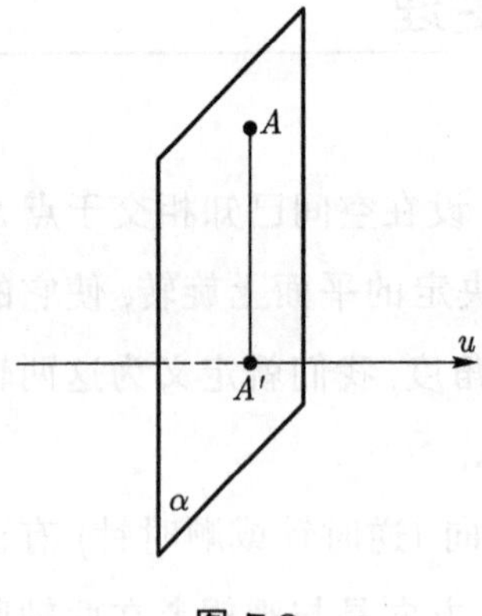

图 7.9

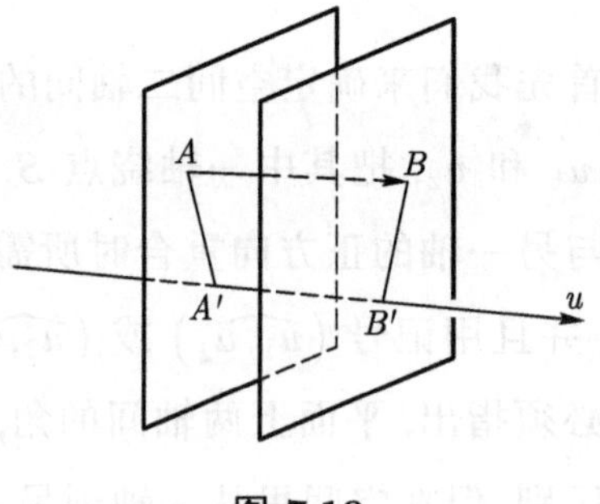

图 7.10

关于矢量的投影，有下面的两个定理:

定理 1 **矢量 $\overrightarrow{AB}$ 在任何轴 u 上的投影等于矢量的模乘轴与矢量间的角 φ 的余弦:**

$$\mathrm{Prj}_u\,\overrightarrow{AB}=|AB|\cos\varphi. \tag{1}$$

证　如图 7.11, 通过矢量 $\overrightarrow{AB}$ 的起点 A 引轴 u' 使与轴 u 平行且有相同的正方向, 则轴 u 和矢量 $\overrightarrow{AB}$ 间的角 φ 等于轴 u' 和矢量 $\overrightarrow{AB}$ 间的角, 且显然有

$$\mathrm{Prj}_u\,\overrightarrow{AB}=\mathrm{Prj}_{u'}\,\overrightarrow{AB}.$$

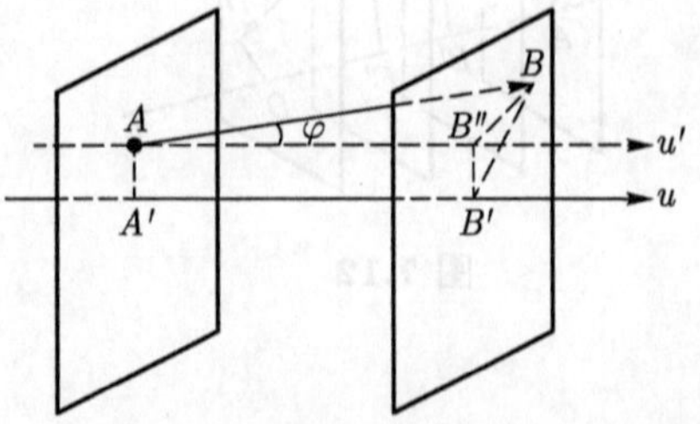

图 7.11

但

$$\mathrm{Prj}_{u'}\,\overrightarrow{AB}=AB''=|AB|\cos\varphi,$$

所以

$$\mathrm{Prj}_u\,\overrightarrow{AB}=|AB|\cos\varphi.$$

由于 $\cos\varphi$ 的值的性质得到: **一矢量与其投影轴成锐角时, 矢量的投影为正; 成钝角时, 为负; 成直角时则为零.**

从上述定理 1 推得, **相等的矢量在同一轴上的投影相等.**

定理 2　**有限个矢量的和在任何轴上的投影等于各个矢量在同轴上的投影的和**, 即

$$\mathrm{Prj}\,(\boldsymbol{A}_1+\boldsymbol{A}_2+\cdots+\boldsymbol{A}_n)=\mathrm{Prj}\,\boldsymbol{A}_1+\mathrm{Prj}\,\boldsymbol{A}_2+\cdots+\mathrm{Prj}\,\boldsymbol{A}_n. \tag{2}$$

证　取三个矢量 $\boldsymbol{A}_1$、$\boldsymbol{A}_2$、$\boldsymbol{A}_3$ 为例.

设 u 为投影轴, 并作折线 $ABCD$, 使

$$\overrightarrow{AB}=\boldsymbol{A}_1,\quad \overrightarrow{BC}=\boldsymbol{A}_2,\quad \overrightarrow{CD}=\boldsymbol{A}_3.$$

封闭这折线的矢量 $\overrightarrow{AD}$, 就是它们的和:

$$\overrightarrow{AD}=\overrightarrow{AB}+\overrightarrow{BC}+\overrightarrow{CD}=\boldsymbol{A}_1+\boldsymbol{A}_2+\boldsymbol{A}_3,$$

它的起点是 $\boldsymbol{A}_1$ 的起点, 它的终点是 $\boldsymbol{A}_3$ 的终点 (图 7.12).

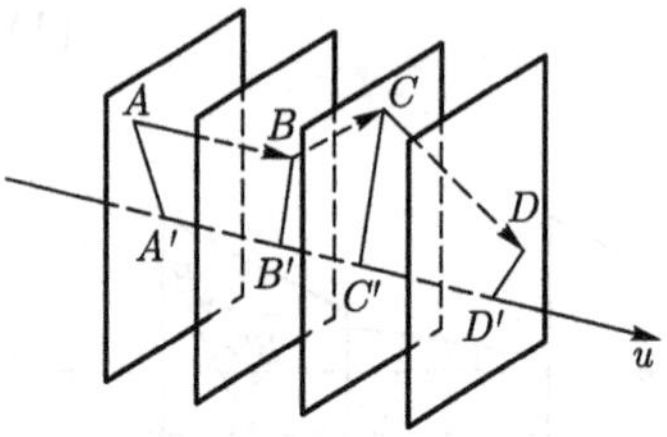

图 7.12

设诸点 A、B、C、D 在轴 u 上的投影分别为 A'、B'、C'、D', 则

$$\text{Prj}\,\overrightarrow{AB} = A'B',$$

$$\text{Prj}\,\overrightarrow{BC} = B'C',$$

$$\text{Prj}\,\overrightarrow{CD} = C'D',$$

$$\text{Prj}\,\overrightarrow{AD} = A'D'.$$

因 $A'B' + B'C' + C'D' = A'D'$ (§2.1), 所以

$$\text{Prj}\,\overrightarrow{AB} + \text{Prj}\,\overrightarrow{BC} + \text{Prj}\,\overrightarrow{CD} = A'B' + B'C' + C'D' = A'D' = \text{Prj}\,\overrightarrow{AD},$$

即

$$\text{Prj}\,\boldsymbol{A}_1 + \text{Prj}\,\boldsymbol{A}_2 + \text{Prj}\,\boldsymbol{A}_3 = \text{Prj}\,(\boldsymbol{A}_1 + \boldsymbol{A}_2 + \boldsymbol{A}_3)\,.$$

同理, 可以推得

$$\text{Prj}\,\boldsymbol{A}_1 + \text{Prj}\,\boldsymbol{A}_2 + \cdots + \text{Prj}\,\boldsymbol{A}_n = \text{Prj}\,(\boldsymbol{A}_1 + \boldsymbol{A}_2 + \cdots + \boldsymbol{A}_n)\,.$$

§7.7 矢量的分解与矢量的坐标

设矢量 $\overrightarrow{OM}$ 的起点 O 是直角坐标系的原点, 而终点 M 的坐标 (图 7.13):

$$OA = x, \quad AP = y, \quad PM = z.$$

今考察折线 $OAPM$ 和它的封闭线 OM. 由矢量加法的一般法则得

$$\overrightarrow{OM} = \overrightarrow{OA} + \overrightarrow{AP} + \overrightarrow{PM}.$$

因 $\overrightarrow{AP} = \overrightarrow{OB}$, $\overrightarrow{PM} = \overrightarrow{OC}$, 所以

$$\overrightarrow{OM} = \overrightarrow{OA} + \overrightarrow{OB} + \overrightarrow{OC}. \tag{1}$$

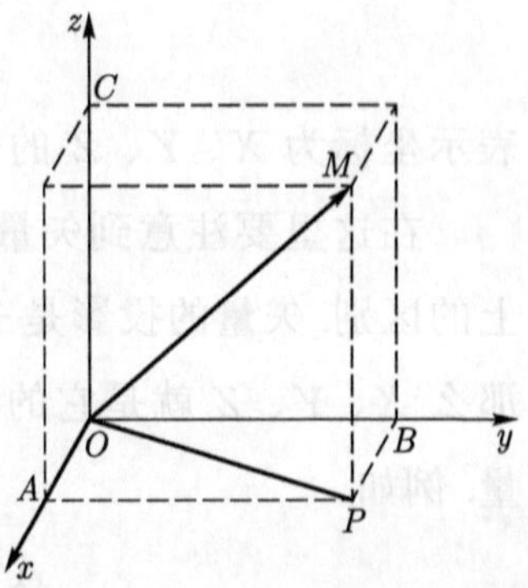

图 7.13

矢量 $\overrightarrow{OA}$、$\overrightarrow{OB}$、$\overrightarrow{OC}$ 叫做矢量 $\overrightarrow{OM}$ 在坐标轴上的**分矢量**.

在坐标轴 Ox、Oy、Oz 上以 O 为起点分别取三个单位矢量, 其方向与轴的方向相同, 并分别以 $\boldsymbol{i}$、$\boldsymbol{j}$、$\boldsymbol{k}$ 表示之. 这三个单位矢量叫做**基本单位矢量**.

点 M 的坐标是 $OA = x, OB = AP = y, OC = PM = z$; 因此, OA、OB、OC 正是矢量 $\overrightarrow{OM}$ 在坐标轴上的投影. 又 $\overrightarrow{OM}$ 在坐标轴上的分矢量为

$$\overrightarrow{OA} = x\boldsymbol{i}, \quad \overrightarrow{OB} = y\boldsymbol{j}, \quad \overrightarrow{OC} = z\boldsymbol{k},$$

所以等式 (1) 可以改写为

$$\overrightarrow{OM} = x\boldsymbol{i} + y\boldsymbol{j} + z\boldsymbol{k}. \tag{2}$$

等式 (2) 中的 x、y、z 是矢量 $\overrightarrow{OM}$ 在坐标轴上的投影. 同时, 在矢量的起点为原点 O 的情况下, 也正是矢量的终点 M 的坐标.

由于 (i) 两相等矢量在同轴上的投影相等 (§7.6); (ii) 如果两矢量在坐标系的每一轴上有相等的投影时, 则两矢量相等 (因为如果把它们的起点都放在原点, 则易知它们的终点必定重合); 所以不论把一矢量的起点放在空间任何位置, 它在坐标轴上的投影是不变的. 如果矢量 $\boldsymbol{A}$ 在 x、y、z 轴上的投影顺次为 X、Y、Z, 则它在 x、y、z 轴上的分矢量就顺次为 $X\boldsymbol{i}$、$Y\boldsymbol{j}$、$Z\boldsymbol{k}$. 因此, 有

$$\boldsymbol{A} = X\boldsymbol{i} + Y\boldsymbol{j} + Z\boldsymbol{k}. \tag{3}$$

如上所述, 利用矢量在坐标轴上的投影, 将矢量 $\boldsymbol{A}$ 表示为三个分矢量之和如等式 (3) 的方法, 称为**矢量在三个坐标轴上的分解**.

矢量 $\boldsymbol{A}$ 在坐标轴上的投影 X、Y、Z, 叫做矢量 $\boldsymbol{A}$ 的坐标①, 记号

① 矢量的坐标在力学上称矢量的分量.

$$\boldsymbol{A}=\{X,Y,Z\}$$

表示坐标为 X、Y、Z 的矢量 $\boldsymbol{A}$.

在这里要注意到矢量的分矢量与它的投影 (也就是它的坐标) 有本质上的区别. 矢量的投影是三个数值 X、Y、Z. 如果这矢量的起点是原点 O, 那么 X、Y、Z 就是它的终点的坐标. 但矢量在轴上的分矢量则是三个矢量. 例如

$$\boldsymbol{A}=\{2,3,1\}=2\boldsymbol{i}+3\boldsymbol{j}+1\boldsymbol{k},$$

其中 2、3、1 是矢量 $\boldsymbol{A}$ 的坐标, 也是 $\boldsymbol{A}$ 在坐标轴上的投影; 而 $2\boldsymbol{i}$、$3\boldsymbol{j}$、$1\boldsymbol{k}$ 则是矢量 $\boldsymbol{A}$ 在轴上的分矢量.

利用矢量的坐标, 可得矢量加法、减法及矢量与数量乘法的运算如下:

设 $\boldsymbol{A}=\{X_1,Y_1,Z_1\}$, $\boldsymbol{B}=\{X_2,Y_2,Z_2\}$. 则

$$\boldsymbol{A}=X_1\boldsymbol{i}+Y_1\boldsymbol{j}+Z_1\boldsymbol{k},\quad \boldsymbol{B}=X_2\boldsymbol{i}+Y_2\boldsymbol{j}+Z_2\boldsymbol{k}.$$

因此有

$$\boldsymbol{A}+\boldsymbol{B}=(X_1+X_2)\,\boldsymbol{i}+(Y_1+Y_2)\,\boldsymbol{j}+(Z_1+Z_2)\,\boldsymbol{k},$$

$$\boldsymbol{A}-\boldsymbol{B}=(X_1-X_2)\,\boldsymbol{i}+(Y_1-Y_2)\,\boldsymbol{j}+(Z_1-Z_2)\,\boldsymbol{k},$$

$$\lambda\boldsymbol{A}=\lambda X_1\boldsymbol{i}+\lambda Y_1\boldsymbol{j}+\lambda Z_1\boldsymbol{k},$$

λ 为数量.

例 1 设两定点为

$$M_1\,(x_1,y_1,z_1)\quad 和\quad M_2\,(x_2,y_2,z_2).$$

求矢量 $\overrightarrow{M_1M_2}$ 的坐标 (图 7.14).

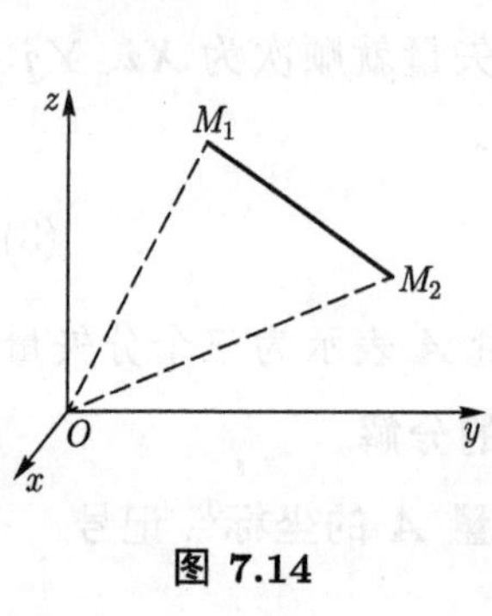

图 7.14

作矢量 $\overrightarrow{OM_1}, \overrightarrow{OM_2}, \overrightarrow{M_1M_2}$, 则

$$\overrightarrow{M_1M_2}=\overrightarrow{OM_2}-\overrightarrow{OM_1}\ (\S7.4).$$

但

$$\overrightarrow{OM_2}=\{x_2,y_2,z_2\}=x_2\boldsymbol{i}+y_2\boldsymbol{j}+z_2\boldsymbol{k},$$

$$\overrightarrow{OM_1}=\{x_1,y_1,z_1\}=x_1\boldsymbol{i}+y_1\boldsymbol{j}+z_1\boldsymbol{k},$$

所以

$$\overrightarrow{OM_2}-\overrightarrow{OM_1}=(x_2-x_1)\,\boldsymbol{i}+(y_2-y_1)\,\boldsymbol{j}+(z_2-z_1)\,\boldsymbol{k}$$

$$=\{x_2-x_1,y_2-y_1,z_2-z_1\}.$$

因此

$$\overrightarrow{M_1M_2}=\{x_2-x_1,y_2-y_1,z_2-z_1\}.$$

例 2 设两点为 $M_1(x_1,y_1,z_1)$ 和 $M_2(x_2,y_2,z_2)$，若把线段 M_1M_2 分成定比为 λ 的两段，求分点的坐标 (图 7.15).

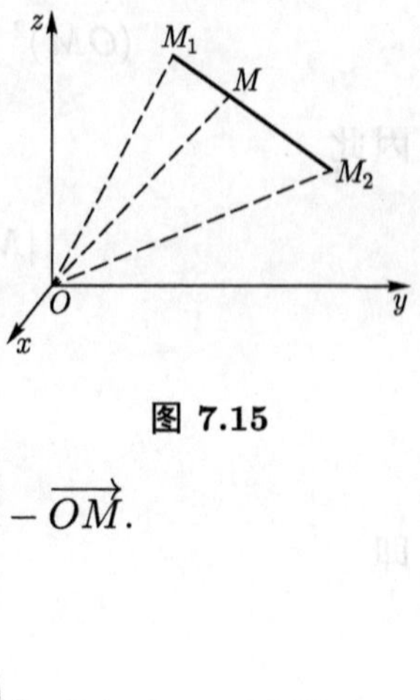

图 7.15

设分点为 M，则依题意有

$$\overrightarrow{M_1M}=\lambda\overrightarrow{MM_2}.$$

作矢量 $\overrightarrow{OM_1}$、$\overrightarrow{OM}$ 及 $\overrightarrow{OM_2}$，则

$$\overrightarrow{M_1M}=\overrightarrow{OM}-\overrightarrow{OM_1},\quad \overrightarrow{MM_2}=\overrightarrow{OM_2}-\overrightarrow{OM}.$$

故

$$\overrightarrow{OM}-\overrightarrow{OM}_1=\lambda\left(\overrightarrow{OM_2}-\overrightarrow{OM}\right).$$

因此

$$\overrightarrow{OM}=\frac{\overrightarrow{OM_1}+\lambda\overrightarrow{OM_2}}{1+\lambda}.$$

设点 M 的坐标为 x、y、z，因为两相等矢量在各坐标轴上的投影相等，所以上式表示：

$$x=\frac{x_1+\lambda x_2}{1+\lambda},\quad y=\frac{y_1+\lambda y_2}{1+\lambda},\quad z=\frac{z_1+\lambda z_2}{1+\lambda}.$$

这就是所求的分点的坐标，与 §7.2 中公式 (5) 完全一致.

§7.8 矢量的模 · 矢量的方向余弦与方向数

在 §7.3 中曾经定义过矢量的模就是矢量的长度. 现在我们来讨论矢量的模与它在坐标轴上投影 (就是它的坐标) 的关系.

在前节里, 我们已经知道, 不论矢量的起点放在哪里, 它在坐标轴上的投影总是相等的. 因此我们可以把矢量的起点放在坐标原点来讨论.

设矢量 $\boldsymbol{M}$ 的起点在原点 O, 终点为 M, 矢量 $\boldsymbol{M}$ 在坐标轴上的投影为 $OA = X, OB = Y, OC = Z$ (图 7.13); 点 M 在 xOy 面上的投影为 P. 于是依商高定理得

$$(OP)^2 = (OA)^2 + (OB)^2,$$

$$(OM)^2 = (OP)^2 + (PM)^2 = (OP)^2 + (OC)^2.$$

因此

$$\begin{aligned}|\boldsymbol{M}|^2 = (OM)^2 &= (OP)^2 + (OC)^2,\\ &= (OA)^2 + (OB)^2 + (OC)^2,\\ &= X^2 + Y^2 + Z^2,\end{aligned}$$

即

$$|\boldsymbol{M}| = \sqrt{X^2 + Y^2 + Z^2}. \tag{1}$$

这就是说, **矢量的模的平方等于它在坐标轴上的各投影的平方的和.**

若矢量 $\overrightarrow{OM}$ 与坐标轴 Ox、Oy、Oz 的正向间的夹角顺次为 α、β、γ, 则 $\cos\alpha$、$\cos\beta$、$\cos\gamma$ 叫做这**矢量的方向余弦.**

根据 §7.6,

$$OA = |OM|\cos\alpha, \quad OB = |OM|\cos\beta, \quad OC = |OM|\cos\gamma,$$

所以

$$\cos\alpha = \frac{OA}{|OM|}, \quad \cos\beta = \frac{OB}{|OM|}, \quad \cos\gamma = \frac{OC}{|OM|}.$$

因此, 得

$$\cos\alpha=\frac{X}{\sqrt{X^2+Y^2+Z^2}},\cos\beta=\frac{Y}{\sqrt{X^2+Y^2+Z^2}},\cos\gamma=\frac{Z}{\sqrt{X^2+Y^2+Z^2}}. \tag{2}$$

这就是矢量的方向余弦用这矢量在坐标轴上的投影表示出来的公式.

又因

$$\begin{aligned}&\cos^2\alpha+\cos^2\beta+\cos^2\gamma\\=&\frac{X^2}{X^2+Y^2+Z^2}+\frac{Y^2}{X^2+Y^2+Z^2}+\frac{Z^2}{X^2+Y^2+Z^2}=1,\end{aligned} \tag{3}$$

所以, 任何矢量的方向余弦的平方和恒等于 1.

与方向余弦成比例的一组实数 m、n、p, 即

$$\frac{m}{\cos\alpha}=\frac{n}{\cos\beta}=\frac{p}{\cos\gamma} \tag{4}$$

叫做方向数.

令等式 (4) 的比值为 k, 则

$$m=k\cos\alpha,\quad n=k\cos\beta,\quad p=k\cos\gamma.$$

由等式 (3) 得

$$m^2+n^2+p^2=k^2,\quad 或\quad k=\pm\sqrt{m^2+n^2+p^2}.$$

因而有

$$\begin{aligned}\cos\alpha&=\frac{m}{\pm\sqrt{m^2+n^2+p^2}},\\\cos\beta&=\frac{n}{\pm\sqrt{m^2+n^2+p^2}},\\\cos\gamma&=\frac{p}{\pm\sqrt{m^2+n^2+p^2}}.\end{aligned} \tag{5}$$

上式应同时取正号或同时取负号. 以后我们将看到空间直线经常用方向数来确定它的方位.

从等式 (2) 我们得到

$$\frac{X}{\cos\alpha}=\frac{Y}{\cos\beta}=\frac{Z}{\cos\gamma}.$$

这表示矢量的坐标 X、Y、Z 正是该矢量的一组方向数.

例 设两定点为 $M_1(x_1,y_1,z_1)$ 和 $M_2(x_2,y_2,z_2)$. 求这两点间的距离 d.

由 §7.7 例 1

$$\overrightarrow{M_1M_2}=\{x_2-x_1,y_2-y_1,z_2-z_1\}.$$

因此, 得

$$d=|M_1M_2|=\sqrt{(x_2-x_1)^2+(y_2-y_1)^2+(z_2-z_1)^2}.$$

这正是在 §7.2 中所导出的**两点** $M_1(x_1,y_1,z_1)$ **和** $M_2(x_2,y_2,z_2)$ **的距离公式**.

§7.9 两矢量的数量积

在力学和物理学中, 我们遇到过这样一个问题, 就是当点受到力 $\boldsymbol{F}$ 的作用并有位移 $\overrightarrow{OA}=\boldsymbol{A}$ 的时候, 求这力所做的功. 如果点是依着力的方向移动时, 那么力所做的功就等于力的大小与点所移动的距离的乘积. 如果点移动的方向和力的方向成一角度 φ 的话, 那么, 力所做的功应等于此力在点移动的方向上的投影与移动距离的乘积. 就是力所做的功 w 应为

$$w=|\boldsymbol{A}|\operatorname{Prj}_{\boldsymbol{A}}\boldsymbol{F}=|\boldsymbol{F}||\boldsymbol{A}|\cos\varphi.$$

我们就根据这样的事实, 把两矢量 $\boldsymbol{F}$ 和 $\boldsymbol{A}$ 所确定的数量 $|\boldsymbol{F}||\boldsymbol{A}|\cdot\cos\varphi$ 定义为**两矢量 $\boldsymbol{F}$ 与 $\boldsymbol{A}$ 的数量积, 即两矢量的数量积等于两矢量的模和它们间的角的余弦的乘积. 通常用记号 $\boldsymbol{A}\cdot\boldsymbol{B}$ 表示矢量 $\boldsymbol{A}$ 与 $\boldsymbol{B}$ 的数量积. 由此, 根据定义有**

$$\boldsymbol{A}\cdot\boldsymbol{B}=|\boldsymbol{A}||\boldsymbol{B}|\cos(\widehat{\boldsymbol{A},\boldsymbol{B}}).\tag{1}$$

若注意到 $|\boldsymbol{B}|\cos(\widehat{\boldsymbol{A},\boldsymbol{B}})$ 是矢量 $\boldsymbol{B}$ 在矢量 $\boldsymbol{A}$ 的方向上的投影, 而用 $\mathrm{Prj}_{\boldsymbol{A}}\boldsymbol{B}$ 来表示, 便有

$$\boldsymbol{A}\cdot\boldsymbol{B}=|\boldsymbol{A}|\,\mathrm{Prj}_{\boldsymbol{A}}\boldsymbol{B};$$

同样有

$$\boldsymbol{A}\cdot\boldsymbol{B}=|\boldsymbol{B}|\,\mathrm{Prj}_{\boldsymbol{B}}\boldsymbol{A}.$$

因此, **两矢量的数量积等于其中的一个矢量的模和另一矢量在这矢量的方向上的投影的乘积.**

数量积的基本性质:

(i) **当且仅当两矢量之一为零矢量或两矢量垂直时, 它们的数量积才等于零.**

因为当 $\boldsymbol{A}=\boldsymbol{0}$, 或 $\boldsymbol{B}=\boldsymbol{0}$, 或 $\cos(\widehat{\boldsymbol{A},\boldsymbol{B}})=0$ 时,

$$\boldsymbol{A}\cdot\boldsymbol{B}=|\boldsymbol{A}||\boldsymbol{B}|\cos(\widehat{\boldsymbol{A},\boldsymbol{B}})=0.$$

反之, 如 $\boldsymbol{A}\cdot\boldsymbol{B}=0$, 但 $\boldsymbol{A}$ 与 $\boldsymbol{B}$ 皆不为零矢量, 则必

$$\cos(\widehat{\boldsymbol{A},\boldsymbol{B}})=0,$$

就是 $\boldsymbol{A}\perp\boldsymbol{B}$.

由于零矢量的方向是不定的, 可以看做与任何矢量垂直. 所以, **两矢量垂直的必要且充分的条件是它们的数量积等于零.**

(ii) **数量积具有交换律的性质:**

$$\boldsymbol{A}\cdot\boldsymbol{B}=\boldsymbol{B}\cdot\boldsymbol{A}.$$

根据定义

$$\boldsymbol{A}\cdot\boldsymbol{B}=|\boldsymbol{A}||\boldsymbol{B}|\cos(\widehat{\boldsymbol{A},\boldsymbol{B}}),\quad \boldsymbol{B}\cdot\boldsymbol{A}=|\boldsymbol{B}||\boldsymbol{A}|\cos(\widehat{\boldsymbol{B},\boldsymbol{A}});$$

但 $|\boldsymbol{A}||\boldsymbol{B}|=|\boldsymbol{B}||\boldsymbol{A}|$, 且 $\cos(\widehat{\boldsymbol{A},\boldsymbol{B}})=\cos(\widehat{\boldsymbol{B},\boldsymbol{A}})$, 所以

$$\boldsymbol{A}\cdot\boldsymbol{B}=\boldsymbol{B}\cdot\boldsymbol{A}.$$

(iii) **数量积具有分配律的性质:**

$$(\boldsymbol{A}+\boldsymbol{B})\cdot\boldsymbol{C}=\boldsymbol{A}\cdot\boldsymbol{C}+\boldsymbol{B}\cdot\boldsymbol{C}.$$

因为按照数量积的定义我们有

$$(\boldsymbol{A}+\boldsymbol{B})\cdot\boldsymbol{C}=|\boldsymbol{C}|\operatorname{Prj}_{\boldsymbol{C}}(\boldsymbol{A}+\boldsymbol{B}).$$

由 §7.6 中矢量投影的定理 2 , 知

$$\operatorname{Prj}_{\boldsymbol{C}}(\boldsymbol{A}+\boldsymbol{B})=\operatorname{Prj}_{\boldsymbol{C}}\boldsymbol{A}+\operatorname{Prj}_{\boldsymbol{C}}\boldsymbol{B}.$$

所以

$$\begin{aligned}(\boldsymbol{A}+\boldsymbol{B})\cdot\boldsymbol{C}&=|\boldsymbol{C}|(\operatorname{Prj}_{\boldsymbol{C}}\boldsymbol{A}+\operatorname{Prj}_{\boldsymbol{C}}\boldsymbol{B}),\\&=|\boldsymbol{C}|\operatorname{Prj}_{\boldsymbol{C}}\boldsymbol{A}+|\boldsymbol{C}|\operatorname{Prj}_{\boldsymbol{C}}\boldsymbol{B},\\&=\boldsymbol{A}\cdot\boldsymbol{C}+\boldsymbol{B}\cdot\boldsymbol{C}.\end{aligned}$$

(iv) **数量积与数量的乘积有结合律的性质:**

如 $(\boldsymbol{A}\cdot\boldsymbol{B})\lambda=\boldsymbol{A}\cdot(\boldsymbol{B}\lambda)$, λ 为一数量.

为了证明这结果, 分别计算等式的两端. 假定 $\lambda=0$, 则等式的两端皆为零, 显然, 这等式是成立的. 假定 $\lambda>0$, 则有

$$(\boldsymbol{A}\cdot\boldsymbol{B})\lambda=|\boldsymbol{A}||\boldsymbol{B}|\lambda\cos(\widehat{\boldsymbol{A},\boldsymbol{B}}),$$

$$\boldsymbol{A}\cdot(\boldsymbol{B}\lambda)=|\boldsymbol{A}||\boldsymbol{B}\lambda|\cos(\widehat{\boldsymbol{A},\boldsymbol{B}\lambda}),$$

因为 $\boldsymbol{B}\lambda$ 与 $\boldsymbol{B}$ 两矢量同向, 所以 $(\widehat{\boldsymbol{A},\boldsymbol{B}})=(\widehat{\boldsymbol{A},\boldsymbol{B}\lambda})$, 且 $|\boldsymbol{B}\lambda|=|\boldsymbol{B}|\lambda$, 因此, 得

$$|\boldsymbol{A}||\boldsymbol{B}\lambda|\cos(\widehat{\boldsymbol{A},\boldsymbol{B}\lambda})=|\boldsymbol{A}||\boldsymbol{B}|\lambda\cos(\widehat{\boldsymbol{A},\boldsymbol{B}}),$$

即

$$(\boldsymbol{A}\cdot\boldsymbol{B})\lambda=\boldsymbol{A}\cdot(\boldsymbol{B}\lambda).$$

假定 $\lambda<0$, 也容易证明上列等式的成立.

利用上述数量积的性质, 我们可以导出

两矢量的数量积的坐标表示法:

设两矢量为

$$\boldsymbol{A}=\{X_1,Y_1,Z_1\} \quad \text{及} \quad \boldsymbol{B}=\{X_2,Y_2,Z_2\},$$

则

$$\boldsymbol{A}=X_1\boldsymbol{i}+Y_1\boldsymbol{j}+Z_1\boldsymbol{k}, \quad \boldsymbol{B}=X_2\boldsymbol{i}+Y_2\boldsymbol{j}+Z_2\boldsymbol{k}.$$

$$\begin{aligned}\boldsymbol{A}\cdot\boldsymbol{B}&=(X_1\boldsymbol{i}+Y_1\boldsymbol{j}+Z_1\boldsymbol{k})\cdot(X_2\boldsymbol{i}+Y_2\boldsymbol{j}+Z_2\boldsymbol{k})\\&=X_1X_2\boldsymbol{i}\cdot\boldsymbol{i}+Y_1X_2\boldsymbol{j}\cdot\boldsymbol{i}+Z_1X_2\boldsymbol{k}\cdot\boldsymbol{i}+X_1Y_2\boldsymbol{i}\cdot\boldsymbol{j}+\\&\quad Y_1Y_2\boldsymbol{j}\cdot\boldsymbol{j}+Z_1Y_2\boldsymbol{k}\cdot\boldsymbol{j}+X_1Z_2\boldsymbol{i}\cdot\boldsymbol{k}+Y_1Z_2\boldsymbol{j}\cdot\boldsymbol{k}+Z_1Z_2\boldsymbol{k}\cdot\boldsymbol{k}.\end{aligned}$$

因为 $\boldsymbol{i}$、$\boldsymbol{j}$、$\boldsymbol{k}$ 是互相垂直的基本单位矢量, 所以

$$\boldsymbol{i}\cdot\boldsymbol{j}=0, \quad \boldsymbol{j}\cdot\boldsymbol{k}=0, \quad \boldsymbol{k}\cdot\boldsymbol{i}=0$$

$$\boldsymbol{i}\cdot\boldsymbol{i}=1, \quad \boldsymbol{j}\cdot\boldsymbol{j}=1, \quad \boldsymbol{k}\cdot\boldsymbol{k}=1,$$

因此, 我们得到

$$\boldsymbol{A}\cdot\boldsymbol{B}=X_1X_2+Y_1Y_2+Z_1Z_2. \tag{2}$$

因 $\boldsymbol{A}$ 与 $\boldsymbol{B}$ 垂直的必要且充分条件为 $\boldsymbol{A}\cdot\boldsymbol{B}=0$, 故由上式得到, **用坐标表示的两矢量 $\boldsymbol{A}=\{X_1,Y_1,Z_1\}$、$\boldsymbol{B}=\{X_2,Y_2,Z_2\}$ 垂直的必要且充分条件是**

$$X_1X_2+Y_1Y_2+Z_1Z_2=0. \tag{3}$$

特别当 $\boldsymbol{A}=\boldsymbol{B}$ 时, 则

$$\boldsymbol{A}\cdot\boldsymbol{A}=X_1^2+Y_1^2+Z_1^2,$$

从另一方面有

$$\boldsymbol{A}\cdot\boldsymbol{A}^{①}=|\boldsymbol{A}|^2\cos 0=|\boldsymbol{A}|^2,$$

所以

$$|\boldsymbol{A}|^2=X_1^2+Y_1^2+Z_1^2,$$

① 矢量 $\boldsymbol{A}$ 与它本身的数量积 $\boldsymbol{A}\cdot\boldsymbol{A}$ 常简单记为 $\boldsymbol{A}^2$, 于是有 $\boldsymbol{A}^2=|\boldsymbol{A}|^2$.

因此

$$|\boldsymbol{A}| = \sqrt{X_1^2 + Y_1^2 + Z_1^2}.$$

这就是说矢量 $\boldsymbol{A}$ 的模的平方等于它的坐标的平方和, 与前节中的公式 (1) 完全一致.

§7.10 两矢量间的夹角

设两矢量 $\boldsymbol{A}$ 和 $\boldsymbol{B}$ 之间的夹角为 φ. 从它们的数量积

$$\boldsymbol{A}\cdot\boldsymbol{B} = |\boldsymbol{A}||\boldsymbol{B}|\cos\varphi$$

即得

$$\cos\varphi = \frac{\boldsymbol{A}\cdot\boldsymbol{B}}{|\boldsymbol{A}||\boldsymbol{B}|}. \tag{1}$$

这就是, **两矢量间夹角的余弦等于它们的数量积与模的乘积之商**.

如

$$\boldsymbol{A} = \{X_1, Y_1, Z_1\}, \quad \boldsymbol{B} = \{X_2, Y_2, Z_2\},$$

则因

$$\boldsymbol{A}\cdot\boldsymbol{B} = X_1X_2 + Y_1Y_2 + Z_1Z_2,$$

$$|\boldsymbol{A}| = \sqrt{X_1^2 + Y_1^2 + Z_1^2}, \quad |\boldsymbol{B}| = \sqrt{X_2^2 + Y_2^2 + Z_2^2},$$

我们得到

$$\cos\varphi = \frac{X_1X_2 + Y_1Y_2 + Z_1Z_2}{\sqrt{X_1^2 + Y_1^2 + Z_1^2}\sqrt{X_2^2 + Y_2^2 + Z_2^2}}. \tag{2}$$

这就是用**矢量的坐标表示的两矢量夹角余弦的公式**.

又设两矢量 $\boldsymbol{A} = \{X_1, Y_1, Z_1\}$ 和 $\boldsymbol{B} = \{X_2, Y_2, Z_2\}$ 的方向余弦分别为 $\cos\alpha_1$、$\cos\beta_1$、$\cos\gamma_1$ 和 $\cos\alpha_2$、$\cos\beta_2$、$\cos\gamma_2$ 则由 §7.8 公式 (2) 得到

$$\cos\alpha_1 = \frac{X_1}{\sqrt{X_1^2 + Y_1^2 + Z_1^2}}, \cos\beta_1 = \frac{Y_1}{\sqrt{X_1^2 + Y_1^2 + Z_1^2}}, \cos\gamma_1 = \frac{Z_1}{\sqrt{X_1^2 + Y_1^2 + Z_1^2}};$$

$$\cos\alpha_2=\frac{X_2}{\sqrt{X_2^2+Y_2^2+Z_2^2}},\cos\beta_2=\frac{Y_2}{\sqrt{X_2^2+Y_2^2+Z_2^2}},\cos\gamma_2=\frac{Z_2}{\sqrt{X_2^2+Y_2^2+Z_2^2}}.$$

因此两矢量 $\boldsymbol{A}$ 和 $\boldsymbol{B}$ 夹角余弦的公式 (2) 又可以写作

$$\cos\varphi=\cos\alpha_1\cos\alpha_2+\cos\beta_1\cos\beta_2+\cos\gamma_1\cos\gamma_2. \tag{3}$$

例 1 已知三点 $A(1,1,1)$、$B(2,2,1)$ 和 $C(2,1,2)$, 求 $\overrightarrow{AB}$ 和 $\overrightarrow{AC}$ 的夹角 φ.

解 由 §7.7 例 1, 得到 $\overrightarrow{AB}=\{1,1,0\},\overrightarrow{AC}=\{1,0,1\}$. 按两矢量夹角的余弦公式 (2) 得到

$$\cos\varphi=\frac{1}{2},$$

所以

$$\varphi=\frac{\pi}{3}.$$

例 2 三力同时作用于一点. 设它们在坐标轴上的投影是

$$X_1=1,Y_1=2,Z_1=3;X_2=-2,Y_2=3,Z_2=-4;X_3=3,Y_3=-4,Z_3=5.$$

求合力 $\boldsymbol{R}$ 的大小和方向.

解 令 X、Y、Z 表示合力 $\boldsymbol{R}$ 在轴上的投影, 则按 §7.7 求得

$$X=X_1+X_2+X_3=2,\quad Y=Y_1+Y_2+Y_3=1,\quad Z=Z_1+Z_2+Z_3=4.$$

因此合力 $\boldsymbol{R}$ 的大小为

$$|\boldsymbol{R}|=\sqrt{X^2+Y^2+Z^2}=\sqrt{21},$$

它的方向余弦为

$$\cos(\widehat{\boldsymbol{R},x})=\frac{X}{|\boldsymbol{R}|}=\frac{2}{\sqrt{21}},\quad \cos(\widehat{\boldsymbol{R},y})=\frac{Y}{|\boldsymbol{R}|}=\frac{1}{\sqrt{21}},\quad \cos(\widehat{\boldsymbol{R},z})=\frac{4}{\sqrt{21}},$$

因而它的方向也就决定了.

例 3 在三角形 OAB 中, 求证

$$|AB|^2 = |AO|^2 + |OB|^2 - 2|AO||OB|\cos\angle AOB.$$

证 因为

$$\overrightarrow{AB} = \overrightarrow{AO} + \overrightarrow{OB},$$

$$\overrightarrow{AB}^2 = (\overrightarrow{AO} + \overrightarrow{OB})^2 = \overrightarrow{AO}^2 + \overrightarrow{OB}^2 + 2\overrightarrow{AO}\cdot\overrightarrow{OB},$$

或

$$|AB|^2 = |AO|^2 + |OB|^2 + 2|AO||OB|\cos(\overrightarrow{AO}, \overrightarrow{OB}) \quad (\S 7.9).$$

又因为

$$(\widehat{\overrightarrow{AO}, \overrightarrow{OB}}) = \pi - \angle AOB,$$

所以

$$|AB|^2 = |AO|^2 + |OB|^2 - 2|AO||OB|\cos\angle AOB.$$

§7.11 两矢量的矢量积

在 §7.9 中曾经讨论过的两矢量的数量积, 是矢量的一种乘法运算. 但是在实际问题中, 还需要引进矢量的另一种乘法运算. 让我们来考察力对于一点的力矩.

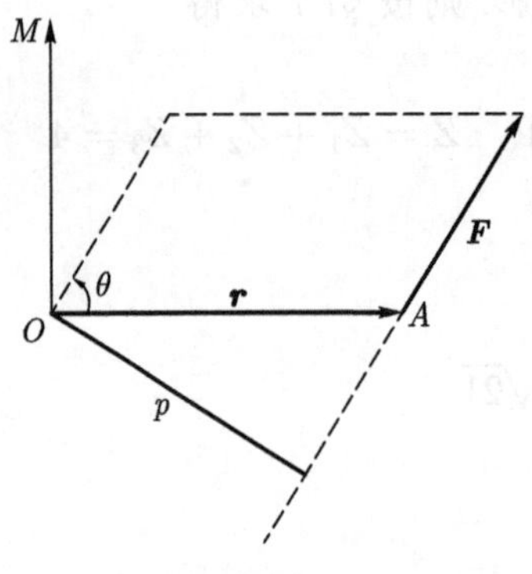

图 7.16

从力学上知道, 力 $\boldsymbol{F}$ 对于定点 O 的力矩 (图 7.16), 可用一个矢量 $\boldsymbol{M}$ 来表示它.

先来看看这个矢量 $\boldsymbol{M}$ 的大小:

$$|\boldsymbol{M}| = |\boldsymbol{F}|p,$$

其中 p 是力臂, 也就是自点 O 到力 $\boldsymbol{F}$ 的作用线的距离. 令

$\boldsymbol{r}=\overrightarrow{OA}$ (其中 A 是力 $\boldsymbol{F}$ 的作用点), $\theta=(\widehat{\boldsymbol{r},\boldsymbol{F}})$, 则

$$p=|\boldsymbol{r}|\sin\theta,$$

因而力矩 $\boldsymbol{M}$ 的大小 $|\boldsymbol{M}|$ 就等于

$$|\boldsymbol{F}|p=|\boldsymbol{F}||\boldsymbol{r}|\sin\theta.$$

这个数值正好是以 $\boldsymbol{r}$、$\boldsymbol{F}$ 为邻边的平行四边形的面积.

现在再来看矢量 $\boldsymbol{M}$ 的方向: 矢量 $\boldsymbol{M}$ 同时与 $\boldsymbol{r}$ 及 $\boldsymbol{F}$ 垂直 (即垂直于由 $\boldsymbol{r}$ 及 $\boldsymbol{F}$ 所决定的平面), 且当 $\boldsymbol{r}$ 转到 $\boldsymbol{F}$ 的转向与右转螺旋的转向相同时, $\boldsymbol{M}$ 的指向恰好是螺旋前进的方向.

如上所述, 表示力矩的矢量 $\boldsymbol{M}$, 它的大小与方向完全由力 $\boldsymbol{F}$ 与力的作用点 A 对于点 O 的矢径 $\boldsymbol{r}$ 所确定, 换句话说, 由力 $\boldsymbol{F}$ 与矢径 $\boldsymbol{r}$ 可以确定出一个矢量 $\boldsymbol{M}$.

抽去物理意义, 我们给出两矢量的矢量积的定义如下:

由两矢量 $\boldsymbol{A}$ 和 $\boldsymbol{B}$ 作出一个新矢量 $\boldsymbol{C}$, 使矢量 $\boldsymbol{C}$ 满足下列三个条件:

(i) **矢量 $\boldsymbol{C}$ 的模 $|\boldsymbol{C}|$ 等于 $|\boldsymbol{A}||\boldsymbol{B}|\sin(\widehat{\boldsymbol{A},\boldsymbol{B}})$. 这就是说, 矢量 $\boldsymbol{C}$ 的模在数值上等于以两矢量 $\boldsymbol{A}$ 和 $\boldsymbol{B}$ 为邻边的平行四边形的面积;**

(ii) **矢量 $\boldsymbol{C}$ 同时垂直于矢量 $\boldsymbol{A}$ 和 $\boldsymbol{B}$, 因此, 矢量 $\boldsymbol{C}$ 垂直于矢量 $\boldsymbol{A}$ 和 $\boldsymbol{B}$ 所决定的平面;**

(iii) **矢量 $\boldsymbol{C}$ 的正向按照 "右手法则" 来确定.** 这就是说, 如果将三个矢量 $\boldsymbol{A}, \boldsymbol{B}$ 和 $\boldsymbol{C}$ 附着于共同的起点, 把右手的拇指顺着 $\boldsymbol{A}$ 的方向, 食指顺着 $\boldsymbol{B}$ 的方向, 则 $\boldsymbol{C}$ 顺着中指的方向 (图 7.17). 这样顺序的三个有序矢量组 $\boldsymbol{A}$、$\boldsymbol{B}$、$\boldsymbol{C}$ 在以后称为组成 **右手系**.

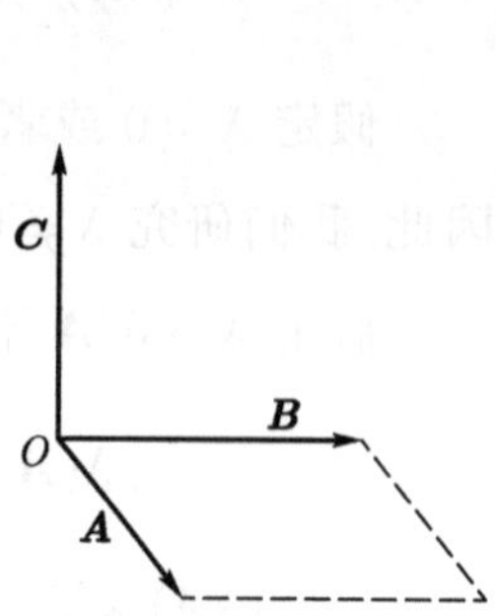

图 7.17

这样, 上述矢量 $\boldsymbol{C}$, 就叫做矢量 $\boldsymbol{A}$ 与矢量 $\boldsymbol{B}$ 的矢量积, 并且用记号 $\boldsymbol{A}\times\boldsymbol{B}$ 来表示, 即:

$$\boldsymbol{C}=\boldsymbol{A}\times\boldsymbol{B}.$$

前面说到, 力矩的方向, 即矢量 $\boldsymbol{M}$ 的方向, 是按照右转螺旋前进的方向来确定的. 实际上, 这与 "右手法则" 是一致的, 因而力矩的表达式就是

$$M = r \times F.$$

矢量积的基本性质:

(i) **当且仅当两矢量中之一为零矢量或两矢量平行时, 其矢量积为零矢量.**

这是因为若 $A=0$, 或 $B=0$, 或 $\sin(\widehat{A,B})=0$ 时, $A\times B=0$. 反之, 若 $A\times B=0$, 如果 A,B 皆不为零矢量时, 那么 $\sin(\widehat{A,B})=0$. 因此 $A//B$. 因为可以把零矢量看做与任何矢量平行, 所以**两矢量平行的必要且充分的条件为它们的矢量积为一零矢量.**

(ii) **矢量积对于因子的对调要改变符号,** 就是

$$B\times A = -(A\times B).$$

如果两矢量 A 和 B 平行时, 则 $A\times B$ 与 $B\times A$ 皆等于零, 所以上述等式成立. 如果矢量 A 和 B 不平行, 则由矢量积定义中的前两个条件可知 $B\times A$ 和 $A\times B$ 有相同的模且平行. 但第三条件却指出 $B\times A$ 和 $A\times B$ 有相反的方向. 因此, **两矢量的矢量积不具备交换律的性质.**

(iii) **矢量的矢量积与数量相乘有结合律的性质, 即**

$$(\lambda A)\times B = \lambda(A\times B),\quad A\times(\lambda B)=\lambda(A\times B),$$

假定 $\lambda=0$ 或者 $A//B$, 则等式的两边皆为零. 显然, 这等式是正确的. 因此, 我们研究 $\lambda\neq 0$ 并且 A 不平行于 B 的情形.

假定 $\lambda>0, A$ 不平行于 B, 则

$$|\lambda(A\times B)| = \lambda|A\times B| = \lambda|A||B|\sin(\widehat{A,B}),$$

$$|(\lambda A)\times B| = |\lambda A||B|\sin(\widehat{\lambda A,B}) = \lambda|A||B|\sin(\widehat{\lambda A,B})$$

$$= \lambda|A||B|\sin(\widehat{A,B})\ [\text{因为 } (\widehat{\lambda A,B})=(\widehat{A,B})],$$

且矢量 $\lambda(A\times B)$ 和 $(\lambda A)\times B$ 的方向当 $\lambda>0$ 时是重合的, 所以

$$(\lambda A)\times B = \lambda(A\times B)$$

成立.

假定 $\lambda<0$, $\boldsymbol{A}$ 不平行于 $\boldsymbol{B}$, 则 $(\lambda\boldsymbol{A})\times\boldsymbol{B}$ 和 $\lambda(\boldsymbol{A}\times\boldsymbol{B})$ 的模相等. 在这时候, $\lambda\boldsymbol{A}$ 和 $\boldsymbol{A}$ 方向相反. 根据右手法则, 矢量 $(\lambda\boldsymbol{A})\times\boldsymbol{B}$ 的方向与矢量 $\boldsymbol{A}\times\boldsymbol{B}$ 的方向相反; 同理, 矢量 $\lambda(\boldsymbol{A}\times\boldsymbol{B})$ 的方向与矢量 $\boldsymbol{A}\times\boldsymbol{B}$ 的方向相反. 因此, 矢量 $(\lambda\boldsymbol{A})\times\boldsymbol{B}$ 的方向与 $\lambda(\boldsymbol{A}\times\boldsymbol{B})$ 的方向相同. 所以 $(\lambda\boldsymbol{A})\times\boldsymbol{B}=\lambda(\boldsymbol{A}\times\boldsymbol{B})$ 仍然成立.

同理, 可以证明

$$\boldsymbol{A}\times(\lambda\boldsymbol{B})=\lambda(\boldsymbol{A}\times\boldsymbol{B}).$$

(iv) **矢量的矢量积具有分配律的性质, 即**

$$(\boldsymbol{A}+\boldsymbol{B})\times\boldsymbol{C}=\boldsymbol{A}\times\boldsymbol{C}+\boldsymbol{B}\times\boldsymbol{C}.$$

为了要证明这等式, 我们首先注意到当 $\boldsymbol{C}^0$ 为一单位矢量时, 矢量积 $\boldsymbol{A}\times\boldsymbol{C}^0$ 可以有如下的作图法 (图 7.18).

把矢量 $\boldsymbol{A}=\overrightarrow{OA}$ 投影到矢量 $\boldsymbol{C}^0$ 的垂直平面上, 并将这样获得的矢量 $\overrightarrow{OA_1}$ 在这平面上绕 O 的周围顺时针方向旋转 $\dfrac{\pi}{2}$ 的角度而获得另一矢量 $\overrightarrow{OA_2}$. 因为 $\overrightarrow{OA_2}$ 垂直于 $\overrightarrow{OA_1}$ 与 $\boldsymbol{A}$ 所在的平面, 所以

$$\overrightarrow{OA_2}\perp\boldsymbol{A}.$$

又因 $\overrightarrow{OA_2}$ 在矢量 $\boldsymbol{C}^0$ 的垂直平面上, 所以

$$\overrightarrow{OA_2}\perp\boldsymbol{C}^0.$$

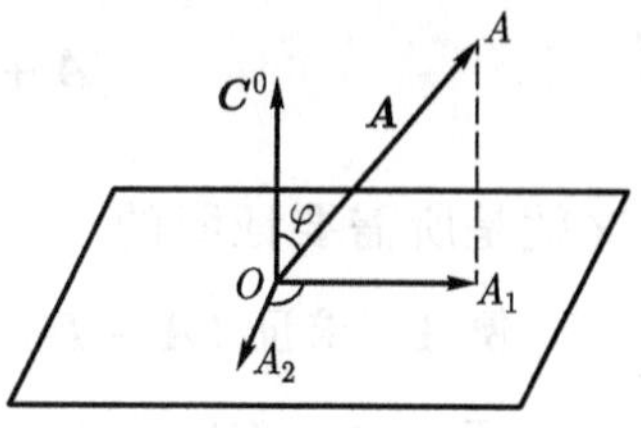

图 7.18

令 $(\widehat{\boldsymbol{A},\boldsymbol{C}^0})=\varphi$, 则

$$|OA_2|=|OA_1|=|\boldsymbol{A}|\cos\left(\frac{\pi}{2}-\varphi\right)=|\boldsymbol{A}|\sin\varphi.$$

又因 $\left|\boldsymbol{C}^0\right|=1$, $\overrightarrow{OA_2}$ 对于矢量 $\boldsymbol{A}$ 及 $\boldsymbol{C}^0$ 来说, 是合于右手法则的, 所以

$$\overrightarrow{OA_2}=\boldsymbol{A}\times\boldsymbol{C}^0.$$

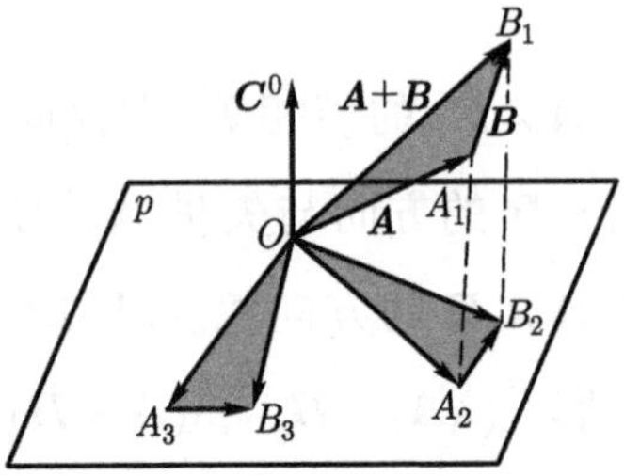

图 7.19

现在假定一单位矢量 $\boldsymbol{C}^0$ 与它的垂直平面 p 和三角形 OA_1B_1 是已知的 (图 7.19), 图中

$$\overrightarrow{OA_1}=\boldsymbol{A},\quad \overrightarrow{A_1B_1}=\boldsymbol{B},\quad \overrightarrow{OB_1}=\boldsymbol{A}+\boldsymbol{B}.$$

如果把三角形 OA_1B_1 在平面 p 上的投影三角形 OA_2B_2 在平面 p 上绕点 O 顺时针方向旋转 $\dfrac{\pi}{2}$ 的角度, 便获得另一三角形 OA_3B_3. 根据上面所述矢量积的作图法应当有下列各等式:

$$\overrightarrow{OB_3}=(\boldsymbol{A}+\boldsymbol{B})\times\boldsymbol{C}^0,\quad \overrightarrow{OA_3}=\boldsymbol{A}\times\boldsymbol{C}^0,\quad \overrightarrow{A_3B_3}=\boldsymbol{B}\times\boldsymbol{C}^0.$$

但是

$$\overrightarrow{OB_3}=\overrightarrow{OA_3}+\overrightarrow{A_3B_3},$$

所以

$$(\boldsymbol{A}+\boldsymbol{B})\times\boldsymbol{C}^0=\boldsymbol{A}\times\boldsymbol{C}^0+\boldsymbol{B}\times\boldsymbol{C}^0.$$

用数量 $|\boldsymbol{C}|$ 遍乘上式的两边, 便得到

$$(\boldsymbol{A}+\boldsymbol{B})\times|\boldsymbol{C}|\boldsymbol{C}^0=\boldsymbol{A}\times|\boldsymbol{C}|\boldsymbol{C}^0+\boldsymbol{B}\times|\boldsymbol{C}|\boldsymbol{C}^0\quad [\text{性质 (iii)}].$$

但 $\boldsymbol{C}=|\boldsymbol{C}|\boldsymbol{C}^0$, 故有

$$(\boldsymbol{A}+\boldsymbol{B})\times\boldsymbol{C}=\boldsymbol{A}\times\boldsymbol{C}+\boldsymbol{B}\times\boldsymbol{C}.$$

这就是所需要证明的.

例 1 求证 $(\boldsymbol{A}-\boldsymbol{B})\times(\boldsymbol{A}+\boldsymbol{B})=2(\boldsymbol{A}\times\boldsymbol{B})$.

证
$$\begin{aligned}(\boldsymbol{A}-\boldsymbol{B})\times(\boldsymbol{A}+\boldsymbol{B})&=\boldsymbol{A}\times\boldsymbol{A}-\boldsymbol{B}\times\boldsymbol{A}+\boldsymbol{A}\times\boldsymbol{B}-\boldsymbol{B}\times\boldsymbol{B}\\&=-\boldsymbol{B}\times\boldsymbol{A}+\boldsymbol{A}\times\boldsymbol{B}\\&=\boldsymbol{A}\times\boldsymbol{B}+\boldsymbol{A}\times\boldsymbol{B}\\&=2(\boldsymbol{A}\times\boldsymbol{B}).\end{aligned}$$

利用上述矢量积的性质, 我们在下面就可导出**两矢量的矢量积的坐标表示法**.

设两矢量为 $\boldsymbol{A}=\{X_1,Y_1,Z_1\}$, $\boldsymbol{B}=\{X_2,Y_2,Z_2\}$, 则 $\boldsymbol{A}$ 与 $\boldsymbol{B}$ 的矢量积为

$$\begin{aligned}\boldsymbol{A}\times\boldsymbol{B}=&(X_1\boldsymbol{i}+Y_1\boldsymbol{j}+Z_1\boldsymbol{k})\times(X_2\boldsymbol{i}+Y_2\boldsymbol{j}+Z_2\boldsymbol{k})\\=&X_1X_2(\boldsymbol{i}\times\boldsymbol{i})+Y_1X_2(\boldsymbol{j}\times\boldsymbol{i})+Z_1X_2(\boldsymbol{k}\times\boldsymbol{i})+\\&X_1Y_2(\boldsymbol{i}\times\boldsymbol{j})+Y_1Y_2(\boldsymbol{j}\times\boldsymbol{j})+Z_1Y_2(\boldsymbol{k}\times\boldsymbol{j})+\\&X_1Z_2(\boldsymbol{i}\times\boldsymbol{k})+Y_1Z_2(\boldsymbol{j}\times\boldsymbol{k})+Z_1Z_2(\boldsymbol{k}\times\boldsymbol{k}).\end{aligned}$$

但是 $\boldsymbol{i}$、$\boldsymbol{j}$、$\boldsymbol{k}$ 是三个互相垂直的单位矢量, 故具有下列关系:

$$\boldsymbol{i}\times\boldsymbol{i}=0,\quad \boldsymbol{j}\times\boldsymbol{j}=0,\quad \boldsymbol{k}\times\boldsymbol{k}=0,$$

$$\boldsymbol{i}\times\boldsymbol{j}=-\boldsymbol{j}\times\boldsymbol{i}=\boldsymbol{k},\quad \boldsymbol{j}\times\boldsymbol{k}=-\boldsymbol{k}\times\boldsymbol{j}=\boldsymbol{i},\quad \boldsymbol{k}\times\boldsymbol{i}=-\boldsymbol{i}\times\boldsymbol{k}=\boldsymbol{j}.$$

所以求得结果为

$$\boldsymbol{A}\times\boldsymbol{B}=(Y_1Z_2-Y_2Z_1)\,\boldsymbol{i}+(Z_1X_2-Z_2X_1)\,\boldsymbol{j}+(X_1Y_2-X_2Y_1)\,\boldsymbol{k}.\tag{1}$$

它可利用三阶行列式写为

$$\boldsymbol{A}\times\boldsymbol{B}=\begin{vmatrix}\boldsymbol{i}&\boldsymbol{j}&\boldsymbol{k}\\X_1&Y_1&Z_1\\X_2&Y_2&Z_2\end{vmatrix}.\tag{2}$$

因 $\boldsymbol{A}/\!/\boldsymbol{B}$ 的必要及充分条件为 $\boldsymbol{A}\times\boldsymbol{B}=\boldsymbol{0}$. 故由 (1) 即得到**用坐标表示的两矢量平行的必要且充分条件**为

$$Y_1Z_2-Y_2Z_1=0,\quad Z_1X_2-Z_2X_1=0,\quad X_1Y_2-X_2Y_1=0,\tag{α}$$

或

$$\frac{X_1}{X_2}=\frac{Y_1}{Y_2}=\frac{Z_1}{Z_2}.\tag{β}$$

在 X_2、Y_2、Z_2 都不等于零时, 等式 (β) 和等式 (α) 具有相同的意义, 但是在形式上, 等式 (β) 要比等式 (α) 简单得多了. 在 X_2、Y_2、Z_2 中有一为零

时, 因分母为零, 等式 (β) 就失去意义. 但是为了简便起见, 我们仍采用这个等式, 不过这时应该把它看作是等式 (α) 的简便写法. 例如, 我们应把等式 $\frac{X_1}{0}=\frac{Y_1}{0}=\frac{Z_1}{2}$ 理解为

$$X_1=0, Y_1=0.$$

例 2 已知两矢量 $\boldsymbol{A}=\{2,5,7\}$ 和 $\boldsymbol{B}=\{1,2,4\}$. 求矢量积 $\boldsymbol{A}\times\boldsymbol{B}$ 的坐标.

解 根据公式, 知

$$\boldsymbol{A}\times\boldsymbol{B}=\begin{vmatrix}\boldsymbol{i} & \boldsymbol{j} & \boldsymbol{k}\\ 2 & 5 & 7\\ 1 & 2 & 4\end{vmatrix}=6\boldsymbol{i}-\boldsymbol{j}-\boldsymbol{k},$$

所以

$$\boldsymbol{A}\times\boldsymbol{B}=\{6,-1,-1\}.$$

例 3 三角形 ABC 的顶点是 $A(1,2,3)$、$B(3,4,5)$ 和 $C(2,4,7)$. 求角 A 的正弦.

解 因为 $\overrightarrow{AB}=\{2,2,2\}, \overrightarrow{AC}=\{1,2,4\}$, 所以

$$\sin A=\frac{|\overrightarrow{AB}\times\overrightarrow{AC}|}{|AB||AC|}=\frac{\sqrt{2}}{3}.$$

§7.12 矢量的混合积

设已知三个矢量 $\boldsymbol{A}$、$\boldsymbol{B}$ 和 $\boldsymbol{C}$, 如果先作二矢量 $\boldsymbol{A}$ 和 $\boldsymbol{B}$ 的数量积 $\boldsymbol{A}\cdot\boldsymbol{B}$, 因为它是数量, 所以再与第三矢量 $\boldsymbol{C}$ 相乘的结果 $(\boldsymbol{A}\cdot\boldsymbol{B})\boldsymbol{C}$ 表示一个矢量, 它与矢量 $\boldsymbol{C}$ 平行.

如果先作二矢量 $\boldsymbol{A}$ 和 $\boldsymbol{B}$ 的矢量积 $\boldsymbol{A}\times\boldsymbol{B}$, 这个所得到的矢量与第三个矢量 $\boldsymbol{C}$ 再作数量积 $(\boldsymbol{A}\times\boldsymbol{B})\cdot\boldsymbol{C}$ 或矢量积 $(\boldsymbol{A}\times\boldsymbol{B})\times\boldsymbol{C}$, 前者表示数量, **叫做三矢量的混合积或三重数积**, 通常用记号 $[\boldsymbol{ABC}]$ 来表示; 后者表示矢量, **叫做三重矢积**. 下面我们仅对三矢量的混合积讨论如下:

设

$$\boldsymbol{A}=\{X_1,Y_1,Z_1\},\quad \boldsymbol{B}=\{X_2,Y_2,Z_2\},\quad \boldsymbol{C}=\{X_3,Y_3,Z_3\},$$

因为

$$\boldsymbol{A}\times\boldsymbol{B}=\begin{vmatrix} \boldsymbol{i} & \boldsymbol{j} & \boldsymbol{k} \\ X_1 & Y_1 & Z_1 \\ X_2 & Y_2 & Z_2 \end{vmatrix}$$

$$=\begin{vmatrix} Y_1 & Z_1 \\ Y_2 & Z_2 \end{vmatrix}\boldsymbol{i}-\begin{vmatrix} X_1 & Z_1 \\ X_2 & Z_2 \end{vmatrix}\boldsymbol{j}+\begin{vmatrix} X_1 & Y_1 \\ X_2 & Y_2 \end{vmatrix}\boldsymbol{k},$$

按 §7.9 两矢量数量积的坐标表示法, 得

$$[\boldsymbol{ABC}]=(\boldsymbol{A}\times\boldsymbol{B})\cdot\boldsymbol{C}$$

$$=X_3\begin{vmatrix} Y_1 & Z_1 \\ Y_2 & Z_2 \end{vmatrix}-Y_3\begin{vmatrix} X_1 & Z_1 \\ X_2 & Z_2 \end{vmatrix}+Z_3\begin{vmatrix} X_1 & Y_1 \\ X_2 & Y_2 \end{vmatrix}$$

或

$$[\boldsymbol{ABC}]=\begin{vmatrix} X_1 & Y_1 & Z_1 \\ X_2 & Y_2 & Z_2 \\ X_3 & Y_3 & Z_3 \end{vmatrix}. \tag{1}$$

根据行列式的性质与上面的公式 (1), 即得三矢量的混合积的下述性质:

轮序置换三矢量混合积的三个因子, 其积不变; 对调两个相邻的因子, 要改变乘积的符号. 即

$$(\boldsymbol{A}\times\boldsymbol{B})\cdot\boldsymbol{C}=(\boldsymbol{B}\times\boldsymbol{C})\cdot\boldsymbol{A}=(\boldsymbol{C}\times\boldsymbol{A})\cdot\boldsymbol{B}=-(\boldsymbol{B}\times\boldsymbol{A})\cdot\boldsymbol{C}$$

$$=-(\boldsymbol{C}\times\boldsymbol{B})\cdot\boldsymbol{A}=-(\boldsymbol{A}\times\boldsymbol{C})\cdot\boldsymbol{B} \tag{2}$$

或

$$[\boldsymbol{ABC}]=[\boldsymbol{BCA}]=[\boldsymbol{CAB}]=-[\boldsymbol{BAC}]=-[\boldsymbol{CBA}]=-[\boldsymbol{ACB}]. \tag{2'}$$

又从 (2) 可以导出下列两个结果:

$$(\boldsymbol{A}\times\boldsymbol{B})\cdot\boldsymbol{C}=\boldsymbol{A}\cdot(\boldsymbol{B}\times\boldsymbol{C})$$

和

$$(\boldsymbol{A}\times\boldsymbol{B})\cdot\boldsymbol{A}=(\boldsymbol{B}\times\boldsymbol{A})\cdot\boldsymbol{A}=(\boldsymbol{A}\times\boldsymbol{A})\cdot\boldsymbol{B}=0.$$

对于三矢量的混合积, 在应用上极为重要的是它的几何意义:

矢量的混合积 $[\boldsymbol{ABC}]=(\boldsymbol{A}\times\boldsymbol{B})\cdot\boldsymbol{C}$ 是这样的一个数, 它的绝对值表示以矢量 $\boldsymbol{A}$、$\boldsymbol{B}$、$\boldsymbol{C}$ 为棱的平行六面体的体积. 如果矢量 $\boldsymbol{A}$、$\boldsymbol{B}$、$\boldsymbol{C}$ 组成右手系, 那么积的符号是正的; 如果组成左手系, 就是负的.

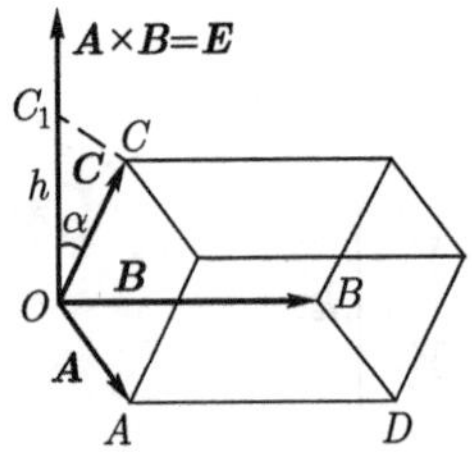

图 7.20

证 按前节矢量积的定义, 矢量积 $\boldsymbol{A}\times\boldsymbol{B}=\boldsymbol{E}$ 是一个矢量, 它的模在数值上等于以矢量 $\boldsymbol{A}$ 和 $\boldsymbol{B}$ 为边所作平行四边形 $OADB$ 的面积, 它的方向垂直于这平行四边形的平面, 且当 $\boldsymbol{A}$、$\boldsymbol{B}$、$\boldsymbol{C}$ 组成右手系时, 则矢量 $\boldsymbol{E}$ 与矢量 $\boldsymbol{C}$ 是朝着这平面的同一侧 (图 7.20); 当 $\boldsymbol{A}$、$\boldsymbol{B}$、$\boldsymbol{C}$ 组成左手系时, 则矢量 $\boldsymbol{E}$ 与矢量 $\boldsymbol{C}$ 是朝着这平面的异侧. 所以若设矢量 $\boldsymbol{C}$ 与 $\boldsymbol{E}$ 间的角为 α, 则当 $\boldsymbol{A}$、$\boldsymbol{B}$、$\boldsymbol{C}$ 组成右手系时, α 为锐角; 当 $\boldsymbol{A}$、$\boldsymbol{B}$、$\boldsymbol{C}$ 组成左手系时, α 为钝角. 由于

$$[\boldsymbol{ABC}]=(\boldsymbol{A}\times\boldsymbol{B})\cdot\boldsymbol{C}=|\boldsymbol{A}\times\boldsymbol{B}||\boldsymbol{C}|\cos\alpha,$$

即知当 $\boldsymbol{A}$、$\boldsymbol{B}$、$\boldsymbol{C}$ 组成右手系时, $[\boldsymbol{ABC}]$ 为正; 当 $\boldsymbol{A}$、$\boldsymbol{B}$、$\boldsymbol{C}$ 组成左手系时, $[\boldsymbol{ABC}]$ 为负.

因以矢量 $\boldsymbol{A}$、$\boldsymbol{B}$、$\boldsymbol{C}$ 为棱的平行六面体的底 (平行四边形 $OADB$) 的面积 S 在数值上等于 $|\boldsymbol{A}\times\boldsymbol{B}|$, 它的高 h 等于矢量 $\boldsymbol{C}$ 在矢量 $\boldsymbol{E}$ 上的投影的绝对值, 即

$$h=\pm\operatorname{Prj}_{\boldsymbol{E}}\boldsymbol{C}=\pm|\boldsymbol{C}|\cos\alpha,$$

所以平行六面体的体积

$$V=Sh=\pm|\boldsymbol{A}\times\boldsymbol{B}||\boldsymbol{C}|\cos\alpha=\pm[\boldsymbol{ABC}]$$

或

$$[\boldsymbol{ABC}] = \pm V, \tag{3}$$

故得所证.

根据上述几何意义, 即得**三个矢量 $\boldsymbol{A}$、$\boldsymbol{B}$、$\boldsymbol{C}$ 共平面** (在一平面上或在平行平面上) **的必要且充分的条件是** $[\boldsymbol{ABC}] = 0$. 事实上, 如果 $\boldsymbol{A}$、$\boldsymbol{B}$、$\boldsymbol{C}$ 共平面, 则以此三矢量为棱的平行六面体的体积等于零, 所以 $[\boldsymbol{ABC}] = 0$. 反之, 若 $[\boldsymbol{ABC}] = (\boldsymbol{A}\times\boldsymbol{B})\cdot\boldsymbol{C} = 0$, 则至少三个矢量之一为零矢量, 或有两矢量平行, 或矢量 $\boldsymbol{A}\times\boldsymbol{B}$ 与矢量 $\boldsymbol{C}$ 垂直. 但在这三种场合下, 矢量 $\boldsymbol{A}$、$\boldsymbol{B}$、$\boldsymbol{C}$ 都是共平面的.

从而, 由公式 (1) 推得矢量 $\boldsymbol{A} = \{X_1, Y_1, Z_1\}, \boldsymbol{B} = \{X_2, Y_2, Z_2\}, \boldsymbol{C} = \{X_3, Y_3, Z_3\}$ 共平面的必要及充分条件是

$$\begin{vmatrix} X_1 & Y_1 & Z_1 \\ X_2 & Y_2 & Z_2 \\ X_3 & Y_3 & Z_3 \end{vmatrix} = 0. \tag{4}$$

例　已知空间不在一平面上的四点: $A(x_1, y_1, z_1)$、$B(x_2, y_2, z_2)$、$C(x_3, y_3, z_3)$、$D(x_4, y_4, z_4)$ 求四面体 $ABCD$ 的体积.

解　由立体几何中知道, 四面体 $ABCD$ 的体积 V_{T} 等于以矢量 $\overrightarrow{AB}$、$\overrightarrow{AC}$ 和 $\overrightarrow{AD}$ 为棱的平行六面体之体积的六分之一. 因而

$$V_{\mathrm{T}} = \frac{1}{6}|[\overrightarrow{AB}\overrightarrow{AC}\overrightarrow{AD}]|.$$

但

$$\overrightarrow{AB} = \{x_2 - x_1, y_2 - y_1, z_2 - z_1\},$$

$$\overrightarrow{AC} = \{x_3 - x_1, y_3 - y_1, z_3 - z_1\},$$

$$\overrightarrow{AD} = \{x_4 - x_1, y_4 - y_1, z_4 - z_1\},$$

所以

$$V_{\mathrm{T}} = \pm\frac{1}{6}\begin{vmatrix} x_2 - x_1 & y_2 - y_1 & z_2 - z_1 \\ x_3 - x_1 & y_3 - y_1 & z_3 - z_1 \\ x_4 - x_1 & y_4 - y_1 & z_4 - z_1 \end{vmatrix}, \tag{5}$$

式中符号的选择必须和行列式的符号一致.

由 (5), 推得空间四点 $A(x_1, y_1, z_1)$、$B(x_2, y_2, z_2)$、$C(x_3, y_3, z_3)$、$D(x_4, y_4, z_4)$ 共平面的条件是

$$\begin{vmatrix} x_2 - x_1 & y_2 - y_1 & z_2 - z_1 \\ x_3 - x_1 & y_3 - y_1 & z_3 - z_1 \\ x_4 - x_1 & y_4 - y_1 & z_4 - z_1 \end{vmatrix} = 0. \tag{6}$$

第八章 曲面方程与曲线方程

§8.1 曲面方程的概念

在解析几何学中，任何曲面都是看做点的几何轨迹. 在这种意义下，曲面所具有的性质是它的一切点所共同的. 设以 x、y、z 表示曲面上任何一点关于某一直角坐标系的坐标，我们用 x、y、z 间的一个方程来表达这曲面上所有点的共同性质. **凡在这曲面上每一点的坐标都满足这方程，而不在这曲面上的点的坐标都不满足这方程，那么这个方程就叫做这曲面的方程.** 由此我们把曲面的几何性质的研究归结到它的方程的解析性质的研究.

现在我们举几个建立曲面方程的例子.

例 1 一平面平分两点 $A(1,2,3)$ 和 $B(2,-1,4)$ 间的线段且和它垂直，求这平面的方程.

由题意知这所求的平面就是与 A 和 B 等距离的点的几何轨迹. 在这平面上任何一点 $M(x,y,z)$，都有关系 $|AM|=|BM|$，所以

$$\sqrt{(x-1)^2+(y-2)^2+(z-3)^2}=\sqrt{(x-2)^2+(y+1)^2+(z-4)^2}.$$

平方等式的两边，然后化简得

$$2x-6y+2z-7=0.$$

这就是所求的平面方程.

例 2 一平面平行于坐标平面 xOy, 且在平面 xOy 的上方, 而与平面 xOy 相隔一距离 c, 求这平面的方程.

这平面是立标等于 c 的点的几何轨迹, 所以它的方程为 $z = c$.

例 3 设球面的球心在点 $C(a, b, c)$, 且半径等于 R. 求它的方程.

在球面上任取一点 $M(x, y, z)$, 从球面的定义知所有点 M 的共同性质为 $|MC| = R$. 由此得

$$\sqrt{(x-a)^2 + (y-b)^2 + (z-c)^2} = R.$$

两边平方消去根号即得

$$(x-a)^2 + (y-b)^2 + (z-c)^2 = R^2.$$

这就是所求球面的方程.

若球心在原点, 则 $a = b = c = 0$, 而球面方程为

$$x^2 + y^2 + z^2 = R^2.$$

我们已知作为点的几何轨迹的任何曲面可用它的点的坐标间的方程来表示, 同时变量 x、y 和 z 间的任何方程一般可以表示作为点的几何轨迹的曲面. 因此在解析几何中关于曲面的研究, 有下列两个基本问题.

(1) **已知一曲面作为点的几何轨迹的时候, 建立这曲面的方程.**

(2) **已知坐标 x、y 和 z 间的一个方程的时候, 研究这方程所表示的曲面的形状.**

§8.2 球面方程

在上节的例 3 中已知以点 (a, b, c) 为球心, 半径为 R 的球面方程为

$$(x-a)^2 + (y-b)^2 + (z-c)^2 = R^2.$$

展开后得

$$x^2+y^2+z^2-2ax-2by-2cz+a^2+b^2+c^2-R^2=0.$$

所以球面方程是 x、y、z 的二次方程. 但不是坐标 x、y、z 的所有二次方程都表示球面. 在上列球面方程中我们看到 x^2、y^2、z^2 的系数相等, 且 xy、xz、yz 各项的系数为零这两个事实. 反过来说, 如果在表示曲面的 x、y、z 的二次方程中具有这两个事实, 这方程就表示一个球面[①].

例如方程 $x^2+y^2+z^2-2x-4y-4=0$ 就表示一个球面. 因为这方程可以化为

$$(x-1)^2+(y-2)^2+(z-0)^2=9.$$

所以原方程表示球心为 $(1,2,0)$, 半径为 3 的球面.

§8.3　母线平行于坐标轴的柱面方程 · 二次柱面

设一方程中不包含有立标 z, 如

$$F(x,y)=0.$$

在 xOy 平面上, 这方程表示一曲线 L, 这曲线 L 上点的坐标满足这方程. 这方程也为空间的其他一些点的坐标所满足. 只要各点横标和纵标分别与曲线 L 上点的坐标相等即可. 就是说, 当把空间的这些点投影到平面 xOy 上去的时候, 它们的投影要与 L 上的点重合 (图 8.1). 这些空间的点的全体是一曲面, 它是由平行于 z 轴的直线沿曲线 L 移动所构成的. 这个曲面叫做柱面[②]. 曲线 L 叫做**准线**. 平行于 z 轴而沿 L 移动的直线叫做**母线**. 因此,

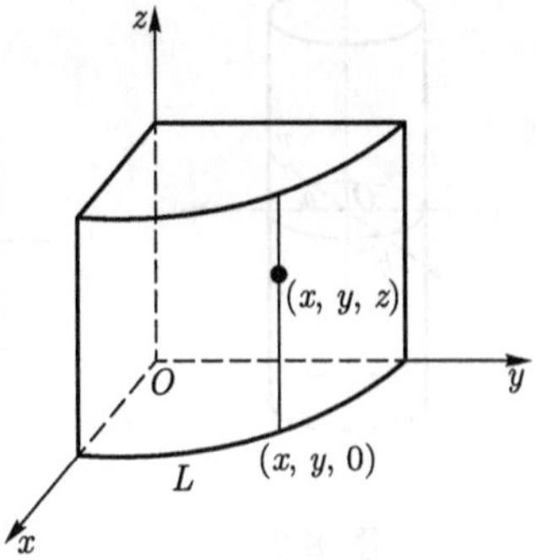

图 8.1

① 在特殊场合下, 这方程也可能表示一点或虚球面.

② 一般地说, 与一定直线平行而且和定曲线 L 相交的直线所构成的曲面叫做柱面.

$F(x,y)=0$ 表示柱面, 它的母线平行于 z 轴.

同理, $F(y,z)=0$ 及 $F(x,z)=0$ 都表示柱面, 它们的母线分别平行于 x 轴及 y 轴.

在上述母线平行于坐标轴的柱面中, 如果准线 L 是坐标面上的二次曲线, 则这种柱面叫做**二次柱面**. 现在写出几个母线平行于 z 轴的二次柱面的方程如下:

圆柱面方程

$$x^2+y^2-a^2=0.$$

椭圆柱面 (图 8.2) 方程

$$\frac{x^2}{a^2}+\frac{y^2}{b^2}-1=0.$$

双曲柱面 (图 8.3) 方程:

$$\frac{x^2}{a^2}-\frac{y^2}{b^2}-1=0.$$

抛物柱面 (图 8.4) 方程:

$$y^2-2px=0\ (p>0).$$

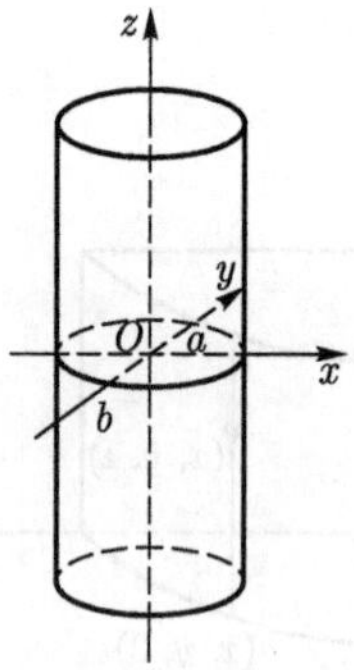

图 8.2

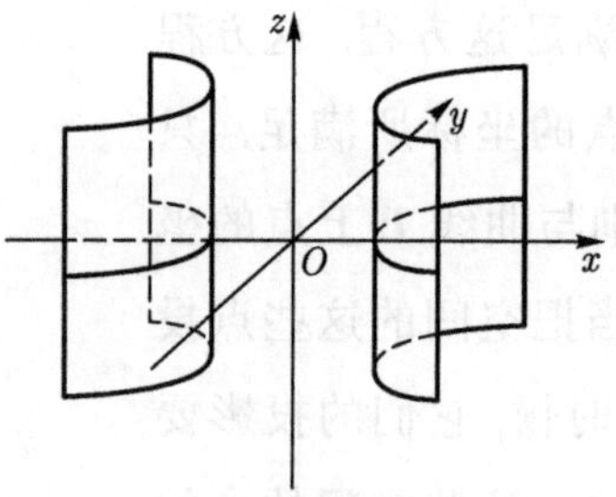

图 8.3

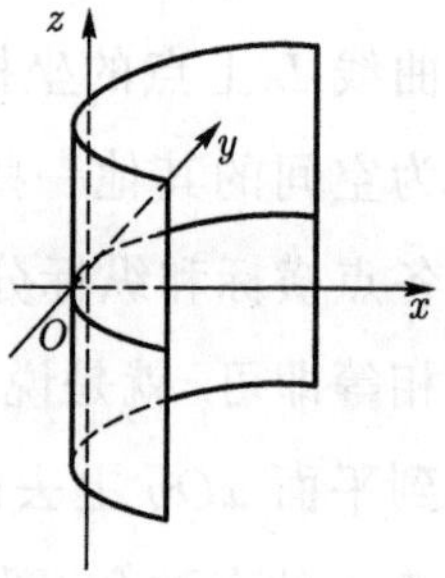

图 8.4

§8.4 空间曲线作为两曲面的交线

任何空间曲线总可以看做两曲面的交线. 设

$$F_1(x,y,z)=0 \quad 和 \quad F_2(x,y,z)=0$$

是两个曲面的方程, 它们的交线是曲线 L. 因为曲线 L 上的任何点都同时在这两个曲面上, 所以 L 上的所有点的坐标都满足这两曲面的方程. 反过来, 坐标同时满足这两曲面方程的点一定在它们的交线 L 上. 所以把这两曲面方程联立起来, 则方程组

$$\left\{\begin{array}{l} F_1(x,y,z)=0, \\ F_2(x,y,z)=0 \end{array}\right. \tag{1}$$

就叫做空间曲线 L 的方程.

例如, 两个球面

$$(x-1)^2+(y-2)^2+(z-3)^2=14,$$

$$x^2+y^2+z^2=1$$

的交线是一圆. 这两个方程联立起来就是这个圆的方程.

在这里我们要特别加以指出的, 就是可以选择另外两个曲面, 使得它们的交线也是 L. 换句话说, 方程组 (1) 可以用与它等价的任何两方程所联立的方程组来代替, 例如方程组

$$x=0, \quad y=0$$

表示 Oz 轴, 另一方程组

$$x+y=0, \quad x-y=0$$

也表示 Oz 轴.

§8.5　空间曲线的参数方程

在第六章 §6.1 中, 我们曾经讨论过平面曲线的参数方程. 同样, 空间曲线也可以用参数方程来表示, 即把空间曲线上任何点的直角坐标 x、y、

z 分别表示为参数 t 的函数如下:

$$x=\varphi(t), \quad y=\psi(t), \quad z=\chi(t).$$

这一组方程称为空间曲线的参数方程.

例 螺旋线. 设有直角三角形的纸片, 它的一锐角为 α. 今将此纸片卷在一正圆柱面上, 使角 α 的一边与圆柱的底圆周重合, 角的另一边则在圆柱面上盘旋上升. 这样, 在圆柱面上就形成一条空间曲线, 这空间曲线叫做**螺旋线**. 其方程可按下述步骤求出:

设正圆柱的半径为 r, 角 α 的顶点 L 在圆柱底圆周上的位置为 A, 而 A 为底圆周与 x 轴的交点. 取坐标系如图 8.5 所示.

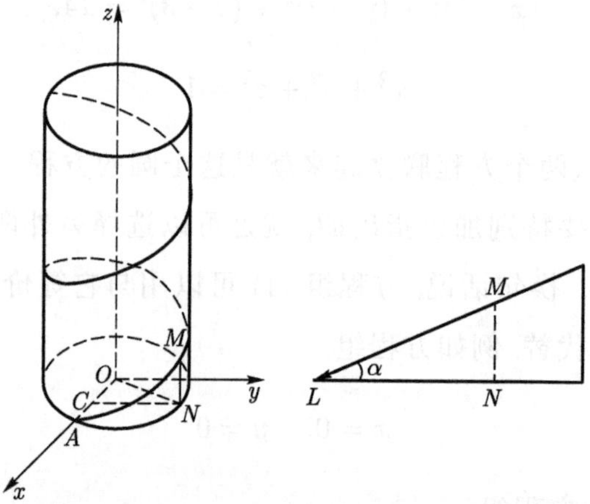

图 8.5

设 $M(x,y,z)$ 为螺旋线上任意一点, 自 M 作 xOy 平面的垂线 MN, N 为垂足, 当然落在圆柱的底圆周上. 再由 N 作 y 轴的平行线, 与 x 轴交于 C.

令 $\angle AON=t$ 为参数, 则点 M 的坐标

$x=OC=|ON|\cos t=r\cos t$,

$y=CN=|ON|\sin t=r\sin t$,

$z=NM=LN\operatorname{tg}\alpha=r\cdot t\operatorname{tg}\alpha$ (因$LN=$ 弧$AN=r\cdot t$).

令 $r\,\mathrm{tg}\,\alpha = k$, 则

$$z = kt.$$

因此求得**螺旋线**的参数方程为

$$\begin{cases} x = r\cos t, \\ y = r\sin t, \\ z = kt. \end{cases} \tag{1}$$

螺旋线在工程上有一个可以利用的性质. 当 t 从 t_0 变到 $t_0+\theta$ 时, z 由 kt_0 变到 $kt_0+k\theta$. 如果 θ 为定数, 则 $k\theta$ 也是定数. 这说明当点 N 沿底圆周移动定角 θ 时, 点 M 沿螺旋线上升一定的高度 $k\theta$. 特别, 当点 N 移动一周, 即 $\theta = 2\pi$ 时, 点 M 将上升固定的高度 $2k\pi$. 这个高度 $2k\pi$ 在工程上称为**螺距**, 以 h 表示, 即 $h = 2k\pi = 2\pi r\,\mathrm{tg}\,\alpha$.

§8.6 空间曲线在坐标面上的投影

现在我们来研究由表示曲线 L 的方程组

$$\begin{cases} F_1(x,y,z) = 0, \\ F_2(x,y,z) = 0 \end{cases} \tag{1}$$

消去一个变量例如 z 后所得的方程

$$F(x,y) = 0. \tag{2}$$

由于方程 (2) 是由方程组 (1) 消去 z 后所得的结果, 那么当三个数 x、y 和 z 满足方程组 (1) 的两个方程时, 前两个数 x、y 必定满足方程 (2). 这说明曲线 L 上的所有点都在由方程 (2) 所表示的曲面上.

根据 §8.3, 方程 (2) 表示一个母线平行于 Oz 轴的柱面, 那么这柱面必定包含曲线 L. 因此, 过曲线 L 上的一切点所作平行于 Oz 轴, 也就是垂直

于 xOy 平面的所有直线都在这柱面上. 这柱面称为投影柱面, 投影柱面与 xOy 平面的交线一般说来正是将空间曲线 L 投影到 xOy 平面上所得的曲线, 这曲线叫做空间曲线 L 在 xOy 平面上的**投影曲线**, 简称**投影**. 它的方程是

$$\begin{cases} F(x,y)=0, \\ z=0. \end{cases} \tag{3}$$

同理, 消去联立方程组 (1) 中的变量 x 或变量 y 再分别和 $x=0$ 或 $y=0$ 联立, 我们可以得到将曲线 L 投影到 yOz 平面或 zOx 平面上的投影曲线方程:

$$\begin{cases} G(y,z)=0, \\ x=0, \end{cases} \quad \text{或} \quad \begin{cases} H(x,z)=0, \\ y=0. \end{cases}$$

例 已知两球面的方程为

$$x^2+y^2+z^2=1, \tag{4}$$

$$x^2+(y-1)^2+(z-1)^2=1, \tag{5}$$

求它们的交线在 xOy 面上的投影.

解 为了求两球面的交线在 xOy 面上的投影, 先求通过这曲线而母线平行于 Oz 轴的柱面方程, 因此由 (4), (5) 消去 z; 从 (4) 减去 (5) 并化简, 我们得到

$$y+z=1. \tag{6}$$

再以 $z=1-y$ 代入 (4) 或 (5) 即得所求柱面方程为

$$x^2+2y^2-2y=0. \tag{7}$$

于是两球面交线在 xOy 面上的投影曲线方程是

$$\begin{cases} x^2+2y^2-2y=0, \\ z=0. \end{cases}$$

第九章

空间的平面与直线

§9.1 过一点并已知一法线矢量的平面方程

若一矢量 (不为零矢量) 垂直于一已知平面, 则称这矢量为平面的**法线矢量**.

设已知平面 π 上的一点 $M_0(x_0, y_0, z_0)$, 以及它的一个法线矢量 $\boldsymbol{n} = \{A, B, C\}$($A, B, C$ 不同时为 0), 我们来建立平面 π 的方程.

设 $M(x, y, z)$ 是平面 π 上的任意一点 (图 9.1), 它所对应的矢径为 $\boldsymbol{r} = \{x, y, z\}$, 而点 M_0 所对应的矢径设为 $\boldsymbol{r}_0 = \{x_0, y_0, z_0\}$. 由于矢量 $\overrightarrow{M_0M} = \boldsymbol{r} - \boldsymbol{r}_0$ 在平面 π 上, 它与法线矢量 $\boldsymbol{n}$ 垂直. 所以它们的数量积等于零 (§7.9), 即

$$\boldsymbol{n} \cdot (\boldsymbol{r} - \boldsymbol{r}_0) = 0. \qquad (1)$$

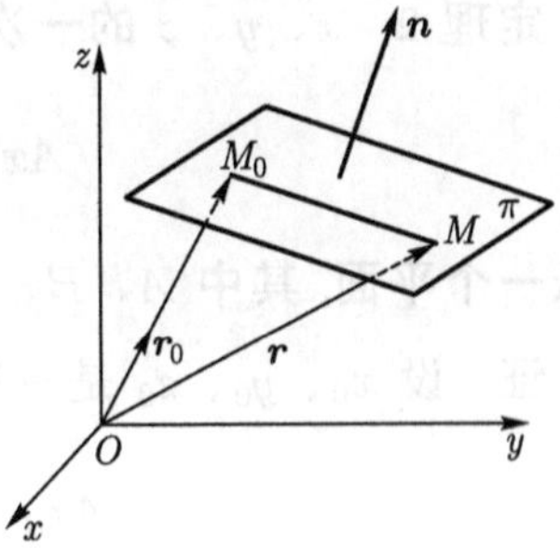

图 9.1

上式对于平面 π 上的所有点都成立, 而且对于平面外的点就不成立. 所以方程 (1) 就是用矢量来表示的过已知点 M_0 而法线矢量为 $\boldsymbol{n}$ 的平面 π 的方程.

现改用坐标来表示方程 (1). 因为

$$\boldsymbol{r}-\boldsymbol{r}_0=\{x-x_0,y-y_0,z-z_0\},$$
$$\boldsymbol{n}=\{A,B,C\},$$

并由两矢量的数量积的坐标表示法 (§7.9), 得到

$$A(x-x_0)+B(y-y_0)+C(z-z_0)=0. \tag{2}$$

这就是用坐标表示的**过已知点 $M_0(x_0,y_0,z_0)$ 而法线矢量为 $\boldsymbol{n}=\{A,B,C\}$ 的平面 π 的方程**. 方程 (1) 和 (2) 都叫做**平面的点法式方程**.

如令 $D=-Ax_0-By_0-Cz_0$, 则方程 (2) 可以写为

$$Ax+By+Cz+D=0. \tag{3}$$

因为对于任何平面来说, 我们可以在这平面上任意取一点作为 $M_0(x_0, y_0, z_0)$, 也可以任意取一垂直于这平面的矢量作为它的法线矢量 $\boldsymbol{n}=\{A, B, C\}$, 故根据上述结果即得

定理 1 任何平面可用 x、y、z 的一次方程来表示.

现在我们再证明它的逆定理, 即

定理 2 x、y、z 的一次方程

$$Ax+By+Cz+D=0 \tag{3}$$

表示一个平面, 其中 A、B、C 为常数, 且不同时为零.

证 设 x_0、y_0、z_0 是一次方程 (3) 的一组解, 则有等式

$$Ax_0+By_0+Cz_0+D=0. \tag{4}$$

由方程 (3) 减去 (4), 得

$$A(x-x_0)+B(y-y_0)+C(z-z_0)=0. \tag{2}$$

这就是通过点 $M_0(x_0,y_0,z_0)$ 而以矢量 $\{A,B,C\}$ 为法线矢量的平面方程. 但方程 (2) 与 (3) 具有同解, 这是因为由 (3) 减去等式 (4) 即得到 (2), 又由 (2) 加上等式 (4) 就得到 (3) 的缘故. 因此, 方程 (3) 也表示一个平面.

方程 (3) 称为**平面的一般方程**.

例 求通过点 $M(1,1,1)$ 且垂直于矢量 $\boldsymbol{n}=\{2,2,3\}$ 的平面方程.

解 根据公式 (2) 得所求平面方程为

$$2(x-1)+2(y-1)+3(z-1)=0$$

或

$$2x+2y+3z-7=0.$$

§9.2 平面的一般方程的研究

设平面的一般方程为

$$Ax+By+Cz+D=0, \tag{1}$$

其中 A,B,C 不同时为零. 今若这方程的某几个系数为零, 我们来研究这平面关于各坐标轴有怎样的特殊位置.

(i) **若 $D=0$, 则方程 (1) 变为**

$$Ax+By+Cz=0,$$

它表示一个通过原点的平面. 事实上, 因 $x=0,y=0,z=0$ 满足这方程, 所以原点 O 在这方程所表示的平面上.

(ii) **若 $C=0$, 则方程 (1) 变为**

$$Ax+By+D=0,$$

它表示一个平行于 (或通过) z 轴的平面.

因为 $C=0$, 它的法线矢量在 z 轴上的投影为零, 这个矢量就垂直于 z 轴. 所以这平面平行于 z 轴 (或通过 z 轴, 这时 $D=0$).

同理知方程

$$Ax+Cz+D=0 \quad 和 \quad By+Cz+D=0$$

分别表示平行于 (或通过) y 轴和 x 轴的平面.

(iii) **若 $A=0, B=0$, 则方程 (1) 变为**

$$Cz+D=0,$$

它表示一个平行于 (或重合于) xOy 面的平面.

因为 $A=B=0$, 则它的法线矢量在 x 轴及 y 轴上的投影为零, 这个矢量必同时垂直于 x 轴及 y 轴. 因此, 这平面平行于 x 轴及 y 轴, 也就是平行于 xOy 面 (或与 xOy 面重合, 这时 $D=0$).

同理知方程

$$Ax+D=0 \quad 和 \quad By+D=0$$

分别表示平行于 (或重合于) yOz 面和 zOx 面的平面.

例 求通过 x 轴和点 $(4,-3,-1)$ 的平面方程.

解 因所求平面通过 x 轴, 所以可设这平面的方程为

$$By+Cz=0.$$

又这平面通过点 $(4,-3,-1)$, 因此有关系式

$$-3B-C=0 \quad 或 \quad C=-3B.$$

以 $C=-3B$ 代入所设方程中并除以 B, 得所求的平面方程为

$$y-3z=0.$$

§9.3 平面的截距式方程

设一平面不通过原点, 也不平行于任何坐标轴, 并与 x、y、z 三轴分别交于 P、Q、R 三点. 令 $OP=a, OQ=b, OR=c$ (图 9.2).

这平面的方程可以写成

$$Ax + By + Cz + D = 0, \qquad (1)$$

其中 A、B、C、D 皆不为零.

因 $P(a,0,0)$ 在这平面上, 所以它的坐标满足平面方程 (1), 以 $a,0,0$ 代入 (1) 中得

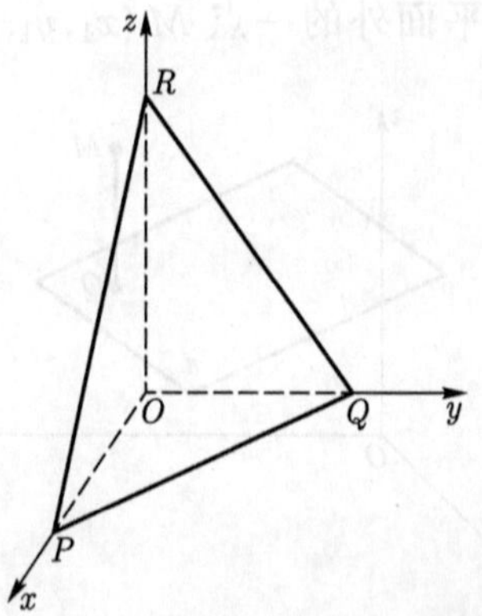

图 9.2

$$Aa + D = 0$$

或

$$A = -\frac{D}{a}.$$

同样得到 $B = -\dfrac{D}{b}$,

$$C = -\frac{D}{c}.$$

以 A、B、C 的值代入 (1) 中并除以 D $(D \neq 0)$, 就得到

$$\frac{x}{a} + \frac{y}{b} + \frac{z}{c} = 1.$$

这就是所求的平面方程, 叫做**平面的截距式方程**, 而 a、b、c 叫做这平面在 x、y、z **三轴上的截距**.

例如某平面在坐标轴上的截距为 $a = 2, b = -3, c = 4$, 则它的方程为

$$\frac{x}{2} + \frac{y}{-3} + \frac{z}{4} = 1$$

或

$$6x - 4y + 3z - 12 = 0.$$

§9.4 点到平面的距离

设已知平面 π 的一般方程

$$Ax + By + Cz + D = 0 \ (A\text{、}B\text{、}C \text{ 不同为零}) \qquad (1)$$

与平面外的一点 $M(x_1,y_1,z_1)$, 求点 M 到平面 π 的距离 d.

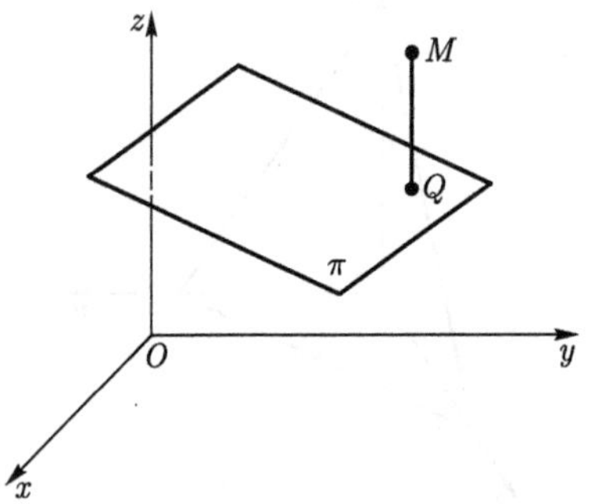

图 9.3

从点 M 作平面 π 的垂线 (图 9.3), 设垂足为 $Q(x_2,y_2,z_2)$, 则

$$d^2=(x_2-x_1)^2+(y_2-y_1)^2+(z_2-z_1)^2, \quad (2)$$

又矢量 $\overrightarrow{MQ}$ 的坐标为 $x_2-x_1, y_2-y_1, z_2-z_1$.

由于 $\overrightarrow{MQ}$ 与平面 π 的法线矢量平行, 故有

$$\frac{x_2-x_1}{A}=\frac{y_2-y_1}{B}=\frac{z_2-z_1}{C}.$$

设公比为 r, 则

$$x_2-x_1=rA, \quad y_2-y_1=rB, \quad z_2-z_1=rC. \quad (3)$$

把上式代入 (2), 得

$$d^2=r^2\left(A^2+B^2+C^2\right). \quad (4)$$

另一方面, 由于点 $Q(x_2,y_2,z_2)$ 在平面 π 上, 所以

$$Ax_2+By_2+Cz_2+D=0.$$

从 (3) 解出 x_2、y_2、z_2, 并代入上式得

$$Ax_1+By_1+Cz_1+D+r\left(A^2+B^2+C^2\right)=0.$$

所以

$$r=-\frac{Ax_1+By_1+Cz_1+D}{A^2+B^2+C^2}.$$

把上式代入 (4) 并开方, 即得公式

$$d=\left|\frac{Ax_1+By_1+Cz_1+D}{\sqrt{A^2+B^2+C^2}}\right|. \quad (5)$$

例 求点 $(1,2,3)$ 到平面 $2x-2y+z-3=0$ 的距离.

解 由公式 (5),

$$d=\left|\frac{2\cdot1-2\cdot2+1\cdot3-3}{\sqrt{2^2+(-2)^2+1^2}}\right|=\left|-\frac{2}{3}\right|=\frac{2}{3}.$$

§9.5　两平面的夹角

两平面的夹角是指两平面间的两个相邻二面角中的任何一个 (如两平面平行, 它们的夹角可以看做是 0 或 π). 又二面角中的一个是等于两平面的法线矢量间的夹角. 因此, 我们定义**两平面的法线矢量间的夹角为这两平面的夹角**.

设两定平面的方程是

$$A_1x+B_1y+C_1z+D_1=0, \tag{1}$$

和

$$A_2x+B_2y+C_2z+D_2=0. \tag{2}$$

它们的法线矢量分别为 $\{A_1,B_1,C_1\}$ 和 $\{A_2,B_2,C_2\}$. 令这两法线矢量的夹角为 φ, 那么这两平面的夹角就是 φ. 由 §7.10 得

$$\cos\varphi=\frac{A_1A_2+B_1B_2+C_1C_2}{\sqrt{A_1^2+B_1^2+C_1^2}\sqrt{A_2^2+B_2^2+C_2^2}}.$$

这就是已给两平面间夹角的余弦公式.

(i) 若两平面 (1) 和 (2) 互相垂直, 则它们的法线矢量 $\{A_1,B_1,C_1\}$ 和 $\{A_2,B_2,C_2\}$ 也互相垂直. 因此**两平面 (1) 和 (2) 垂直的必要且充分的条件为**

$$A_1A_2+B_1B_2+C_1C_2=0, \tag{3}$$

这时

$$\cos\varphi=0.$$

(ii) 若两平面 (1) 和 (2) 平行, 则它们的法线矢量 $\{A_1,B_1,C_1\}$ 和 $\{A_2,B_2,C_2\}$ 也平行. 因此**两平面 (1) 和 (2) 平行的必要且充分的条件为**

$$\frac{A_1}{A_2}=\frac{B_1}{B_2}=\frac{C_1}{C_2}. \tag{4}$$

例 1　求两平面 $x-y-11=0$ 和 $3x+8=0$ 间的夹角.

解 令所求夹角为 φ, 则

$$\cos\varphi = \frac{1}{\sqrt{2}},$$

所以

$$\varphi = \frac{\pi}{4}.$$

例 2 一平面通过两点 $(1,1,1)$ 和 $(0,1,-1)$ 且垂直于平面 $x+y+z=0$, 求它的方程.

解 通过第一个定点 $(1,1,1)$ 的平面的方程可以写为

$$A(x-1)+B(y-1)+C(z-1)=0, \tag{5}$$

A、B、C 不同时为零.

这平面又通过另一定点 $(0,1,-1)$, 所以有关系式

$$A(0-1)+B(1-1)+C(-1-1)=0$$

或

$$A+2C=0. \tag{6}$$

又因为这平面垂直于已知平面 $x+y+z=0$, 所以又有关系式 (公式 (3))

$$A+B+C=0. \tag{7}$$

现在把 (5)、(6)、(7) 看做三个未知数 A、B、C 的齐次方程组的三个方程, 这方程组有非零解的必要且充分条件为

$$\begin{vmatrix} x-1 & y-1 & z-1 \\ 1 & 0 & 2 \\ 1 & 1 & 1 \end{vmatrix} = 0,$$

即

$$2x-y-z=0.$$

这就是所求的平面方程.

§9.6　直线作为两平面的交线

在 §8.4 中我们曾经讲过, 任何空间曲线可以看做两曲面的交线. 因而, 空间每条直线都可以看做两个平面的交线. 由此, 一条直线在直角坐标系中就可以由两个一次方程来表示.

设已知直线为 L, 通过这直线的两个任意不重合的平面为 π_1 与 π_2. 如果 π_1 与 π_2 的方程是

$$A_1x+B_1y+C_1z+D_1=0 \text{ 和 } A_2x+B_2y+C_2z+D_2=0,$$

那么直线 L 上任何点的坐标都满足这两个平面方程. 因此, 系数不成比例的三元一次方程组

$$\begin{cases} A_1x+B_1y+C_1z+D_1=0, \\ A_2x+B_2y+C_2z+D_2=0 \end{cases} \tag{1}$$

表示一条直线 L, 叫做**空间直线 L 的一般式方程**.

因为通过空间一直线 L 的平面有无限多个. 只要在这无限多个平面中任意选取两个, 把它们的方程联立起来, 所得的方程组也表示直线 L.

例如从方程组 (1) 消去 y 得

$$x=pz+q,$$

它表示将直线 L 投影到 zOx 平面上的投影平面 (§8.6).

同样, 消去 x, 得到将直线 L 投影到 yOz 平面上的投影平面

$$y=rz+s.$$

因此方程组

$$\begin{cases} x=pz+q, \\ y=rz+s \end{cases} \quad (p、q、r、s \text{ 各为常数}) \tag{2}$$

也表示直线 L 的方程, 称为**空间直线 L 的投影式方程**.

§9.7 直线的方程

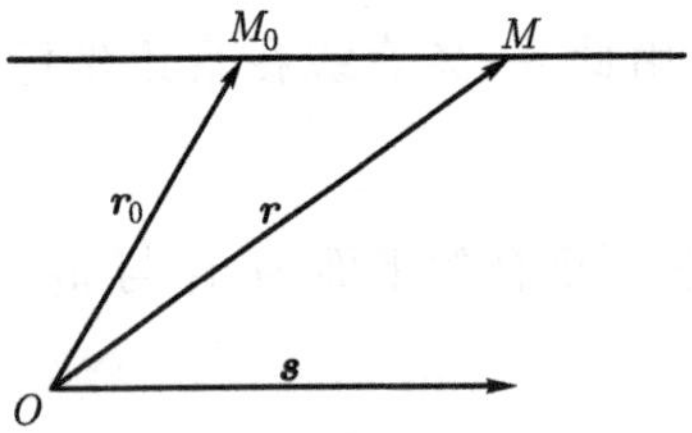

图 9.4

假如已知一点为 M_0, 它的矢径为 $\overrightarrow{OM_0} = \boldsymbol{r}_0$, 此外, 又已知一个矢量 $\boldsymbol{s}$ 不为零矢量, 那么通过点 M_0 且平行于矢量 $\boldsymbol{s}$ 的直线在空间的位置就可以完全确定了, 矢量 $\boldsymbol{s}$ 叫做**这直线的方向矢量** (图 9.4). 在这直线上任取一点 M, 其对应的流动矢径为 $\overrightarrow{OM} = \boldsymbol{r}$, 则由图 9.4 可知

$$\overrightarrow{OM} = \overrightarrow{OM_0} + \overrightarrow{M_0M}.$$

因 $\overrightarrow{M_0M}$ 平行于 $\boldsymbol{s}$, 由 §7.5 知 $\overrightarrow{M_0M} = \boldsymbol{s}t, t$ 为数量因子, 它的数值与点 M 在直线上的位置有关.

因此, 有

$$\boldsymbol{r} = \boldsymbol{r}_0 + \boldsymbol{s}t. \tag{1}$$

这叫做**直线的矢量式方程**, 其中 t 叫做**参数**.

设点 M_0 关于以 O 为原点的直角坐标系的坐标为 a、b、c, 点 M 的直角坐标为 x、y、z, 则 $\boldsymbol{r}_0 = \{a, b, c\}, \boldsymbol{r} = \{x, y, z\}$. 又设矢量 $\boldsymbol{s}$ 的坐标为 m、n、p (不全为 0). 那么, 把方程 (1) 写成坐标式的时候, 便得到

$$x = a + mt, \quad y = b + nt, \quad z = c + pt. \tag{2}$$

这叫做通过点 $M_0(a, b, c)$ 且有已知方向矢量 $\boldsymbol{s} = \{m, n, p\}$ 的**直线的参数方程**, t 叫做**参数**.

从方程 (2) 消去参数 t, 得到

$$\frac{x-a}{m} = \frac{y-b}{n} = \frac{z-c}{p}. \tag{3}$$

这方程 (3) 叫做**直线的标准方程**. 直线的任意方向矢量 $\boldsymbol{s}$ 的坐标 m n、p 叫做**这直线的一组方向数**. 矢量 $\boldsymbol{s}$ 的方向余弦叫做该直线的方向余弦. 而

根据 §7.8, 矢量的一组方向数是与它的方向余弦成比例的, 所以直线的方向数是与直线的方向余弦成比例的一组数.

这里必须指出, 在直线的标准方程内, m、n、p 当然不能同时为零, 因为 $\boldsymbol{s} \neq \mathbf{0}$. 但是个别的可以为零. 在这种情形下, 我们要和在 §7.11 中所讲的一样用另一种意义去理解它. 例如, 在

$$\frac{x-a}{m}=\frac{y-b}{n}=\frac{z-c}{p}$$

中, 如果 $m=0, n \neq 0, p \neq 0$, 则应理解为

$$x-a=0, \quad p(y-b)=n(z-c).$$

最后, 我们讨论如果一直线是由系数不成比例的两个一次方程

$$A_1x+B_1y+C_1z+D_1=0, \tag{4}$$

$$A_2x+B_2y+C_2z+D_2=0 \tag{5}$$

所确定的, 那么, 它的标准方程应怎样来求? 也就是如何把直线的一般式方程化为标准方程?

首先求出这直线上的任意一点 (x_0, y_0, z_0). 为此可先假定 x_0, y_0, z_0 三数中的任一个, 比如设 $x=x_0$, 然后将它代换方程 (4) 和 (5) 中的变量 x, 其余的两个变量 y 与 z 的值可以由这两个联立方程来确定.

其次, 求这直线的方向数或方向矢量 $\boldsymbol{s}=\{m, n, p\}$. 用 π_1 和 π_2 表示由方程 (4) 和 (5) 所表示的平面, 用 $\boldsymbol{n}_1$ 和 $\boldsymbol{n}_2$ 表示它们的法线矢量. 那么 $\boldsymbol{n}_1=\{A_1, B_1, C_1\}, \boldsymbol{n}_2=\{A_2, B_2, C_2\}$. 因为这直线垂直于这两平面的法线矢量, 即 $\boldsymbol{s} \perp \boldsymbol{n}_1, \boldsymbol{s} \perp \boldsymbol{n}_2$, 因此, 有关系式

$$A_1m+B_1n+C_1p=0,$$

$$A_2m+B_2n+C_2p=0.$$

因 m、n、p 不能同时为零, 从这两关系式所确定的关于 m n、p 的解,

可应用 §1.6 中所讲的方法, 求得

$$\frac{m}{\begin{vmatrix} B_1 & C_1 \\ B_2 & C_2 \end{vmatrix}}=\frac{n}{\begin{vmatrix} C_1 & A_1 \\ C_2 & A_2 \end{vmatrix}}=\frac{p}{\begin{vmatrix} A_1 & B_1 \\ A_2 & B_2 \end{vmatrix}}.$$

例 试求直线

$$\begin{cases} 3x+2y+4z-11=0, \\ 2x+y-3z-1=0 \end{cases}$$

的标准方程

解 设 $x_0=1$, 则从已知的联立方程求得 $y_0=2, z_0=1$. 因此, 点 $(1,2,1)$ 为这已知直线上的一点. 又令直线的方向数为 m、n、p, 则

$$\frac{m}{\begin{vmatrix} 2 & 4 \\ 1 & -3 \end{vmatrix}}=\frac{n}{\begin{vmatrix} 4 & 3 \\ -3 & 2 \end{vmatrix}}=\frac{p}{\begin{vmatrix} 3 & 2 \\ 2 & 1 \end{vmatrix}}$$

或

$$\frac{m}{-10}=\frac{n}{17}=\frac{p}{-1}.$$

所以这直线的标准方程为

$$\frac{x-1}{-10}=\frac{y-2}{17}=\frac{z-1}{-1}.$$

§9.8 两直线的夹角

从任一点引直线平行于两定直线, 所引的两直线作成两个角度, 其中任何一个都可称为**两定直线的夹角**, 并且其中有一个恰好就是两直线的方向矢量间的夹角, 通常规定这个夹角在 0 与 π 的范围之内.

设两直线的方程为

$$\frac{x-a}{m}=\frac{y-b}{n}=\frac{z-c}{p}, \quad \frac{x-a'}{m'}=\frac{y-b'}{n'}=\frac{z-c'}{p'},$$

则它们的方向矢量为 $\boldsymbol{s}=\{m,n,p\},\boldsymbol{s}'=\{m',n',p'\}$. 根据 §7.10 中两矢量夹角的余弦公式, 得到这两直线夹角 φ 的余弦为

$$\cos\varphi=\frac{mm'+nn'+pp'}{\sqrt{m^2+n^2+p^2}\sqrt{m'^2+n'^2+p'^2}}. \tag{1}$$

(i) 若两直线互相垂直, 则它们的方向矢量也互相垂直. 因此, **两直线垂直的必要且充分的条件为**

$$mm'+nn'+pp'=0,$$

这时

$$\cos\varphi=0. \tag{2}$$

(ii) 若两直线平行, 则它们的方向矢量也平行. 因此, **两直线平行的必要且充分的条件为**

$$\frac{m}{m'}=\frac{n}{n'}=\frac{p}{p'}. \tag{3}$$

例 1　求通过点 $M(4,-1,3)$ 且与直线 $\dfrac{x-3}{2}=\dfrac{y}{1}=\dfrac{z+1}{-5}$ 平行的直线的方程.

解　设通过点 $M(4,-1,3)$ 的直线方程为

$$\frac{x-4}{m}=\frac{y+1}{n}=\frac{z-3}{p}.$$

因为它与已知直线平行, 所以有关系式

$$\frac{m}{2}=\frac{n}{1}=\frac{p}{-5}.$$

由此得到所求的直线方程为

$$\frac{x-4}{2}=\frac{y+1}{1}=\frac{z-3}{-5}.$$

例 2　求直线 $\dfrac{x-1}{1}=\dfrac{y}{-4}=\dfrac{z+3}{1}$ 和直线 $\dfrac{x}{2}=\dfrac{y+2}{-2}=\dfrac{z}{-1}$ 间的夹角.

解　第一直线的方向数为 $m=1,n=-4,p=1$; 第二直线的方向数为 $m'=2,n'=-2,p'=-1$. 令两直线的夹角为 φ, 则

$$\cos\varphi=\frac{1}{\sqrt{2}},$$

所以

$$\varphi=\frac{\pi}{4}.$$

§9.9 直线与平面的夹角

设直线的方程是

$$\frac{x-a}{m}=\frac{y-b}{n}=\frac{z-c}{p},$$

平面的方程是

$$Ax+By+Cz+D=0.$$

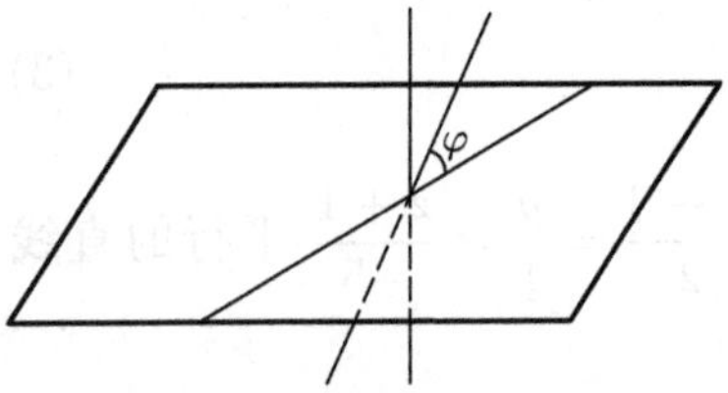

图 9.5

直线和它在平面上的投影所作成两邻角中的任何一个均可定义为这直线与平面的夹角 φ. 由于两邻角的正弦相等, 所以我们不妨规定 $\varphi\leqslant\frac{\pi}{2}$ (图 9.5).

因直线的方向矢量 $\boldsymbol{s}=\{m,n,p\}$ 与平面的法线矢量 $\boldsymbol{n}=\{A, B,C\}$ 间的夹角为 $\frac{\pi}{2}-\varphi$ 或 $\frac{\pi}{2}+\varphi$, 又因

$$\sin\varphi=\cos\left(\frac{\pi}{2}-\varphi\right)=\left|\cos\left(\frac{\pi}{2}+\varphi\right)\right|,$$

所以由 §7.10 得

$$\sin\varphi=\frac{|Am+Bn+Cp|}{\sqrt{A^2+B^2+C^2}\sqrt{m^2+n^2+p^2}}. \tag{1}$$

(i) 若直线与平面垂直, 则直线的方向矢量与平面的法线矢量必平行. 因此, **直线与平面垂直的必要且充分的条件是**

$$\frac{A}{m}=\frac{B}{n}=\frac{C}{p}. \tag{2}$$

(ii) 若直线与平面平行, 则直线的方向矢量与平面的法线矢量必垂直. 因此, **直线与平面平行的必要且充分的条件是**

$$Am + Bn + Cp = 0. \tag{3}$$

例 求通过点 $M(1,-2,4)$ 并与平面 $2x-3y+z-4=0$ 垂直的直线.

解 设通过点 $M(1,-2,4)$ 的直线方程为

$$\frac{x-1}{m} = \frac{y+2}{n} = \frac{z-4}{p}.$$

因为它与已知平面垂直, 所以有关系式

$$\frac{m}{2} = \frac{n}{-3} = \frac{p}{1}.$$

由此得所求直线方程为

$$\frac{x-1}{2} = \frac{y+2}{-3} = \frac{z-4}{1}.$$

§9.10 直线与平面的交点

设已知直线方程为

$$\frac{x-a}{m} = \frac{y-b}{n} = \frac{z-c}{p} \tag{1}$$

和平面方程为

$$Ax + By + Cz + D = 0. \tag{2}$$

直线与平面的交点的坐标必须同时满足这两方程. 为了求交点的坐标, 令方程 (1) 中各比的比值为 t, 于是

$$x = a + mt, \quad y = b + nt, \quad z = c + pt. \tag{3}$$

以方程 (3) 中各式代入方程 (2) 中, 得

$$A(a+mt) + B(b+nt) + C(c+pt) + D = 0,$$

即

$$(Am+Bn+Cp)t+(Aa+Bb+Cc+D)=0.$$

(i) 若 $Am+Bn+Cp\neq 0$, 则由上式解得

$$t=-\frac{Aa+Bb+Cc+D}{Am+Bn+Cp}.$$

将 t 值代入 (3) 中, 即得直线与平面的交点的坐标.

(ii) 若 $Am+Bn+Cp=0, Aa+Bb+Cc+D\neq 0$, 则直线与平面平行, 且点 (a,b,c) 不在平面上, 所以没有交点.

(iii) 若 $Am+Bn+Cp=0, Aa+Bb+Cc+D=0$, 则直线与平面平行, 且点 (a,b,c) 在平面上, 所以直线完全落在平面上.

例 已知直线方程为 $\frac{x-2}{1}=\frac{y-3}{1}=\frac{z-4}{2}$ 和平面方程为 $2x+y+z-6=0$, 求直线与平面的交点.

解 令

$$\frac{x-2}{1}=\frac{y-3}{1}=\frac{z-4}{2}=t,$$

则

$$x=2+t,\quad y=3+t,\quad z=4+2t.$$

代入平面方程中, 得

$$2(2+t)+(3+t)+(4+2t)-6=0.$$

解之, 得 $t=-1$, 而所求交点的坐标为

$$x=1,\quad y=2,\quad z=2.$$

§9.11 杂例

例 1 求通过三点 $M_1(1,1,8)$、$M_2(2,-5,0)$ 和 $M_3(4,7,1)$ 的平面的方程.

解 设所求平面的法线矢量为 $\{A,B,C\}$, 其中 A、B、C 不同时为零. 因平面通过点 $M_1(1,1,8)$, 则平面方程可写为

$$A(x-1)+B(y-1)+C(z-8)=0. \tag{1}$$

又因两点 $M_2(2,-5,0)$ 和 $M_3(4,7,1)$ 也在这平面上, 则得下列两个条件:

$$A(2-1)+B(-5-1)+C(0-8)=0,$$

$$A(4-1)+B(7-1)+C(1-8)=0,$$

即

$$A-6B-8C=0 \tag{2}$$

和

$$3A+6B-7C=0. \tag{3}$$

由 (1)、(2)、(3) 组成的关于 A、B、C 的齐次方程组有非零解的条件为

$$\begin{vmatrix} x-1 & y-1 & z-8 \\ 1 & -6 & -8 \\ 3 & 6 & -7 \end{vmatrix}=0, \tag{4}$$

即

$$90x-17y+24z=265.$$

这就是所求的平面方程.

例 2 一直线通过点 $(-3,2,5)$ 且与两平面 $x-4z=3, 2x-y-5z=1$ 的交线平行, 求该直线的方程.

解 设所求直线的方向矢量为 $\{m,n,p\}$. 因为此直线与两平面的交线平行, 则直线与两平面也一定平行, 也就是直线的方向矢量一定与两平面的法线矢量垂直. 所以有关系式

$$m-4p=0, \tag{1}$$

$$2m-n-5p=0. \tag{2}$$

由 (1)、(2) 求得

$$\frac{m}{-4}=\frac{n}{-3}=\frac{p}{-1}.$$

因此得所求直线的方程为

$$\frac{x+3}{4}=\frac{y-2}{3}=\frac{z-5}{1}.$$

例 3 求直线 $\begin{cases} x+y-z-1=0, \\ x-y+z+1=0 \end{cases}$ 在平面 $x+y+z=0$ 上的投影的方程.

解 设过已知直线且垂直于平面 $x+y+z=0$ 的平面方程为

$$Ax+By+Cz+D=0, \tag{1}$$

其中 A、B、C 不同时为零.

由两平面互相垂直的条件 (§9.5) 得关系式

$$A+B+C=0. \tag{2}$$

因为平面 (1) 通过已知直线, 则它当然通过已知直线上任意两定点. 于是在这直线上任取两点, 例如 $(0,0,-1)$ 与 $(0,1,0)$, 代入 (1) 中得两关系式

$$-C+D=0, \tag{3}$$

$$B+D=0. \tag{4}$$

联立方程 (2)、(3)、(4), 解得

$$A=0, \quad B=-D, \quad C=D;$$

代入 (1) 得

$$-Dy+Dz+D=0. \tag{5}$$

因为 $D \neq 0$ (否则 $A=0, B=0, C=0$), 上式 (5) 除以 $-D$ 即得

$$y-z-1=0,$$

这就是过已知直线而与平面 $x+y+z=0$ 垂直的平面方程. 因此方程组

$$\begin{cases} x+y+z=0, \\ y-z-1=0 \end{cases}$$

即为所求投影直线的方程.

例 4 求通过点 $(2,1,3)$ 且垂直相交于直线 $\frac{x+1}{3}=\frac{y-1}{2}=\frac{z}{-1}$ 的直线方程.

解 先作一平面过点 $(2,1,3)$ 且垂直于已知直线, 那么这平面方程应为

$$3(x-2)+2(y-1)-(z-3)=0. \tag{1}$$

再求已知直线与这平面的交点. 令

$$\frac{x+1}{3}=\frac{y-1}{2}=\frac{z}{-1}=\lambda,$$

则得直线的参数方程为

$$x=3\lambda-1, \quad y=2\lambda+1, \quad z=-\lambda. \tag{2}$$

以 (2) 代入 (1) 中, 求得 $\lambda=\frac{3}{7}$, 因而求得交点的坐标为

$$x=\frac{2}{7}, \quad y=\frac{13}{7}, \quad z=-\frac{3}{7}.$$

因为直线上两点坐标之差是这直线的一组方向数, 故所求直线的方程为

$$\frac{x-2}{\frac{2}{7}-2}=\frac{y-1}{\frac{13}{7}-1}=\frac{z-3}{-\frac{3}{7}-3},$$

即

$$\frac{x-2}{2}=\frac{y-1}{-1}=\frac{z-3}{4}.$$

例 5 求证两直线

$$\frac{x-a_1}{m_1}=\frac{y-b_1}{n_1}=\frac{z-c_1}{p_1} \quad 和 \quad \frac{x-a_2}{m_2}=\frac{y-b_2}{n_2}=\frac{z-c_2}{p_2}$$

在同一平面上的条件为

$$\begin{vmatrix} a_2-a_1 & b_2-b_1 & c_2-c_1 \\ m_1 & n_1 & p_1 \\ m_2 & n_2 & p_2 \end{vmatrix}=0.$$

证法 1 设由两已知直线所决定的平面的方程为

$$Ax+By+Cz+D=0. \tag{1}$$

因两已知直线的方向矢量 $\{m_1,n_1,p_1\}$ 和 $\{m_2,n_2,p_2\}$ 垂直于平面的法线矢量 $\{A,B,C\}$, 所以得下列两关系式:

$$Am_1+Bn_1+Cp_1=0, \tag{2}$$

$$Am_2+Bn_2+Cp_2=0. \tag{3}$$

又两直线上的两点 (a_1,b_1,c_1) 和 (a_2,b_2,c_2) 必在这平面上, 因此有

$$Aa_1+Bb_1+Cc_1+D=0,$$

$$Aa_2+Bb_2+Cc_2+D=0.$$

两者相减, 得

$$A\left(a_2-a_1\right)+B\left(b_2-b_1\right)+C\left(c_2-c_1\right)=0. \tag{4}$$

由 (2)、(3)、(4) 所组成的关于 A、B、C 的齐次方程组有非零解的. 必要及充分条件为

$$\begin{vmatrix} a_2-a_1 & b_2-b_1 & c_2-c_1 \\ m_1 & n_1 & p_1 \\ m_2 & n_2 & p_2 \end{vmatrix}=0.$$

这就是两直线在同一平面上的条件.

证法 2　连接已知直线上的点 $M_1(a_1,b_1,c_1)$ 和点 $M_2(a_2,b_2,c_2)$ 的矢量为

$$\overrightarrow{M_1M_2}=\{a_2-a_1,b_2-b_1,c_2-c_1\}.$$

若两直线在同一平面上, 则矢量 $\overrightarrow{M_1M_2}$ 与两直线的方向矢量 $\boldsymbol{s}_1=\{m_1,n_1,p_1\}$、$\boldsymbol{s}_2=\{m_2,n_2,p_2\}$ 一定共平面. 根据 §7.12, 这三个矢量 $\overrightarrow{M_1M_2}$、$\boldsymbol{s}_1$、$\boldsymbol{s}_2$ 的混合积为零, 故得条件

$$\begin{vmatrix} a_2-a_1 & b_2-b_1 & c_2-c_1 \\ m_1 & n_1 & p_1 \\ m_2 & n_2 & p_2 \end{vmatrix}=0.$$

例 6　求通过点 $(-1,0,4)$ 且平行于平面 $3x-4y+z-10=0$, 又与直线 $\dfrac{x+1}{3}=\dfrac{y-3}{1}=\dfrac{z}{2}$ 相交的直线的方程.

解　设通过点 $(-1,0,4)$ 的直线方程为

$$\frac{x+1}{m}=\frac{y}{n}=\frac{z-4}{p}. \tag{1}$$

因直线 (1) 与已知直线相交, 则此两直线应当在同一平面内, 其条件 (例 5) 为

$$\begin{vmatrix} -1+1 & 3-0 & 0-4 \\ 3 & 1 & 2 \\ m & n & p \end{vmatrix}=0,$$

即

$$10m-12n-9p=0. \tag{2}$$

因直线 (1) 与已知平面平行, 则又有关系式

$$3m-4n+p=0. \tag{3}$$

解方程 (2)、(3) 得

$$\frac{m}{48}=\frac{n}{37}=\frac{p}{4}.$$

因此得所求直线的方程为

$$\frac{x+1}{48}=\frac{y}{37}=\frac{z-4}{4}.$$

§9.12 平面束的方程

设定直线 L 是由两个系数不成比例的一次方程

$$A_1x+B_1y+C_1z+D_1=0, \tag{1}$$

$$A_2x+B_2y+C_2z+D_2=0 \tag{2}$$

所确定, 我们建立一次方程

$$A_1x+B_1y+C_1z+D_1+\lambda(A_2x+B_2y+C_2z+D_2)=0, \tag{3}$$

其中 λ 为任意常数. 因为方程 (3) 是一次方程, 所以对于 λ 的任何一个值, 它表示一个平面. 若一点在定直线 L 上, 则点的坐标必同时满足方程 (1) 和 (2), 因而也满足 λ 为任何数值的方程 (3). 因此, 方程 (3) 表示通过直线 L 的平面, 且对应于不同的 λ 值, 方程 (3) 表示通过直线 L 的不同的平面. 反之, 通过直线 L 的任何平面 (除平面 (2) 以外) 都包含在方程 (3) 所表示的平面内.

通过定直线的所有平面的全体称为**平面束**, 而方程 (3) 是通过直线 L 的**平面束的方程**.

例 1 求通过直线

$$x+y-z=0, \quad x-y+z-1=0$$

和点 $(1,1,-1)$ 的平面方程.

解 通过已知直线的任何平面的方程为

$$x+y-z+\lambda(x-y+z-1)=0,$$

λ 为任意常数.

这平面要通过点 $(1,1,-1)$ 的条件是

$$1+1-(-1)+\lambda(1-1-1-1)=0$$

或

$$\lambda=\frac{3}{2}.$$

以求得的 λ 值代入上面方程中, 即得所求的平面方程为

$$x+y-z+\frac{3}{2}(x-y+z-1)=0,$$

即

$$5x-y+z-3=0.$$

例 2 求直线 $\begin{cases} x+y-z-1=0, \\ x-y+z+1=0 \end{cases}$ 在平面 $x+y+z=0$ 上的投影的方程.

解 通过已知直线的平面束方程为

$$x+y-z-1+\lambda(x-y+z+1)=0 \tag{1}$$

或

$$(1+\lambda)x+(1-\lambda)y+(-1+\lambda)z-(1-\lambda)=0, \tag{2}$$

其中 λ 为参数.

在这平面束中有一个平面将直线投影到已知平面 $x+y+z=0$ 上, 并且与已知平面垂直, 因此有关系式

$$1+\lambda+(1-\lambda)+(-1+\lambda)=0.$$

解之得 $\lambda=-1$. 代入 (2) 中得投影平面的方程为

$$y-z-1=0.$$

所以直线在已知平面上的投影方程为

$$\begin{cases} x+y+z=0, \\ y-z-1=0. \end{cases}$$

第十章 二次曲面

前面已经叙述过空间曲面的概念, 以及一个曲面可以用点的直角坐标 x、y、z 的一个方程如 $F(x,y,z)=0$ 来表示. 一次方程所表示的曲面叫做**一次曲面**; 二次方程所表示的曲面叫做**二次曲面**; n 次方程所表示的曲面叫做 **n 次曲面**. 因为平面的方程是一次方程, 所以平面也叫做一次曲面, 这在第九章内已讨论过. 本章将要讨论的是二次曲面, 并且只限于它们的最简单形式的方程. 为了便于讨论二次曲面, 我们首先介绍**旋转曲面**的概念.

§10.1 旋转曲面

以一已知平面曲线绕其平面上一已知直线旋转一周所成的曲面叫做**旋转曲面**. 这已知直线叫做旋转曲面的**轴**.

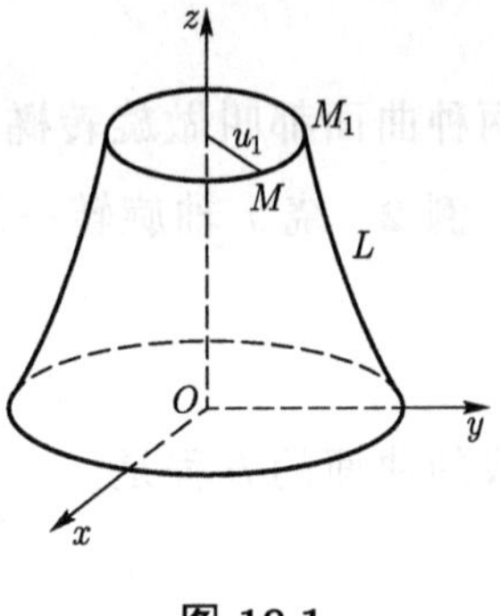

图 10.1

设在 yOz 坐标面上已知一曲线 L, 它的方程为

$$f(y,z)=0.$$

把这曲线绕 z 轴旋转, 就得到一个以 Oz 轴为轴的旋转曲面. 它的方程可以求得如下:

设 $M_1(0,y_1,z_1)$ 为曲线 L 上的任意一点 (图 10.1), 则

$$f\left(y_1, z_1\right)=0.$$

当曲线 L 绕 z 轴旋转时, 点 M_1 也绕 z 轴旋转到另一点 $M(x, y, z)$, 这时 $z=z_1$ 保持不变, 且点 M 与 z 轴的距离 u_1 恒等于 $|y_1|$. 但 $u_1=\sqrt{x^2+y^2}$, 所以 $y_1= \pm \sqrt{x^2+y^2}$. 因此

$$f\left(\pm \sqrt{x^2+y^2}, z\right)=0,$$

这就是所求旋转曲面的方程[①].

从此, 我们知道在曲线 L 的方程 $f(y, z)=0$ 中将 y 代以 $\pm \sqrt{x^2+y^2}$ 后, 就得曲线 L 绕 z 轴所成的旋转曲面的方程.

同理, 曲线 L 绕 y 轴所成的旋转曲面的方程为

$$f\left(y, \pm \sqrt{x^2+z^2}\right)=0.$$

例 1 绕 x 轴旋转一椭圆

$$\frac{x^2}{a^2}+\frac{z^2}{c^2}=1$$

所成的曲面的方程是

$$\frac{x^2}{a^2}+\frac{y^2+z^2}{c^2}=1.$$

若以同一椭圆绕 z 轴旋转, 则所成的曲面的方程是

$$\frac{x^2+y^2}{a^2}+\frac{z^2}{c^2}=1.$$

这两种曲面都叫做**旋转椭球面**.

例 2 绕 x 轴旋转一双曲线

$$\frac{x^2}{a^2}-\frac{z^2}{c^2}=1$$

所成的曲面的方程是

$$\frac{x^2}{a^2}-\frac{y^2+z^2}{c^2}=1.$$

---

① 如果 L 上的点的坐标 y 总是 $y \geqslant 0$, 则旋转曲面的方程应为 $f\left(\sqrt{x^2+y^2}, z\right)=0$; 如果 L 上的点的坐标 y 总是 $y \leqslant 0$, 则旋转曲面的方程应为 $f\left(-\sqrt{x^2+y^2}, z\right)=0$; 如果 L 上的点的坐标 y 可正可负, 则旋转曲面的方程应为 $f\left(\pm \sqrt{x^2+y^2}, z\right)=0$.

若以同一双曲线绕 z 轴旋转，则所成的曲面的方程是

$$\frac{x^2+y^2}{a^2}-\frac{z^2}{c^2}=1.$$

这两种曲面都叫做**旋转双曲面**.

例 3　绕 z 轴旋转一抛物线

$$y^2=2pz(p>0)$$

所成的曲面的方程是

$$x^2+y^2=2pz.$$

这曲面叫做**旋转抛物面**. 若以同一曲线绕 y 轴旋转，因 $z\geqslant 0$，则所成旋转曲面的方程为

$$y^2=2p\sqrt{x^2+z^2}.$$

§10.2　椭球面

由方程

$$\frac{x^2}{a^2}+\frac{y^2}{b^2}+\frac{z^2}{c^2}=1 \qquad (\alpha)$$

所确定的曲面叫做**椭球面**.

由方程 (α) 知

$$\frac{x^2}{a^2}\leqslant 1,\ \frac{y^2}{b^2}\leqslant 1,\ \frac{z^2}{c^2}\leqslant 1,$$

即

$$|x|\leqslant a,\ |y|\leqslant b,\ |z|\leqslant c.$$

这说明椭球面上所有的点都在平面 $x=\pm a, y=\pm b, z=\pm c$ 所构成的长方体之内，a、b、c 叫做椭球面的半轴 (图 10.2).

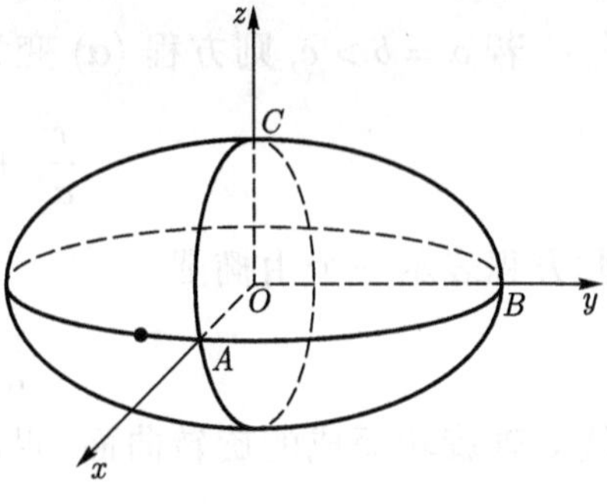

图 10.2

为了研究椭球面的形状, 我们来考察此椭球面被坐标面及其平行平面所截的截痕.

椭球面 (α) 被三个坐标面 $xOy(z=0)$、$zOx(y=0)$、$yOz(x=0)$ 所截的截痕各为椭圆

$$\frac{x^2}{a^2}+\frac{y^2}{b^2}=1,\quad \frac{x^2}{a^2}+\frac{z^2}{c^2}=1,\quad \frac{y^2}{b^2}+\frac{z^2}{c^2}=1.$$

平行于 xOy 面的平面: $z=h$ 截椭球面所得截痕为一椭圆, 其方程为

$$\frac{x^2}{a^2}+\frac{y^2}{b^2}=1-\frac{h^2}{c^2}$$

或

$$\frac{x^2}{a^2\left(1-\frac{h^2}{c^2}\right)}+\frac{y^2}{b^2\left(1-\frac{h^2}{c^2}\right)}=1.$$

此椭圆的半轴分别为

$$\frac{a}{c}\sqrt{c^2-h^2},\quad \frac{b}{c}\sqrt{c^2-h^2}.$$

当 $h=\pm c$ 时, $\frac{x^2}{a^2}+\frac{y^2}{b^2}=0$, 截痕缩为一点.

当 $|h|<c$ 时半轴为实数.

当 $|h|>c$ 时半轴为虚数, 这说明此椭球面 (α) 不与平面 $z=\pm h$ 相交.

同理, 用平行于其他坐标面的平面截此椭球面, 关于所得截痕的结论与此类似.

若 $a=b>c$, 则方程 (α) 变为

$$\frac{x^2}{a^2}+\frac{y^2}{a^2}+\frac{z^2}{c^2}=1.$$

此方程表示一个由椭圆

$$\frac{x^2}{a^2}+\frac{z^2}{c^2}=1.$$

绕短轴旋转而成的旋转曲面, 叫做**扁旋转椭球面**.

若 $a>b, b=c$, 则方程 (α) 变为

$$\frac{x^2}{a^2}+\frac{y^2}{b^2}+\frac{z^2}{b^2}=1.$$

此方程表示一个由椭圆

$$\frac{x^2}{a^2}+\frac{y^2}{b^2}=1$$

绕长轴旋转而成的旋转曲面, 叫做**长旋转椭球面**.

若 $a=b=c$, 则方程 (α) 变为

$$x^2+y^2+z^2=a^2.$$

此方程表示一个以原点 O 为中心, a 为半径的**球面**.

§10.3 单叶双曲面

由方程

$$\frac{x^2}{a^2}+\frac{y^2}{b^2}-\frac{z^2}{c^2}=1,$$

$$\frac{x^2}{a^2}-\frac{y^2}{b^2}+\frac{z^2}{c^2}=1,$$

$$-\frac{x^2}{a^2}+\frac{y^2}{b^2}+\frac{z^2}{c^2}=1$$

所确定的曲面都叫做**单叶双曲面**, 其中 a、b、c 叫做双曲面的半轴. 现在我们只研究

$$\frac{x^2}{a^2}+\frac{y^2}{b^2}-\frac{z^2}{c^2}=1 \qquad (\alpha)$$

所表示的曲面被坐标面及其平行平面所截得的截痕 (图 10.3).

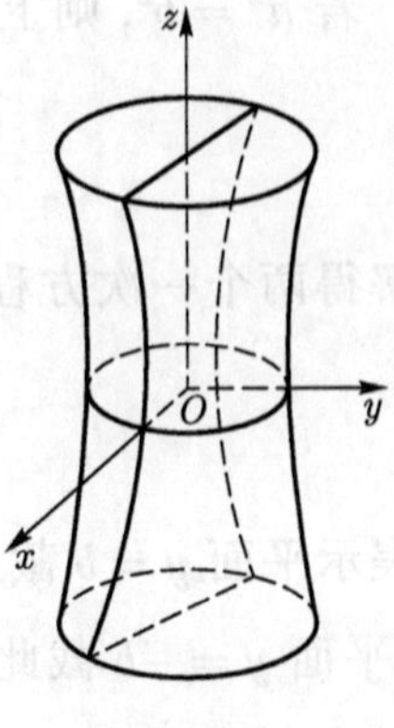

图 10.3

(i) 平面 $xOy(z=0)$ 截曲面 (α) 所得截痕为一椭圆

$$\frac{x^2}{a^2}+\frac{y^2}{b^2}=1,$$

半轴为 a 及 b. 平行于平面 xOy 的平面 $z=h$ 也截曲面 (α) 于一椭圆

$$\frac{x^2}{a^2}+\frac{y^2}{b^2}=1+\frac{h^2}{c^2},$$

半轴为 $\frac{a}{c}\sqrt{c^2+h^2}$ 及 $\frac{b}{c}\sqrt{c^2+h^2}$.

(ii) 平面 zOx $(y=0)$ 截曲面 (α) 的截痕是一双曲线

$$\frac{x^2}{a^2}-\frac{z^2}{c^2}=1;$$

它的实轴与 x 轴相合, 虚轴与 z 轴相合, 半轴分别为 a 及 c. 平行于平面 zOx 的平面 $y=h(h\neq\pm b)$ 截曲面 (α) 的截痕也是双曲线

$$\frac{x^2}{a^2}-\frac{z^2}{c^2}=1-\frac{h^2}{b^2},$$

它的半轴的平方分别为 $\frac{a^2}{b^2}\left(b^2-h^2\right)$ 及 $\frac{c^2}{b^2}\left(b^2-h^2\right)$.

若 $h^2<b^2$, 则双曲线的实轴平行于 x 轴, 虚轴平行于 z 轴.

若 $h^2>b^2$, 则双曲线的实轴平行于 z 轴, 虚轴平行于 x 轴.

若 $h^2=b^2$, 则上列方程成为

$$\frac{x^2}{a^2}-\frac{z^2}{c^2}=0.$$

分解得两个一次方程为

$$\frac{x}{a}-\frac{z}{c}=0,\quad \frac{x}{a}+\frac{z}{c}=0.$$

这表示平面 $y=b$ 截此双曲面所得截痕为一对相交于点 $(0,b,0)$ 的直线. 同理, 平面 $y=-b$ 截此双曲面所得截痕为一对相交于点 $(0,-b,0)$ 的直线.

(iii) 平面 yOz $(x=0)$ 和平行于平面 yOz 的平面截曲面 (α) 的截痕也是双曲线, 两平面 $x=\pm a$ 截曲面 (α) 的截痕是两对相交直线.

若 $a=b$, 则方程 (α) 变为

$$\frac{x^2}{a^2}+\frac{y^2}{a^2}-\frac{z^2}{c^2}=1.$$

这方程表示一个由双曲线

$$\frac{x^2}{a^2}-\frac{z^2}{c^2}=1$$

绕虚轴旋转而成的旋转曲面, 叫做**单叶旋转双曲面**. 它被平面 xOy 或其平行平面所截得的截痕都是圆.

§10.4 双叶双曲面

由方程

$$-\frac{x^2}{a^2}+\frac{y^2}{b^2}+\frac{z^2}{c^2}=-1,$$

$$\frac{x^2}{a^2}-\frac{y^2}{b^2}+\frac{z^2}{c^2}=-1,$$

及

$$\frac{x^2}{a^2}+\frac{y^2}{b^2}-\frac{z^2}{c^2}=-1$$

所确定的曲面都叫做双叶双曲面. 现在我们只研究

$$\frac{x^2}{a^2}-\frac{y^2}{b^2}+\frac{z^2}{c^2}=-1 \qquad (\alpha)$$

所表示的曲面被坐标面及其平行平面所截得的截痕 (图 10.4).

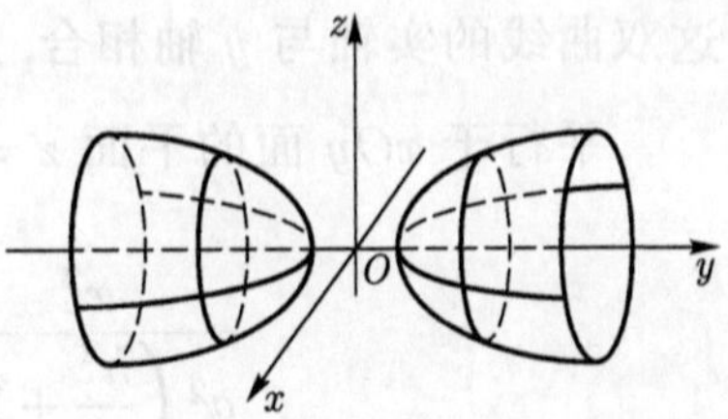

图 10.4

(i) 平面 $zOx(y=0)$ 与此曲面不相交, 因为若 $y=0$, 则得

$$\frac{x^2}{a^2}+\frac{z^2}{c^2}=-1,$$

x 和 z 取任何实数值都不能满足上列方程.

平行于平面 zOx 的平面 $y=h$ 只能在 $|h|\geqslant b$ 的情形下才能与曲面 (α) 相遇.

现在令 $y=h$ 代入 (α) 中, 我们得到

$$\frac{x^2}{a^2\left(\frac{h^2}{b^2}-1\right)}+\frac{z^2}{c^2\left(\frac{h^2}{b^2}-1\right)}=1.$$

若 $h^2<b^2$, 则无 x 与 z 的实数值能满足上列方程.

若 $h^2>b^2$, 则上列方程表示一个椭圆, 其半轴分别为 $\frac{a}{b}\sqrt{h^2-b^2}$ 及 $\frac{c}{b}\sqrt{h^2-b^2}$.

若 $h^2=b^2$, 则由方程 (α) 得到

$$\frac{x^2}{a^2}+\frac{z^2}{c^2}=0.$$

只有 $x=0, z=0$ 能满足此方程. 这表示曲面 (α) 和两平面 $y=\pm b$ 分别相交于两点 $(0,\pm b,0)$. 此两点叫做**双曲面的顶点**.

(ii) 坐标面 xOy $(z=0)$ 截双曲面 (α) 的截痕是双曲线

$$\frac{x^2}{a^2}-\frac{y^2}{b^2}=-1.$$

这双曲线的实轴与 y 轴相合, 虚轴与 x 轴相合.

平行于 xOy 面的平面 $z=h$ 截双曲面的截痕也是双曲线

$$\frac{x^2}{a^2\left(\frac{h^2}{c^2}+1\right)}-\frac{y^2}{b^2\left(\frac{h^2}{c^2}+1\right)}=-1.$$

这双曲线的实轴与 y 轴方向一致, 虚轴与 x 轴方向一致.

(iii) 坐标面 yOz $(x=0)$ 和它的平行平面 $x=h$ 截双曲面 (α) 的截痕都是双曲线. 它的实轴与 y 轴方向一致, 虚轴与 z 轴方向一致. 这样就可以了解此双曲面的形状了.

若 $a=c$, 则方程 (α) 变为

$$\frac{x^2}{a^2}-\frac{y^2}{b^2}+\frac{z^2}{a^2}=-1.$$

此方程表示一个由双曲线

$$\frac{x^2}{a^2}-\frac{y^2}{b^2}=-1$$

绕实轴旋转而成的旋转曲面, 它叫做**双叶旋转双曲面**. 它和平面 $y=h(|h|>b)$ 的截痕都是圆.

§10.5 椭圆抛物面

由方程

$$\frac{x^2}{2p}+\frac{y^2}{2q}=z \quad (p,q \text{ 同号}) \qquad (\alpha)$$

所确定的曲面叫做**椭圆抛物面**. 设 $p>0,q>0$, 我们考察它与坐标面及其平行平面的截痕 (图 10.5).

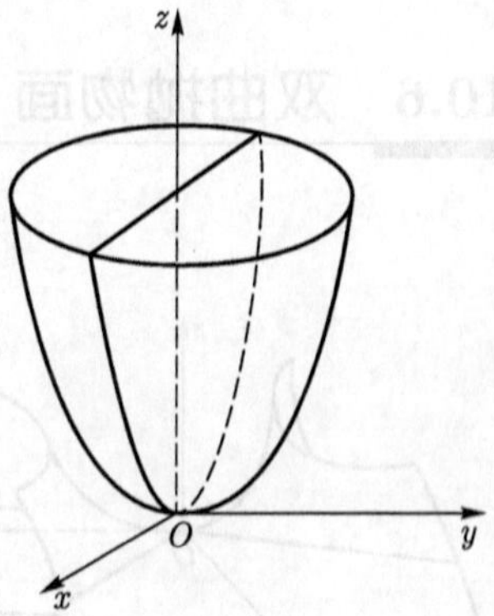

图 10.5

(i) 坐标面 $xOy(z=0)$ 切曲面 (α) 于原点 (0,0,0). 平面 $z=h(h>0)$ 截此曲面所得截痕为一椭圆

$$\frac{x^2}{2ph}+\frac{y^2}{2qh}=1,$$

它的半轴是 $\sqrt{2ph}$ 及 $\sqrt{2qh}$.

平面 $z=h(h<0)$ 与此曲面不相交, 故曲面通过原点且在 z 为正值的区域内. 原点为平面 xOy 与曲面相切之点. 这一点叫做**椭圆抛物面的顶点**.

(ii) 坐标面 $zOx(y=0)$ 截此曲面所得截痕为抛物线

$$x^2=2pz,$$

它的轴与 z 轴相合.

平行于 zOx 面的平面 $y=h$ 截此曲面的截痕是抛物线

$$x^2=2p\left(z-\frac{h^2}{2q}\right),$$

它的轴平行于 z 轴, 而顶点为点 $\left(0,h,\dfrac{h^2}{2q}\right)$.

(iii) 坐标面 $yOz(x=0)$ 及其平行平面 $x=h$ 截此曲面的截痕也是抛物线.

若 $p=q$, 则方程 (α) 变为

$$\frac{x^2}{2p}+\frac{y^2}{2p}=z \quad (p>0).$$

这方程表示由抛物线 $x^2 = 2pz$ 绕其轴旋转而得的抛物面. 这个曲面叫做**旋转抛物面**. 这曲面被平行于 xOy 面的平面 $z = h(h > 0)$ 所截得的截痕都是圆.

§10.6 双曲抛物面

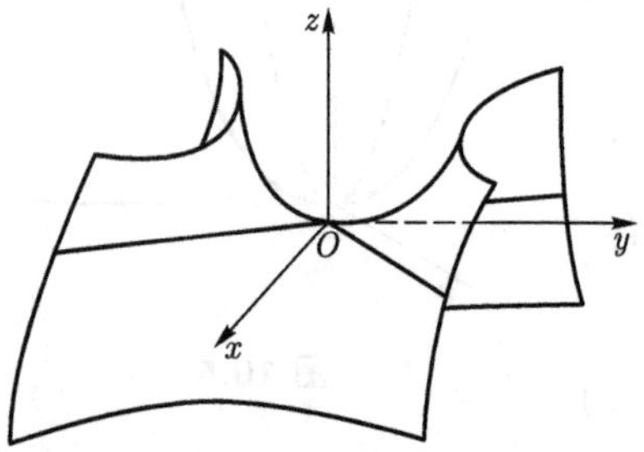

图 10.6

由方程

$$-\frac{x^2}{2p} + \frac{y^2}{2q} = z \quad (p, q \text{ 同号})$$

所确定的曲面叫做**双曲抛物面**或**鞍形曲面**.

设 $p > 0, q > 0$, 我们来考察它和坐标面及其平行平面的截痕 (图 10.6).

(i) 坐标面 $xOy(z = 0)$ 截此曲面所得截痕为一对相交于原点 $(0,0,0)$ 的直线

$$\frac{x}{\sqrt{2p}} + \frac{y}{\sqrt{2q}} = 0, \quad -\frac{x}{\sqrt{2p}} + \frac{y}{\sqrt{2q}} = 0.$$

平行于 xOy 面的平面 $z = h$ 截此曲面于双曲线

$$-\frac{x^2}{2ph} + \frac{y^2}{2qh} = 1.$$

当 $h > 0$, 它的实轴与 y 轴平行.

当 $h < 0$, 它的实轴与 x 轴平行.

(ii) 坐标面 $zOx(y = 0)$ 截此曲面所得截痕为抛物线

$$x^2 = -2pz,$$

它的轴与 z 轴相合.

平行于 zOx 面的平面 $y = h$ 截此曲面所得截痕为抛物线

$$x^2 = -2p\left(z - \frac{h^2}{2q}\right),$$

它的轴平行于 z 轴, 顶点为 $\left(0,h,\dfrac{h^2}{2q}\right)$.

(iii) 坐标面 $yOz(x=0)$ 及其平行平面 $x=h$ 截此曲面所得的截痕都是抛物线, 它的轴平行于 z 轴.

§10.7 二次锥面

现在我们讨论由二次齐次方程

$$\frac{x^2}{a^2}+\frac{y^2}{b^2}-\frac{z^2}{c^2}=0 \tag{α}$$

所确定的曲面.

由方程 (α) 所确定的曲面有下面的特征.

如果某点 M_1 (不是坐标原点) 在这曲面上, 那么, 通过坐标原点 O 和点 M_1 的直线上所有的点都在这曲面上.

证 设点 M_1 的坐标为 x_1、y_1、z_1, 则矢量 $\overrightarrow{OM_1}=\{x_1,y_1,z_1\}$, 所以通过点 O 与点 M_1 的直线的方向矢量是 $\{x_1,y_1,z_1\}$. 因此通过点 O 与点 M_1 的直线上任一点 M 的坐标为 (§9.7)

$$x=x_1t,\quad y=y_1t,\quad z=z_1t,\quad t\text{ 为参数}.$$

代入方程 (α), 并注意点 $M_1\,(x_1,y_1,z_1)$ 在曲面 (α) 上, 便知不论 t 取何值都有关系式

$$\frac{(x_1t)^2}{a^2}+\frac{(y_1t)^2}{b^2}-\frac{(z_1t)^2}{c^2}=t^2\left(\frac{x_1^2}{a^2}+\frac{y_1^2}{b^2}-\frac{z_1^2}{c^2}\right)=0,$$

这就是说, 直线 OM_1 上的任何点 M 都在这曲面上.

根据这个特征, 可知曲面 (α) 是由通过原点 O 的直线所构成的. 事实上, 在笛卡儿直角坐标系中, 每个齐次方程所确定的曲面都有这种特征, 即凡齐次方程所确定的曲面, 都是由通过原点的直线所构成的. 这样的曲面叫做**锥面**. 构成这锥面的直线叫做它的**母线**, 这些母线所通过的一点叫做

锥面的**顶点**. 特别由于方程 (α) 是二次齐次方程, 所以方程 (α) 所确定的曲面叫做**二次锥面**.

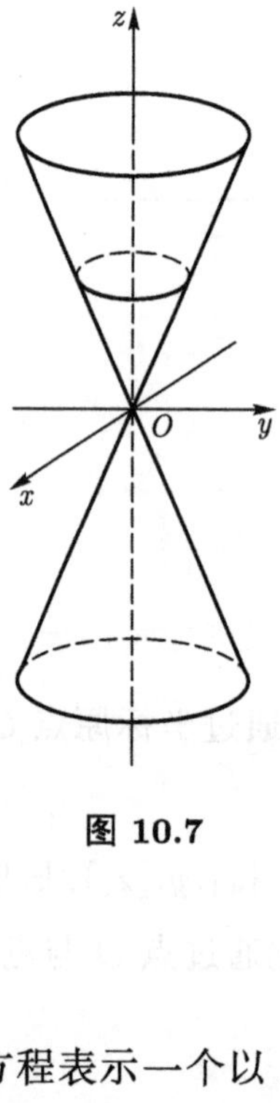

图 10.7

我们利用它和坐标面及其平行平面的截痕来考察它的形状 (图 10.7).

平面 $z=0$ 截曲面 (α) 于原点 O.

平面 $z=h$ 截曲面 (α) 所得截痕为一椭圆

$$\begin{cases} \dfrac{x^2}{\left(\dfrac{ah}{c}\right)^2}+\dfrac{y^2}{\left(\dfrac{bh}{c}\right)^2}=1, \\ z=h, \end{cases} \tag{β}$$

它的半轴分别是 $\dfrac{a|h|}{c}$、$\dfrac{b|h|}{c}$.

这个二次锥面可以看做是由过原点而沿椭圆 (β) 的直线移动所构成的.

若 $a=b$, 则方程 (α) 变为

$$\frac{x^2}{a^2}+\frac{y^2}{a^2}-\frac{z^2}{c^2}=0.$$

这方程表示一个以 z 轴为旋转轴的**旋转锥面**.

同理, 由方程

$$\frac{x^2}{a^2}-\frac{y^2}{b^2}+\frac{z^2}{c^2}=0 \quad 和 \quad -\frac{x^2}{a^2}+\frac{y^2}{b^2}+\frac{z^2}{c^2}=0$$

所确定的曲面也是二次锥面.

第二篇

数学分析

第一章

函数及其图形

函数是高等数学中最重要的基本概念之一, 也是数学分析研究的对象. 在这一章里, 我们将在中学代数关于函数知识的基础上来进一步讨论函数, 给出函数的一般定义, 并结合图形讲一些简单的函数性质.

由于实数是数学分析的基础, 所以在本章开头, 我们先来简单叙述一下实数及其几何表示法.

§1.1 实数与数轴

数是计算个数以及测量量的结果. 由测量的结果得到的数, 可以是整数 (若测量的量是单位量的整数倍)、**分数** (若测量的量与测量单位是可以通约的) 以及**无理数** (若测量的量与测量单位是不可以通约的).

正、负整数与分数, 连同零这个数, 统称为**有理数**. 有理数是形如 $\frac{p}{q}$ 这一类的数, 其中 p 及 q 都是整数, 且 $q \neq 0$. 无理数在初等数学中已遇见过, 如 $\sqrt{2}$、$\sqrt{3}$、$\lg 5$、$\sin 10^\circ$、π 等可以作为例子. 一切有理数及无理数统称为**实数**.

在平面解析几何中, 我们已讲过实数与数轴上的点之间的一一对应关系. 下面我们再加以进一步的说明, 因为实数的几何表示法对于数学分析来说是具有重要意义的, 同时, 也可以使我们更易于了解为什么需要引入无理数.

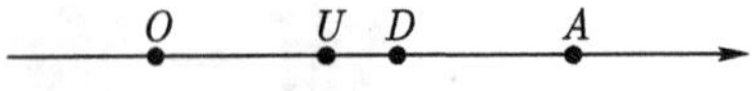

图 1.1

对于任意一个有理数 $\frac{p}{q}$, 在数轴上自原点 O 向右 (或向左) 截取线段 $\overline{OA}$, 使它的值与单位长度 OU 之比等于 p 与 q 之比, 即 $\frac{OA}{OU}=\frac{p}{q}$ (图 1.1). 这样所得的点 A 叫做**有理点**, 它是有理数 $\frac{p}{q}$ 的几何表示, 而以 $\frac{p}{q}$ 为它的坐标.

数轴上任意两个有理点 $A(a)$ 与 $B(b)$ 之间总可以插入其他有理点, 例如, 以 $\frac{a+b}{2}$ 为坐标的点 C 就是介于点 A 与点 B 之间的一个点, 由于 a 与 b 都是有理数, 所以 $\frac{a+b}{2}$ 也是有理数, 从而点 C 是有理点. 反复应用上面的结论可以推得: 数轴上任意两个有理点——不论怎样接近——之间, 可以插入任意多个有理点. 因此我们说数轴上的有理点是**处处稠密**的.

有理点在数轴上的分布虽然是处处稠密的, 但数轴上还有非有理点存在. 例如, 以长度为 1 的线段 $\overline{OU}$ 为边作正方形, 然后从 O 向右截取长度等于正方形对角线的线段 $\overline{OD}$ (图 1.1), 这样得到的点 D 就不是有理点, 因为根据商高定理知 $OD=\sqrt{2}$, 而我们可以证明 $\sqrt{2}$ 不是有理数. 下面用反证法来证明 $\sqrt{2}$ 不是有理数. 假定 $\sqrt{2}$ 是有理数, 那么一定存在一个既约分数 $\frac{p}{q}$, 即 p 与 q 没有公因子, 使得 $\frac{p}{q}=\sqrt{2}$. 由 $\frac{p^2}{q^2}=2$, 得

$$p^2=2q^2.$$

上式右边能被 2 整除, 所以左边 p^2 也能被 2 整除, 但这只有当 p 含有因子 2 才可能, 故可设 $p=2r$ (r 是整数). 于是有

$$4r^2=2q^2,$$

即

$$2r^2=q^2.$$

从上式又可推得 q 也含有因子 2. 这样, p 与 q 就有公因子 2, 这与 $\frac{p}{q}$ 是既约分数的假定矛盾, 因此证明了 $\sqrt{2}$ 不是有理数.

上面已证明了数轴上非有理点的存在. 事实上, 这样的非有理点在数轴上不但存在, 而且是无限多的, 因为在数轴上我们还可以找出很多其他

的非有理点[①], 且与非有理点的距离为有理数的那些点, 显然也都是非有理点, (否则就会推得两个有理数之差为无理数, 但这是不可能的.) 由此可以推知, 数轴上的非有理点也是处处稠密的.

由上可知, 任何有理数在数轴上必有一点与之对应, 但数轴上的点不是都可以用一个有理数来表示. 因之, 要使数轴上的每一点都有一个数来表示它, 有理数已不够了, 于是必须引入新的数, 使它们也与有理数对于有理点一样的作用, 可以当作非有理点的坐标. 这些作为数轴上非有理点的坐标的新数 (在数学上已有严格的定义), 叫做**无理数**, 而对应于无理数的点叫做**无理点**. 如是, 数轴上的全体点与全体实数之间就有了**一一对应关系**, 这就是说: **数轴上的每一点表示某一个实数; 反过来, 每一个实数必是数轴上某一点的坐标.**

有理数的一般运算法则, 在数学上已经严格地推广到实数. 对于初学者来说, 只要在实数范围内, 如同在有理数范围内一样, 仍然遵循这些法则就可以了, 在这里不再讲它们的理论根据.

§1.2 区间

在以后某些问题的讨论中, 我们常常限制在一部分实数范围内考虑, 而且在很多场合, 这部分实数是介于某两个实数之间的一切实数. 为了能够既明确又简便地表明这部分实数, 我们在下面引入区间这个概念与记号.

区间是指介于某两个实数之间的全体实数, 而那两个实数叫做区间的端点.

设 a 与 b 为两个实数, 且 $a<b$. 满足不等式

$$a<x<b$$

的一切实数 x 的全体叫做**开区间**, 用记号 (a,b) 表示.

---

① 例如作两直角边的长度各为 1 与 2, 1 与 4 等的直角三角形, 然后从 O 向右作长度等于这些直角三角形的斜边的线段, 它们的端点也都是非有理点.

满足不等式

$$a \leqslant x \leqslant b$$

的一切实数 x 的全体叫做**闭区间**, 用记号 $[a,b]$ 表示.

满足不等式

$$a < x \leqslant b \quad 或 \quad a \leqslant x < b$$

的一切实数 x 的全体叫做**半开区间**, 用记号 $(a,b]$ 或 $[a,b)$ 表示.

在数轴上来说, 区间是介于某两个点之间的一线段上点的全体. 这两点就是区间的端点, 两点间的距离也就是线段的长度称为区间的长度. 例如上述各个区间的端点是点 a 和点 b, 长度都是 $b-a$.

以后在不需要辨明所论区间是否包含端点的场合, 我们就简单说 "区间", 且用 "圆括弧" 来表示.

除了上述那些有限区间外, 还有无限区间. 我们规定下列符号的意义:

$(-\infty,+\infty)$ 表示全体实数, 有时也写作 $-\infty < x < +\infty$;

$(a,+\infty)$ 表示大于 a 的实数的全体, 有时也写作 $a < x < +\infty$;

$(-\infty,a)$ 表示小于 a 的实数的全体, 有时也写作 $-\infty < x < a$.

同样我们可以规定 $[a,+\infty)$, $(-\infty,a]$ 等符号的意义. 应该注意上面所引用的符号 "$-\infty$""$+\infty$" 不能作为数看待.

§1.3 实数的绝对值 · 邻域

1. 在数学分析的论证中, 时常要用到下面一些有关绝对值的知识.

设 a 为一实数, 所谓 a 的**绝对值**是这样定义的: 如果 a 是正数, 那么 a 的绝对值就是它本身 a; 如果 a 是负数, 那么 a 的绝对值就是与它相反的正数 $-a$; 零的绝对值还是零. 用记号 $|a|$ 表示 a 的绝对值, 则有

$$|a| = \begin{cases} a, & 当\ a \geqslant 0; \\ -a, & 当\ a < 0. \end{cases}$$

由此可知 $|a|$ 总是表示正数或零, 且有

$$|a|=\sqrt{a^2}.$$

就几何意义来说, $|a|$ 在数轴上表示点 a 与原点 O 之间的距离. 根据绝对值的定义, 容易知道下面的关系式成立:

$$-|a|\leqslant a\leqslant|a|. \tag{1}$$

事实上, 如果 $a\geqslant 0$, 有 $-|a|\leqslant a=|a|$; 如果 $a<0$, 有 $-|a|=a<|a|$. 因此, 不论 a 是怎样的实数, (1) 式总是成立.

关系式 $|a|\leqslant k(k\geqslant 0)$ 与 $-k\leqslant a\leqslant k$ 是等价的. 这就是说, 如果 $|a|\leqslant k$, 则有 $-k\leqslant a\leqslant k$; 反之, 如果 $-k\leqslant a\leqslant k$, 则有 $|a|\leqslant k$. 由 $|a|$ 的几何意义看来, 这是很清楚的, 因为 $|a|\leqslant k$ 表示点 a 与原点之间的距离不超过 k, 所以 $-k\leqslant a\leqslant k$; 另一方面, $-k\leqslant a\leqslant k$ 正是表示点 a 在闭区间 $[-k,k]$ 上, 这闭区间以原点为中心而长度为 $2k$, 所以点 a 与原点之间的距离也不超过 k, 所以 $|a|\leqslant k$.

同样, 关系式 $|a|<k(k>0)$ 与 $-k<a<k$ 是等价的.

关于绝对值的运算, 有下面四个定理:

1° 和的绝对值不大于各项绝对值的和, 即

$$|a+b+c+\cdots+k|\leqslant|a|+|b|+|c|+\cdots+|k|. \tag{2}$$

先就两项来证明, 由 (1) 得

$$-|a|\leqslant a\leqslant|a|,$$

$$-|b|\leqslant b\leqslant|b|,$$

把两式相加, 得

$$-(|a|+|b|)\leqslant a+b\leqslant(|a|+|b|),$$

而这是与不等式

$$|a+b|\leqslant|a|+|b|$$

等价的.

从此, 应用数学归纳法, 就不难证明对任意有限项的和, (2) 式成立.

2° 差的绝对值不小于各项绝对值的差, 即

$$|a-b| \geqslant |a|-|b|. \tag{3}$$

用 $|a|=|(a-b)+b|$, 但由定理 1°, 得

$$|(a-b)+b| \leqslant |a-b|+|b|,$$

于是

$$|a| \leqslant |a-b|+|b|,$$

两边各减去 $|b|$ 即得所要证明的不等式.

3° 乘积的绝对值等于各项绝对值的乘积, 即

$$|abc\cdots k|=|a|\cdot|b|\cdot|c|\cdot\cdots\cdot|k|. \tag{4}$$

4° 商的绝对值等于被除数及除数的绝对值的商, 即

$$\left|\frac{a}{b}\right|=\frac{|a|}{|b|} \quad (b \neq 0). \tag{5}$$

上面两个定理的证明, 根据乘法与除法的定义是很明显的, 故不赘述.

2. 设 a 与 δ 是两个实数, 且 $\delta>0$. 满足不等式

$$|x-a|<\delta \tag{6}$$

的一切实数 x 的全体称为**点 a 的 δ 邻域**, 点 a 称为这邻域的**中心**, δ 称为这邻域的**半径**. (6) 式与不等式

$$-\delta<x-a<\delta$$

等价, 因此有

$$a-\delta<x<a+\delta. \tag{7}$$

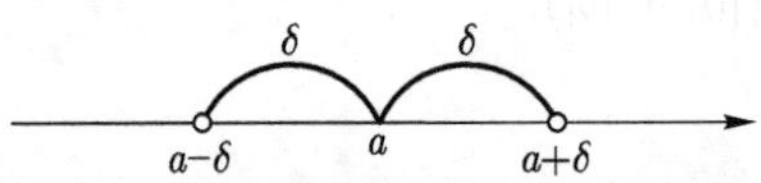

图 1.2

但满足不等式 (7) 的一切实数 x 的全体就是开区间 $(a-\delta, a+\delta)$, 所以点 a 的 δ 邻域也就是以点 a 为中心而长度为 2δ 的开区间 (图 1.2).

§1.4 常量与变量

在物理学及其他自然科学中, 我们常遇到各种不同的量. 例如: 长度、面积、体积、重量、温度、压力、时间、速度, 等等.

在观察某种自然现象或技术过程时, 我们往往可以注意到, 在这种现象或过程里面所遇到的种种不同的量, 有着非常不同的状态. 其中有的量, 在过程的进行中不起变化, 也就是**保持一定的数值**, 这种量叫做**常量**; 但另外一些量却有变化, 也就是**可取各种不同的数值**, 这种量叫做**变量**. 例如, 把一个密闭容器内的气体加热时, 气体的体积和气体分子的个数保持一定, 所以是常量; 但相反地, 气体的温度与压力是变量, 它们取得越来越大的数值.

我们必须注意到上述常量与变量的概念, 要依赖于研究这个现象所在的场合. 同一个量, 在某种情况下可以认为是常量; 而在别的情况下, 就可能是变量. 例如, 称量物体的重量时, 要认清称量是在地球表面上同一地方进行, 还是在不同的地方进行. 若在同一地方称量, 则确定重量的重力加速度是常量; 若在不同的地方称量, 则重力加速度就不能算做常量而是变量.

在数学中讨论的量, 不管是常量还是变量, 都不顾它们的物理意义而只注意它们的数值, 用字母如 a 或 x 来表示.

量 x 的每一个值都是一个数, 因而可以用数轴上的一个点来代表它. 如果量 x 是常量, 则用数轴上的一个定点来表示; 如果量 x 是变量, 则用数轴上的动点表示.

§1.5 函数概念

在同一个自然现象或技术过程中, 往往同时有几个变量共同变化着, 但这几个变量并不是孤立地在变化, 而是相互有联系地, 遵循一定的规律变化着.

现在我们就两个变量的简单情形 (多于两个变量的情形以后在第十二

章再讲), 先考察几个例子.

例 1 考虑圆的面积 A 与它半径 r 间的相依关系. 大家知道, 它们之间的关系由公式

$$A = \pi r^2$$

给定, 当半径 r 取定某一正的数值时, 圆面积 A 也就跟着有一个确定的数值.

例 2 考虑自由落体问题. 设物体下落的时间为 t, 所落下的距离为 s. 假定开始下落的时刻为 $t=0$, 那么 s 与 t 之间的相依关系由公式

$$s = \frac{1}{2}gt^2$$

给定, 其中 g 是重力加速度. 假定物体着地的时刻为 $t=T$, 那么当时间 t 取 $[0,T]$ 中的某一数值时, 由上式就可确定 s 的一个数值.

例 3 设有半径为 r 的圆, 考虑内接于该圆的正 n 边形的周长 S_n. 由图 1.3 容易看出, $S_n = 2nr\sin\alpha_n$, 其中 $\alpha_n = \frac{\pi}{n}$. 所以内接正 n 多边形的周长 S_n 与边数 n 之间的相依关系由公式

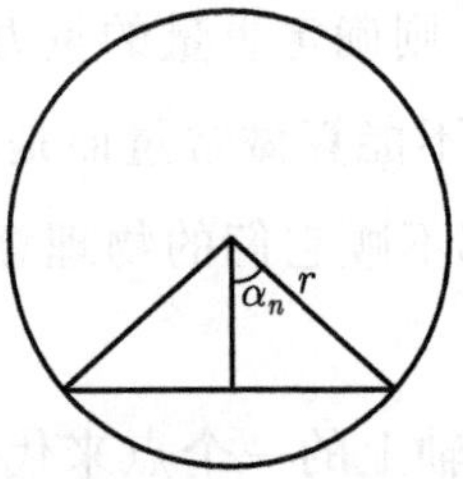

图 1.3

$$S_n = 2nr\sin\frac{\pi}{n}$$

给定. 这里 n 取 $3,4,5,\cdots$ 自然数. 当边数 n 取定一个值时, 由上式就可确定周长 S_n 的一个值.

例 4 设点 $M(x,y)$ 是半径为 r, 圆心在坐标原点的圆周上的任意一点, 则点 M 的横标 x 与纵标 y 间的相依关系由公式

$$x^2 + y^2 = r^2$$

给定. x 取闭区间 $[-r,r]$ 上的值. 当 $x=\pm r$ 时, $y=0$; 当 x 取开区间 $(-r,r)$ 内的某一数值时, y 有两个确定的值与之对应.

抽去上面几个例子中所考虑的量的实际意义, 我们看到它们都是表达了两个变量间共同变化的相依关系, 这种相依关系给出了一种对应法则, 根据这一法则, 当其中一个变量在某一范围内每取一个数值时, 另一变量就有确定的值与之对应. 两个变量间的这种对应关系就是函数概念的实质.

现在我们来给出函数的定义: 设 x 与 y 是两个变量, **当变量 x 在数轴上某一部分 $\mathscr{X}$ 上取某一数值时, 如果变量 y 依照某一法则, 总有一个或多个确定的数值与之对应, 则变量 y 叫做变量 x 的函数.** 变量 x 叫做自变量, 而变量 y 叫做函数或因变量.

为了表明 y 是 x 的函数这一事实, 我们用记号 $y=f(x)$ 或 $y=\varphi(x)$, $y=F(x)$ 等来表示. 字母 "f""φ""F" 等, 仅仅表示 y 对于 x 存在着函数关系, 因而是可以任意选定的. 但如果同时考察几个不同的函数时, 为了避免混淆, 就不要用同一字母来表示这些不同的函数.

在上述的函数定义中, 很重要的一点是: 自变量 x 在 $\mathscr{X}$ 上取每一数值时, 函数 y 都具有确定的数值. 因此, **如果对于自变量的某一个已知数值 (或在某一已知点处), 函数具有确定的对应值, 那么就说自变量取该值时 (或在该点处) 函数是有定义的.**

数轴上使函数有定义的一切点的全体, 叫做函数的定义域.

在实际问题中, 函数的定义域是根据所考虑的问题的实际意义来确定的, 如前面例 1 中圆面积 A 是半径 r 的函数, 定义域是区间 $(0,+\infty)$; 例 2 中距离 s 是时间 t 的函数, 定义域是闭区间 $[0,T]$; 例 3 中正多边形的周长 S_n 是边数 n 的函数, 定义域是大于或等于 3 的一切自然数; 例 4 中圆周上点的纵标 y 是横标 x 的函数, 定义域是闭区间 $[-r,r]$. 但在数学的一般研究中, 如果函数用一个公式 (或分析表达式) $y=f(x)$ 给出而没有表明它的定义域时, 就认为这函数的定义域是使这表达式保持有意义的一切 x 值. 换句话说, 是这样一些数的全体, 当这种数代替公式中的 x 时, 能求得确定的实数值 y. 例如函数 $y=\dfrac{1}{\sqrt{1-x^2}}$ 的定义域是开区间 $(-1,1)$; 函数 $y=\sqrt{x^2-1}$ 的定义域是区间 $(-\infty,-1]$ 与 $[1,+\infty)$.

对于自变量 x 的某一个值 a, 函数 $f(x)$ 的对应值叫做函数当 $x=a$ 时的**函数值**, 用记号 $f(a)$ 来表示. 例如, 函数 $f(x)=3x+2$ 当 $x=2$ 时, 函数值为 8, 即 $f(2)=8$.

§1.6 函数的表示法

两个变量之间的函数关系——从已给自变量值求出其对应函数值的对应法则, 可以用各种方式表达出来. 最常用的表示法有分析法或公式法、图示法及表格法三种.

1. 分析法

如果两个变量之间的函数关系借助公式或分析式直接指出: 要对自变量施行那些数学运算 (如加、减、乘、除、乘方、开方、取对数、求正弦、余弦等), 以及按照怎样的次序来进行这些运算, 才能得出函数的对应值, 我们就说这是用分析法或公式法表示函数. 例如

$$y=3x^2,\quad y=\frac{1}{1+x^2},\quad y=\sqrt{1+\sin x},$$

等等都是用分析法表示的函数.

在数学分析中所讨论的函数, 大都是用分析法表示的, 因为它便于用数学分析的方法来对函数进行理论的研究.

2. 图示法

自变量只有一个的函数, 即所谓**一元函数的图形是指一些点的轨迹** (在笛卡儿直角坐标系中), **这些点的横标是自变量值而纵标是对应的函数值**. 一般说来, 函数的图形是平面上的曲线 (特殊情形下是直线). 如果函数是用公式 $y=f(x)$ 表示的, 那么它的图形上的点的坐标 x 及 y 都满足这公式, 所以这公式就是解析几何中所讲的曲线的 "方程".

反过来说, 坐标平面上的任何一条曲线表示一个函数, 当自变量值等于曲线上点的横标时, 对应的函数值即等于该点的纵标. 因此, 函数也可由

坐标平面上的曲线来表示，这样表示函数的方法叫做函数的图示法.

函数的图示法在物理及工程上是常用的. 例如利用自动记录器可以把大气压力与时间的函数关系用曲线表示出来.

函数的图形具有一个重大的优点——明显性，这就使它对于函数的研究非常有用.

3. 表格法

在实际应用中，常将一系列的自变量值与对应的函数值列成表，如对数表、三角函数表、三角函数对数表等. 如此表示函数的方法叫做函数的表格表示法或表格法.

函数的表格表示法不但是为了应用上的便利——避免函数研究中的麻烦计算，而且它可以表示不知道分析表达式的函数，这在自然科学与工程技术上是常用的.

最后，我们应该特别注意，函数用分析法表示时，对于自变量的一切值，两变量间的对应法则不一定用一个分析式给出. 可能会遇到下面这种情形：对于自变量的某一部分数值，对应法则用某一分析式，对于另一部分数值用另一分析式. 例如

$$y=f(x)=\begin{cases}2\sqrt{x}, & \text{当 } 0\leqslant x\leqslant 1,\\ 1+x, & \text{当 } x>1\end{cases}$$

是确定在区间 $[0,+\infty)$ 上的一个函数，当自变量 x 取闭区间 $[0,1]$ 上的数值时，对应的函数值 y 由公式 $y=2\sqrt{x}$ 计算；当 x 取区间 $(1,+\infty)$ 内的数值时，y 由公式 $y=1+x$ 计算. 它的图形如图 1.4.

又例如

$$y=f(x)=\begin{cases}1, & \text{当 } x>0,\\ 0, & \text{当 } x=0,\\ -1, & \text{当 } x<0\end{cases}$$

是确定在区间 $(-\infty,+\infty)$ 上的一个函数，它的图形如图 1.5.

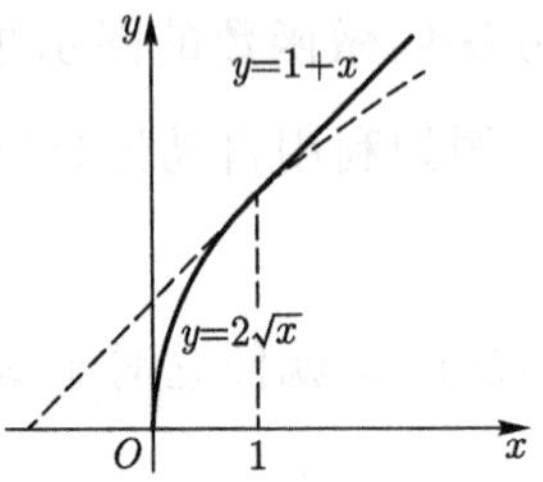

图 1.4

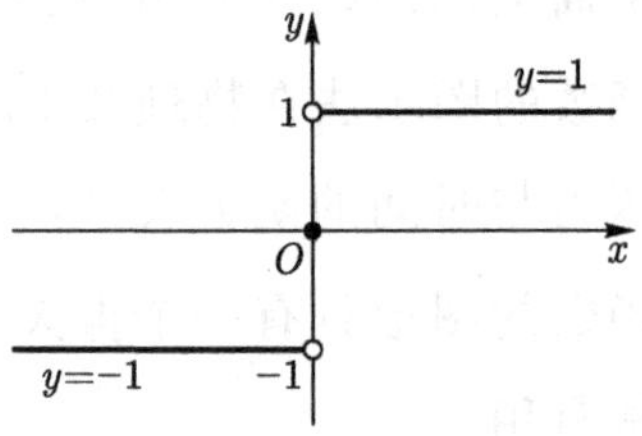

图 1.5

用几个分析式合起来表示一个 (不是几个!) 函数, 不仅与函数的定义并无矛盾, 而且有现实的意义.

在物理、化学、热力学以及其他应用科学上, 经常会遇到当自变量在不同部分变化时, 两变量间的对应法则要用不同的分析式来表示的函数. 例如在恒温下, 气体压力 p 与体积 V 的函数关系: 波义耳–马利奥脱定律 † 只当 V 不太小时适用; 当 V 相当小时, 函数关系就要用房特瓦定律 ‡ 来表示, 即

$$p=\begin{cases}\dfrac{k}{V}, & \text{当}V\geqslant V_0,\\ \dfrac{\gamma}{V-\beta}-\dfrac{\alpha}{V^2}, & \text{当}V<V_0\end{cases}\quad (k\text{、}\alpha\text{、}\beta\text{、}\gamma\text{ 都是常量}).$$

§1.7 函数的几种特性

1. 函数的单值性与多值性

若自变量 x 在定义域 $\mathscr{X}$ 内每取得一确定值时, 函数只有一个确定值与之对应, 这种函数就叫做单值函数, 否则就是多值函数.

例如:

$$y=x^3,\quad y=\sin x,\quad y=\log_a x\ (a>0\ \text{且}\ a\neq 1)$$

是单值函数, 而 $y=\pm\sqrt{x}$ 是多值 (双值) 函数.

† 现译为玻意耳–马里奥特 (Boyle-Mariotte) 定律. 编辑注.

‡ 现译为范德瓦耳斯 (van der Waals) 定律. 编辑注.

函数的单值性在几何上的表现是: 凡通过定义域内一点而平行于 y 轴的任何直线与该函数的图形 (图 1.6 中的曲线 AB) 的交点不多于一点, 但多值函数的图形 (图 1.6 中的曲线 CD) 却与有些平行于 y 轴的直线相交于几点. 以后凡是没有特别说明时, 所称的函数都是指单值函数.

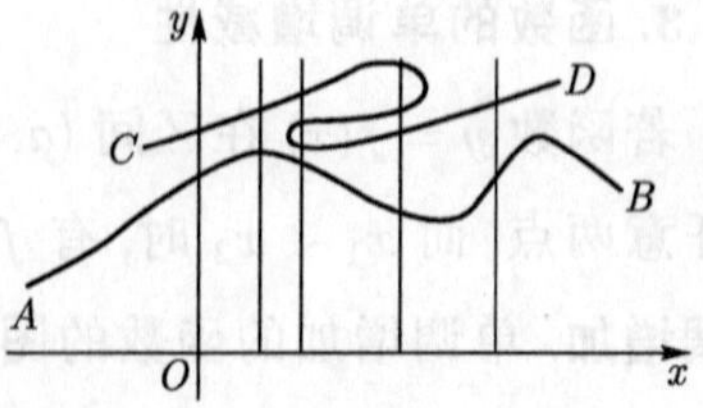

图 1.6

多值函数可以拆成几个单值函数, 每一个单值函数叫做多值函数的单值支. 例如 $y=\pm\sqrt{x}$ 可以拆成两个单值支 $y=\sqrt{x}$ 和 $y=-\sqrt{x}$.

2. 函数的奇偶性

若函数 $y=f(x)$ 当 x 改变符号时, 函数值也只改变符号, 即 $f(-x)=-f(x)$, 此函数就叫做奇函数; 若 x 改变符号时, 函数值不变, 即 $f(-x)=f(x)$, 此函数就叫做偶函数.

偶函数的图形是对称于 y 轴的. 因为 $f(-x)=f(x)$, 所以若 $A(x,f(x))$ 是图形上的点, 则和它对称于 y 轴的点 $A'(-x,f(x))$ 也在图形上 (图 1.7).

奇函数的图形是对称于原点的. 因为 $f(-x)=-f(x)$, 所以若 $A(x,f(x))$ 在图形上, 则和它对称于原点的点 $A''(-x,-f(x))$ 也在图形上 (图 1.8).

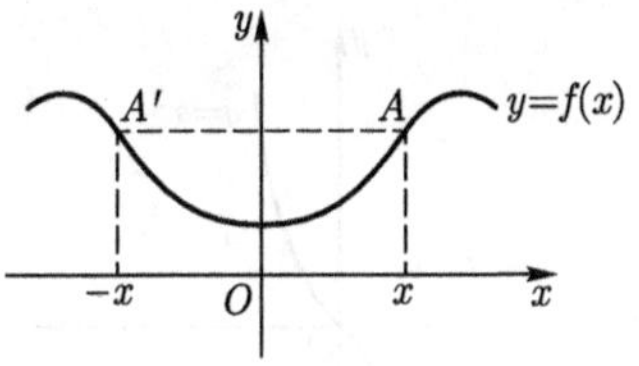

图 1.7

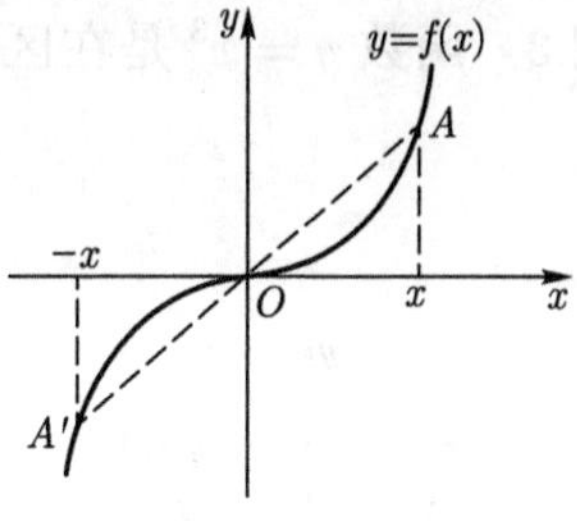

图 1.8

例 1 函数 $y=\cos x$ 及 $y=x^2$ 都是偶函数.

函数 $y=\sin x$ 及 $y=x^3$ 都是奇函数.

函数 $y=\sin x+\cos x$ 既非奇函数也非偶函数.

3. 函数的单调增减性

若函数 $y=f(x)$ 在区间 (a,b) 内随 x 增加而增加, 即设 x_1、x_2 是 (a,b) 内任意两点, 而 $x_1<x_2$ 时, 有 $f(x_1)<f(x_2)$, 则称**函数在区间** (a,b) **内为单调增加**. 单调增加的函数的图形是沿横轴正向上升的 (图 1.9).

若函数 $y=f(x)$ 在区间 (a,b) 内随 x 增加而减少, 即设 x_1、x_2 是 (a,b) 内任意两点, 而 $x_1<x_2$ 时, 有 $f(x_1)>f(x_2)$, 则称**函数在区间** (a,b) **内为单调减少**. 单调减少的函数的图形是沿横轴正向下降的 (图 1.10).

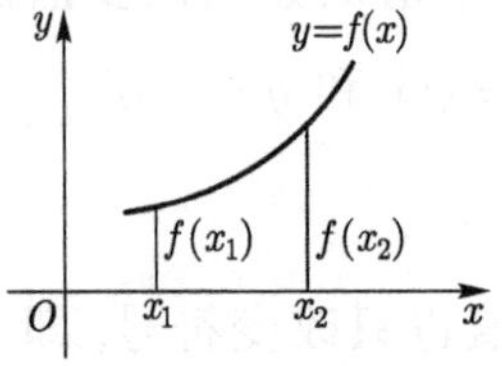

图 1.9

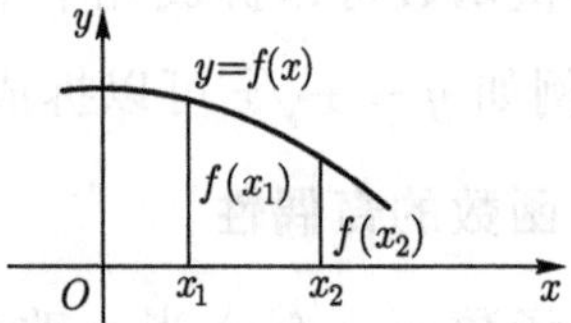

图 1.10

同样我们可以定义在无限区间上的单调增加 (或减少) 的函数.

在整个区间上为单调增加或单调减少的函数称为**单调函数**.

例 2 函数 $y=x^2$ 是在区间 $[0,+\infty)$ 上的单调增加的函数而在区间 $(-\infty,0]$ 上则是单调减少的. 这样 $y=x^2$ 在区间 $(-\infty,+\infty)$ 上不是单调函数 (图 1.11).

例 3 函数 $y=x^3$ 是在区间 $(-\infty,+\infty)$ 上的单调增加的函数 (图 1.12).

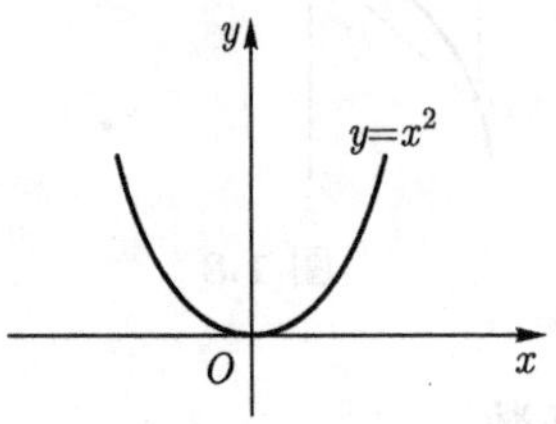

图 1.11

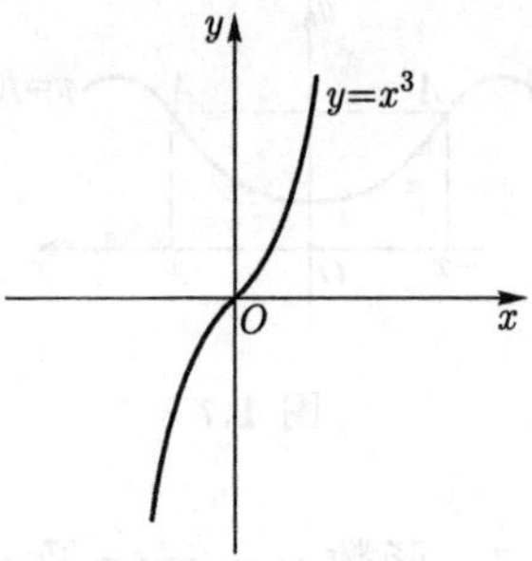

图 1.12

4. 函数的有界性

设函数 $y=f(x)$ 在 $\mathscr{X}$ 上有定义 ($\mathscr{X}$ 可以是函数 $f(x)$ 的整个定义域, 但也可以只是定义域的一部分). 如果存在有一个正数 M, 使得当 x 取 $\mathscr{X}$ 内的任一值时, 对应的函数值 $f(x)$ 都满足不等式

$$|f(x)| \leqslant M,$$

就叫做函数 $f(x)$ 在 $\mathscr{X}$ 内是有界的, 如果这样的 M 不存在, 就说 $f(x)$ 在 $\mathscr{X}$ 内是无界的.

例如, 函数 $y=\sin x$ 在 $(-\infty,+\infty)$ 内是有界的, 因为 $|\sin x| \leqslant 1$ 当 x 取任一实数时都成立, 这里 $M=1$ (当然, 也可取任何大于 1 的数作为 M 而 $|\sin x| \leqslant M$ 成立). 函数 $y=\dfrac{1}{x}$ 在开区间 $(0,1)$ 内是无界的, 因为不存在这样的正数 M, 使 $\left|\dfrac{1}{x}\right| \leqslant M$ 对于 $(0,1)$ 内的一切 x 值都成立; 但是 $y=\dfrac{1}{x}$ 在区间 $(1,2)$ 内是有界的, 例如可以取 $M=1$ 而使 $\left|\dfrac{1}{x}\right| \leqslant 1$ 对于 $(1,2)$ 内的一切 x 值都成立.

§1.8　反函数概念

在研究两个变量的函数关系时, 可以根据问题的需要选定其中一个为自变量, 则另一个就是因变量或函数. 例如在 §1.5[①]例 2 中, 我们选定时间 t 为自变量, 则物体下落的距离 s 是时间 t 的函数, s 与 t 的相依关系由公式

$$s=\frac{1}{2}gt^2$$

给定, 这函数我们记作 $s=f(t)$. 如果问题要求由物体下落的距离来确定所需的时间, 那么可以把距离 s 取作自变量而时间 t 取作函数或因变量. 这时, 时间 t 是距离 s 的函数, 这函数我们记作 $t=\varphi(s)$, t 与 s 的相依关系由

① 以后凡没有特别指出第一篇, 都是指第二篇数学分析的章节.

公式 $s=\frac{1}{2}gt^2$ 确定为

$$t=\sqrt{\frac{2s}{g}}.$$

在这种情形, 我们称函数 $t=\varphi(s)$ 是函数 $s=f(t)$ 的反函数, 而 $s=f(t)$ 叫做直接函数.

抽去上面例子中变量的物理意义, 我们来给出反函数的定义:

设已给 y 是 x 的函数

$$y=f(x). \tag{1}$$

若将 y 当作自变量, x 当作函数, 则由关系 (1) 所确定的函数

$$x=\varphi(y) \tag{2}$$

叫做函数 $f(x)$ 的**反函数**, 而 $f(x)$ 叫做**直接函数**.

因习惯上往往用字母 x 表示自变量而字母 y 表示函数, 为了与习惯一致, 将 (2) 中的自变量 y 改写成 x, 函数 x 改写成 y, 这样 (1) 的反函数为

$$y=\varphi(x). \tag{3}$$

函数 $x=\varphi(y)$ 与 $y=\varphi(x)$ 是表示同一个函数, 因为这里表示函数关系的字母 "φ" 没有改变, 虽然表示自变量与因变量的字母改变了, 但这是无关紧要的. 因此, 当 $x=\varphi(y)$ 是 $y=f(x)$ 的反函数时, $y=\varphi(x)$ 也是 $y=f(x)$ 的反函数.

例 设直接函数为

$$y=ax+b,\quad y=x^2,\quad y=x^3,$$

则反函数 [相当于 (2) 的] 分别为

$$x=\frac{y-b}{a},\quad x=\pm\sqrt{y},\quad x=\sqrt[3]{y},$$

或 [相当于 (3) 的] 分别为

$$y=\frac{x-b}{a},\quad y=\pm\sqrt{x},\quad y=\sqrt[3]{x}.$$

直接函数与反函数之间有着密切的联系, 知道了直接函数的性质, 就可引出有关反函数的性质. 下面先讲直接函数与反函数的图形之间的关系, 以后在 §3.5 及 §4.6 将继续讨论这个问题.

反函数的图形 在同一坐标系中如果直接函数的图形已知, 则反函数的图形甚易求得. 因为我们可以证明: **反函数 $y=\varphi(x)$ 的图形与直接函数 $y=f(x)$ 的图形对称于直线 $y=x$** (图 1.13).

设点 $M(a,b)$ 是直接函数图形上的任意一点, 则 $b=f(a)$, 因之, $a=\varphi(b)$, 这就是说反函数的图形上必有一点 $M'(b,a)$ 与 M 对应. 又因 $\triangle ONM\cong\triangle ONM'$, 故直线 $y=x$ 垂直且平分线段 MM', 从而点 M 与点 M' 对称于直线 $y=x$. 反过来, 用同样方法可以证明, 对于反函数图形上任意一点, 直接函数的图形上也有一点与之对应, 且这两点是对称于直线 $y=x$ 的. 这样就证实了上述论断. 所以, 反函数 $y=\varphi(x)$ 的图形是关于第一和第三象限的平分线与直接函数 $y=f(x)$ 的图形相对称的.

上面的图 1.14 是函数 $y=ax+b$ 及其反函数 $y=\dfrac{x-b}{a}$ 的图形; 图 1.15 是函数 $y=x^3$ 及其反函数 $y=\sqrt[3]{x}$ 的图形; 图 1.16 是函数 $y=x^2$ 及其反函数 $y=\pm\sqrt{x}$ 的图形.

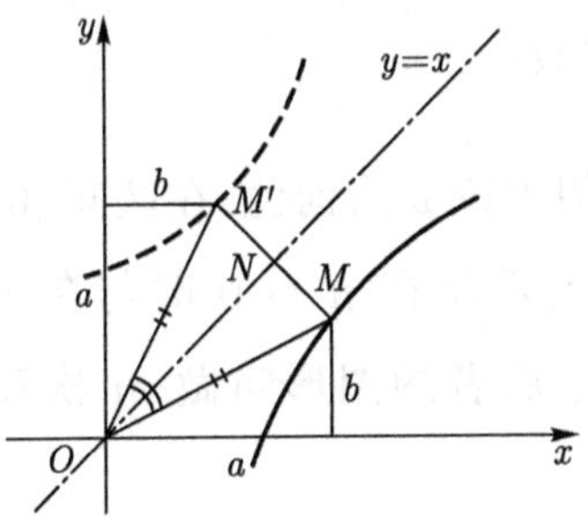

图 1.13

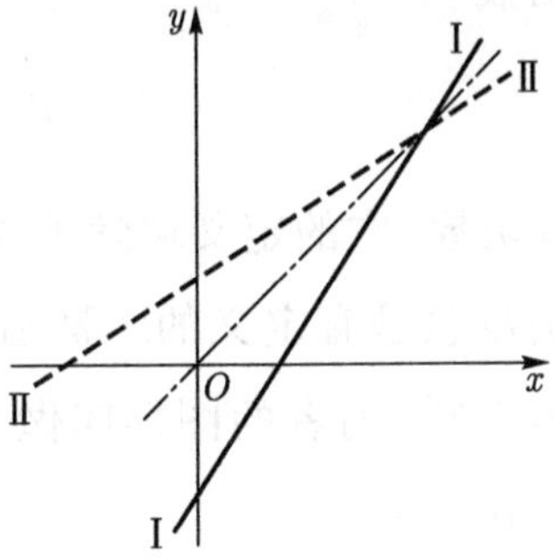

图 1.14

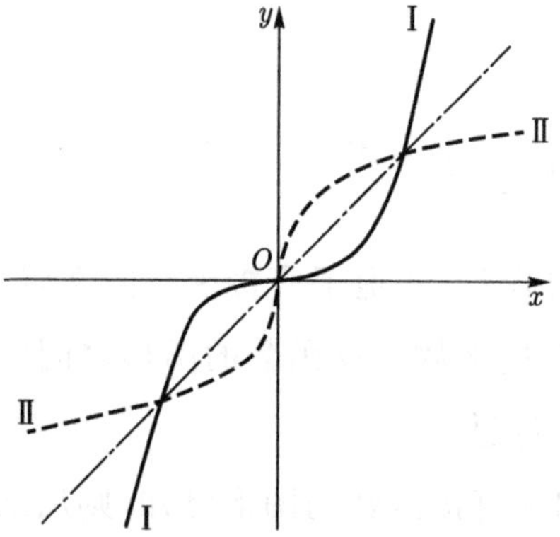

图 1.15

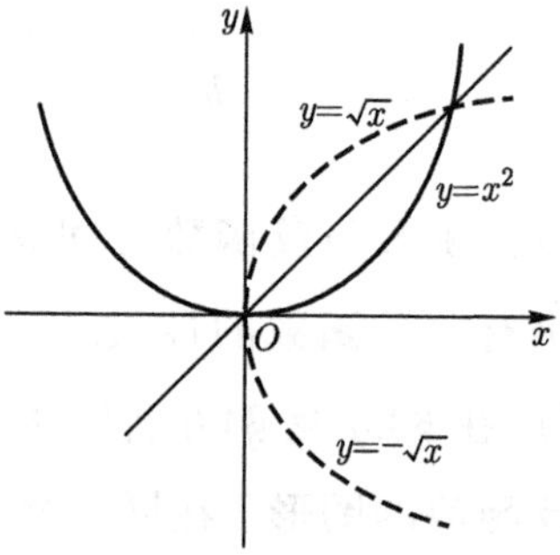

图 1.16

§1.9 基本初等函数的图形

幂函数、指数函数、对数函数、三角函数和反三角函数这五类函数叫做**基本初等函数**. 在函数的研究中, 基本初等函数起着基础的作用. 下面一节所说的初等函数, 就是由基本初等函数所构成的一类比较广泛的函数. 所以要研究初等函数, 首先就要熟悉基本初等函数的性质.

基本初等函数的简单性质在中学里都已详细讲过, 这里不多重复, 只是结合图形把它们的性质再叙述一下.

1. 幂函数

函数

$$y = x^{\mu}\ (\mu \text{ 是实数})$$

叫做幂函数. 它的定义域随不同的 μ 而异, 但无论 μ 为何值, 在区间 $(0,+\infty)$ 内幂函数总是有定义的. 幂函数 $y = x^{\mu}$ 的性质在 $\mu > 0$ 时与在 $\mu < 0$ 时根本不同, 前者的图形叫做 μ 次抛物线, 后者的图形叫做 m 次双曲线 $(m = -\mu)$.

图 1.17 所示是 $y = x^{\frac{3}{2}}$ 的图形, 它是半立方抛物线 $y^2 = x^3$ 在 x 轴上方的一个单值支. 它通过点 $(0,0)$ 及点 $(1,1)$, 在区间 $[0,+\infty)$ 内它是单调增

加的. 图 1.18 所示是 $y=x^{-\frac{3}{2}}$ 的图形, 它是半立方双曲线 $y^2=\dfrac{1}{x^3}$ 在 x 轴上方的一个单值支. 它通过点 $(1,1)$, 在区间 $(0,+\infty)$ 内它是单调减少的.

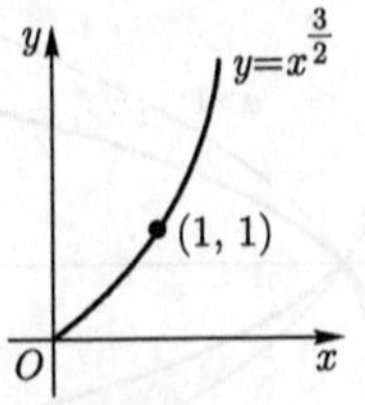

图 1.17

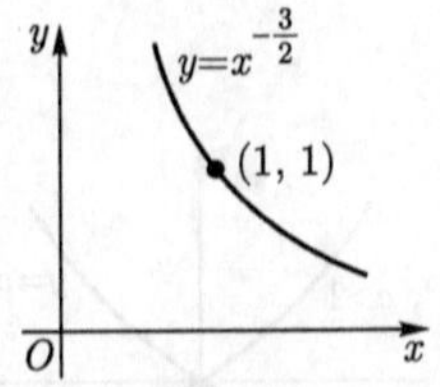

图 1.18

2. 指数函数

函数

$$y=a^x \ (a \text{ 是不等于 1 的正常数})$$

叫做指数函数. 它的定义域是全体实数. 因为无论 x 如何, 总有 $a^x>0$, 又 $a^0=1$, 所以指数函数的图形, 总在 x 轴上方, 且通过点 $(0,1)$.

若 $a>1$, 函数是单调增加的.

若 $0<a<1$, 则情形相反, 函数是单调减少的.

由于 $y=\left(\dfrac{1}{a}\right)^x=a^{-x}$, 所以 $y=a^x$ 的图形与 $y=\left(\dfrac{1}{a}\right)^x$ 的图形是对称于 y 轴的 (图 1.19).

3. 对数函数

指数函数 $y=a^x$ 的反函数叫做以 a 为底的对数函数: $y=\log_a x$, 这里 a 是不等于 1 的正常数. 对数函数的图形, 可以从它所对应的指数函数 $y=a^x$ 的图形按反函数作图法一般规则求出. 这就是关于第一和第三象限的平分线作对称于 $y=a^x$ 的曲线, 就得 $y=\log_a x$ 的曲线 (图 1.20). 函数的定义域是区间 $(0,+\infty)$, 且 1 的对数是 0, 所以它的图形在 y 轴右方且通过点 $(1,0)$. 当 $a>1$ 时, 在区间 $(0,+\infty)$ 内函数单调增加, 在开区间 $(0,1)$ 内函数值为负, 而在区间 $(1,+\infty)$ 内函数值为正. 当 $a<1$ 时, 在区间 $(0,+\infty)$ 内函数单调减少, 在开区间 $(0,1)$ 内函数值为正, 而在区间 $(1,+\infty)$ 内函数

值为负. 最后, 注意到 $y=\log_a x$ 与 $y=\log_{\frac{1}{a}} x$ 的图形是对称于 x 轴的①.

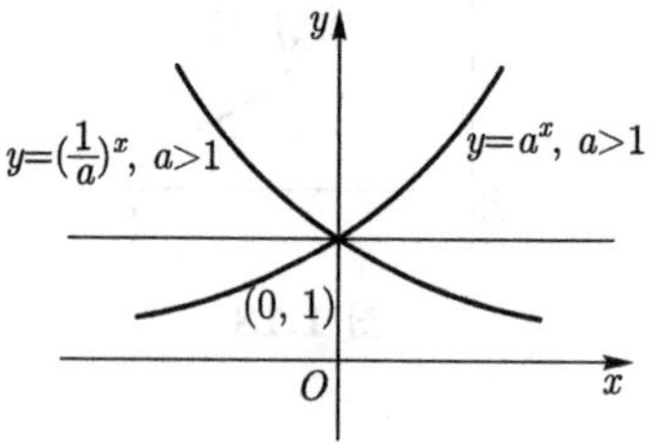

图 1.19

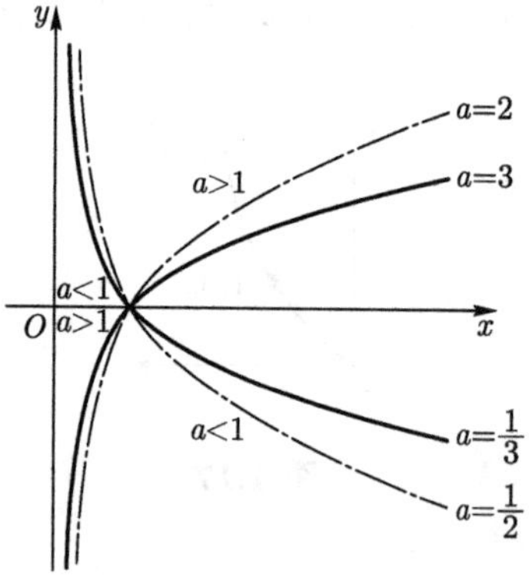

图 1.20

4. 三角函数

我们现在只讲四个基本的三角函数

$$y=\sin x,\quad y=\cos x,$$

$$y=\operatorname{tg} x,\quad y=\operatorname{ctg} x,$$

其中自变量要用弧度作单位来表达.

一个弧度就是圆周上长度等于半径的弧所对的圆心角的角度, 均等于 $57°17'44.8''$. 在初等数学里, 我们已知用几何方法所给出的三角函数的定义.

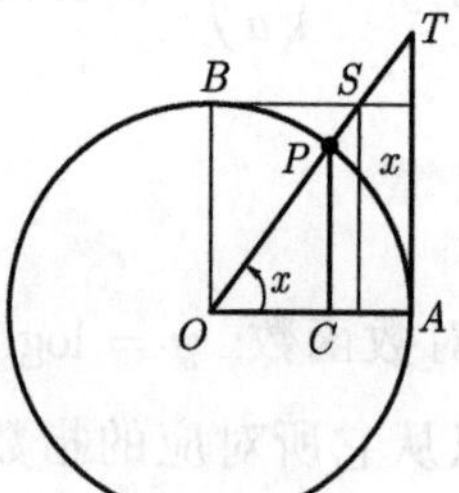

图 1.21

在图 1.21 中, 设圆 O 是单位圆 (半径 $OA=1$), $AOP=x$ (弧度) $=$ 弧 AP, 则依定义

$$\sin x=CP,\quad \cos x=OC,$$

$$\operatorname{tg} x=AT,\quad \operatorname{ctg} x=BS,$$

① 由对数换底公式知 $\log_{\frac{1}{a}} x=\dfrac{\log_a x}{\log_a \dfrac{1}{a}}=-\log_a x$.

$$\left(\csc x=\frac{1}{\sin x}=OS,\quad \sec x=\frac{1}{\cos x}=OT\right).$$

函数 $y=\sin x$ 的定义域是区间 $(-\infty,+\infty)$, 它是奇函数, 图形对称于原点; 又因为 $\sin x=\sin(x+2\pi)$, 所以叫它是周期函数, 周期是 2π①. 因此只要先将它在区间 $[0,\pi]$ 上的图形作出, 其次根据它是对称于原点的这一性质再将它在区间 $[-\pi,0]$ 上的图形作出, 最后根据它的周期性, 整个图形就不难绘出 (图 1.22).

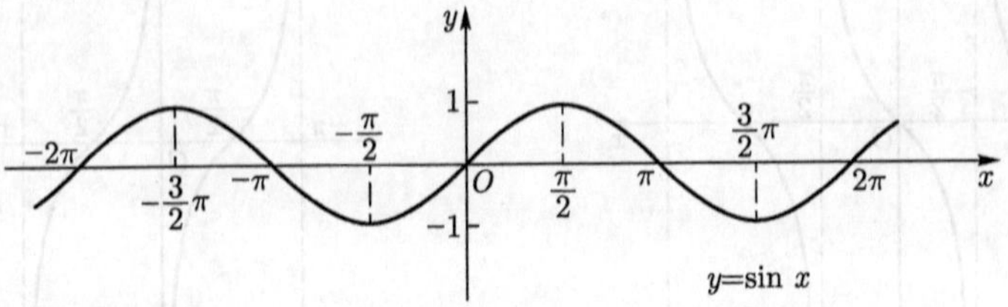

图 1.22

函数 $y=\cos x$ 的定义域是区间 $(-\infty,+\infty)$, 它是偶函数, 图形对称于 y 轴, 它也是周期函数, 周期是 2π. 利用公式 $\cos x=\sin\left(x+\frac{\pi}{2}\right)$, 不难看出把正弦曲线 $y=\sin x$ 沿着 x 轴向左移动一段距离 $\frac{\pi}{2}$, 就获得余弦曲线 $y=\cos x$ (图 1.23).

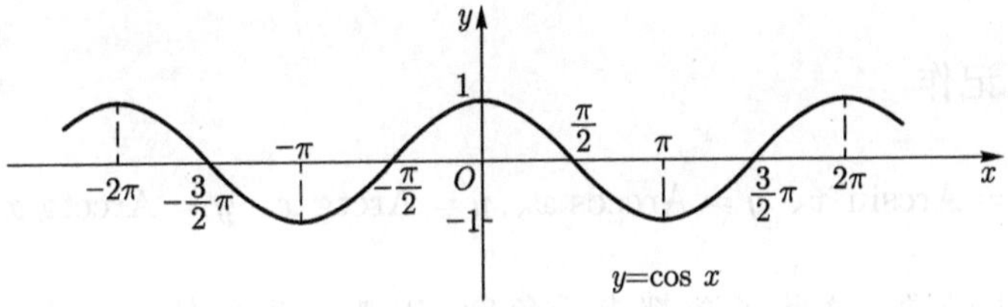

图 1.23

由图形不难看出这两个函数的增减性. 特别注意函数 $y=\sin x$ 在闭区间 $\left[-\frac{\pi}{2},\frac{\pi}{2}\right]$ 上是单调增加, 而函数 $y=\cos x$ 在闭区间 $[0,\pi]$ 上是单调减

① 函数 $y=f(x)$ 如果满足关系:

$$f(x+l)=f(x).$$

就叫做周期函数, 使上述关系成立的最小正数 l 叫做周期.

少的.

函数 $y=\operatorname{tg} x$ 在点 $x=(2k+1)\dfrac{\pi}{2}$ (k 是整数) 处无定义, 它是奇函数, 又是周期函数, 周期是 π. 图 1.24 表示函数 $y=\operatorname{tg} x$ 的图形, 它对称于原点, 且由无穷多支所组成, 每支都是单调增加, 仿此, 可以讨论函数 $y=\operatorname{ctg} x$ (图 1.25).

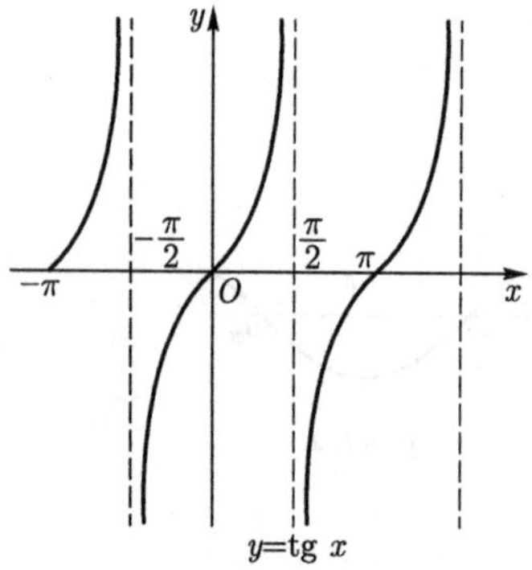

图 1.24

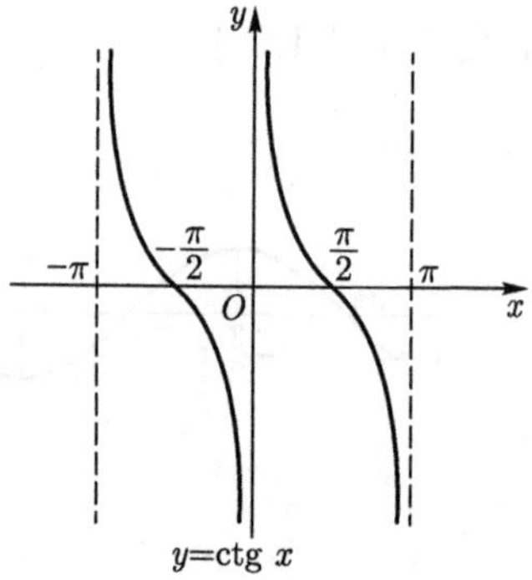

图 1.25

5. 反三角函数

三角函数

$$y=\sin x、y=\cos x、y=\operatorname{tg} x,、y=\operatorname{ctg} x$$

的反函数, 记作

$$y=\operatorname{Arcsin} x、y=\operatorname{Arccos} x、y=\operatorname{Arctg} x、y=\operatorname{Arcctg} x^{\dagger},$$

叫做反三角函数. 这些函数都表示角度 (以弧度为单位), 而这些角度的正弦、余弦、正切、余切就等于 x. 按反函数作图法的一般规则, 它们的图形不难求出.

函数 $y=\operatorname{Arcsin} x$ 的图形 (图 1.26) 介于二直线 $x=-1, x=1$ 之间, 所以函数的定义域是闭区间 $[-1,1]$, 又由于 $y=\operatorname{Arcsin} x$ 相当于 $\sin y=x$, 所以给定 x 的值就有无穷多个角度 y 与之对应. 在图形上也表明, 若在闭区

† Arcctg x 表示 x 的反余切, 现用 Arccot x. 编辑注.

间 $[-1,1]$ 内作垂直于 x 轴的直线交此图形于无穷多个点, 这些点的纵标就是角度 y, 所以函数是多值的. 但是, 我们可以选取这个函数的单值支, 通常我们选择函数值的闭区间 $\left[-\frac{\pi}{2},\frac{\pi}{2}\right]$ 上的一段曲线 (在图上用粗线所画出的弧 AB). 这样所限定的函数值, 叫做 Arcsin x 的**主值**, 记作 $\arcsin x$, 则

$$-\frac{\pi}{2}\leqslant \arcsin x\leqslant \frac{\pi}{2}.$$

于是, $y=\arcsin x$ 是定义在闭区间 $[-1,1]$ 上的单值, 单调增加函数.

把 $y=\text{Arcsin } x$ 的图形向下平移一段距离 $\frac{\pi}{2}$, 就得 $y=\text{Arccos } x$ 的图形 (图 1.27). 仿上讨论, 函数 $y=\text{Arccos } x$ 也是定义在闭区间 $[-1,1]$ 上的多值函数. 在对应于已给 x 值的一切的函数值中, 我们选取自 0 到 π 的那些值, 叫做 Arccos x 的主值, 记作 arccos x, 则

$$0\leqslant \arccos x\leqslant \pi.$$

函数 $y=\arccos x$ 是定义在闭区间 $[-1,1]$ 上的单值、单调减少函数. 它的图形是图 1.27 中用粗线画出的一段弧 CB.

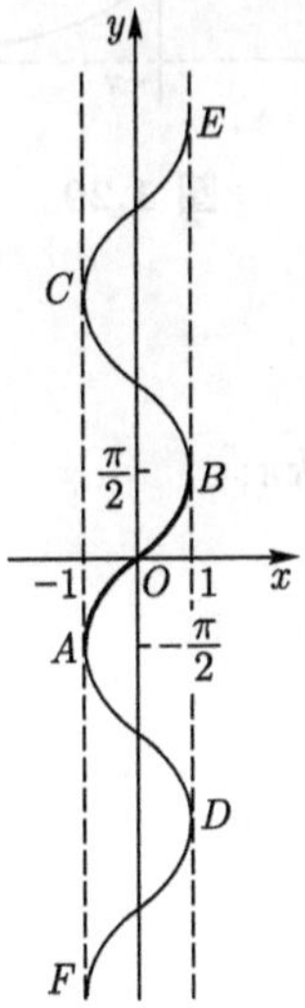

图 1.26

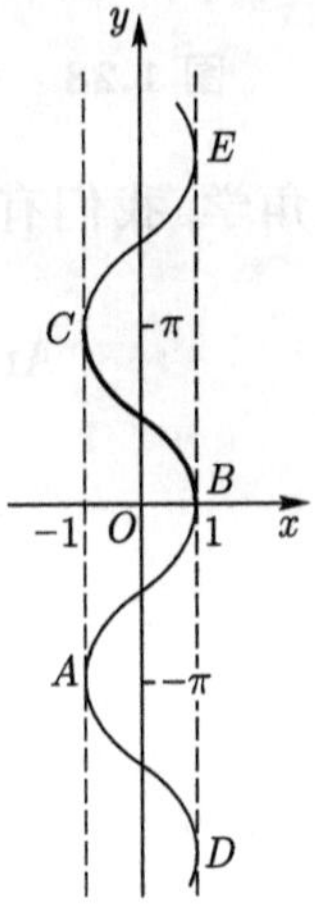

图 1.27

最后, 看函数

$$y=\text{Arctg } x,\quad y=\text{Arcctg } x$$

的图形 (图 1.28, 图 1.29). 它们也是多值函数, 定义于全部区间 $(-\infty, +\infty)$. 它们的主值 $\operatorname{arctg} x, \operatorname{arcctg} x$ 通常选定如下:

$$-\frac{\pi}{2} < \operatorname{arctg} x < \frac{\pi}{2},$$

$$0 < \operatorname{arcctg} x < \pi.$$

函数 $y = \operatorname{arctg} x$ 在区间 $(-\infty, +\infty)$ 上是单值、单调增加的; 而 $y = \operatorname{arcctg} x$ 在区间 $(-\infty, +\infty)$ 上是单值、单调减少的; 它们的图形分别是图 1.28 和图 1.29 中用粗线画出的弧 AB.

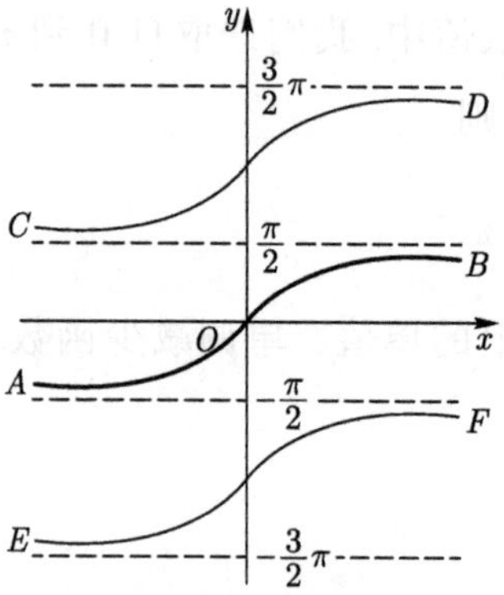

图 1.28

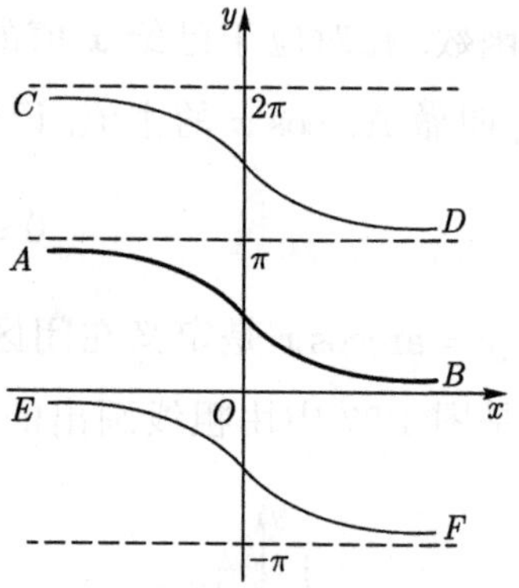

图 1.29

根据三角学, 我们有下列公式:

$$\operatorname{Arcsin} x = (-1)^k \arcsin x + k\pi;$$

$$\operatorname{Arccos} x = 2k\pi \pm \arccos x;$$

$$\operatorname{Arctg} x = \operatorname{arctg} x + k\pi;$$

$$\operatorname{Arcctg} x = \operatorname{arcctg} x + k\pi$$

$$(k = 0, \pm 1, \pm 2, \pm 3, \cdots),$$

及

$$\arcsin x + \arccos x = \frac{\pi}{2};$$

$$\operatorname{arctg} x+\operatorname{arcctg} x=\frac{\pi}{2}.$$

§1.10 复合函数 · 初等函数

设 y 是 z 的函数:

$$y=f(z),$$

而 z 又是 x 的函数:

$$z=\varphi(x).$$

设 $\mathscr{X}$ 表示 $\varphi(x)$ 的定义域或其一部分. 如果对于 x 在 $\mathscr{X}$ 上取值时所对应的 z 值, 函数 $y=f(z)$ 是有定义的, 则 y 成为 x 的函数, 记为

$$y=f[\varphi(x)].$$

这个函数叫做由函数 $y=f(z)$ 及 $z=\varphi(x)$ 复合而成的**复合函数**, 它的定义域为 $\mathscr{X}$.z 叫做**中间变量**.

例如 $y=\sin^2 x$ 是由 $y=z^2$ 及 $z=\sin x$ 复合而成的复合函数, 它的定义域为 $(-\infty,+\infty)$, 就是 $z=\sin x$ 的定义域. 又如 $y=\sqrt{1-x^2}$ 是由 $y=\sqrt{z}$ 及 $z=1-x^2$ 复合而成的复合函数, 它的定义域是 $[-1,1]$, 只是 $z=1-x^2$ 的定义域 $(-\infty,+\infty)$ 的一部分.

这里必须注意, 不是任何两个函数都可以复合成一个复合函数的. 例如 $y=\arcsin z$ 及 $z=2+x^2$ 就不能复合成一个复合函数, 因为对于 $z=2+x^2$ 的定义域 $(-\infty,+\infty)$ 中任何 x 值所对应的 z 值 (都大于或等于 2),$y=\arcsin z$ 都没有定义.

复合函数不仅可以由两个函数, 也可以由更多个函数构成. 例如 $y=\lg\left(1+\sqrt{1+x^2}\right)$ 就是由四个函数 $y=\lg u, u=1+v, v=\sqrt{z}, z=1+x^2$ 复合而成的复合函数, 它的定义域与 $z=1+x^2$ 同为 $(-\infty,+\infty)$.

初等函数是能用一个分析式子表示的函数, 而这一分析式子是由常数和基本初等函数经过有限次的四则运算 (加、减、乘、除) 以及有限次的函

数复合步骤所形成的.

例如上面所列举的函数

$$y=\sin^2 x,\ y=\sqrt{1-x^2},\ y=\lg\left(1+\sqrt{1+x^2}\right)$$

都是初等函数. 又如

$$y=\frac{2+\sqrt[3]{x}}{2-\sqrt{x}},\ y=\operatorname{arctg}\sqrt{\frac{1+\sin x}{1-\sin x}}$$

也都是初等函数.

本门课程所讨论的函数主要就是这类初等函数.

第二章

数列的极限及函数的极限

极限概念是高等数学最基本的概念, 因为数学分析的其他基本概念可用极限概念来表达, 且解析运算 (微分法、积分法) 都可用极限运算来描述. 所以掌握极限概念与极限运算是很重要的. 这一章里, 我们将给出极限概念以及与它有关的无穷小和无穷大概念的精确定义, 建立一些极限运算法则, 并指出判定极限存在的简单准则.

极限概念是由于求某些实际问题的精确解答而产生的. 我国古代数学家刘徽 (三世纪) 利用圆内接正多边形来推算圆面积的方法——割圆术, 就是极限思想在几何学上的应用. 刘徽说: “割之弥细, 所失弥少. 割之又割, 以至于不可割, 则与圆周合体而无所失矣.”

§2.1 数列及其简单性质

设变量 x, 当其变动时, 取得一列有顺序的值:

$$x_1, x_2, x_3, \cdots, x_m, \cdots, x_n, \cdots. \tag{1}$$

这些值是按其下标 $1, 2, 3, \cdots, m, \cdots, n, \cdots$ 依次增大的顺序排列的, 即当 $n > m$ 时, x_n 就在 x_m 的后面; 且其中任何一个值的后面都还有一个值. 像这样的一列数叫做**数列**. 数列中的每一个数叫做数列的**项**, 第 n 项 x_n 叫做数列的**一般项**. 例如:

$$2, 4, 8, \cdots, 2^n, \cdots; \tag{2}$$

$$\frac{1}{2}, \frac{1}{4}, \frac{1}{8}, \cdots, \frac{1}{2^n}, \cdots; \tag{3}$$

$$1, -\frac{1}{2}, \frac{1}{3}, -\frac{1}{4}, \cdots, (-1)^{n-1}\frac{1}{n}, \cdots; \tag{4}$$

$$1, -1, 1, -1, \cdots, (-1)^{n+1}, \cdots; \tag{5}$$

$$0, 1, 0, \frac{1}{2}, \cdots, \frac{1+(-1)^n}{n}, \cdots \tag{6}$$

都是数列的例子, 它们的一般项 x_n 分别为

$$2^n、\frac{1}{2^n}、(-1)^{n-1}\frac{1}{n}、(-1)^{n+1}、\frac{1+(-1)^n}{n}.$$

我们可以把 $x_1, x_2, x_3, \cdots, x_n, \cdots$ 各看做自变量为正整数 n 的一个函数的值即

$$x_n = f(n) \quad (n = 1, 2, 3, \cdots).$$

所以数列也是函数, 它的定义域为全体正整数.

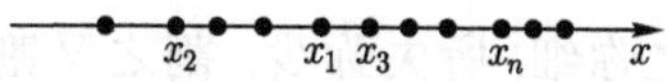

图 2.1

数列 (1) 在几何上的表示是数轴上的一列点, 如图 2.1 所示.

数列既然也是函数, 所以也具有与函数相类似的某些性质 (参看 §1.7).

1. 数列的单调增减性

数列 x_n 叫做单调增大①, 若

$$x_1 \leqslant x_2 \leqslant \cdots \leqslant x_n \leqslant x_{n+1} \leqslant \cdots.$$

叫做单调减小, 若

$$x_1 \geqslant x_2 \geqslant \cdots \geqslant x_n \geqslant x_{n+1} \geqslant \cdots.$$

例如, 数列 (2) 是单调增大的, 数列 (3) 是单调减小的.

① 按说应叫做广义的单调增大, 因为条件中含有“=”号, 但我们简称单调增大. 同样单调减小也是如此.

单调增大或单调减小的数列, 都叫做**单调数列**. 数轴上对应于单调数列的点 x_n 向一个方向移动: 如果数列是单调增大的, 就向右方移动; 如果数列是单调减小, 就向左方移动.

2. 数列的有界性

对于数列 x_n, 如果存在着正数 M, 使得一切的 x_n 都满足不等式

$$|x_n| \leqslant M,$$

则称数列 x_n 是有界的; 如果这样的正数 M 不存在, 就说数列 x_n 是无界的. 例如, 数列 (3)、(4)、(5)、(6) 都是有界的, 而数列 (2) 是无界的.

数轴上对应于有界数列的点 x_n 都落在闭区间 $[-M, M]$ 内.

§2.2　数列的极限

考察一下前节中几个数列当 n 变化时 x_n 的变化情况, 我们容易看到, 当 n 无限增大 (记作 $n \to \infty$) 时, 它们的变化情况是有所不同的. 值得注意的是: 其中有的数列当 $n \to \infty$ 时, x_n 能与某一个常数 a 无限地接近. 这时, 我们就说数列 x_n 当 $n \to \infty$ 时的极限为 a. 为了精确地给出上述数列极限的定义, 我们来进一步考察数列 (4):

$$x_1 = 1, x_2 = -\frac{1}{2}, x_3 = \frac{1}{3}, x_4 = -\frac{1}{4}, \cdots, x_n = (-1)^{n-1}\frac{1}{n}, \cdots.$$

当 n 为奇数时, x_n 为一正数; 当 n 为偶数时, x_n 为一负数, 且当 n 的值愈大, x_n 的绝对值必随之愈小. 就数轴上来说, 点 x_n 在数轴上的位置或在原点之左, 或在原点之右, 它与原点的距离随 n 增大而愈近.

在数轴上取以原点 O 为中心, $\varepsilon(\varepsilon > 0)$ 为半径的邻域, 即开区间 $(-\varepsilon, \varepsilon)$ (参看 §1.3). 如取 $\varepsilon = 2$, 则数列中所有的点 x_n 全部在这半径为 2 的邻域内. 如取 $\varepsilon = 0.1$, 则数列中除了开始的 10 项以外, 自第 11 项 x_{11} 起的一切项

$$x_{11}, x_{12}, x_{13}, \cdots, x_n, \cdots$$

都在这半径为 0.1 的邻域内. 如果逐渐缩小区间的长度, 即使取 $\varepsilon = 0.000\ 1$, 也只有数列开始的 10 000 项在半径为 0.000 1 的邻域外边, 但自第 10 001 项 $x_{100\ 01}$ 起, 后面的一切项

$$x_{10\ 001}, x_{10\ 002}, x_{10\ 003}, \cdots, x_n, \cdots$$

又都在这邻域内. 这样类推下去, 不论 ε 如何小, 我们总可以找得一个正整数 N, 使数列中除了开始的 N 项以外, 自第 $N+1$ 项起, 后面的一切项

$$x_{N+1}, x_{N+2}, x_{N+3}, \cdots$$

都在点 O 的 ε 邻域内.

因为点 O 的 ε 邻域内的点与原点的距离都小于 ε, 所以上述结果表明: 对于任意小的正数 ε, 可以有足够大的正整数 N, 使数列中自第 $N+1$ 项 x_{N+1} 起, 后面的一切项与原点的距离永远保持小于 ε.

但点 x_n 与原点的距离为 $|x_n - 0|$, 所以上述关于数列

$$x_n = (-1)^{n-1}\frac{1}{n}$$

的性质, 又可表达如下: 对于任意小的正数 ε, 总可找得一个正整数 N, 使得对于 $n > N$ 时的一切 x_n, 不等式

$$|x_n - 0| < \varepsilon$$

成立. 这样的一个数 0, 叫做数列 $x_n = (-1)^{n-1}\frac{1}{n}$ 当 $n \to \infty$ 时的极限.

一般地, 对于数列

$$x_1, x_2, x_3, \cdots, x_n, \cdots \tag{1}$$

来说, 有下列定义:

定义 如果对于每一个预先给定的任意小的正数 ε, 总存在着一个正整数 N, 使得对于 $n > N$ 时的一切 x_n, 不等式

$$|x_n - a| < \varepsilon$$

能成立, 则常数 a 就叫做数列 (1) 当 $n \to \infty$ 时的极限, 或者说数列 (1) 收敛于 a, 并记作

$$\lim_{n\to\infty} x_n = a \text{ (或简记为} x_n \to a).$$

如果数列没有极限, 就说数列是**发散**的.

在上面的定义中, 正数 ε 可以**任意小**是很重要的, 因为只有这样, 不等式 $|x_n - a| < \varepsilon$ 才能表达出 x_n 与 a **无限接近**的意思. 此外还应注意到: 定义中的正整数 N 是与预先给定的正数 ε 有关的. 当 ε 减小时, 一般地说, N 将会相应地增大.

我们给 "数列 (1) 当 $n \to \infty$ 时的极限为 a" 以一个几何解释:

将数 a 及数列 $x_1, x_2, x_3, \cdots, x_n, \cdots$ 在数轴上用它们的对应点表示出来, 再以 a 为中心以 ε 为半径在轴上截取两点 $a-\varepsilon, a+\varepsilon$ (图 2.2).

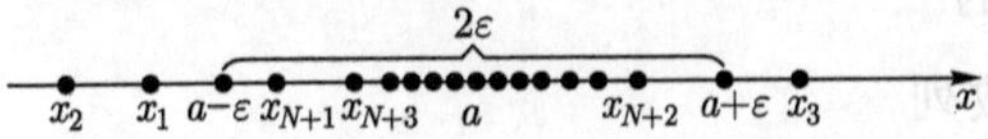

图 2.2

因不等式

$$|x_n - a| < \varepsilon$$

与不等式

$$a - \varepsilon < x_n < a + \varepsilon$$

等价, 所以当 $n > N$ 时, 所有的点 x_n 都落在开区间 $(a-\varepsilon, a+\varepsilon)$ 内, 而只有有限个 (至多只有 N 个) 在这区间以外. 因 ε 越小, 开区间 $(a-\varepsilon, a+\varepsilon)$ 的长度 2ε 也越小, 可见点 x_n 是聚集在点 a 的近旁. 这就是 $\lim\limits_{n\to\infty} x_n = a$ 的几何解释.

数列极限的定义并未提供如何去求已知数列的极限. 在以后要讲到极限的求法, 而现在只能先举出几个说明极限概念的例子.

例 1　证明数列

$$1, -\frac{1}{2}, \frac{1}{3}, -\frac{1}{4}, \cdots, (-1)^{n-1}\frac{1}{n}, \cdots$$

的极限是零.

证 $$|x_n - a| = \left|\pm\frac{1}{n} - 0\right| = \frac{1}{n},$$

为了使 $|x_n - a|$ 小于所给的正数 ε, 只要

$$\frac{1}{n} < \varepsilon$$

能成立. 取正整数 $N \geqslant \frac{1}{\varepsilon}$, 则当 $n > N$ 时就有

$$\left|\frac{1}{n} - 0\right| < \varepsilon,$$

即

$$\lim_{n\to\infty} (-1)^{n-1}\frac{1}{n} = 0,$$

这就是所要证明的.

例 2 证明数列

$$\frac{1}{2}, \frac{1}{4}, \frac{1}{8}, \cdots, \frac{1}{2^n}, \cdots$$

的极限为零.

证 $$|x_n - a| = \left|\frac{1}{2^n} - 0\right| = \frac{1}{2^n},$$

为了使 $|x_n - a|$ 小于所给的正数 ε (设 $\varepsilon < 1$), 只要

$$\frac{1}{2^n} < \varepsilon$$

即

$$2^n > \frac{1}{\varepsilon} \quad 或 \quad n > \log_2 \frac{1}{\varepsilon}$$

能成立. 取正整数 $N \geqslant \log_2 \frac{1}{\varepsilon}$, 则当 $n > N$ 时就有

$$\left|\frac{1}{2^n} - 0\right| < \varepsilon,$$

即

$$\lim_{n\to\infty} \frac{1}{2^n} = 0,$$

这就是所要证明的.

例 3　证明数列

$$\frac{1}{2},\frac{2}{3},\frac{3}{4},\cdots,\frac{n}{n+1},\cdots$$

的极限是 1.

证　$|x_n-a|=\left|\frac{n}{n+1}-1\right|=\frac{1}{n+1}$,

为了使 $\frac{1}{n+1}$ 小于所给的正数 ε (设 $\varepsilon<1$), 只要不等式

$$\frac{1}{n+1}<\varepsilon,$$

即

$$n>\frac{1}{\varepsilon}-1$$

能成立. 取正整数 $N\geqslant\frac{1}{\varepsilon}-1$, 则当 $n>N$ 时必有

$$\left|\frac{n}{n+1}-1\right|<\varepsilon,$$

即

$$\lim_{n\to\infty}\frac{n}{n+1}=1,$$

这就是所要证明的.

下面我们来讲关于收敛数列的一个性质:

收敛数列的有界性　如果数列 x_n 收敛, 那么一定是有界的.

证　设数列 x_n 的极限为 a. 根据数列极限的定义, 对于给定的任意一个正数 ε, 必存在正整数 N, 使得对于 $n>N$ 时的一切 x_n, 不等式

$$|x_n-a|<\varepsilon.$$

成立. 于是, 当 $n>N$ 时

$$|x_n|=|(x_n-a)+a|\leqslant|x_n-a|+|a|<\varepsilon+|a|.$$

取 $M=\max\{|x_1|,|x_2|,\cdots,|x_N|,\varepsilon+|a|\}$①, 那么数列 x_n 中的一切 x_n 都满足不等式

$$|x_n|\leqslant M.$$

① 这表示 M 是 $|x_1|,|x_2|,\cdots,|x_N|,\varepsilon+|a|$ 这 $N+1$ 个数中最大的一个.

这就是说, 数列 x_n 是有界的.

由收敛数列的有界性可以推得: **无界数列一定是发散的**. 也就是它的极限不存在. 例如数列 $2,4,8,\cdots,2^n,\cdots$ 是无界的, 所以是发散的, 也就是极限不存在.

但是必须注意: **有界的数列并不一定是收敛的**. 例如数列

$$x_1=1,x_2=\frac{1}{2},x_3=-\frac{1}{2},x_4=\frac{2}{3},\cdots,$$
$$x_{2n-1}=(-1)^{n-1}\frac{1}{n},x_{2n}=\frac{n}{n+1},\cdots$$

是有界的, 因对一切 x_n, 有 $|x_n|\leqslant 1$. 但是它的极限不存在. 因为由例 1 知奇数项所成的数列

$$x_1=1,x_3=-\frac{1}{2},x_5=\frac{1}{3},\cdots,x_{2n-1}=(-1)^{n-1}\frac{1}{n},\cdots$$

的极限是 0, 当 $n\to\infty, x_{2n-1}$ 可以无限地接近于 0; 由例 3 知偶数项所成的数列

$$x_2=\frac{1}{2},x_4=\frac{2}{3},\cdots,x_{2n}=\frac{n}{n+1},\cdots$$

的极限是 1, 当 $n\to\infty, x_{2n}$ 可以无限地接近于 1. 所以当 n 变动时, 点 x_n 可以由 $A=0$ 附近的点跳到 $B=1$ 附近的点, 或由 $B=1$ 附近的点跳到 $A=0$ 附近的点, 不是聚集于一点, 而是聚集于两点. 这与极限定义不合, 所以极限不存在 (图 2.3).

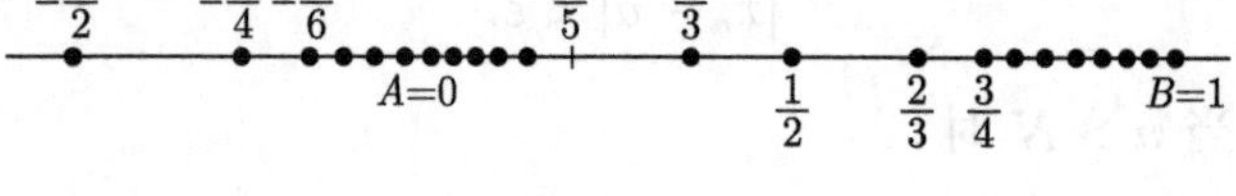

图 2.3

上面两个发散数列的例子分别表示发散数列 (也就是极限不存在的数列) 的两种不同情况: 前者表示无界的发散数列, 后者表示振动的发散数列.

§2.3 函数的极限

在前节我们讨论了数列 x_n 当 $n \to \infty$ 时的极限, 现将进而来讨论一般的函数 $y = f(x)$ 的极限. 对于函数 $f(x)$ 的极限问题, 有两种情形需要研究: 第一, 自变量 x 任意地接近或趋向 x_0 (记作 $x \to x_0$) 时对应的函数值的变化情况; 第二, 自变量 x 的绝对值 $|x|$ 无限增大 (记作 $x \to \infty$) 时对应的函数值的变化情况. 下面分别讨论这两种情形下函数 $f(x)$ 的极限.

1. $x \to x_0$ 时函数的极限

先看下面的例子:

从函数 $f(x) = 1 + x^2$ 的图形 (图 2.4), 我们显见当 x 沿横轴自任何一方趋向 0 时, $f(x)$ 的对应值都渐渐趋近于 1. 为了更确切地说明这一点, 我们来观察 $f(x)$ 的值与 1 的差:

$$f(x) - 1 = x^2.$$

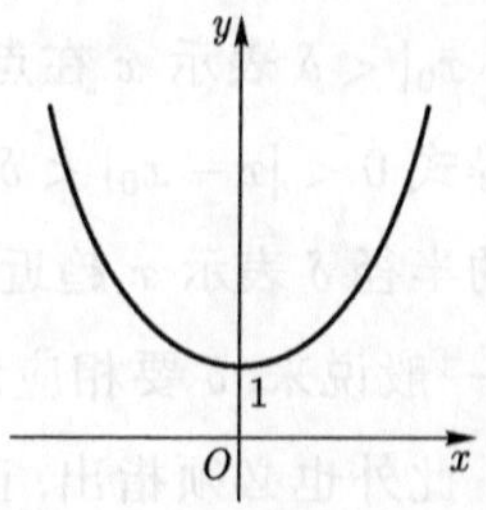

图 2.4

从上式显见, 只要 x 限制在 0 点附近的一个足够小的邻域内, 就可使这差为任意小. 事实上, 若设 ε 是任意小的正数, 只要使点 x 与点 0 的距离小于 $\delta = \sqrt{\varepsilon}$, 即 $|x| < \sqrt{\varepsilon}$, 就可使 $f(x)$ 与 1 的差总小于 ε. 因为如果 $|x| < \sqrt{\varepsilon}$, 则

$$|f(x) - 1| = |x^2| < \varepsilon.$$

所以, 当 x 沿横轴以任何方式趋近于 0 时, 对应的函数值 $f(x) = 1 + x^2$ 与 1 的差的绝对值可以小于预先给定的任意小的正数 ε. 这样的一个数 1 叫做函数 $f(x) = 1 + x^2$ 当 $x \to 0$ 时的极限.

一般地说: 设函数 $f(x)$ 在点 x_0 的某一个邻域内是有定义的 (但在点 x_0 可以没有定义), 如果 x 沿横轴以任何方式趋近于 x_0 时, 对应的函数值 $f(x)$ 与常数 A 之差的绝对值可以小于预先给定的任意小的正数 ε, 则 A 叫做函数当 $x \to x_0$ 时的极限. 更精确地说, 就是

定义 1　**如果对于每一个预先给定的任意小的正数 ε, 总存在着一个正数 δ, 使得对于适合不等式 $0<|x-x_0|<\delta$ 的一切 x, 所对应的函数值 $f(x)$ 都满足不等式**

$$|f(x)-A|<\varepsilon,$$

则常数 A 就叫做函数 $y=f(x)$ 当 $x\to x_0$ 时的极限. 记作

$$\lim_{x\to x_0} f(x)=A \quad 或 \quad f(x)\to A(当\ x\to x_0).$$

在上面的定义中, 应当注意不等式 $0<|x-x_0|<\delta$ 的意义. 不等式 $|x-x_0|<\delta$ 表示 x 在点 x_0 的 δ 邻域内; 而 $|x-x_0|>0$ 表示 $x\neq x_0$, 所以不等式 $0<|x-x_0|<\delta$ 是表示 x 在点 x_0 的 δ 邻域内, 但 $x\neq x_0$. 这里邻域的半径 δ 表示 x 趋近 x_0 的程度, 它与预先给定的正数 ε 有关. 当 ε 减小时, 一般说来, δ 要相应地减小.

此外也必须指出, 正因为 $x\neq x_0$, 所以当 $x\to x_0$ 时, 函数 $f(x)$ 有没有极限, 与 $f(x)$ 在点 x_0 是否有定义并无关系.

函数 $f(x)$ 当 $x\to x_0$ 时的极限为 A 的几何解释如下: 任意给定一正数 ε, 作平行于 x 轴的两条直线 $y=A+\varepsilon$ 和 $y=A-\varepsilon$, 这两条直线形成一横条区域. 根据定义, 对于给定的 ε, 存在着点 x_0 的一个 δ 邻域 $(x_0-\delta, x_0+\delta)$, 当图形 $y=f(x)$ 上的点的横标 x 在邻域 $(x_0-\delta, x_0+\delta)$ 内, 但 $x\neq x_0$ 时, 这些点的纵标 $f(x)$ 满足不等式

$$|f(x)-A|<\varepsilon,$$

或

$$A-\varepsilon<f(x)<A+\varepsilon.$$

因此这些点在上面所作的横条区域内 (图 2.5).

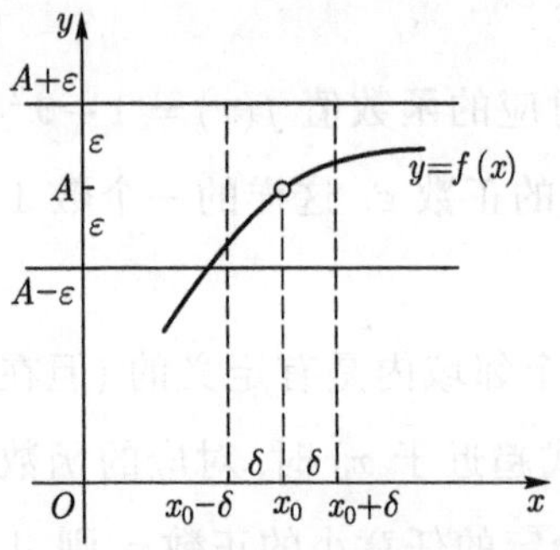

图 2.5

例 1 证明 $\lim\limits_{x\to x_0} c=c$, 此处 c 为一常数.

这是极为明显的事实, 因为对于任意指定的正数 ε, 恒可任取一正数 δ, 当 $0<|x-x_0|<\delta$ 时, 能使不等式

$$|f(x)-A|=|c-c|=0<\varepsilon$$

成立.

例 2 证明

$$\lim_{x\to x_0} x=x_0.$$

这也是显然的. 因为对于任意指定的正数 ε, 恒可取 $\delta=\varepsilon$, 当 $0<|x-x_0|<\delta=\varepsilon$ 时, 能使不等式 $|f(x)-A|=|x-x_0|<\varepsilon$ 成立.

例 3 证明

$$\lim_{x\to 1}(2x-1)=1$$

证 $|f(x)-A|=|(2x-1)-1|=2|x-1|$, 为了使 $|f(x)-A|<\varepsilon$, 只要

$$|x-1|<\frac{\varepsilon}{2}.$$

取 $\delta=\dfrac{\varepsilon}{2}$ (参看图 2.6), 可见当 x 适合不等式

$$0<|x-1|<\delta$$

时, 函数值就适合不等式

$$|f(x)-1|<\varepsilon.$$

例 4 证明

$$\lim_{x\to 1}\frac{x^2-1}{x-1}=2.$$

这里, 函数在点 $x=1$ 是没有定义的 (图 2.7), 但是它的极限存在或不存在与之并无关系. 事实上, 不等式

$$\left|\frac{x^2-1}{x-1}-2\right|<\varepsilon,$$

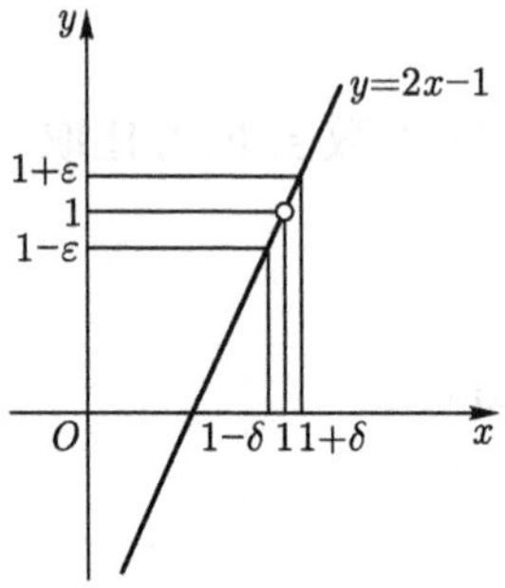

图 2.6

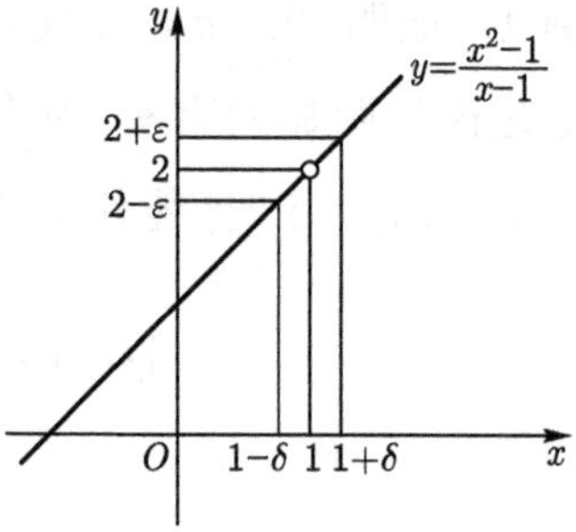

图 2.7

在约去公因子 $x-1\neq 0$ 后, 就化为

$$|x+1-2|=|x-1|<\varepsilon.$$

这就证明了点 $x=1$ 的 δ 邻域的存在而且可取 $\delta=\varepsilon$.

根据上述函数极限的定义, 容易得出下列定理:

定理 1 **如果** $\lim\limits_{x\to x_0}f(x)=A$, **而且** $A>0$ (**或** $A<0$), **那么就存在着点** x_0 **的某一邻域, 当** x **在该邻域内, 但** $x\neq x_0$ **时,** $f(x)>0$ (**或** $f(x)<0$).

证 我们来证明 $A>0$ 时的情形. 取正数 $\varepsilon\leqslant A$, 根据 $\lim\limits_{x\to x_0}f(x)=A$ 的定义, 对于这样取定的 ε, 必存在有正数 δ, 当 x 在点 x_0 的 δ 邻域内, 但 $x\neq x_0$ 时, 不等式

$$|f(x)-A|<\varepsilon,$$

或

$$A-\varepsilon<f(x)<A+\varepsilon$$

成立. 因 $A-\varepsilon\geqslant 0$, 故 $f(x)>0$.

相仿地可证明 $A<0$ 时的情形.

定理 2 **如果** $f(x)\geqslant 0$ (**或** $f(x)\leqslant 0$), **而且** $\lim\limits_{x\to x_0}f(x)=A$, **那么** $A\geqslant 0$ (**或** $A\leqslant 0$).

证 设 $f(x)\geqslant 0$. 假设定理不成立, 即设 $A<0$, 那么由定理 1 就有 $f(x)<0$, 这与 $f(x)\geqslant 0$ 的假定矛盾. 所以 $A\geqslant 0$.

相仿地可证明 $f(x) \leqslant 0$ 时的情形.

在上述 $x \to x_0$ 时函数 $f(x)$ 的极限定义中, 所讨论的 x 值同时可在 x_0 的右侧或左侧. 但有时所讨论的 x 值, 只是小于或大于 x_0 的值, 在这种情形, 就可以把上面所给函数的极限的定义特殊化, 使仅限于 $x < x_0$ 或 $x > x_0$ 的数值. 当 x 从左侧趋近 x_0 时, 如果函数 $f(x)$ 的极限存在, 这极限就叫做函数 $f(x)$ 当 $x \to x_0$ 时的**左极限**, 记作

$$\lim_{x \to x_0 - 0} f(x) \text{ 或 } f(x_0 - 0);$$

同样, 当 x 从右侧趋近 x_0 时, 如果函数 $f(x)$ 的极限存在, 这极限就叫做函数 $f(x)$ 当 $x \to x_0$ 时的**右极限**, 记作

$$\lim_{x \to x_0 + 0} f(x) \text{ 或 } f(x_0 + 0).$$

根据左极限和右极限的定义, 我们容易证明: **函数 $f(x)$ 当 $x \to x_0$ 时极限存在的必要且充分条件是左极限及右极限各自存在并且相等**, 即

$$\lim_{x \to x_0 - 0} f(x) = \lim_{x \to x_0 + 0} f(x).$$

因之, 即使 $\lim\limits_{x \to x_0 - 0} f(x)$ 和 $\lim\limits_{x \to x_0 + 0} f(x)$ 都存在, 但不相等, 则 $\lim\limits_{x \to x_0} f(x)$ 不存在.

例 5 函数

$$f(x) = \begin{cases} x + 1, & \text{当} x < 0, \\ x - 1, & \text{当} x > 0, \\ 0, & \text{当} x = 0 \end{cases}$$

当 $x \to 0$ 时极限不存在.

仿例 3 可证函数的左极限是

$$\lim_{x \to -0} f(x) = \lim_{x \to -0} (x + 1) = 1,$$

而右极限是

$$\lim_{x \to +0} f(x) = \lim_{x \to +0} (x - 1) = -1,$$

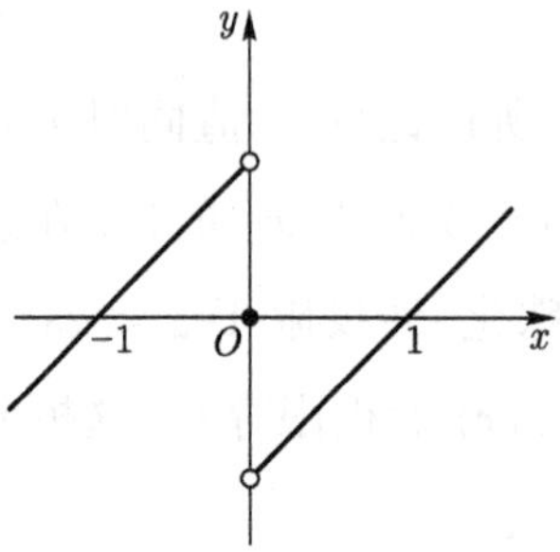

图 2.8

现在左、右两极限不等, 所以极限

$$\lim_{x\to 0} f(x)$$

不存在 (图 2.8).

2. $x\to\infty$ 时函数的极限

设函数 $f(x)$ 对于绝对值无论怎样大的 x 值是有定义的, 如果当 $|x|$ 无限增大时, 对应的函数值与常数 A 之差的绝对值可以小于预先指定的任意小的正数 ε, 则 A 叫做函数 $f(x)$ 当 $x\to\infty$ 时的极限. 更精确地说, 就是

定义 2 如果对于每一个预先给定的任意小的正数 ε, 总存在着一个正数 N, 使得对于适合不等式 $|x|>N$ 的一切 x, 所对应的函数值 $f(x)$ 都满足不等式

$$|f(x)-A|<\varepsilon.$$

则常数 A 就叫做函数 $y=f(x)$ 当 $x\to\infty$ 时的极限. 记作

$$\lim_{x\to\infty} f(x)=A \text{ 或 } f(x)\to A\ (\text{当}x\to\infty).$$

如果 $x>0$ 且无限增大 (记作 $x\to+\infty$), 那么只要把上面定义中的 $|x|>N$ 改为 $x>N$, 就可得 $\lim\limits_{x\to+\infty} f(x)=A$ 的定义. 同样, $x<0$ 而绝对值无限增大 (记作 $x\to-\infty$), 那么只要把 $|x|>N$ 改为 $x<-N$, 便得 $\lim\limits_{x\to-\infty} f(x)=A$ 的定义.

从几何上来说, $\lim\limits_{x\to\infty} f(x)=A$ 的意义是: 作直线 $y=A-\varepsilon$ 和 $y=A+\varepsilon$, 则总有一个正数 N 存在, 使当 $x<-N$ 或 $x>N$ 时, 函数 $y=f(x)$ 的图形将位于这两直线之间 (图 2.9).

例 6 证明 $\lim\limits_{x\to\infty}\dfrac{1}{x}=0$ (图 2.10).

设 ε 是预先给定的正数. 我们必须证明对于绝对值充分大的 x 值, 不等式

$$\left|\frac{1}{x}-0\right|<\varepsilon$$

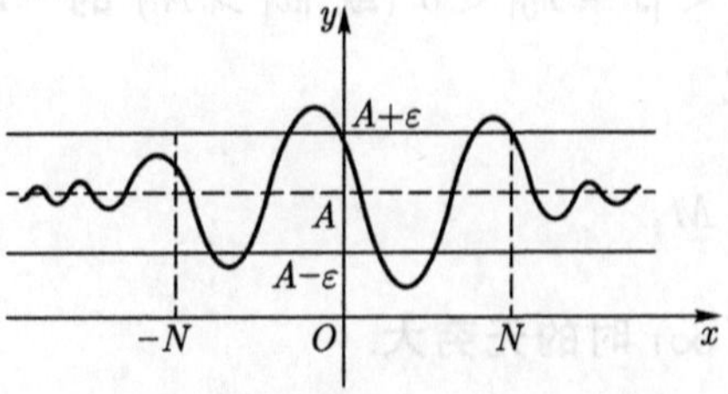

图 2.9

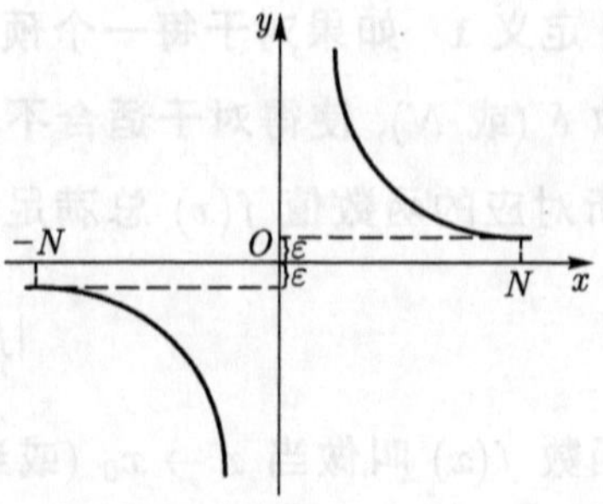

图 2.10

成立. 但这个不等式相当于

$$\frac{1}{|x|}<\varepsilon$$

或

$$|x|>\frac{1}{\varepsilon}.$$

由此显然可知, 如果我们取 $N=\dfrac{1}{\varepsilon}$, 则对于适合 $|x|>N=\dfrac{1}{\varepsilon}$ 的一切 x, 不等式 $\left|\dfrac{1}{x}-0\right|<\varepsilon$ 即可成立, 这就证明了

$$\lim_{x\to\infty}\frac{1}{x}=0.$$

直线 $y=0$ 是函数 $y=\dfrac{1}{x}$ 的图形的水平渐近线.

一般地说, 如果 $\lim\limits_{x\to\infty}f(x)=c$, 则直线 $y=c$ 是函数图形的水平渐近线.

§2.4　无穷大 · 无穷小

1. 无穷大

如果当 $x\to x_0$ (或 $x\to\infty$) 时, 函数 $f(x)$ 的绝对值可以大于预先指定的任何很大的正数 M, 这时函数 $f(x)$ 叫做当 $x\to x_0$ (或 $x\to\infty$) 时的无穷大. 更精确地说, 就是

定义 1 如果对于每一个预先给定的任意大的正数 M, 总存在着一个正数 δ (或 N), 使得对于适合不等式 $0<|x-x_0|<\delta$ (或 $|x|>N$) 的一切 x, 所对应的函数值 $f(x)$ 总满足不等式

$$|f(x)|>M,$$

则函数 $f(x)$ 叫做当 $x\to x_0$ (或当 $x\to\infty$) 时的无穷大.

当 $x\to x_0$ (或 $x\to\infty$) 时为无穷大的函数 $f(x)$, 按通常的意义来说, 极限是不存在的. 但为了便于叙述函数这一性态起见, 我们也说: “函数的极限是无穷大”, 并记作

$$\lim_{\substack{x\to x_0\\(x\to\infty)}} f(x)=\infty.$$

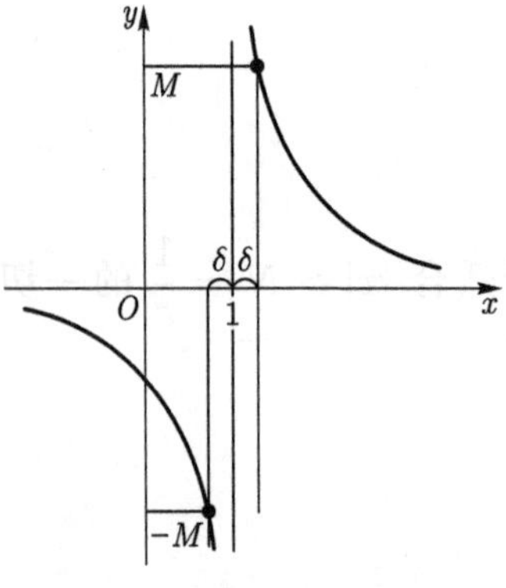

图 2.11

如果对于上面所考虑的 x 值所对应的函数值都是正的 (或都是负的), 那就记作

$$\lim_{\substack{x\to x_0\\(x\to\infty)}} f(x)=+\infty$$

(或 $\lim\limits_{\substack{x\to x_0\\(x\to\infty)}} f(x)=-\infty$).

对于上面这种说法和记法, 我们必须注意到, 并且要记住: 无穷大 (∞) 不是数, 不可与很大的数 (如一千万、一万万等) 混为一谈.

例 1 证明 $\lim\limits_{x\to 1}\dfrac{1}{x-1}=\infty$ (图 2.11).

设 M 是任意大的正数, 因若

$$\left|\frac{1}{x-1}\right|>M,$$

则

$$|x-1|<\frac{1}{M}.$$

所以只要取 $\delta=\dfrac{1}{M}$, 则对于适合 $0<|x-1|<\delta=\dfrac{1}{M}$ 的一切 x, 就有

$$\left|\frac{1}{x-1}\right|>M.$$

这就证明了 $\lim\limits_{x\to1}\dfrac{1}{x-1}=\infty$.

直线 $x=1$ 是函数 $y=\dfrac{1}{x-1}$ 的图形的垂直渐近线.

一般地说, 如果 $\lim\limits_{x\to x_0}f(x)=\infty$, 则直线 $x=x_0$ 是函数 $y=f(x)$ 的图形的垂直渐近线.

2. 无穷小

如果函数 $f(x)$ 当 $x\to x_0$ (或 $x\to\infty$) 时的极限为零, 这时函数 $f(x)$ 叫做 $x\to x_0$ (或 $x\to\infty$) 时的无穷小. 因之, 只要在 §2.3 函数极限的两个定义中, 令 $A=0$ 就得无穷小的定义. 但因无穷小在数学分析中占着非常重要的地位, 所以把它的定义重述于下: 即

定义 2　如果对于每一个预先给定的任意小的正数 ε, 总存在着一个正数 δ (或正数 N), 使得对于适合不等式 $0<|x-x_0|<\delta$ (或 $|x|>N$) 的一切 x, 所对应的函数值 $f(x)$ 都满足不等式

$$|f(x)|<\varepsilon,$$

则称函数 $f(x)$ 当 $x\to x_0$ 时 (或当 $x\to\infty$ 时) 为无穷小. 记作

$$\lim_{x\to x_0}f(x)=0\quad\left(\lim_{x\to\infty}f(x)=0\right).$$

例 2　因为 $\lim\limits_{x\to1}(x-1)=0$, 所以函数 $x-1$ 当 $x\to1$ 时为无穷小.

因为 $\lim\limits_{x\to\infty}\dfrac{1}{x}=0$, 所以函数 $\dfrac{1}{x}$ 当 $x\to\infty$ 时为无穷小.

我们不能把无穷小与很小的数 (例如百万分之一) 混为一谈. 因无穷小是这样的一个函数, 当 x 在一定变化下, 这函数的绝对值要小于任意小的正数 ε, 而很小的数如百万分之一, 就不能小于任意小的正数 ε, 例如取 ε 等于千万分之一, 则百万分之一就不能小于这个取定的 ε. 但零是可以作为无穷小的唯一的数, 因为 $f(x)\equiv0$, 所以对于任意 $\varepsilon>0$ 必然 $|f(x)|<\varepsilon$.

无穷大与无穷小之间有一种简单的关系, 即:

定理 1　如函数 $f(x)$ 为无穷大, 则 $\dfrac{1}{f(x)}$ 为无穷小；如 $f(x)$ $(f(x)\neq0)$ 为无穷小, 则 $\dfrac{1}{f(x)}$ 为无穷大.

证 设

$$\lim_{x\to x_0} f(x)=\infty,$$

已给 $\varepsilon>0$, 则对于 $M=\dfrac{1}{\varepsilon}$ 必能找到 $\delta>0$, 当 $0<|x-x_0|<\delta$ 时, 使不等式

$$|f(x)|>M=\frac{1}{\varepsilon}$$

成立. 即

$$\left|\frac{1}{f(x)}\right|<\varepsilon,$$

亦即

$$\lim_{x\to x_0}\frac{1}{f(x)}=0.$$

次设 $\lim\limits_{x\to x_0} f(x)=0$ [这里须假定在 $x=x_0$ 的某邻域内除点 $x=x_0$ 外, 都有 $f(x)\neq 0$]. 已给正数 M, 则对于 $\varepsilon=\dfrac{1}{M}$ 必能找到 $\delta>0$, 当 $0<|x-x_0|<\delta$ 时, 使不等式

$$|f(x)|<\varepsilon=\frac{1}{M}$$

成立. 即

$$\left|\frac{1}{f(x)}\right|>M,$$

亦即

$$\lim_{x\to x_0}\frac{1}{f(x)}=\infty.$$

同样, 可证 $x\to\infty$ 时的情形.

下面的定理在以后是很有用的.

定理 2 具有极限的函数可表示为等于其极限的一个常数及无穷小的和; 反之, 如果函数可表示为常数及无穷小的和, 则该常数就是函数的极限.

证 设 $\lim\limits_{x\to x_0} f(x)=A$, 则对于任意正数 ε, 能够找到正数 δ, 使当 $0<|x-x_0|<\delta$ 时, 必有

$$|f(x)-A|<\varepsilon.$$

根据定义, $f(x)-A$ 是 $x\to x_0$ 时的无穷小, 于是

$$f(x)-A=\alpha \text{ 或 } f(x)=A+\alpha,$$

其中 α 是 $x\to x_0$ 时的无穷小.

反之, 若设 $f(x)=A+\alpha$, 其中 A 是常数, α 是 $x\to x_0$ 时的无穷小, 于是

$$|f(x)-A|=|\alpha|.$$

因 α 是 $x\to x_0$ 时的无穷小, 则对于任意正数 ε, 能够找到正数 δ, 使当 $0<|x-x_0|<\delta$ 时, 必有

$$|\alpha|<\varepsilon,$$

即

$$|f(x)-A|<\varepsilon,$$

亦即

$$\lim_{x\to x_0} f(x)=A.$$

同样, 可证 $x\to\infty$ 时的情形.

§2.5 关于无穷小的定理

在前面几节里, 我们只能根据极限的定义去证明数列或函数的极限是否为已给的常数. 下面将进而来讨论极限的求法. 我们的目的是要建立极限的四则运算法则. 为此, 在这一节里先来证明关于无穷小的运算的几个定理. 根据这几个关于无穷小的定理, 并应用前节的定理 2, 就不难导出极限的四则运算法则 (§2.6).

在下面, α、β、γ 及 u 等都是 x 的函数, 且 α、β、γ 当 $x\to x_0$ (或 $x\to\infty$) 时都是无穷小. 但是要注意, 如果在同一个问题中同时出现几个无穷小, 那么这几个无穷小或者都是 $x\to x_0$ 时的无穷小, 或者都是 $x\to\infty$ 时的无穷

小. 为确定起见, 我们对 $x \to x_0$ 的情形来证明下面的定理. 至于 $x \to \infty$ 的情形, 证明完全相仿, 只要把 δ 改成 $N, 0 < |x - x_0| < \delta$ 改成 $|x| > N$ 就可以了.

定理 1 有限个无穷小的和 (代数和) 也是无穷小.

证 考虑三个无穷小的和

$$\omega = \alpha + \beta + \gamma,$$

对于任意小的正数 ε, 因 α、β、γ 都是无穷小, 能够找到正数 δ, 当 $0 < |x - x_0| < \delta$ 时, 能使不等式

$$|\alpha| < \frac{\varepsilon}{3}, \ |\beta| < \frac{\varepsilon}{3}, \ |\gamma| < \frac{\varepsilon}{3}$$

同时成立, 于是

$$|\omega| = |\alpha + \beta + \gamma| \leqslant |\alpha| + |\beta| + |\gamma| < \frac{\varepsilon}{3} + \frac{\varepsilon}{3} + \frac{\varepsilon}{3} = \varepsilon,$$

这就证明了 ω 是无穷小.

有限个的情形也可以同样证明.

定理 2 有界函数与无穷小的乘积是无穷小.

证 设 u 在 $x = x_0$ 的某一邻域内是有界的, 则 $|u| \leqslant M$; 并设 α 是 $x \to x_0$ 时的无穷小, 则对于任意正数 ε, 能够找到正数 δ, 当 $0 < |x - x_0| < \delta$ 时, 必有

$$|\alpha| < \frac{\varepsilon}{M}.$$

于是

$$|u\alpha| = |u||\alpha| < M \cdot \frac{\varepsilon}{M} = \varepsilon,$$

这就证明了定理.

推论 1 常数与无穷小的乘积是无穷小.

推论 2 有限个无穷小的乘积也是无穷小.

定理 3 以极限不为零的函数除无穷小所得的商是无穷小.

证 设 α 是无穷小, 并设 $\lim u = a \neq 0$.

先证 $\frac{1}{u}$ 在 $x=x_0$ 的某一邻域内是有界的. 取 $\varepsilon=\frac{|a|}{2}$, 则对于这样的 ε, 能够找到正数 δ, 使得当 $0<|x-x_0|<\delta$ 时, 必有

$$|u-a|<\frac{|a|}{2}.$$

因

$$|u-a|=|a-u|\geqslant |a|-|u|,$$

于是

$$|a|-|u|<\frac{|a|}{2} \text{ 或 } |u|>\frac{|a|}{2},$$

即

$$\left|\frac{1}{u}\right|<\frac{2}{|a|}.$$

亦即函数 $\frac{1}{u}$ 是有界的.

商 $\frac{\alpha}{u}=\frac{1}{u}\cdot\alpha$ 是有界函数与无穷小的乘积. 根据定理 2, 它是无穷小.

以上几个定理与推论对于数列也成立.

§2.6　极限的四则运算

在下面的讨论中, u、v、w 及 α、β、γ 等都是 x 的函数, a、b、c 是常数; 函数的极限用 lim 表示, 而没有标明 $x\to x_0$ 或 $x\to\infty$, 因为实际上下面的定理对这两种情形都成立. 当然, 在同一问题中应当属于同一情形, 即或者都是 $x\to x_0$ 或者都是 $x\to\infty$.

定理 1　有限个具有极限的函数之和 (代数和) 的极限必存在, 并且这个极限等于它们极限的和.

证　设三个函数 u、v、w 的极限分别为 a、b、c, 则根据 §2.4 定理 2,

$$u=a+\alpha,\ v=b+\beta,\ w=c+\gamma,$$

其中 α、β、γ 是无穷小. 于是和

$$\begin{aligned}u+v+w&=(a+\alpha)+(b+\beta)+(c+\gamma)\\&=(a+b+c)+(\alpha+\beta+\gamma)\\&=(a+b+c)+\omega,\end{aligned}$$

由 §2.5 定理 1, $\omega=\alpha+\beta+\gamma$ 是无穷小.

再由 §2.4 定理 2,

$$\lim(u+v+w)=a+b+c=\lim\ u+\lim\ v+\lim\ w.$$

有限个的情形也可以同样证明.

定理 2　有限个具有极限的函数之乘积的极限必存在, 并且这个极限等于它们的极限的乘积.

证　设两个函数 u、v 的极限分别为 a、b, 则

$$u=a+\alpha,\quad v=b+\beta,$$

其中 α、β 是无穷小. 于是乘积

$$uv=(a+\alpha)(b+\beta)=ab+(a\beta+b\alpha+\alpha\beta),$$

由 §2.5 定理 2 的推论 1、推论 2 及定理 1, 右边括号内是无穷小.

再由 §2.4 定理 2,

$$\lim\ uv=ab=\lim\ u\cdot\lim\ v.$$

由此, 不难推到三个及三个以上的有限个函数的乘积, 例如

$$\begin{aligned}\lim(uvw)&=\lim[(uv)w]=\lim\ uv\cdot\lim\ w\\&=\lim\ u\cdot\lim\ v\cdot\lim\ w.\end{aligned}$$

推论 1　常数因子可以提到极限符号的外面. 即

$$\lim\ cu=c\lim\ u.$$

这是因为 $\lim\ c=c$ 的缘故.

推论 2 具有极限的函数的正整数幂的极限必存在, 并且这个极限等于函数的极限的乘幂. 即

$$\lim\ u^n=\lim(uu\cdots u)=\lim\ u\cdot\lim\ u\cdot\cdots\cdot\lim\ u=(\lim\ u^n).$$

定理 3 两个具有极限的函数之商的极限, 当分母极限不是零时, 这个极限必存在并且等于它们极限的商.

证 设商是 $\frac{u}{v}$, 并设 u、v 的极限分别为 a、b 而 $b\neq 0$, 则

$$u=a+\alpha,\quad v=b+\beta,$$

其中 α、β 是无穷小. 考虑差

$$\frac{u}{v}-\frac{a}{b}=\frac{a+\alpha}{b+\beta}-\frac{a}{b}=\frac{b\alpha-a\beta}{b(b+\beta)},$$

右边分式的分子 $b\alpha-b\beta$ 是无穷小, 分母 $b(b+\beta)$ 的极限是 $b^2\neq 0$, 根据 §2.5 定理 3, 这个分式是无穷小, 设为 γ; 于是

$$\frac{u}{v}=\frac{a}{b}+\gamma.$$

由 §2.4 定理 2,

$$\lim\frac{u}{v}=\frac{a}{b}=\frac{\lim\ u}{\lim\ v},$$

这里 $\lim v\neq 0$. 这就证明了定理.

以上几个定理与推论对于数列也成立.

应用上面的定理 1 及 §2.3 定理 2, 可以证明下面的定理.

定理 4 如果 $\varphi(x)\geqslant\psi(x)$, **而** $\lim\varphi(x)=a,\lim\psi(x)=b$, **则** $a\geqslant b$.

证 令 $f(x)=\varphi(x)-\psi(x)$, 则 $f(x)\geqslant 0$. 由本节定理 1 有

$$\lim f(x)=\lim[\varphi(x)-\psi(x)]=\lim\varphi(x)-\lim\psi(x)=a-b.$$

由 §2.3 定理 2, 知 $\lim f(x)\geqslant 0$, 故 $a-b\geqslant 0$, 即 $a\geqslant b$.

下面的例题要求读者能指出每一步骤所根据的定理.

例 1 $x_n=\dfrac{2^n-1}{2^n}$, 求 $\lim\limits_{n\to\infty}x_n$.

$$\lim_{n\to\infty}x_n=\lim_{n\to\infty}\frac{2^n-1}{2^n}=\lim_{n\to\infty}\left(1-\frac{1}{2^n}\right)=\lim_{n\to\infty}1-\lim_{n\to\infty}\frac{1}{2^n}=1,$$

因为

$$\lim_{n\to\infty}\frac{1}{2^n}=0\ (\S2.2\ \text{例}2).$$

例 2 求 $\lim\limits_{x\to1}(2x-1)$.

$$\lim_{x\to1}(2x-1)=\lim_{x\to1}\ 2x-\lim_{x\to1}\ 1=2\lim_{x\to1}\ x-1=2\cdot1-1=1.$$

例 3

$$\begin{aligned}&\lim_{x\to2}\frac{3x^3-2x^2+x+1}{x^2-5x+3}\\=&\frac{\lim\,(3x^3-2x^2+x+1)}{\lim\,(x^2-5x+3)}\\=&\frac{3\lim\ x^3-2\lim\ x^2+\lim\ x+\lim\ 1}{\lim\ x^2-5\lim\ x+\lim\ 3}\\=&\frac{3(\lim\ x)^3-2(\lim\ x)^2+\lim x+\lim\ 1}{(\lim\ x)^2-5\lim\ x+\lim\ 3}\\=&\frac{3\cdot2^3-2\cdot2^2+2+1}{2^2-5\cdot2+3}=\frac{19}{-3}=-6\frac{1}{3}.\end{aligned}$$

我们注意到例 2 及例 3 中, 函数的极限值就是把自变量 x 的极限值代入函数的结果. 事实上, 对于有理数函数 (多项式) 及有理分式函数, 当以自变量的极限值代入后, 分母不等于零时, 这种代入的做法都是可行的. 事实上, 设多项式

$$f(x)=a_0x^n+a_1x^{n-1}+\cdots+a_n,$$

则

$$\begin{aligned}\lim_{x\to x_0}f(x)&=\lim_{x\to x_0}\left(a_0x^n+a_1x^{n-1}+\cdots+a_n\right)\\&=a_0\left(\lim_{x\to x_0}x\right)^n+a_1\left(\lim_{x\to x_0}x\right)^{n-1}+\cdots+\lim_{x\to x_0}a_n\end{aligned}$$

$$= a_0x_0^n + a_1x_0^{n-1} + \cdots + a_n = f(x_0);$$

又设有理分式函数

$$F(x) = \frac{P(x)}{Q(x)},$$

其中 $P(x), Q(x)$ 都是多项式, 于是

$$\lim_{x\to x_0} P(x) = P(x_0), \quad \lim_{x\to x_0} Q(x) = Q(x_0).$$

今若 $Q(x_0) \neq 0$, 则

$$\lim_{x\to x_0} F(x) = \lim_{x\to x_0} \frac{P(x)}{Q(x)} = \frac{\lim\limits_{x\to x_0} P(x)}{\lim\limits_{x\to x_0} Q(x)} = \frac{P(x_0)}{Q(x_0)} = F(x_0).$$

但必须注意: 若 $Q(x_0) = 0$, 则关于商的极限的定理不能应用, 那就需要特别考虑. 我们现举出下面两个例题.

例 4

$$\lim_{x\to 3} \frac{x-3}{x^2-9}$$

$$= \lim_{x\to 3} \frac{x-3}{(x+3)(x-3)} \quad \left(\text{不能写为 } \frac{\lim\limits_{x\to 3}(x-3)}{\lim\limits_{x\to 3}(x^2-9)}\right)$$

$$= \lim_{x\to 3} \frac{1}{x+3} \text{ (因为 } x\to 3 \text{ 时 } x\neq 3, \text{故分式可约去不为零的公因子 } x-3)$$

$$= \frac{\lim\limits_{x\to 3} 1}{\lim\limits_{x\to 3}(x+3)} = \frac{1}{6}.$$

例 5 求 $\lim\limits_{x\to 1} \dfrac{2x-3}{x^2-5x+4}$.

因为分母的极限 $\lim\limits_{x\to 1}(x^2-5x+4) = 1^2 - 5\cdot 1 + 4 = 0$, 而分子的极限 $\lim\limits_{x\to 1}(2x-3) = 2-3 = -1$, 故本节定理 3 不能应用, 但由 §2.5 定理 3,

$$\lim_{x\to 1} \frac{x^2-5x+4}{2x-3} = 0.$$

再由 §2.4 的定理 1,

$$\lim_{x\to 1} \frac{2x-3}{x^2-5x+4} = \infty.$$

例 6 求 $\lim\limits_{x\to\infty}\dfrac{3x^3-4x^2+2}{7x^3+5x^2-3}$.

因为分母和分子都没有有限的极限, 不能应用商的极限的定理. 我们先用 x^3 去除分母和分子, 然后取极限:

$$\lim_{x\to\infty}\frac{3x^3-4x^2+2}{7x^3+5x^2-3}=\lim_{x\to\infty}\frac{3-\dfrac{4}{x}+\dfrac{2}{x^3}}{7+\dfrac{5}{x}-\dfrac{3}{x^3}}=\frac{3}{7},$$

因为 $\lim\limits_{x\to\infty}\dfrac{a}{x}=0$ (a 是任何常数)

例 7 求 $\lim\limits_{x\to\infty}\dfrac{3x^2-2x-1}{2x^3-x^2+5}$.

先用 x^3 除分母和分子, 然后取极限, 得

$$\lim_{x\to\infty}\frac{3x^2-2x-1}{2x^3-x^2+5}=\lim_{x\to\infty}\frac{\dfrac{3}{x}-\dfrac{2}{x^2}-\dfrac{1}{x^3}}{2-\dfrac{1}{x}+\dfrac{5}{x^3}}=0,$$

因为分母的极限为 2, 而分子的极限为 0.

例 8 求 $\lim\limits_{x\to\infty}\dfrac{2x^3-x^2+5}{3x^2-2x-1}$.

应用前例的结果并根据 §2.4 的定理 1, 即得

$$\lim_{x\to\infty}\frac{2x^3-x^2+5}{3x^2-2x-1}=\infty.$$

例题 6、7、8 是下列一般情形的特例, 因为我们不难证明:

$$\lim_{x\to\infty}\frac{a_0x^m+a_1x^{m-1}+\cdots+a_m}{b_0x^n+b_1x^{n-1}+\cdots+b_n}=\begin{cases}\dfrac{a_0}{b_0}, & \text{当}n=m,\\ 0, & \text{当}n>m,\\ \infty, & \text{当}n<m.\end{cases}$$

例 9 求 $\lim\limits_{x\to\infty}\dfrac{\sin x}{x}$.

当 $x\to\infty$ 时, 分子和分母的极限都不存在, 故本节定理 3 不能应用. 把 $\dfrac{\sin x}{x}$ 看作 $\sin x$ 与 $\dfrac{1}{x}$ 的乘积, 因 $\dfrac{1}{x}$ 当 $x\to\infty$ 时的极限为零, 即无穷小; 而 $\sin x$ 是有界函数, 所以根据 §2.5 定理 2 得

$$\lim_{x\to\infty}\frac{\sin x}{x}=0.$$

§2.7 极限存在的准则 · 两个重要极限

现在来讲两个判定极限存在的准则.

准则 I 如果 1° $y_n \leqslant x_n \leqslant z_n \quad (n=1,2,3,\cdots)$;

2° $\lim\limits_{n\to\infty} y_n = a,\ \lim\limits_{n\to\infty} z_n = a$,

则数列 x_n **的极限存在, 且** $\lim\limits_{n\to\infty} x_n = a$.

证 因 $y_n \to a, z_n \to a$, 所以根据数列极限的定义, 对于任意给定的正数 ε, 有这样一个正整数 N 存在, 当 $n > N$ 时, 能使不等式

$$|y_n - a| < \varepsilon, |z_n - a| < \varepsilon$$

同时成立. 又因 x_n 介于 y_n 和 z_n 之间, 显然当 $n > N$ 时, 也有

$$|x_n - a| < \varepsilon$$

成立. 这就是说: $\lim\limits_{n\to\infty} x_n = a$ (图 2.12).

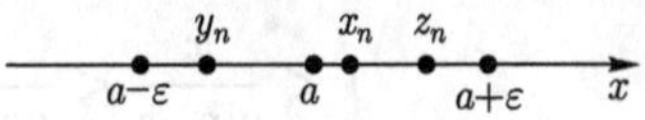

图 2.12

上述数列极限存在的准则可以推广到函数的极限:

如果 1° 对于点 x_0 **的某一邻域内的一切** x **(点** x_0 **本身可以除外), 或绝对值大于某一正数的一切** x**, 有**

$$g(x) \leqslant f(x) \leqslant h(x)$$

成立,

2° $\lim\limits_{\substack{x\to x_0 \\ (x\to\infty)}} g(x) = A,\ \lim\limits_{\substack{x\to x_0 \\ (x\to\infty)}} h(x) = A$,

则 $\lim\limits_{\substack{x\to x_0 \\ (x\to\infty)}} f(x)$ **存在, 且等于** A.

作为上述准则的应用, 我们证明一个很重要的极限:

$$\lim_{x\to 0} \frac{\sin\, x}{x} = 1.$$

首先我们注意到函数 $\dfrac{\sin x}{x}$ 除 $x=0$ 外, 对于其他 x 的值都是有定义的.

又当 x 变符号时, 函数值的符号不变, 所以只需对于 x 由正值趋向零的情形 (在第一象限) 来讨论.

设圆 O 半径为 1, 圆心角

$$x=\angle DOA\ \left(0<x<\frac{\pi}{2}\right),$$

点 A 处的切线为直线 AD (图 2.13), 则

$$\sin\ x=|AC|,\ x=\widehat{AB},\ \operatorname{tg}\ x=|AD|.$$

因 $\triangle AOB$ 的面积 < 圆扇形 AOB 的面积 < $\triangle AOD$ 的面积, 所以

$$\frac{1}{2}\sin\ x<\frac{1}{2}x<\frac{1}{2}\operatorname{tg}\ x,$$

即

$$\sin\ x<x<\operatorname{tg}\ x.$$

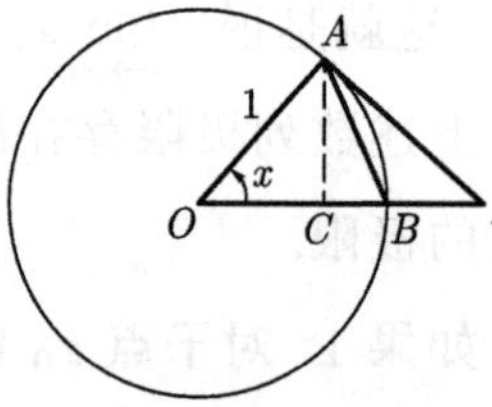

图 2.13

除以 $\sin\ x$, 就有

$$1<\frac{x}{\sin\ x}<\frac{1}{\cos\ x},$$

或

$$1>\frac{\sin x}{x}>\cos x.$$

但我们知道 $\cos\ x=|OC|$ (图 2.13) 是随 $x\to 0$ 而趋近于 1 的, 即

$$\lim_{x\to 0}\cos\ x=1,$$

所以根据上述准则, 可知

$$\lim_{x\to 0}\frac{\sin\ x}{x}=1.$$

例 1 $\displaystyle\lim_{x\to 0}\frac{\operatorname{tg}\ x}{x}=\lim_{x\to 0}\left(\frac{\sin\ x}{x}\cdot\frac{1}{\cos\ x}\right)$

$$=\lim_{x\to 0}\frac{\sin\ x}{x}\cdot\lim_{x\to 0}\frac{1}{\cos\ x}=1.$$

例 2 $\lim\limits_{x\to 0}\dfrac{1-\cos\ x}{x^2}=\lim\limits_{x\to 0}\dfrac{2\sin^2\dfrac{x}{2}}{x^2}=\dfrac{1}{2}\lim\limits_{x\to 0}\dfrac{\sin^2\dfrac{x}{2}}{\left(\dfrac{x}{2}\right)^2}$

$$=\frac{1}{2}\lim_{x\to 0}\left(\frac{\sin\dfrac{x}{2}}{\dfrac{x}{2}}\right)^2=\frac{1}{2}\cdot 1^2=\frac{1}{2}.$$

准则 Ⅱ 如果单调数列 (单调增大或单调减小) x_n 是有界的, 则必趋向一个极限.

这从几何上看是很明显的. 因为我们在 §2.1 中已说过, 数轴上对应于单调数列的点 x_n 向一个方向 (正向或负向) 移动. 所以只有两种可能情形: 或者点 x_n 沿数轴移向无穷远 ($x_n\to+\infty$ 或 $x_n\to-\infty$), 或者点 x_n 无限趋近于某一个定点 A (图 2.14), 就是数列 x_n 趋向一个极限. 但现在假定数列又是有界的, 而有界数列的点 x_n 都落在数轴上某一个区间 $[-M,M]$ 内 (§2.1), 那么上述第一种情形就不可能了. 于是可以知道这个数列趋向一个极限, 并且这个极限的绝对值不超过 M.

作为准则 Ⅱ 的应用, 我们来讨论另一个重要极限

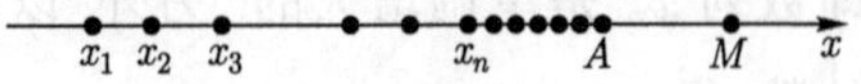

图 2.14

$$\lim_{z\to\infty}\left(1+\frac{1}{z}\right)^z.$$

下面就 z 取正整数 n 而趋向于 $+\infty$ 的情形来证明这个极限存在. 按牛顿二项公式,

$$\begin{aligned}x_n&=\left(1+\frac{1}{n}\right)^n\\&=1+\frac{n}{1!}\cdot\frac{1}{n}+\frac{n(n-1)}{2!}\cdot\frac{1}{n^2}+\frac{n(n-1)(n-2)}{3!}\frac{1}{n^3}+\cdots+\\&\quad\frac{n(n-1)\cdots(n-k+1)}{k!}\cdot\frac{1}{n^k}+\cdots+\frac{n(n-1)\cdots(n-n+1)}{n!}\cdot\frac{1}{n^n}\\&=1+1+\frac{1}{2!}\left(1-\frac{1}{n}\right)+\frac{1}{3!}\left(1-\frac{1}{n}\right)\left(1-\frac{2}{n}\right)+\cdots+\end{aligned}$$

$$\frac{1}{k!}\left(1-\frac{1}{n}\right)\left(1-\frac{2}{n}\right)\cdots\left(1-\frac{k-1}{n}\right)+\cdots+$$
$$\frac{1}{n!}\left(1-\frac{1}{n}\right)\left(1-\frac{2}{n}\right)\cdots\left(1-\frac{n-1}{n}\right),$$

仿此,

$$\begin{aligned}x_{n+1}=1+1+\frac{1}{2!}\left(1-\frac{1}{n+1}\right)+\frac{1}{3!}\left(1-\frac{1}{n+1}\right)\left(1-\frac{2}{n+1}\right)+\cdots+\\ \frac{1}{k!}\left(1-\frac{1}{n+1}\right)\left(1-\frac{2}{n+1}\right)\cdots\left(1-\frac{k-1}{n+1}\right)+\cdots+\\ \frac{1}{n!}\left(1-\frac{1}{n+1}\right)\left(1-\frac{2}{n+1}\right)\cdots\left(1-\frac{n-1}{n+1}\right)+\\ \frac{1}{(n+1)!}\left(1-\frac{1}{n+1}\right)\left(1-\frac{2}{n+1}\right)\cdots\left(1-\frac{n}{n+1}\right).\end{aligned}$$

比较 x_n、x_{n+1} 右边的各项, 可以看到除前两项相等外, x_n 的每一项都小于 x_{n+1} 的对应项, 并且 x_{n+1} 还多了最后的一项, 于是

$$x_n<x_{n+1},$$

即数列 x_n 是单调增大的. 另外, 以较大的数 1 代替 x_n 的右边各项括号内的数, 得

$$\begin{aligned}x_n&<1+1+\frac{1}{2!}+\frac{1}{3!}+\cdots+\frac{1}{n!}<1+1+\frac{1}{2}+\frac{1}{2^2}+\cdots+\frac{1}{2^{n-1}}\\&=1+\frac{1-\frac{1}{2^n}}{1-\frac{1}{2}}=3-\frac{1}{2^{n-1}}<3,\end{aligned}$$

即不论 n 如何, 数列 x_n 总是小于定数 3. 根据极限存在准则 Ⅱ, 就能断定 x_n 的极限存在. 用字母 e 来表示这个极限的值,

$$\lim_{n\to\infty}\left(1+\frac{1}{n}\right)^n=e^{①}.$$

---

① 数列 $y_n=1+1+\frac{1}{2!}+\frac{1}{3!}+\cdots+\frac{1}{n!}$ 当 $n\to\infty$ 时也趋于 e, 但现在不拟直接加以证明, 以后讲到级数时可以推得这个结果.

这个数 e 是无理数, 取它的小数到十五位, 其值是

$$e = 2.718\ 281\ 828\ 459\ 045\cdots.$$

在实际计算中, 一般都取前面两三位.

可以证明, 当 z 取实数而趋向 $+\infty$ 或 $-\infty$ 时, 函数 $\left(1+\frac{1}{z}\right)^z$ 的极限都存在且都等于 e. 因此,

$$\lim_{z\to\infty}\left(1+\frac{1}{z}\right)^z = e.$$

推论 命 $z=\frac{1}{x}$, 则有

$$\lim_{x\to 0}(1+x)^{\frac{1}{x}} = \lim_{z\to\infty}\left(1+\frac{1}{z}\right)^z = e.$$

无论在数学分析或它的应用上, 数 e 起着重要的作用.

在理论研究中, 采用数 e 作为指数函数和对数函数的底, 有特殊的便利. 以 e 为底的对数叫做**自然对数**. 以后, 我们用符号 $\ln\ x$ 表示 x 的自然对数, $\lg\ x$ 表示 x 的常用对数, 而 $\log_a\ x$ 表示 x 以 a ($a>0$ 且 $a\neq 1$) 为底时的对数.

由对数定义, 有关系式

$$x = a^{\log_a x},$$

两边取自然对数, 就得

$$\ln\ x = \log_a x\cdot\ln\ a \quad 或 \quad \log_a x = \frac{\ln\ x}{\ln\ a}.$$

因此以不等于 1 的任意正数 a 作底时, x 的对数可以通过自然对数来表达. 因子 $M=\frac{1}{\ln\ a}$ 叫做用 a 作底的对数系的模. 当 $a=10$ 时,

$$M = \frac{1}{\ln\ 10} = 0.434\ 294\cdots.$$

§2.8 双曲函数

由 e 为底的指数函数, 我们定义几个在应用上常常遇到的函数;

$$\operatorname{sh} x=\frac{e^{x}-e^{-x}}{2};$$

$$\operatorname{ch} x=\frac{e^{x}+e^{-x}}{2};$$

$$\operatorname{th} x=\frac{\operatorname{sh} x}{\operatorname{ch} x}=\frac{e^{x}-e^{-x}}{e^{x}+e^{-x}},$$

依次叫做**双曲正弦**、**双曲余弦**及**双曲正切**.

这三个双曲函数的简单性态如下:

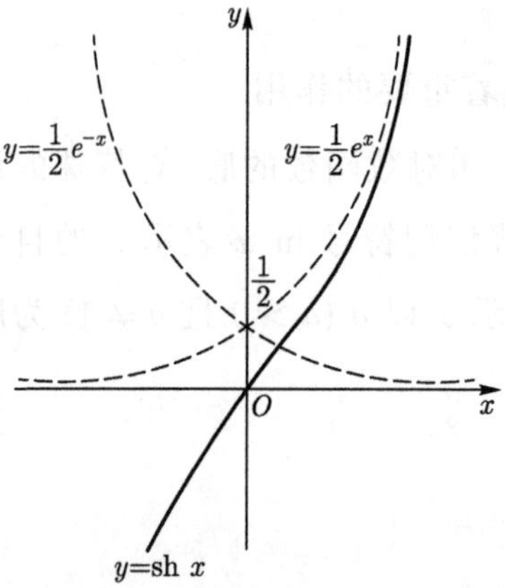

图 2.15

双曲正弦的定义域为 $(-\infty,+\infty)$, 它是奇函数, 它的图形通过原点且对称于原点. 在区间 $(-\infty,+\infty)$ 内它是单调增加的. 当 x 绝对值很大, 图形在第一象限内接近曲线 $y=\frac{1}{2}e^{x}$; 在第三象限内接近曲线 $y=-\frac{1}{2}e^{-x}$ (图 2.15).

双曲余弦的定义域为 $(-\infty,+\infty)$, 它是偶函数. 它的图形通过点 $(0,1)$ 且对称于 y 轴. 在区间 $(-\infty,0)$ 内它是单调减少的, 而在区间 $(0,+\infty)$ 它是单调增加. 显见当 $x=0$ 时, 函数值为最小 (图 2.16). 当 x 的绝对值很大, 图形在第一象限内接近曲线 $y=\frac{1}{2}e^{x}$, 在第二象限内接近曲线 $y=\frac{1}{2}e^{-x}$.

双曲正切的定义域为 $(-\infty,+\infty)$, 它是奇函数. 它的图形通过原点且对称于原点. 在区间 $(-\infty,+\infty)$ 内它是单调增加的. 在第一象限内曲线在水平线 $y=1$ 下方而渐渐与之接近, 在第三象限内曲线在水平线 $y=-1$ 上

方而渐渐与之接近 (图 2.17).

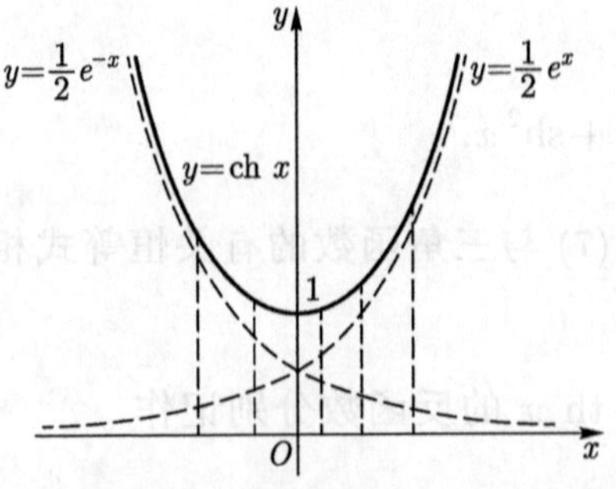

图 2.16

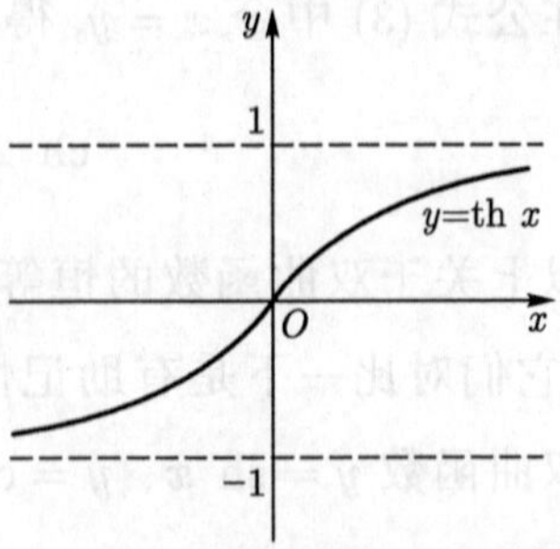

图 2.17

根据双曲函数的定义, 可证下列四个公式:

$$\operatorname{sh}(x+y)=\operatorname{sh}\,x\operatorname{ch}\,y+\operatorname{ch}\,x\operatorname{sh}\,y; \tag{1}$$

$$\operatorname{sh}(x-y)=\operatorname{sh}\,x\operatorname{ch}\,y-\operatorname{ch}\,x\operatorname{sh}\,y; \tag{2}$$

$$\operatorname{ch}(x+y)=\operatorname{ch}\,x\operatorname{ch}\,y+\operatorname{sh}\,x\operatorname{sh}\,y; \tag{3}$$

$$\operatorname{ch}(x-y)=\operatorname{ch}\,x\operatorname{ch}\,y-\operatorname{sh}\,x\operatorname{sh}\,y. \tag{4}$$

我们来证明公式 (1), 其他三个公式读者可自行证明. 由定义, 得

$$\begin{aligned}&\operatorname{sh}\,x\operatorname{ch}\,y+\operatorname{ch}\,x\operatorname{sh}\,y\\&=\frac{e^x-e^{-x}}{2}\cdot\frac{e^y+e^{-y}}{2}+\frac{e^x+e^{-x}}{2}\cdot\frac{e^y-e^{-y}}{2}\\&=\frac{e^{x+y}-e^{y-x}+e^{x-y}-e^{-(x+y)}}{4}+\frac{e^{x+y}+e^{y-x}-e^{x-y}-e^{-(x+y)}}{4}\\&=\frac{e^{x+y}-e^{-(x+y)}}{2}=\operatorname{sh}(x+y).\end{aligned}$$

在公式 (4) 中令 $x=y$, 并注意到当 $x=0$ 时 $\operatorname{ch}\,x=1$, 得

$$\operatorname{ch}^2 x-\operatorname{sh}^2 x=1. \tag{5}$$

在公式 (1) 中令 $x=y$, 得

$$\text{sh } 2x = 2\,\text{sh } x\,\text{ch } x. \tag{6}$$

在公式 (3) 中令 $x = y$, 得

$$\text{ch } 2x = \text{ch}^2 x + \text{sh}^2 x. \tag{7}$$

以上关于双曲函数的恒等式 (1) 至 (7) 与三角函数的有关恒等式相类似, 把它们对比一下是有助记忆的.

双曲函数 $y = \text{sh } x$、$y = \text{ch } x$、$y = \text{th } x$ 的反函数分别记作

$$y = \text{arsh } x\text{、}y = \text{arch } x\text{、}y = \text{arth } x,$$

并叫做**反双曲函数**. 这些反双曲函数都可通过对数函数来表示, 分别讨论如下:

$y = \text{arsh } x$ 是 $x = \text{sh } y$ 的反函数, 因此, 从

$$x = \frac{e^y - e^{-y}}{2}$$

中解出 y 来便是 arsh x. 令 $u = e^y$, 则有

$$u^2 - 2xu - 1 = 0.$$

这是关于 u 的一个二次方程, 它的根为

$$u = x \pm \sqrt{x^2 + 1}.$$

因 $u = e^y > 0$, 故上式根号前应取正号, 于是

$$u = x + \sqrt{x^2 + 1}.$$

由于 $y = \ln u$, 故得

$$y = \text{arsh } x = \ln\left(x + \sqrt{x^2 + 1}\right).$$

函数 $y = \text{arsh } x$ 的定义域为 $(-\infty, +\infty)$, 它是奇函数, 在区间 $(-\infty, +\infty)$ 内为单调增加. 由 $y = \text{sh } x$ 的图形, 根据反函数的作图法, 可得 $y = \text{arsh } x$ 的图形如图 2.18 所示.

同样, 函数 $y=\operatorname{arch}\, x$ 也可由对数函数来表示, 因由

$$x=\frac{e^{y}+e^{-y}}{2}$$

可得 $e^{y}=x\pm\sqrt{x^{2}-1}$, 故

$$y=\operatorname{arch}\, x=\ln\left(x\pm\sqrt{x^{2}-1}\right).$$

上式中 x 的值必须满足条件 $x\geqslant 1$, 而其中平方根前的符号可正可负, 故对于每一 x 值有 $\ln\left(x+\sqrt{x^{2}-1}\right)$ 及 $\ln\left(x-\sqrt{x^{2}-1}\right)$ 两值与之对应, 且此两值有如下之关系:

$$\ln\left(x-\sqrt{x^{2}-1}\right)=\ln\frac{1}{x+\sqrt{x^{2}-1}}=-\ln\left(x+\sqrt{x^{2}-1}\right),$$

所以函数是双值的, 它的图形是对称于 x 轴的两支, 我们在以后的讨论中仅取其正值的一支作为函数的主值, 于是有

$$y=\operatorname{arch}\, x=\ln\left(x+\sqrt{x^{2}-1}\right).$$

这样所规定的函数 $y=\operatorname{arch}\, x$ 便成为单值的. 它在区间 $[1,+\infty)$ 是单调增加的 (图 2.19).

我们可以用与上面讨论中相似的方法得出:

$$y=\operatorname{arch}\, x=\frac{1}{2}\ln\frac{1+x}{1-x}.$$

显然 $y=\operatorname{arth}\, x$ 仅在区间 $(-1,1)$ 内是有定义的, 在这区间内它是单调增加的奇函数, 其图形对称于原点, 以 $x=\pm 1$ 为它的渐近线 (图 2.20).

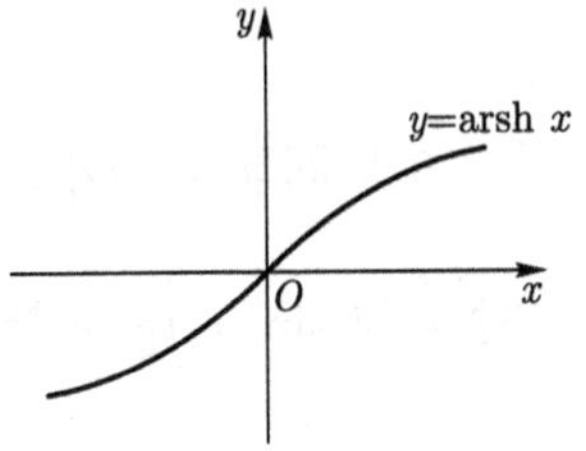

图 2.18

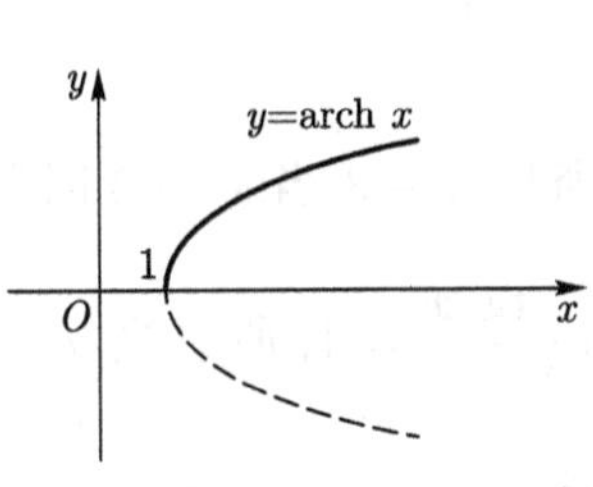

图 2.19

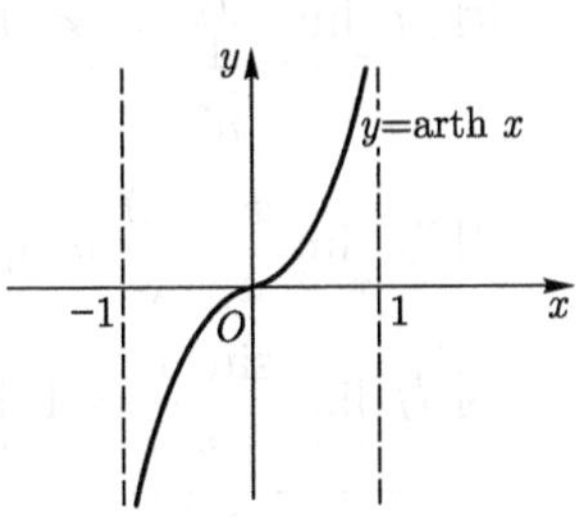

图 2.20

§2.9 无穷小的比较

在实际问题中，常会遇到要计算两个无穷小的比的极限，即设 α 与 β 都是 x 的函数，且 $\lim\ \alpha=0, \lim\ \beta=0$，要求 $\lim\dfrac{\beta}{\alpha}$. 由于分母的极限为 0，所以 §2.6 定理 3 是不能应用的. 关于这类比的极限的求法，将在 §5.2 中讨论. 在这一节里，我们就这比的极限存在时，或为无穷大时，来说明两个无穷小之间的比较①，并且我们假定 α 和 β 都不为零，把 α 当作比较的单位（叫做基本无穷小）来考察当 $\alpha\to 0$ 时，$\beta\to 0$ 是怎样的情况，是比 $\alpha\to 0$ "快些"，还是比 $\alpha\to 0$ "慢些"，还是与 $\alpha\to 0$ 同样程度的. 为了表明这些不同情况，我们有以下的定义：

若 $\lim\dfrac{\beta}{\alpha}=0$，就说 β 是比 α 较高阶的无穷小，即 $\beta\to 0$ 比 $\alpha\to 0$ 快些；

若 $\lim\dfrac{\beta}{\alpha}=\infty$，就说 β 是比 α 较低阶的无穷小，即 $\beta\to 0$ 比 $\alpha\to 0$ 慢些；

若 $\lim\dfrac{\beta}{\alpha}=c\neq 0$，就说 β 是与 α 同阶无穷小，即 $\beta\to 0$ 与 $\alpha\to 0$ 是同样程度；

若 $\lim\dfrac{\beta}{\alpha}=1$，就说这两个同阶无穷小 α,β 是等价的，记作 $\alpha\sim\beta$；

更精确些，若 $\lim\dfrac{\beta}{\alpha^k}=c\neq 0, k>0$，就说 β 是关于 α 的 k 阶无穷小.

例如：因为 $\lim\limits_{x\to 0}\dfrac{3x^2}{x}=0$，所以当 $x\to 0$ 时 $3x^2$ 是比 x 较高阶的无穷小.

因为 $\lim\limits_{n\to\infty}\dfrac{\frac{1}{n}}{\frac{1}{n^2}}=\infty$，所以 $\dfrac{1}{n}$ 当 $n\to\infty$ 时是比 $\dfrac{1}{n^2}$ 较低阶的无穷小.

因为 $\lim\limits_{x\to 3}\dfrac{x^2-9}{x-3}=6$，所以 $x-3$ 当 $x\to 3$ 时与 x^2-9 是同阶无穷小.

因为 $\lim\limits_{x\to 0}\dfrac{\sin\ x}{x}=1, \lim\limits_{x\to 0}\dfrac{\mathrm{tg}\ x}{x}=1$，所以当 $x\to 0$ 时 x 与 $\sin\ x, \mathrm{tg}\ x$ 都

① 若极限 $\lim\dfrac{\beta}{\alpha}$ 不存在且不为无穷大时，则 α 与 β 是不能比较的，例如 $\alpha=x, \beta=x\sin\dfrac{1}{x}$ 就不能比较.

是等价的无穷小, 即

$$\sin\ x \sim x,\quad \operatorname{tg}\ x \sim x\ (x \to 0).$$

因为 $\lim\limits_{x\to 0}\dfrac{1-\cos\ x}{x^2}=\dfrac{1}{2}$, 所以当 $x\to 0$ 时 $1-\cos\ x$ 是关于 x 的二阶无穷小.

关于等价无穷小, 有一个有用的性质, 那就是:

设 $\alpha\sim\alpha', \beta\sim\beta'$, 且 $\lim\dfrac{\beta'}{\alpha'}$ 存在, 则 $\lim\dfrac{\beta}{\alpha}=\lim\dfrac{\beta'}{\alpha'}$.

这是因为

$$\lim\frac{\beta}{\alpha}=\lim\left(\frac{\beta}{\beta'}\cdot\frac{\beta'}{\alpha'}\cdot\frac{\alpha'}{\alpha}\right)=\lim\frac{\beta}{\beta'}\cdot\lim\frac{\beta'}{\alpha'}\cdot\lim\frac{\alpha'}{\alpha}=\lim\frac{\beta'}{\alpha'}.$$

例　求 $\lim\limits_{x\to 0}\dfrac{\operatorname{tg}2x}{\sin 5x}$.

因 $\operatorname{tg}\ 2x\sim 2x, \sin 5x\sim 5x\ (x\to 0)$, 所以

$$\lim_{x\to 0}\frac{\operatorname{tg}2x}{\sin 5x}=\lim_{x\to 0}\frac{2x}{5x}=\frac{2}{5}.$$

定义　设有两个无穷小 α 及 β. 如果 α 与 β 之差 $\beta-\alpha$ 是比 β 较高阶的无穷小 (即如果 $\lim\dfrac{\beta-\alpha}{\beta}=0$), 就说无穷小 α 是无穷小 β 的主部.

例如, 当 $n\to\infty$ 时, 无穷小 $\alpha=\dfrac{1}{n}$ 是无穷小 $\beta=\dfrac{n+1}{n^2}$ 的主部, 因为

$$\lim_{n\to\infty}\frac{\beta-\alpha}{\beta}=\lim_{n\to\infty}\frac{1}{n+1}=0.$$

根据无穷小的主部的定义, 我们就可以推得下面的结论:

两个等价无穷小中的任何一个是另一个的主部.

证　设 $\alpha\sim\beta$, 则 $\lim\dfrac{\alpha}{\beta}=1$, 于是

$$\lim\frac{\beta-\alpha}{\beta}=\lim\left(1-\frac{\alpha}{\beta}\right)=1-\lim\frac{\alpha}{\beta}=0.$$

这就证明了无穷小 α 是无穷小 β 的主部.

同样可证无穷小 β 也是无穷小 α 的主部.

第三章

函数的连续性

数学分析中, 与函数的极限概念密切联系的另一基本概念是函数的连续性. 连续性是函数的重要性态之一, 它反映了我们所观察到的许多自然现象的共同特性. 例如, 生物的连续生长、流体的连续流动以及气温的连续变化, 等等.

本章将根据极限概念来给出函数连续性的定义, 并讨论连续函数的性质和初等函数的连续性.

§3.1 函数连续性的定义

我们先引入一个以后常用的概念与记号.

设变量 u 从它的一个初值 u_1 变到终值 u_2 时, 终值与初值的差为 $u_2 - u_1$, 它就叫做变量 u 的**增量**, 并记为 Δu, 即

$$\Delta u = u_2 - u_1.$$

增量 Δu 可以是正的, 也可以是负的. 在 Δu 为正的情形下, 变量从 u_1 变到 $u_2 = u_1 + \Delta u$ 时是增大的; 当 Δu 为负时, 是减小的.

应该注意到: 记号 Δu 并不表示某个量 Δ 与变量 u 的乘积, 而是整个不可分割的记号.

现在假定函数 $y = f(x)$ 在点 x_0 的某一个邻域内是有定义的. 当自变

量 x 在点 x_0 有一增量 Δx (即 x 从 x_0 变到 $x_0+\Delta x$) 时, 函数 y 的对应增量设为 Δy, 则

$$\Delta y=f\left(x_0+\Delta x\right)-f\left(x_0\right).$$

这个关系式的几何解释如图 3.1 所示.

假如我们保持 x_0 不变而让增量 Δx 变动, 一般说来, 函数 y 的增量 Δy 也要随着变动; 并且对应于每一个绝对值适当小的 Δx, 有一个确定的值 Δy. 特别当 Δx 趋向于零时, 如果这时函数的增量 Δy 也趋向于零, 即

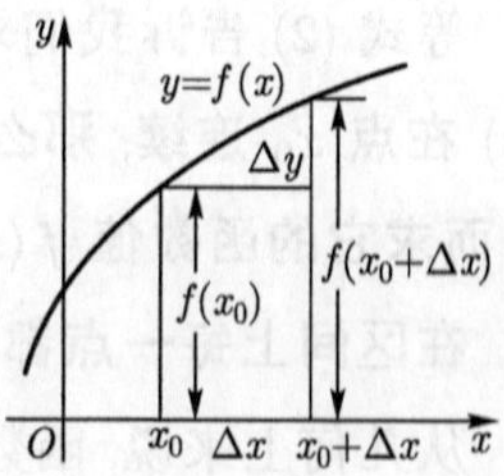

图 3.1

$$\lim_{\Delta x\to 0}\Delta y=0$$

或

$$\lim_{\Delta x\to 0}\left[f\left(x_0+\Delta x\right)-f\left(x_0\right)\right]=0, \tag{1}$$

则说函数 $y=f(x)$ 在点 x_0 (或当 $x=x_0$ 时) 为连续的. 这就是:

设函数 $y=f(x)$ 在点 x_0 的某一个邻域内是有定义的, 如果当自变量的增量 (由值 x_0 起) 趋向于零时, 对应的函数的增量也趋向于零, 则说函数 $y=f(x)$ 在点 x_0 (或当 $x=x_0$ 时) 为连续的.

关系式 (1) 可以写为

$$\lim_{\Delta x\to 0}f\left(x_0+\Delta x\right)=f\left(x_0\right).$$

如果用 x 来记 $x_0+\Delta x$, 则当 $\Delta x\to 0$ 时, x 便趋向于 x_0, 于是上式又可写为

$$\lim_{x\to x_0}f(x)=f\left(x_0\right). \tag{2}$$

因此, 函数在一点连续的定义又可叙述如下:

设函数 $y=f(x)$ 在点 x_0 的某一个邻域内是有定义的, 当 $x\to x_0$ 时, 函数 $f(x)$ 的极限存在, 且等于 $x=x_0$ 处的函数值 $f\left(x_0\right)$, 则说函数 $y=f(x)$ 在点 x_0 (或当 $x=x_0$ 时) 为连续的.

由 §2.3 函数 $f(x)$ 当 $x \to x_0$ 时的极限的定义, **函数 $f(x)$ 在点 x_0 为连续, 是指对于任意给定的正数 ε, 总存在着一个正数 δ, 使得对于适合不等式 $|x-x_0|<\delta$ 的一切 x, 所对应的函数值 $f(x)$ 都满足不等式**

$$|f(x)-f(x_0)|<\varepsilon.$$

等式 (2) 告诉我们求连续函数的极限的一个重要法则: **如果已知函数 $f(x)$ 在点 x_0 连续, 那么求函数当 $x \to x_0$ 时的极限时, 只要把 x 用 x_0 代入, 而求它的函数值 $f(x_0)$ 即可.**

在区间上每一点都连续的函数, 叫做在该区间上的连续函数.

从几何上来说, 函数 $y=f(x)$ **的连续性表示：当横轴上两点间的距离充分小时, 则函数图形上的对应点的纵标之差可以任意小. 因此, 连续函数的图形是一条没有间隙的连续曲线.**

在 §2.6 中, 我们曾经证明: 如果 $F(x)$ 是分式有理函数, 而 x_0 不使它的分母为零, 则 $\lim\limits_{x \to x_0} F(x)=F(x_0)$. 所以, **分式有理函数在它的定义域上每一点都是连续的. 特别是, x 的多项式对于任何 x 值都是连续的.**

作为例子, 我们来证明, **函数 $y=\sin\ x$ 在区间 $(-\infty,+\infty)$ 内是连续的.**

设 x 为区间 $(-\infty,+\infty)$ 内任意取定的一点. 当 x 有增量 Δx 时, 对应的函数的增量为

$$\Delta y=\sin(x+\Delta x)-\sin\ x.$$

由三角公式

$$\sin(x+\Delta x)-\sin\ x=2\sin\frac{\Delta x}{2}\cos\left(x+\frac{\Delta x}{2}\right),$$

并注意到

$$\left|\cos\left(x+\frac{\Delta x}{2}\right)\right| \leqslant 1,$$

就推得

$$|\Delta y|=|\sin(x+\Delta x)-\sin\ x| \leqslant 2\left|\sin\frac{\Delta x}{2}\right|.$$

但是对于任意的角度 α, 当 $\alpha \neq 0$ 时有 $|\sin\ \alpha| < |\alpha|$, 所以

$$|\Delta y| = |\sin(x + \Delta x) - \sin\ x| < |\Delta x|.$$

因之, 当 $\Delta x \to 0$ 时, $|\Delta y| = |\sin(x+\Delta x) - \sin\ x| \to 0$, 这就证明了 $y = \sin\ x$ 对于任何 x 值是连续的.

相仿地可以证明, **函数 $y = \cos\ x$ 在区间 $(-\infty, +\infty)$ 内是连续的.**

§3.2　函数的间断点

由函数 $f(x)$ 在点 x_0 为连续的定义, 我们知道, 如果函数 $f(x)$ 在点 x_0 处有下列三种情形之一:

1° 在 $x = x_0$ 没有定义;

或

2° 虽在 $x = x_0$ 有定义, 但 $\lim\limits_{x \to x_0} f(x)$ 不存在;

或

3° 虽在 $x = x_0$ 有定义, 且 $\lim\limits_{x \to x_0} f(x)$ 存在, 但 $\lim\limits_{x \to x_0} f(x) \neq f(x_0)$;

则函数 $f(x)$ 在点 x_0 为不连续, 而点 x_0 称为函数 $f(x)$ 的**不连续点或间断点**.

下面举例来说明函数间断点的几种常见类型.

例 1　函数 $y = \dfrac{1}{x^2}$ 在点 $x = 0$ 处没有定义, 而

$$\lim_{x \to 0} \frac{1}{x^2} = +\infty,$$

所以点 $x = 0$ 叫做函数的**无穷不连续点** (图 3.2).

例 2　函数 $y = \sin \dfrac{1}{x}$ 在点 $x = 0$ 没有定义, 而 $\lim\limits_{x \to 0} \sin \dfrac{1}{x}$ 不存在, 永远振荡于 -1 与 1 之间, 所以点 $x = 0$ 叫做函数的**振荡不连续点** (图 3.3).

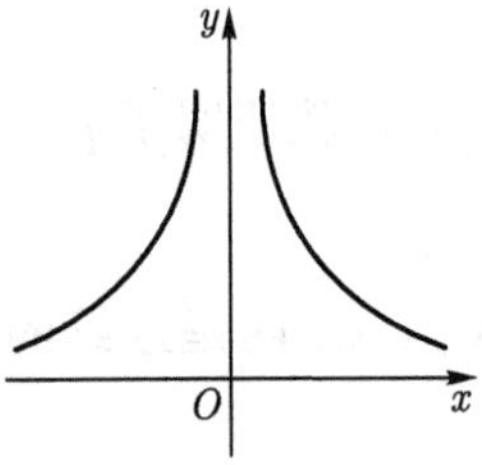

图 3.2

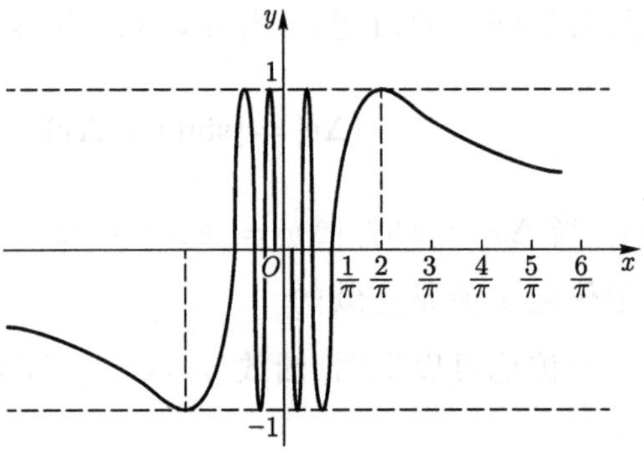

图 3.3

例 3 函数 $y=\dfrac{x^2-1}{x-1}$ 在点 $x=1$ 处没有定义, 所以函数在点 $x=1$ 为不连续 (图 3.4), 但这里

$$\lim_{x\to 1+0}\frac{x^2-1}{x-1}=\lim_{x\to 1-0}\frac{x^2-1}{x-1}=2.$$

例 4 函数

$$y=f(x)=\begin{cases} x, & x\neq 1,\\ \dfrac{1}{2}, & x=1.\end{cases}$$

这里 $\lim\limits_{x\to 1-0}f(x)=\lim\limits_{x\to 1+0}f(x)=1$, 即 $\lim\limits_{x\to 1}f(x)=1$. 但

$$f(1)=\frac{1}{2}.$$

所以

$$\lim_{x\to 1}f(x)\neq f(1).$$

因之, 函数在点 $x=1$ 是不连续的 (图 3.5).

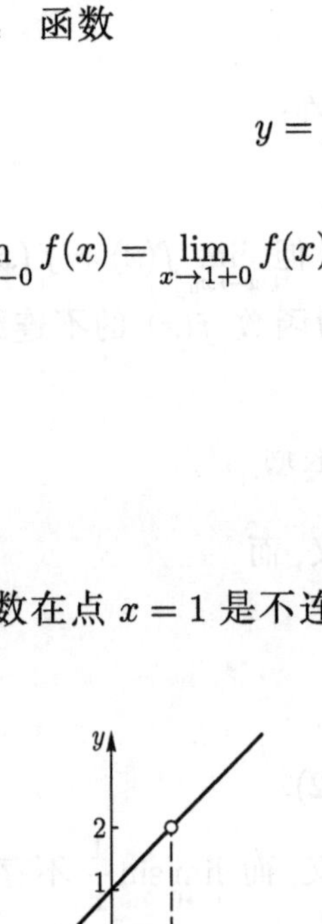

图 3.4

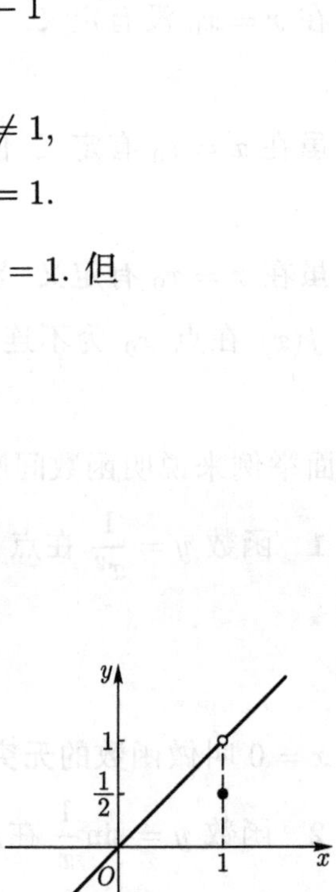

图 3.5

例 5　函数

$$y=f(x)=\begin{cases}-x+1, & 0\leqslant x<1,\\ 1, & x=1,\\ -x+3, & 1<x\leqslant 2.\end{cases}$$

在点 $x=1$, 函数虽有定义, 但它的左极限

$$\lim_{x\to 1-0} f(x)=\lim_{x\to 1-0}(-x+1)=0,$$

与右极限

$$\lim_{x\to 1+0} f(x)=\lim_{x\to 1+0}(-x+3)=2$$

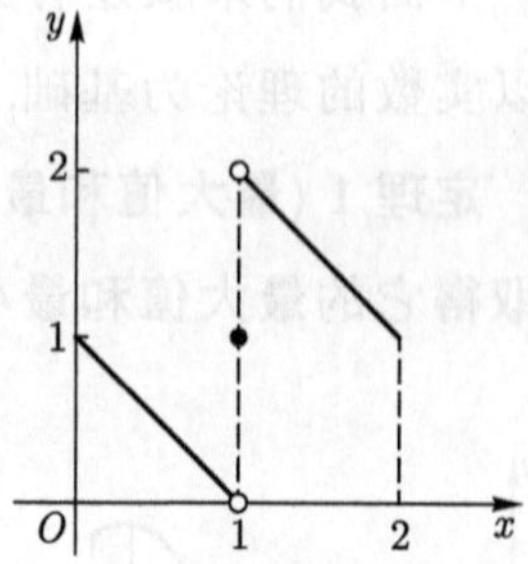

图 3.6

是不等的, 即 $\lim\limits_{x\to 1} f(x)$ 不存在, 所以函数在点 $x=1$ 是不连续的 (图 3.6).

设函数 $f(x)$ 在点 x_0 处的左极限和右极限都存在, 即 $f(x_0-0)$ 和 $f(x_0+0)$ 都存在, 但 $f(x_0-0)\neq f(x_0+0)$ (如例 5); 或 $f(x_0-0)=f(x_0+0)\neq f(x_0)$ (如例 4); 或 $f(x_0-0)=f(x_0+0)$, 而 $f(x_0)$ 不确定 (如例 3), 则点 x_0 显然是间断点, 这三种情况的间断点都叫做函数 $f(x)$ 的**第一类间断点**.

凡非第一类间断点的任何间断点, 叫做**第二类间断点**. 如例 1 和例 2 的无穷间断点和振荡间断点都是第二类间断点.

如果当 $x\to x_0$ 时, 函数 $f(x)$ 的极限存在, 但或者函数 $f(x)$ 在点 x_0 处没有定义; 或者 $f(x)$ 当 $x\to x_0$ 时的极限值不等于函数值 $f(x_0)$; 在这两种情形下, 我们说, 间断点 x_0 是**可去间断点** (如例 3、4), 因为只要补充函数的定义或改变函数在点 x_0 的定义, 使 $f(x_0)$ 等于这极限值, 函数在点 x_0 就连续了. 例如, 在例 3 中补充函数在 $x=1$ 处的定义: $x=1$ 时 $y=2$, 这样, 函数在点 $x=1$ 就成为连续的. 在例 4 中改变 $f(x)$ 在 $x=1$ 处的定义, 令 $f(1)=1$, 函数 $f(x)$ 在点 $x=1$ 就成为连续的.

§3.3 闭区间上连续函数的基本性质

设函数 $f(x)$ 在闭区间 $[a,b]$ 上有定义. 如果 $f(x)$ 在开区间 (a,b) 内连续; 在左端点 $x=a$ 连续, 即满足 $\lim\limits_{x\to a+0} f(x)=f(a)$; 在右端点 $x=b$ 连续, 即满足 $\lim\limits_{x\to b-0} f(x)=f(b)$; 那么我们说函数 $f(x)$ 在闭区间 $[a,b]$ 上连续.

下面我们来叙述有关闭区间上连续函数的一些基本性质, 它们的证明要以实数的理论为基础, 所以只从几何上来解释它们的意义.

定理 1 (最大值和最小值定理)　在闭区间上的连续函数在该区间上至少取得它的最大值和最小值各一次.

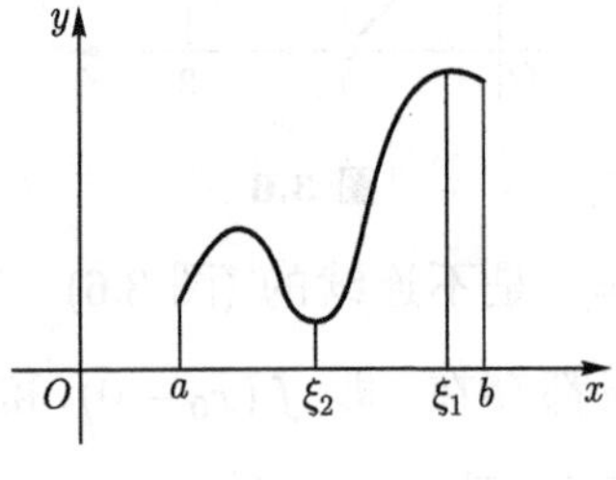

图 3.7

设函数 $y=f(x)$ 在闭区间 $[a,\ b]$ 上连续(图 3.7), 本定理断言, 在 $[a,b]$ 上至少有一点 $\xi_1, a\leqslant \xi_1\leqslant b$, 使得函数值 $f(\xi_1)$ 为最大:

$$f(\xi_1)\geqslant f(x), a\leqslant x\leqslant b;$$

又至少有一点 $\xi_2, a\leqslant \xi_2\leqslant b$, 使得函数值 $f(\xi_2)$ 为最小:

$$f(\xi_2)\leqslant f(x), a\leqslant x\leqslant b.$$

这样的函数值 $f(\xi_1)$ 和 $f(\xi_2)$ 分别叫做 $f(x)$ 在 $[a,b]$ 上的**最大值**和**最小值**.

注意 1　若不是闭区间而是开区间, 定理的结论就会不正确了. 例如函数 $y=x$, 在开区间 (a,b) 内, 既不取得最大值, 也不取得最小值. 它恰好在区间的端点取得这些值, 而端点是不属于区间的.

注意 2　若函数在闭区间上具有间断点, 定理的结论也会不正确的. 例如函数

$$y=f(x)=\begin{cases}-x+1, & 0\leqslant x<1,\\ 1, & x=1,\\ -x+3, & 1<x\leqslant 2\end{cases}$$

在闭区间 $[0,2]$ 上有间断点 $x=1$, 它既不取得最大值, 也不取得最小值 (参看图 3.6).

定理 2 (介值定理) **设函数 $f(x)$ 在闭区间 $[a,b]$ 上连续, 且在这区间的端点取不同的函数值**

$$f(a)=A \text{ 与 } f(b)=B,$$

那么, 不论 C 是 A 与 B 之间的怎样一个数, 在开区间 (a,b) 内至少有一点 $x=\xi$, 使得

$$f(\xi)=C \quad (a<\xi<b).$$

特别是, 如果 $f(a)$ 与 $f(b)$ 异号, 那么在开区间 (a,b) 内至少有一点 $x=\xi$, 使得

$$f(\xi)=0 \quad (a<\xi<b).$$

这定理的几何意义很明显: 在特别情形, 连续曲线 $y=f(x)$ 与 x 轴至少相交于一点 (图 3.8); 在一般情形, 曲线与水平直线 $y=C$ $(A<C<B)$ 至少相交于一点, 如图 3.9 所示, 相交于 P_1、P_2、P_3 三点.

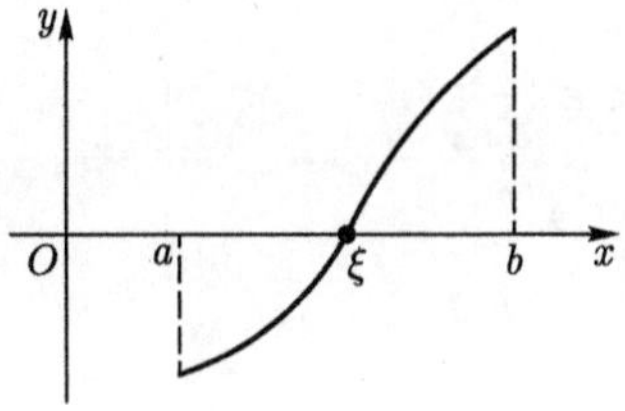

图 3.8

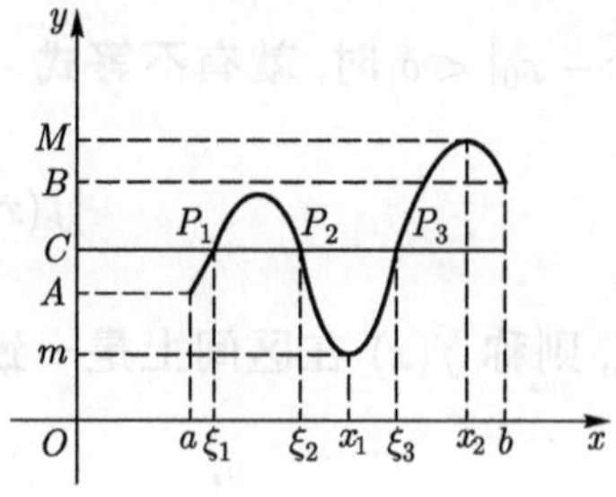

图 3.9

由介值定理我们可以得到下面的推论:

推论　**在闭区间上连续的函数必取得介于最大值 M 与最小值 m 之间的任何值.**

设 $m=f(x_1)$, $M=f(x_2)$, 而 $m\neq M$ (图 3.9), 在闭区间 $[x_1,x_2]$ 上应用介值定理, 即得上述推论.

在叙述定理 3 之前, 先要介绍一个新的概念——函数的一致连续性. 为此, 让我们先回忆一下函数 $f(x)$ 在一区间 $\mathcal{X}$ (开或闭, 有限或无限) 上连续的定义. 在 §3.1 中已讲过, 所谓 $f(x)$ 在区间 $\mathcal{X}$ 上连续, 就是 $f(x)$ 在这区间内每一点 x_0 都连续, 即对任意给定的正数 ε, 总存在着一个正数 δ, 使得对于适合不等式 $|x-x_0|<\delta$ 的一切 x, 所对应的函数值 $f(x)$ 都满足不等式 $|f(x)-f(x_0)|<\varepsilon$. 现在如果固定 ε, 而使 x_0 在区间 $\mathcal{X}$ 内变动, 则对每一点 x_0 都有一个相应的正数 δ, 一般来说, 对不同的点 x_0, 就有不同的 δ, 换句话说, 正数 δ 一般是依赖于 x_0 的. 这从图 3.10 上看是很清楚的: 在函数变化得慢的地方 (曲线比较平坦的部分) 所适用的 δ 要比在函数变化得快的地方 (曲线比较陡峭的部分) 所适用的 δ 要大一些. 因此, 对于在区间 $\mathcal{X}$ 上连续的函数 $f(x)$ 来说, 就发生了这样一个问题: 当正数 ε 给定时, 是否存在有这样一个正数 δ, 它适用于这区间内所有的点 x_0? 如果对于某一函数确实存在这样的正数 δ, 那么这样的连续性就叫做一致连续性. 下面来给出它的定义:

设 $f(x)$ 在某区间 $\mathcal{X}$ 上有定义. 如果对于任意给定的正数 ε, 总存在有一个正数 δ, 使在区间 $\mathcal{X}$ 内任意两点 x_0、x, 只要它们的距离小于 δ, 即当 $|x-x_0|<\delta$ 时, 就有不等式

$$|f(x)-f(x_0)|<\varepsilon$$

成立, 则称 $f(x)$ 在区间上是一致连续的.

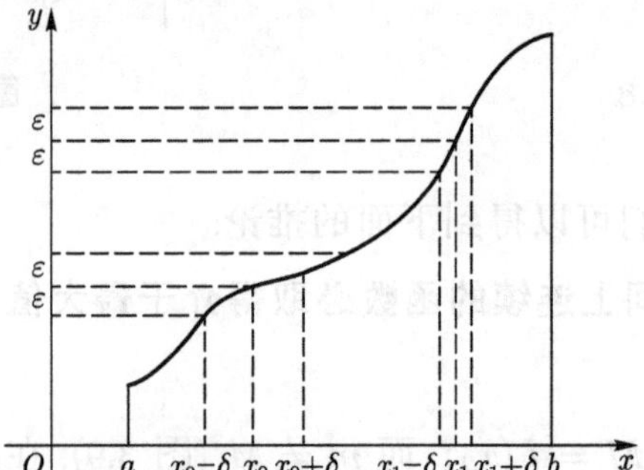

图 3.10

根据上面的定义, 如果 $f(x)$ 在一区间内是一致连续的, 则它在这区间内也是连续的. 但反过来却不一定成立, 举例说明如下:

例 函数 $f(x)=\frac{1}{x}$ 在区间 $(0,1]$ 内是连续的, 但不是一致连续的.

函数 $f(x)=\frac{1}{x}$ 在区间 $(0,1]$ 内连续是显然的, 因为它是有理分式函数, 且分母在这区间内每一点都不等于零.

对于任意给定的 $\varepsilon, 0<\varepsilon<1$, 在原点附近取两点

$$x_1=\frac{\varepsilon}{n},\quad x_2=\frac{\varepsilon}{n+1}.$$

这里 n 为充分大的正整数, 因之 x_1、x_2 两点都在 $(0,1]$ 内. 这两点的距离

$$|x_1-x_2|=\frac{\varepsilon}{n(n+1)}$$

可随 n 增大而任意小. 但对 $(0,1)$ 内任意的这样两点, 有

$$|f(x_2)-f(x_1)|=\frac{|x_2-x_1|}{x_1x_2}=\frac{1}{\varepsilon}>1,$$

也就是对任意 $0<\varepsilon<1$, 上面的结果不符合一致连续的定义, 所以 $f(x)=\frac{1}{x}$ 在 $(0,1]$ 内不是一致连续的.

值得注意的是: 在上面的例题中, 如果把讨论的区间改为闭区间 $[\eta,1]$, 其中 $0<\eta<1$, 那么 $f(x)=\frac{1}{x}$ 不仅在 $[\eta,1]$ 上为连续, 而且是一致连续的.

对任意给定的正数 ε, 在 $[\eta,1]$ 内任取两点 x_1、x_2 使 $|x_1-x_2|<\delta$, 则有

$$|f(x_2)-f(x_1)|=\frac{|x_2-x_1|}{x_1x_2}<\frac{\delta}{\eta^2}$$

(因 $\eta<x_1<1, \eta<x_2<1$, 故 $x_1x_2>\eta^2$). 因而可取 $\delta=\eta^2\varepsilon$, 则对 $[\eta,1]$ 内任意两点 x_1,x_2, 当 $|x_2-x_1|<\delta$ 时, 可使

$$|f(x_2)-f(x_1)|<\varepsilon,$$

这就是说 $f(x)=\frac{1}{x}$ 在 $[\eta,1]$ 上是一致连续的.

从此看出，似乎闭区间上的连续函数在该区间上是一致连续，实际上也确是如此. 这就是我们要叙述的关于闭区间上连续函数的第三个重要性质:

定理 3 (一致连续性)　如果函数 $f(x)$ 在闭区间 $[a,b]$ 上连续，则它在该区间上一致连续.

§3.4 连续函数的和、积及商的连续性

由函数在某点连续的定义和极限的四则运算的法则，立即可得出下列定理:

定理 1　有限个在某点连续的函数的和 (代数和) 是一个在该点连续的函数.

证　考虑三个在点 $x=x_0$ 连续的函数 $u(x)$、$v(x)$、$w(x)$ 的和

$$f(x)=u(x)+v(x)+w(x).$$

根据 §2.6 定理 1，有

$$\begin{aligned}\lim_{x\to x_0} f(x) &= \lim_{x\to x_0}[u(x)+v(x)+w(x)]\\ &=\lim_{x\to x_0} u(x)+\lim_{x\to x_0} v(x)+\lim_{x\to x_0} w(x)\\ &=u(x_0)+v(x_0)+w(x_0)=f(x_0).\end{aligned}$$

这就证明了三个函数的和在点 x_0 为连续. 有限个的情形可以同样证明.

仿此，由读者自己证明下面两个定理:

定理 2　有限个在某点连续的函数的乘积是一个在该点连续的函数.

定理 3　两个在某点连续的函数的商是一个在该点连续的函数，只要分母在该点不为零.

例　因 $\operatorname{tg} x=\dfrac{\sin x}{\cos x}$, $\operatorname{ctg} x=\dfrac{\cos x}{\sin x}$，而 $\sin x$ 和 $\cos x$ 都在区间 $(-\infty, +\infty)$ 内连接 (§3.1)，故由定理 3 知 $\operatorname{tg} x$ 和 $\operatorname{ctg} x$ 在它们的定义域内是连续的.

§3.5 反函数与复合函数的连续性

在 §1.8 和 §1.10 已经讲过反函数和复合函数的概念, 这一节来讨论它们的连续性.

定理 1 如果函数 $y=f(x)$ 在某区间上单值、单调增加 (或减少) 且连续, 那么它的反函数 $x=\varphi(y)$ 也在某一对应的区间上单值、单调增加 (或减少) 且连续.

(证明从略)

例 由于 $y=\sin x$ 在闭区间 $\left[-\dfrac{\pi}{2},\dfrac{\pi}{2}\right]$ 上是单调增加而且连续, 所以它的反函数 $y=\arcsin x$ 在闭区间 $[-1,1]$ 也是单调增加而且连续的.

同样, 应用上述定理 1 可证: $y=\arccos x$ 在闭区间 $[-1,1]$ 上单调减少且连续; $y=\operatorname{arctg} x$ 在区间 $(-\infty,+\infty)$ 内单调增加且连续; $y=\operatorname{arcctg} x$ 在区间 $(-\infty,+\infty)$ 内单调减少且连续.

总之, 反三角函数 $\arcsin x, \arccos x, \operatorname{arctg} x, \operatorname{arcctg} x$ **在它们的定义域内都是连续的.**

定理 2 设函数 $y=f(z)$ 在点 $z=z_0$ 连续, 而函数 $z=\varphi(x)$ 在点 $x=x_0$ 连续, 且 $z_0=\varphi(x_0)$, 又设复合函数 $y=f[\varphi(x)]=F(x)$ 在点 $x=x_0$ 的某一邻域内是有定义的, 那么这复合函数在点 $x=x_0$ 也是连续的. 或简单地叙述为: **连续函数的复合函数是连续函数.**

证 由于函数 $y=f(z)$ 在点 $z=z_0$ 为连续, 对于任意给定的 $\varepsilon>0$, 能够找到 $\eta>0$, 使得当 $|z-z_0|<\eta$ 时, 必有 $|f(z)-f(z_0)|=|y-y_0|<\varepsilon$.

又由于函数 $z=\varphi(x)$ 在点 $x=x_0$ 为连续, 对于方才所找到的 $\eta>0$, 能够找到 $\delta>0$, 使得当 $|x-x_0|<\delta$ 时, 必有 $|\varphi(x)-\varphi(x_0)|=|z-z_0|<\eta$.

将上面两个步骤合并起来, 得到: 对于任意给定的 $\varepsilon>0$, 能够找到 $\delta>0$, 使得当 $|x-x_0|<\delta$ 时, 必有

$$|f[\varphi(x)]-f[\varphi(x_0)]|=|f(z)-f(z_0)|<\varepsilon.$$

这就证明了复合函数 $y=f[\varphi(x)]$ 在点 $x=x_0$ 的连续性.

例 函数 $y=\sin\dfrac{1}{x}$ 是由 $y=\sin\ z$ 和 $z=\dfrac{1}{x}$ 复合而成的. $\sin\ z$ 当 $-\infty<z<+\infty$ 时是连续的, $\dfrac{1}{x}$ 当 $-\infty<x<0$ 和 $0<x<+\infty$ 时是连续的. 根据上面的定理, 函数 $\sin\dfrac{1}{x}$ 在区间 $(-\infty,0)$ 和 $(0,+\infty)$ 内是连续的.

§3.6 初等函数的连续性

在 §3.1, §3.4 中证明了三角函数在它们的定义域内是连续的. 在 §3.5 中证明了反三角函数在它们的定义域内也是连续的.

我们指出 (但不详细讨论), **指数函数**a^x $(a>0,a\neq 1)$ **对于一切实数** x **都有定义, 且在区间**$(-\infty,+\infty)$ **内是单调的和连续的.**

当 x 取一切实数时, $a^x>0$. 由指数函数的单调性和连续性, 引用 §3.5 的定理 1 可得: **对数函数** $\log_a x$ $(a>0,a\neq 1)$ **在区间** $(0,+\infty)$ **内单调且连续.**

幂函数 $y=x^\mu$ 的定义域随 μ 的值而异, 但无论 μ 为何值, 在区间 $(0,+\infty)$ 内幂函数总是有定义的. 我们下面来证明, 在 $(0,+\infty)$ 内幂函数是连续的. 事实上, 设 $x>0$, 则

$$y=x^\mu=a^{\mu\log_a x},$$

就是说, 幂函数 x^μ 可看作是由 $y=a^z$ 与 $z=\mu\log_a x$ 复合而成的, 因此, 根据 §3.5 定理 2, 它是连续的. 如果对于 μ 取各种不同的值加以分别讨论, 可以证明 (我们不证) **幂函数在它的定义域内是连续的.**

综合起来得到: **基本初等函数在它们的定义域内都是连续的.**

最后, 根据 §1.10 中初等函数的定义, 由基本初等函数的连续性以及 §3.4 的定理和 §3.5 定理 2 可得: **一切初等函数在其定义区间内都是连续的.**

这个结论很重要, 首先因为在应用上讨论的函数主要是初等函数, 而初等函数的连续性, 就提供了对于它们进行分析运算的可能; 其次, 初等函

数的连续性, 也提供了实际求它们的极限的方法, 这方法是: 若 $f(x)$ 是初等函数, 且点 x_0 是它的定义区间内的点, 则当 $x \to x_0$ 时, 函数的极限就是当 $x = x_0$ 时的函数值, 即

$$\lim_{x \to x_0} f(x) = f\left(x_0\right).$$

例如点 $x_0 = 0$ 是初等函数 $f(x) = \sqrt{1 - x^2}$ 的定义区间 $[-1, 1]$ 内的点, 所以 $\lim\limits_{x \to 0} \sqrt{1 - x^2} = \sqrt{1} = 1$; 又如点 $x_0 = \dfrac{\pi}{2}$ 是初等函数 $f(x) = \ln \sin x$ 的一个定义区间 $(0, \pi)$ 内的点, 所以 $\lim\limits_{x \to \frac{\pi}{2}} \ln \sin\ x = \ln \sin \dfrac{\pi}{2} = 0$.

第四章

导数及微分

力学及物理学的许多重要问题很自然地而且无可避免地要求在数学中引入两个基本的分析概念——导数概念和微分概念. 只有在运用这两个概念后才能把这些问题精确地解答出来. 这两个概念实际上就是利用极限概念而得到的. 本章主要内容在于说明这两个概念, 推出求函数的导数和微分的一般法则, 从而解决关于初等函数的导数的求法问题.

§4.1 几个物理学上的概念

我们首先考虑几个物理概念: 1° 速度、2° 比热容、3° 密度, 然后再从数学观点来说明它们不过是同一概念的几个特殊形式. 为了很好地得出这样结论, 我们对于这三个概念逐一加以讨论如下:

1. 直线运动的速度 v

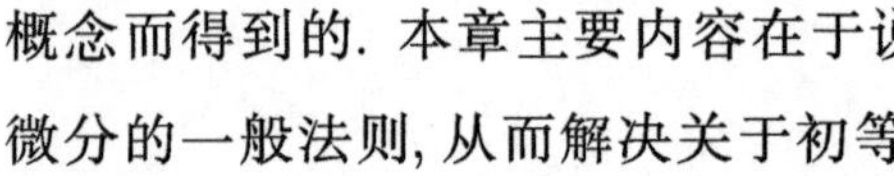

图 4.1

考察一点 M 在直线 AB 上运动. 设 $s=OM$ 是动点 M 在时间 t 内所经过的距离 (如图 4.1). 显然, 对于每一个数值 t 都对应着点 M 的一个位置, 因此对应了一个距离 s, 所以 s 是时间 t 的函数, 我们可以把它写为 $s=f(t)$.

设时间 t 得到一个增量 Δt, 而距离 s 得到一个对应增量 Δs, Δs 是在

时间 Δt 内点 M 所走的距离, 则比

$$\bar{v} = \frac{\Delta s}{\Delta t}$$

表示点 M 在时间间隔 $(t, t + \Delta t)$ 内的平均速度.

假使点 M 的运动是等速的, 则平均速度 $\bar{v}$ 对于每一段的时间 Δt 都是一样的, 它就是点 M 在任何时刻 t 的速度 v. 假使点 M 的运动不是等速的, 则平均速度 $\bar{v}$ 不能正好是瞬时 t 的速度 v. 当 Δt 很小时它不过是速度 v 的一个近似值, 并且很显然, Δt 愈小, 则近似程度愈好. 因此, 对于一般的直线运动, 为了精确地表达瞬时的速度, 我们不得不求当 Δt 趋于零时平均速度 $\bar{v}$ 的极限, 并且就定义这极限为点 M 在时刻 t 的速度 v:

$$v = \lim_{\Delta t \to 0} \bar{v} = \lim_{\Delta t \to 0} \frac{\Delta s}{\Delta t}.$$

例如自由落体的运动方程为 $s = \frac{1}{2}gt^2$, 则

$$s + \Delta s = \frac{1}{2}g(t + \Delta t)^2,$$

由此

$$\Delta s = \frac{1}{2}g(t + \Delta t)^2 - \frac{1}{2}gt^2 = \frac{1}{2}g(2t + \Delta t) \cdot \Delta t.$$

除以 Δt, 得平均速度

$$\frac{\Delta s}{\Delta t} = \frac{1}{2}g(2t + \Delta t).$$

令 $\Delta t \to 0$ 而取极限, 即得在已给时刻 t 的落体速度为

$$v = \lim_{\Delta t \to 0} \frac{\Delta s}{\Delta t} = gt.$$

2. 比热容 c

设使某一具有单位质量的物体从某一确定温度升高到温度 τ 时所需的热量为 q, 一般来讲, 热量 q 是温度 τ 的函数, 即 $q = f(\tau)$. 以 Δq 表示该一物体在温度由 τ 增加到 $\tau + \Delta\tau$ 所需的热量, 则比

$$\bar{c} = \frac{\Delta q}{\Delta \tau}$$

表示物体在温度间隔 $(\tau, \tau+\Delta\tau)$ 内的平均比热容. 当 $\Delta\tau \to 0$ 时 $\bar{c}$ 的极限称为该物体在已给温度 τ 时的比热容 c:

$$c = \lim_{\tau \to 0} \bar{c} = \lim_{\Delta\tau \to 0} \frac{\Delta q}{\Delta\tau}.$$

3. 线密度 δ

设想一直线在它上面质量按某确定规律分布着. 设直线的一端为原点 O, 线段 OP 的长度为 l, 该段的质量为 m, 则 m 为 l 的函数 $m = f(l)$.

设长度 l 得一增量 Δl, 对应的质量得一增量 Δm, 则比

$$\bar{\delta} = \frac{\Delta m}{\Delta l}$$

表示直线在线段 $(l, l+\Delta l)$ 内的平均线密度. 当 $\Delta l \to 0$ 时 $\bar{\delta}$ 的极限称为该直线在已给点 P 的线密度:

$$\delta = \lim_{\Delta l \to 0} \bar{\delta} = \lim_{\Delta l \to 0} \frac{\Delta m}{\Delta l}.$$

§4.2 导数概念

在上面的三个问题中, 我们所做的演算, 除去变量所代表的物理意义不同外, 本质上是一样的. 就是: (i) 对应于自变量的增量算出函数的增量, (ii) 写出函数的增量与自变量的增量的比 (叫做函数的平均变化率), (iii) 求出当自变量的增量趋于零时这个比的极限 (叫做函数在一点的变化率或瞬时变化率). 经过这样的抽象, 我们就可引进微分学的基本概念——导数概念.

定义 **设函数 $y = f(x)$ 在点 x_0 的某一邻域内有定义, 给 x_0 以增量 Δx (点 $x_0 + \Delta x$ 仍在该邻域内), 设函数取得对应的增量 $\Delta y = f(x_0 + \Delta x) - f(x_0)$. 如果当 $\Delta x \to 0$ 时这两个增量的比的极限:**

$$\lim_{\Delta x \to 0} \frac{\Delta y}{\Delta x} = \lim_{\Delta x \to 0} \frac{f(x_0 + \Delta x) - f(x_0)}{\Delta x} \tag{1}$$

存在, 则称这个极限值为函数在点 x_0 的导数, 并称函数在 x_0 可导或具有导数.

我们通常采用记号

$$f'(x_0)\text{、}y']_{x=x_0}\text{、}\left.\frac{df}{dx}\right]_{x=x_0}^{\dagger}\text{或}\left.\frac{dy}{dx}\right]_{x=x_0}\text{等}$$

来表示函数 $y=f(x)$ 在点 x_0 的导数. 例如, 极限值 (1) 可用记号 $f'(x_0)$ 表达为

$$f'(x_0)=\lim_{\Delta x\to 0}\frac{f(x_0+\Delta x)-f(x_0)}{\Delta x}. \tag{2}$$

如果这个极限不存在, 就叫函数在点 x_0 没有导数或导数不存在. 如果极限为无穷大, 导数是不存在的, 但有时为方便计, 也称函数在点 x_0 的导数为无穷大.

例 求函数 $y=x^2$ 在点 $x=1$ 处的导数.

解 当 $x=1$ 时, $y=1$. 当 $x=1+\Delta x$ 时, $y=(1+\Delta x)^2$. 故

$$\Delta y=(1+\Delta x)^2-1=2\Delta x+(\Delta x)^2.$$

因此

$$\frac{\Delta y}{\Delta x}=2+\Delta x.$$

所以

$$\left.\frac{dy}{dx}\right]_{x=1}=\lim_{\Delta x\to 0}\frac{\Delta y}{\Delta x}=\lim_{\Delta x\to 0}(2+\Delta x)=2.$$

设对于在区间 (a,b) 中的每一值 x, 函数 $y=f(x)$ 都有导数, 那么对应于 (a,b) 中的每一 x 值就有一个导数值, 这样便定义出一个新的函数, 叫做函数 $f(x)$ 的**导函数**. 以后为简便起见也叫导函数为导数, 记作

$$f'(x)\text{、}y'\text{、}\frac{df}{dx}\ \text{或}\ \frac{dy}{dx}.$$

必须注意, 导数记号 $\frac{df}{dx}$ 或 $\frac{dy}{dx}$ 应看做是整个记号; 到讲微分概念以后, 才有理由把它看做 df 或 dy 与 dx 之商. 我们以后以使用简单记号 y' 为主.

有了导数的定义以后, 前节所讲的几个物理概念就可以说成为

---

† 现排版用正体 d. 编辑注.

1° 运动的速度是路程对于时间的导数, 即 $v=\dfrac{ds}{dt}$;

2° 比热容是热量对于温度的导数, 即 $c=\dfrac{dq}{d\tau}$;

3° 线性密度是质量对于长度的导数, 即 $\delta=\dfrac{dm}{dl}$.

类似于这样的例子我们不难再多举一些. 事实上, 在自然科学及技术科学领域内, 讨论有关函数变化率问题时, 就需要应用导数概念. 因此, 导数的求法及其性质的研究不仅是数学的问题, 也是与其他科学中的基本概念密切相关的.

最后, 我们还要讲一个问题, 那就是函数在一点处可导与连续的关系.

在定义中, 我们并没有假定函数 $y=f(x)$ 在点 x_0 连续, 但这是导数存在的必然结果.

因为当 $\Delta x\to 0$ 时, $\dfrac{\Delta y}{\Delta x}\to y'$, 所以

$$\Delta y=\frac{\Delta y}{\Delta x}\cdot\Delta x\to y'\cdot 0=0.$$

这就是说, 当自变量的增量 $\Delta x\to 0$ 时函数的增量 Δy 也趋向零. 于是, 我们证明了**函数在点 x_0 有导数必定在该点为连续**.

但反之, **在某点连续的函数不一定在该点有导数**.

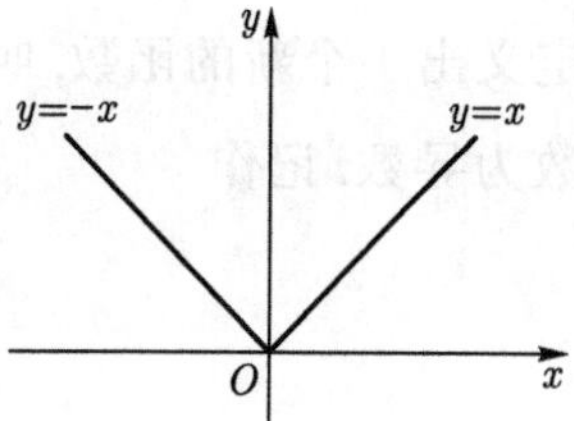

图 4.2

例如, 函数

$$y=|x| \quad 即 \quad y=\begin{cases}x, & x\geqslant 0,\\ -x, & x<0\end{cases}$$

在点 $x=0$ 连续 (参看图 4.2). 但右极限

$$\lim_{\Delta x\to+0}\frac{\Delta y}{\Delta x}=\lim_{\Delta x\to+0}\frac{|\Delta x|}{\Delta x}=1,$$

而左极限

$$\lim_{\Delta x\to-0}\frac{\Delta y}{\Delta x}=\lim_{\Delta x\to-0}\frac{|\Delta x|}{\Delta x}=-1,$$

因左、右极限不等, 故极限 $\lim\limits_{\Delta x\to 0}\dfrac{\Delta y}{\Delta x}$ 不存在, 即函数在点 $x=0$ 没有导数.

所以函数在某点连续是函数在该点可导的必要条件, 但不是充分条件.

§4.3 导数的几何意义

在 $y=f(x)$ 所表示的曲线上 (图 4.3) 取一点 $M(x_0,y_0)$, 又在它邻近取此曲线上的另一点 $M'(x_0+\Delta x,y_0+\Delta y)$. 作出它们的纵标 PM 及 $P'M'$, 并过点 M 作平行于 x 轴的直线交 $P'M'$ 于 Q, 那么

$$MQ=PP'=\Delta x,\ PM=y_0,$$

$$P'M'=y_0+\Delta y,\ QM'=\Delta y.$$

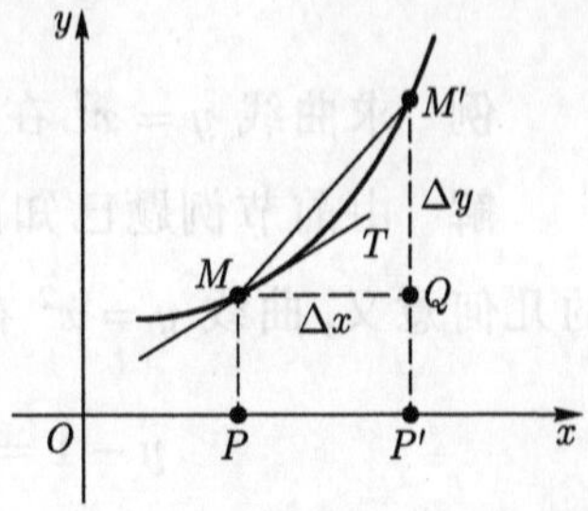

图 4.3

显然, 割线 MM' 的斜率为 $\dfrac{\Delta y}{\Delta x}$. 当 M' 沿曲线 $y=f(x)$ 趋近于 M 以它为极限时, **割线 MM' 的极限位置 MT 叫做该曲线在点 M 的切线**. 因此, 切线 MT 的斜率为

$$\operatorname{tg}\ \alpha=\lim_{\Delta x\to 0}\frac{\Delta y}{\Delta x}=f'(x_0).$$

于是, 我们解决了在曲线上的切线的问题:

若函数 $y=f(x)$ 在 $x=x_0$ 有导数, 则它所表示的曲线在点 $(x_0,f(x_0))$ 的切线的斜率为 $f'(x_0)$; 若函数在该点连续而导数为无穷大: $f'(x_0)=\infty$, 则它所表示的曲线在点 $(x_0,f(x_0))$ 的切线垂直于 x 轴.

根据解析几何, 这曲线在点 $M(x_0,y_0)$ 的切线方程及法线 (即通过点 M 并与切线垂直的直线) 方程可以分别表出如下:

(i) 若 $f'(x_0)$ 存在, 则切线方程为

$$y-y_0=f'(x_0)(x-x_0).$$

若 $f'(x_0)=\infty$, 这时切线垂直于 x 轴, 故切线方程为

$$x=x_0.$$

(ii) 若 $f'(x_0)$ 存在且不等于零, 则法线方程为

$$y-y_0=-\frac{1}{f'(x_0)}(x-x_0).$$

若 $f'(x_0)=0$, 这时切线平行于 x 轴, 故法线垂直于 x 轴, 而法线方程为

$$x=x_0.$$

若 $f'(x_0)=\infty$, 这时切线垂直于 x 轴, 故法线平行于 x 轴, 而法线方程为

$$y=y_0.$$

例 求曲线 $y=x^2$ 在点 $(1,1)$ 的切线方程及法线方程.

解 由前节例题已知函数 $y=x^2$ 在点 $x=1$ 处的导数等于 2, 据导数的几何意义, 曲线 $y=x^2$ 在点 $(1,1)$ 处的切线的斜率为 2, 故切线方程为

$$y-1=2(x-1) \text{ 或 } 2x-y-1=0;$$

又法线方程为

$$y-1=-\frac{1}{2}(x-1) \text{ 或 } x+2y-3=0.$$

§4.4 求导数的例题 · 导数基本公式表

由定义, 求函数 $y=f(x)$ 在点 x 的导数可按下列步骤去做:

(i) 求出对应于自变量的增量 Δx 函数的增量

$$\Delta y=f(x+\Delta x)-f(x),$$

(ii) 以 Δx 除 Δy,

(iii) 求 $\dfrac{\Delta y}{\Delta x}$ 当 $\Delta x\to 0$ 时的极限值 y'.

例 1 线性函数 $y=bx+c$ 的导数.

(i) $\Delta y=f(x+\Delta x)-f(x)=b(x+\Delta x)+c-(bx+c)=b\cdot\Delta x$,

(ii) $\dfrac{\Delta y}{\Delta x}=b,$

(iii) $y'=\lim\limits_{\Delta x\to 0}\dfrac{\Delta y}{\Delta x}=\lim\limits_{\Delta x\to 0}b=b.$

所以**线性函数的导数是一个常数**. 比较 (ii)、(iii), 可见线性函数的平均变化率与瞬时变化率总是相等而不变的. 无论从几何意义 (直线的斜率) 或物理意义 (等速运动的速度) 来说, 这是显然的事实.

特别, 当 $b=0$ 时, 我们得到**常数的导数为零**, 就是:

$$若\ y=c,\ 则\ y'=0.$$

例 2　幂函数 $y=x^n$ (n 为正整数) 的导数.

(i)
$$\begin{aligned}\Delta y=&(x+\Delta x)^n-x^n\\=&x^n+nx^{n-1}\cdot\Delta x+\frac{n(n-1)}{1\cdot 2}x^{n-2}\cdot(\Delta x)^2+\cdots+(\Delta x)^n-x^n\\=&nx^{n-1}\cdot\Delta x+\frac{n(n-1)}{1\cdot 2}x^{n-2}\cdot(\Delta x)^2+\cdots+(\Delta x)^n,\end{aligned}$$

(ii) $\dfrac{\Delta y}{\Delta x}=nx^{n-1}+\dfrac{n(n-1)}{1\cdot 2}x^{n-2}\cdot\Delta x+\cdots+(\Delta x)^{n-1},$

(iii) $y'=\lim\limits_{\Delta x\to 0}\dfrac{\Delta y}{\Delta x}=nx^{n-1}.$

这结果表示: **幂函数 x^n 的导数等于其幂指数 n 乘上幂指数减去一的幂函数 x^{n-1}.**

稍迟 (见 288 页) 我们还要证明这个导数公式对于 n 为任意实数 μ 时也是成立的, 就是

$$(x^{\mu})'=\mu x^{\mu-1}.$$

在未证明之前, 为了演题, 读者不妨先加利用. 例如

$$\left(\frac{1}{x}\right)'=(x^{-1})'=-x^{-2}=-\frac{1}{x^2},$$

$$(\sqrt{x})'=\left(x^{\frac{1}{2}}\right)'=\frac{1}{2}x^{-\frac{1}{2}}=\frac{1}{2\sqrt{x}}.$$

例 3　正弦函数 $y=\sin\ x$ 的导数.

(i) $\Delta y=\sin(x+\Delta x)-\sin\ x=2\cos\left(x+\dfrac{\Delta x}{2}\right)\sin\dfrac{\Delta x}{2}$,

(ii) $\dfrac{\Delta y}{\Delta x}=2\cos\left(x+\dfrac{\Delta x}{2}\right)\dfrac{\sin\dfrac{\Delta x}{2}}{\Delta x}=\cos\left(x+\dfrac{\Delta x}{2}\right)\dfrac{\sin\dfrac{\Delta x}{2}}{\dfrac{\Delta x}{2}}$,

(iii) $y'=\lim\limits_{\Delta x\to 0}\dfrac{\Delta y}{\Delta x}=\lim\limits_{\Delta x\to 0}\cos\left(x+\dfrac{\Delta x}{2}\right)\lim\limits_{\Delta x\to 0}\dfrac{\sin\dfrac{\Delta x}{2}}{\dfrac{\Delta x}{2}}=\cos x$,

这是因为 $\cos x$ 为连续函数, 又知 $\lim\limits_{\Delta x\to 0}\dfrac{\sin\dfrac{\Delta x}{2}}{\dfrac{\Delta x}{2}}=1$ 的缘故.

因此, **正弦函数的导数是余弦函数.**

例 4　余弦函数 $y=\cos\ x$ 的导数.

(i) $\Delta y=\cos(x+\Delta x)-\cos\ x=-2\sin\left(x+\dfrac{\Delta x}{2}\right)\sin\dfrac{\Delta x}{2}$,

(ii) $\dfrac{\Delta y}{\Delta x}=-\sin\left(x+\dfrac{\Delta x}{2}\right)\cdot\dfrac{\sin\dfrac{\Delta x}{2}}{\dfrac{\Delta x}{2}}$,

类似于例题 3 的理由使我们得到

(iii) $y'=\lim\limits_{\Delta x\to 0}\dfrac{\Delta y}{\Delta x}=-\sin x$.

因此, **余弦函数的导数是负的正弦函数.**

例 5　对数函数 $y=\log_a x\ (a>0, x>0)$ 的导数.

(i) $\Delta y=\log_a(x+\Delta x)-\log_a x=\log_a\left(1+\dfrac{\Delta x}{x}\right)$,

(ii) $\dfrac{\Delta y}{\Delta x}=\dfrac{1}{x}\cdot\log_a\left(1+\dfrac{\Delta x}{x}\right)^{\frac{x}{\Delta x}}$,

(iii) $y'=\lim\limits_{\Delta x\to 0}\dfrac{1}{x}\log_a\left(1+\dfrac{\Delta x}{x}\right)^{\frac{x}{\Delta x}}=\dfrac{1}{x}\lim\limits_{\Delta x\to 0}\log_a\left(1+\dfrac{\Delta x}{x}\right)^{\frac{x}{\Delta x}}$.

由对数函数的连续性及 $\lim\limits_{a\to 0}(1+\alpha)^{\frac{1}{a}}=e$ (§2.7), 得到

$$y'=\frac{1}{x}\log_a e.$$

特别地, 如果 $y=\ln x$, 则 $y'=\dfrac{1}{x}$.

可见在对数函数中，以 e 为底的函数 $\ln x$ 具有独特的优点，就是它的导数以最简单的形式出现——**等于自变量的倒数**.

例 6 指数函数 $y=a^x$ $(a>0)$ 的导数.

(i) $\Delta y=a^{x+\Delta x}-a^x=a^x\left(a^{\Delta x}-1\right)$,

(ii) $\dfrac{\Delta y}{\Delta x}=a^x\cdot\dfrac{a^x-1}{\Delta x}$,

(iii) $y'=\lim\limits_{\Delta x\to 0}\dfrac{\Delta y}{\Delta x}=a^x\lim\limits_{\Delta x\to 0}\dfrac{a^{\Delta x}-1}{\Delta x}$.

现令 $a^{\Delta x}-1=\beta$, 则 $\Delta x=\log_a(1+\beta)$, 又当 $\Delta x\to 0$ 时 $\beta\to 0$, 于是

$$\lim_{\Delta x\to 0}\frac{a^{\Delta x}-1}{\Delta x}=\lim_{\beta\to 0}\frac{\beta}{\log_a(1+\beta)}=\frac{1}{\lim\limits_{\beta\to 0}\log_a(1+\beta)^{\frac{1}{\beta}}}=\frac{1}{\log_a e}=\ln a.$$

所以

$$y'=a^x\ln a.$$

特别地，如果 $y=e^x$, 则 $y'=e^x$.

可见在指数函数中，以 e 为底的函数 e^x 具有独特的优点，就是它的导数以最简单的形式出现——**等于函数的本身**.

* * * * * *

直接根据定义求导数的例题就讲上面这几个. 在下面几节，我们要导出求导数的一般运算法则 (求导数法也叫做微分法). 通过这些运算法则，可将求较复杂函数的导数的问题化成求较简单函数的导数的问题.

为了便于检查，我们把导数的基本公式列成下表. 其中有些已经证明了，其余的都将通过以下几节中的例题陆续导出.

导数基本公式表

1. $y=c$	$y'=0$
2. $y=x^\mu$	$y'=\mu x^{\mu-1}$
3. $y=a^x$ $(a>0$ 且 $a\neq 1)$	$y'=a^x\ln a$
$y=e^x$	$y'=e^x$
4. $y=\log_a x$ $(a>0$ 且 $a\neq 1)$	$y'=\dfrac{\log_a e}{x}$
$y=\ln x$	$y'=\dfrac{1}{x}$

5. $y=\sin\ x$ $\qquad y'=\cos\ x$

6. $y=\cos\ x$ $\qquad y'=-\sin\ x$

7. $y=\operatorname{tg}\ x$ $\qquad y'=\sec^2 x=\dfrac{1}{\cos^2\ x}$

8. $y=\operatorname{ctg}\ x$ $\qquad y'=-\csc^2 x=-\dfrac{1}{\sin^2 x}$

9. $y=\arcsin\ x$ $\qquad y'=\dfrac{1}{\sqrt{1-x^2}}$

10. $y=\arccos\ x$ $\qquad y'=-\dfrac{1}{\sqrt{1-x^2}}$

11. $y=\operatorname{arctg}\ x$ $\qquad y'=\dfrac{1}{1+x^2}$

12. $y=\operatorname{arcctg}\ x$ $\qquad y'=-\dfrac{1}{1+x^2}$

13. $y=\operatorname{sh}\ x$ $\qquad y'=\operatorname{ch} x$

14. $y=\operatorname{ch}\ x$ $\qquad y'=\operatorname{sh} x$

15. $y=\operatorname{th}\ x$ $\qquad y'=\dfrac{1}{\operatorname{ch}^2 x}$

16. $y=\operatorname{arsh}\ x$ $\qquad y'=\dfrac{1}{\sqrt{1+x^2}}$

17. $y=\operatorname{arch}\ x$ $\qquad y'=\dfrac{1}{\sqrt{x^2-1}}$

18. $y=\operatorname{arth}\ x$ $\qquad y'=\dfrac{1}{1-x^2}$

§4.5 函数的和、积、商的导数

定理 1 如果函数 $u(x)$、$v(x)$ 在点 x 有导数, 则函数 $y=u\pm v$ 在该点也有导数, 并且

$$(u\pm v)'=u'\pm v'. \tag{1}$$

换句话说: **两个函数的代数和的导数等于它们的导数的代数和.**

证 设对应于 x 的增量 Δx, 函数 u、v 及 y 的增量依次为 Δu、Δv 及 Δy. 于是, 在点 x, 函数值之间有关系

$$y=u\pm v,$$

而在点 $x+\Delta x$, 函数值之间有关系

$$y+\Delta y=(u+\Delta u)\pm(v+\Delta v).$$

由此

$$\Delta y=\Delta u\pm\Delta v,$$

$$\frac{\Delta y}{\Delta x}=\frac{\Delta u}{\Delta x}\pm\frac{\Delta v}{\Delta x}.$$

取极限

$$\lim_{\Delta x\to 0}\frac{\Delta y}{\Delta x}=\lim_{\Delta x\to 0}\frac{\Delta u}{\Delta x}\pm\lim_{\Delta x\to 0}\frac{\Delta v}{\Delta x}=u'\pm v',$$

这表示导数 y' 存在, 并且

$$y'=(u\pm v)'=u'\pm v'.$$

用同样方法可以推广这个结果于任意有限个函数和的情形.

定理 2 **如果函数 $u(x)$、$v(x)$ 在点 x 有导数, 则函数 $y=uv$ 在该点也有导数, 并且**

$$(uv)'=uv'+vu'. \tag{2}$$

换句话说: **两个函数的乘积的导数等于第一个因子乘第二个因子的导数再加上第二个因子乘第一个因子的导数.**

证 同上面一样, 在点 x 有关系

$$y=uv,$$

而在点 $x+\Delta x$ 有关系

$$y+\Delta y=(u+\Delta u)(v+\Delta v).$$

由此

$$\Delta y=u\Delta v+v\Delta u+\Delta u\Delta v,$$

$$\frac{\Delta y}{\Delta x}=u\frac{\Delta v}{\Delta x}+v\frac{\Delta u}{\Delta x}+\frac{\Delta u}{\Delta x}\Delta v.$$

因函数 v 在点 x 连续, 故当 $\Delta x \to 0$ 时 $\Delta v \to 0$; 于是

$$\lim_{\Delta x\to 0}\frac{\Delta y}{\Delta x}=u\cdot\lim_{\Delta x\to 0}\frac{\Delta v}{\Delta x}+v\cdot\lim_{\Delta x\to 0}\frac{\Delta u}{\Delta x}=uv'+vu',$$

即导数 y' 存在, 并且

$$y'=(uv)'=uv'+vu'.$$

特殊地, 如令 v 等于常数 c, 因 c 的导数为零 (§4.4 例题 1), 所以

$$(cu)'=cu'. \tag{3}$$

这就是说, **常数因子可以从导数的记号内取出来**.

如果 $y=uvw$, 并且导数 u'、v'、w' 都存在, 则应用 (2),

$$y'=(uvw)'=[(uv)w]'=(uv)w'+w(uv)'=uvw'+uwv'+vwu'.$$

在更多因子的情形, 也有类似结果, 不难仿此逐步类推.

定理 3 如果函数 $u(x)$、$v(x)$ 在点 x 有导数, 且 $v(x)$ 在该点不为零, 则函数 $y=\dfrac{u}{v}$ 在点 x 也有导数, 并且

$$\left(\frac{u}{v}\right)'=\frac{vu'-uv'}{v^2}. \tag{4}$$

证 仍然同上面一样, 我们有

$$y=\frac{u}{v},$$

及

$$y+\Delta y=\frac{u+\Delta u}{v+\Delta v}.$$

由此

$$\Delta y=\frac{u+\Delta u}{v+\Delta v}-\frac{u}{v}=\frac{v\Delta u-u\Delta v}{v(v+\Delta v)},$$

$$\frac{\Delta y}{\Delta x}=\frac{v\dfrac{\Delta u}{\Delta x}-u\dfrac{\Delta v}{\Delta x}}{v(v+\Delta v)}.$$

当 $\Delta x \to 0$ 时, $\Delta v \to 0$; 于是, 导数 y' 存在, 并且

$$y' = \left(\frac{u}{v}\right)' = \frac{vu' - uv'}{v^2}.$$

例 1　求函数 $y = x^3 - 3x^2 + 7x - 10$ 的导数.

解　$y' = \left(x^3 - 3x^2 + 7x - 10\right)' = \left(x^3\right)' - 3\left(x^2\right)' + 7(x)' - (10)'$

$= 3x^2 - 6x + 7.$

例 2　求函数 $y = (2x+3)(1-x)(x+2)$ 的导数.

解　$y' = (2x+3)'(1-x)(x+2) + (2x+3)(1-x)'(x+2) +$

$(2x+3)(1-x)(x+2)'$

$= 2(1-x)(x+2) - (2x+3)(x+2) + (2x+3)(1-x)$

$= -6x^2 - 10x + 1.$

例 3　三角函数 $y = \operatorname{tg}\ x$、$y = \operatorname{ctg}\ x$ 的导数.

应用公式 (4)

$$y' = (\operatorname{tg}\ x)' = \left(\frac{\sin\ x}{\cos\ x}\right)' = \frac{\cos\ x(\sin\ x)' - \sin\ x(\cos\ x)'}{\cos^2 x}.$$

因已知 (§4.4 例题 3、4)

$$(\sin\ x)' = \cos x, (\cos\ x)' = -\sin\ x,$$

故有

$$(\operatorname{tg}\ x)' = \frac{1}{\cos^2 x} = \sec^2 x.$$

用同样的方法可求得

$$(\operatorname{ctg}\ x)' = -\frac{1}{\sin^2 x} = -\csc^2 x.$$

例 4　求 $y = e^{-x}$ 的导数.

解　由于 $e^{-x} = \dfrac{1}{e^x}$, 在公式 (4) 中令 $u = 1$, 并注意到 $(e^x)' = e^x$, 则有

$$y' = \left(\frac{1}{e^x}\right)' = \frac{-e^x}{e^{2x}} = -e^{-x}.$$

例 5 双曲函数 sh x、ch x、th x **的导数.**

$$(\operatorname{sh}\ x)'=\left(\frac{e^x-e^{-x}}{2}\right)'=\frac{(e^x)'-(e^{-x})'}{2}=\frac{e^x+e^{-x}}{2}=\operatorname{ch}\ x,$$

$$(\operatorname{ch}\ x)'=\left(\frac{e^x+e^{-x}}{2}\right)'=\frac{(e^x)'+(e^{-x})'}{2}=\frac{e^x-e^{-x}}{2}=\operatorname{sh}\ x,$$

$$(\operatorname{th}\ x)'=\left(\frac{\operatorname{sh}\ x}{\operatorname{ch}\ x}\right)'=\frac{\operatorname{ch}\ x(\operatorname{sh}\ x)'-\operatorname{sh}\ x(\operatorname{ch}\ x)'}{\operatorname{ch}^2 x}=\frac{\operatorname{ch}^2 x-\operatorname{sh}^2 x}{\operatorname{ch}^2 x}=\frac{1}{\operatorname{ch}^2 x}.$$

把这些结果与三角函数的导数比较, 易于看出它们的类似之处.

§4.6 反函数的导数

在求反三角函数与反双曲函数的导数之前, 先来证明下面的一般定理.

定理 设函数 $x=\varphi(y)$ **在某一区间内单调、连续, 又在区间内一点** y **处导数** $\varphi'(y)$ **存在且不为零, 则反函数** $y=f(x)$ **在对应点** x **处具有导数** $f'(x)$, **并且**

$$f'(x)=\frac{1}{\varphi'(y)}. \tag{1}$$

换句话说: **反函数的导数等于直接函数的导数的倒数.**

证 由 $\varphi(y)$ 在某一区间内的单调、连续性, 知道反函数 $f(x)$ 在相应的区间内为单调且连续的 (§3.5). 现给 x 以增量 $\Delta x\neq 0$, 由于 $f(x)$ 的单调性, 可见对应的增量

$$\Delta y=f(x+\Delta x)-f(x)\neq 0,$$

于是, 有等式

$$\frac{\Delta y}{\Delta x}=\frac{1}{\dfrac{\Delta x}{\Delta y}}.$$

令 $\Delta x\to 0$, 由于 $f(x)$ 的连续性, 故 $\Delta y\to 0$, 又由于 $\varphi(y)$ 的可导性, 故上式右边的分母趋近于极限值 $\varphi'(y)\neq 0$; 因此, 极限 $\lim\limits_{\Delta x\to 0}\dfrac{\Delta y}{\Delta x}$ 存在并且等式 (1) 成立.

在下面两个例子里，我们将应用上述定理及已经推出的三角函数与双曲函数的导数公式来推导反三角函数、反双曲函数的导数.

例 1 反三角函数的导数 函数

$$x = \sin\ y$$

在区间 $-\frac{\pi}{2} < y < \frac{\pi}{2}$ 内单调可导并且它的导数 $(\sin\ y)' = \cos\ y > 0$ (§4.4 例 3). 根据公式 (1), 反函数

$$y = \arcsin\ x$$

在对应区间 $-1 < x < 1$ 内有导数

$$(\arcsin\ x)' = \frac{1}{(\sin\ y)'} = \frac{1}{\cos\ y}.$$

但 $\cos\ y = \sqrt{1 - \sin^2 y} = \sqrt{1 - x^2}$ (因 $\cos\ y > 0$, 故根号前应取正号), 所以

$$(\arcsin\ x)' = \frac{1}{\sqrt{1 - x^2}} \quad (-1 < x < 1).$$

又函数

$$x = \operatorname{tg}\ y$$

在区间 $-\frac{\pi}{2} < y < \frac{\pi}{2}$ 内单调可导并且它的导数 $(\operatorname{tg}\ y)' = \sec^2 y > 0$ (§4.5 例 3). 根据公式 (1), 反函数

$$y = \operatorname{arctg}\ x$$

在对应区间 $-\infty < x < +\infty$ 内有导数

$$(\operatorname{arctg}\ x)' = \frac{1}{(\operatorname{tg}\ y)'} = \frac{1}{\sec^2 y}.$$

但 $\frac{1}{\sec^2 y} = \frac{1}{1 + \operatorname{tg}^2 y} = \frac{1}{1 + x^2}$, 所以

$$(\operatorname{arctg}\ x)' = \frac{1}{1 + x^2} \quad (-\infty < x < +\infty).$$

同样, 可以求得

$$(\arccos\ x)' = -\frac{1}{\sqrt{1 - x^2}} \quad (-1 < x < 1),$$

$$(\operatorname{arcctg}\ x)' = -\frac{1}{1 + x^2} \quad (-\infty < x < +\infty).$$

例 2 反双曲函数的导数 函数

$$x = \mathrm{sh}\ y$$

在区间 $-\infty < y < +\infty$ 内单调可导并且导数 $(\mathrm{sh}\ y)' = \mathrm{ch}\, y > 0$ (§4.5 例 5). 根据公式 (1), 反函数

$$y = \mathrm{arsh}\ x$$

在对应区间 $-\infty < x < +\infty$ 内有导数

$$(\mathrm{arsh}\ x)' = \frac{1}{(\mathrm{sh}\ y)'} = \frac{1}{\mathrm{ch}\ y}.$$

但 $\mathrm{ch}\ y = \sqrt{\mathrm{sh}^2 y + 1} = \sqrt{x^2+1}$, 所以

$$(\mathrm{arsh}\ x)' = \frac{1}{\sqrt{x^2+1}} \quad (-\infty < x < +\infty).$$

又函数

$$x = \mathrm{ch}\ y$$

在区间 $0 < y < +\infty$ 内单调可导并且导数 $(\mathrm{ch}\ y)' = \mathrm{sh}\ y > 0$ (§4.5 例 5). 根据公式 (1), 反函数

$$y = \mathrm{arch}\ x$$

在对应区间 $1 < x < +\infty$ 内有导数

$$(\mathrm{arch}\ x)' = \frac{1}{(\mathrm{ch}\ y)'} = \frac{1}{\mathrm{sh}\ y}.$$

但 $\mathrm{sh}\ y = \sqrt{\mathrm{ch}^2 y - 1} = \sqrt{x^2-1}$, 所以

$$(\mathrm{arch}\ x)' = \frac{1}{\sqrt{x^2-1}} \quad (1 < x < +\infty).$$

同理, 可求得

$$(\mathrm{arth}\ x)' = \frac{1}{1-x^2} \quad (-1 < x < 1).$$

§4.7 复合函数的导数

设 y 是 x 的一个复合函数, 即 y 是中间变量 u 的函数: $y=f(u)$, 而 u 又是 x 的函数: $u=\varphi(x)$, 亦即 $y=f[\varphi(x)]$. 关于这个复合函数对 x 的导数问题, 我们有下面的定理.

定理 设函数 $u=\varphi(x)$ 在某一点 x 有导数 $u'_x=\varphi'(x)$, 函数 $y=f(u)$ 在对应点 u 有导数 $y'_u=f'(u)$, 则复合函数 $y=f[\varphi(x)]$ 在该点 x 也有导数, 并且它等于导数 $f'(u)$ 与导数 $\varphi'(x)$ 的乘积:

$$f'_x[\varphi(x)]=f'(u)\cdot\varphi'(x), \tag{1}$$

或写为

$$y'_x=y'_u\cdot u'_x=\frac{dy}{du}\cdot\frac{du}{dx}. \tag{2}$$

证 给 x 以增量 Δx, 设函数 $u=\varphi(x)$ 的对应的增量为 Δu, 又从增量 Δu, 设函数 $y=f(u)$ 的对应的增量为 Δy.

因为函数 $y=f(u)$ 在点 u 的导数存在, 所以

$$f'(u)=\lim_{\Delta u\to 0}\frac{\Delta y}{\Delta u}.$$

由此, 根据极限与无穷小的关系 (§2.4, 定理 2), 我们有

$$\frac{\Delta y}{\Delta u}=f'(u)+\alpha,$$

式中 $\alpha\to 0$, 当 $\Delta u\to 0$. 上式两边各乘 $\Delta u\neq 0$, 即得

$$\Delta y=f'(u)\cdot\Delta u+\alpha\cdot\Delta u. \tag{3}$$

因 u 是中间变量, 所以 Δu 可能为零. 但当 $\Delta u=0$ 时, 显然公式 (3) 的左边的增量 Δy 为零, 而此式右边不论 α 为任何定数时也为零. 为了确定起见, 我们规定在 $\Delta u=0$ 时, α 取得其极限值, 即 $\alpha=0$. 这样, 就使得公式 (3) 不论 Δu 是不是零都正确.

现在用 $\Delta x \neq 0$ 来除等式 (3) 的两边, 得

$$\frac{\Delta y}{\Delta x} = f'(u) \cdot \frac{\Delta u}{\Delta x} + \alpha \cdot \frac{\Delta u}{\Delta x}. \tag{4}$$

再令 $\Delta x \to 0$, 因这时 $\Delta u \to 0$ (也可能取零值), 从而 $\alpha \to 0$ 及 $\frac{\Delta u}{\Delta x} \to \varphi'(x)$, 故 (4) 式右边的极限为 $f'(u) \cdot \varphi'(x)$. 因此, (4) 式左边的极限存在, 即 $y'_x = f'_x[\varphi(x)]$ 存在且等于 $f'(u) \cdot \varphi'(x)$, 这就是所要证明的.

重复应用上述定理, 我们可把复合函数的求导法则推广到多次复合的情形. 例如, 设

$$y = f(u), \quad u = \varphi(v), \quad v = \psi(x),$$

则复合函数 $y = f\{\varphi[\psi(x)]\}$ 的导数是

$$\frac{dy}{dx} = \frac{dy}{du} \cdot \frac{du}{dv} \cdot \frac{dv}{dx}.$$

因为 $\frac{dy}{dx} = \frac{dy}{du} \cdot \frac{du}{dx}$, 但 $\frac{du}{dx} = \frac{du}{dv} \cdot \frac{dv}{dx}$, 故得上式.

例 1 幂函数 $y = x^\mu$ (μ 为任意实数), 求证 $y' = \mu x^{\mu-1}$.

解 $y = x^\mu = e^{\mu \ln x} = e^u$, 其中 $u = \mu \ln x$; 由公式 (1),

$$y' = (e^u)' \cdot (\mu \ln x)' = e^u \cdot \mu \frac{1}{x} = x^\mu \cdot \mu \frac{1}{x} = \mu x^{\mu-1}.$$

例 2 求 $y = \ln \cos x$ 的导数.

解 令 $y = \ln u, u = \cos x$, 根据公式 (1) 有

$$y' = (\ln u)' \cdot (\cos x)' = \frac{1}{u} \cdot (-\sin x) = -\frac{\sin x}{\cos x} = -\operatorname{tg} x.$$

例 3 求 $y = \sqrt{1+x^2}$ 的导数.

解 令 $y = \sqrt{u}, u = 1 + x^2$,

$$y' = (\sqrt{u})' \cdot \left(1 + x^2\right)' = \frac{1}{2\sqrt{u}} \cdot 2x = \frac{x}{\sqrt{1+x^2}}.$$

当然, 在练习熟了之后, 中间变量如 u、v 等就没有再引进的必要, 且看下面的例子.

例 4 求 $y=e^{x^2}$ 的导数.

解 $y'=e^{x^2}\cdot\left(x^2\right)'=2xe^{x^2}$.

例 5 求 $y=\left(x^2+x+1\right)^n$ 的导数.

解 $y'=n\left(x^2+x+1\right)^{n-1}\cdot\left(x^2+x+1\right)'=n(2x+1)\left(x^2+x+1\right)^{n-1}$.

例 6 求 $y=\operatorname{arctg}\dfrac{1}{x}$ 的导数.

解 $y'=\dfrac{1}{1+\left(\dfrac{1}{x}\right)^2}\cdot\left(\dfrac{1}{x}\right)'=\dfrac{x^2}{(1+x^2)}\cdot\left(-\dfrac{1}{x^2}\right)=-\dfrac{1}{1+x^2}$.

例 7 求 $y=2^{\sin^2\frac{1}{x}}$ 的导数.

解

$$\begin{aligned}y'&=2^{\sin^2\frac{1}{x}}\cdot\ln 2\cdot\left(\sin^2\frac{1}{x}\right)'=2^{\sin^2\frac{1}{x}}\cdot\ln 2\cdot 2\sin\frac{1}{x}\cdot\left(\sin\frac{1}{x}\right)'\\&=2^{\sin^2\frac{1}{x}}\cdot\ln 2\cdot 2\sin\frac{1}{x}\cdot\cos\frac{1}{x}\cdot\left(\frac{1}{x}\right)'=-\ln 2\cdot\frac{1}{x^2}\cdot\sin\frac{2}{x}\cdot 2^{\sin^2\frac{1}{x}}.\end{aligned}$$

对数求导法 在某些场合下, 利用所谓对数求导法, 较之用通常法则来求导数要简便些. 我们通过下面的例题来说明这种方法.

例 8 求幂指函数 $y=u^v(u>0)$ 的导数, 其中 u v 是 x 的函数, 并有导数 u'、v'.

解 因为 $y=u^v=e^{v\ln u}$, 所以导数 y' 存在 (本节定理及 §4.5 定理 2). 这导数可用下法求得: 先取对数

$$\ln y=v\ln u,$$

再求两边对 x 的导数, 注意到 y、u、v 都是 x 的函数, 根据复合函数的求导法, 得

$$\frac{1}{y}y'=v\cdot\frac{1}{u}u'+v'\cdot\ln u.$$

由此

$$y'=y\left(\frac{vu'}{u}+v'\ln u\right)=u^v\left(\frac{vu'}{u}+v'\ln u\right).$$

例如 $y=x^{\sin x}$, 则 $y'=x^{\sin x}\left(\dfrac{\sin x}{x}+\cos x\cdot\ln x\right)$.

例 9 求 $y=\sqrt{\dfrac{(x-1)(x-2)}{(x-3)(x-4)}}$ 的导数.

解 先取两边的对数

$$\ln y=\frac{1}{2}[\ln(x-1)+\ln(x-2)-\ln(x-3)-\ln(x-4)].$$

再对 x 求导数 (注意到 y 是 x 的函数),

$$\frac{1}{y}y'=\frac{1}{2}\left(\frac{1}{x-1}+\frac{1}{x-2}-\frac{1}{x-3}-\frac{1}{x-4}\right),$$

故

$$y'=\frac{y}{2}\left(\frac{1}{x-1}+\frac{1}{x-2}-\frac{1}{x-3}-\frac{1}{x-4}\right).$$

小结 从本章开始到这里为止, 我们通过例题已经把 §4.4 所附的导数基本公式逐一加以证明, 并且我们又讲过函数的和、积、商的微分法则 (即求导数法则) 及复合函数的微分法则. 因为初等函数是由基本初等函数经过四则运算及复合步骤而形成的, 所以初等函数的导数的求法可以不必直接根据定义, 只要运用基本公式及微分法则就能够解决了.

§4.8 高阶导数

函数 $y=f(x)$ 的导数 $y'=f'(x)$ 仍然是 x 的一个函数, 如果函数 $y'=f'(x)$ 的导数存在, 这个导数就叫做原来函数 $y=f(x)$ 的**二阶导数**, 记作

$$y''、f''(x)、\frac{d^2y}{dx^2} \text{ 或} \frac{d^2f}{dx^2}.$$

利用上面的记号, 例如 $f''(x)$, 则按照定义, 函数 $f(x)$ 在点 x 的二阶导数就是下列极限:

$$f''(x)=\lim_{\Delta x\to 0}\frac{f'(x+\Delta x)-f'(x)}{\Delta x}. \tag{1}$$

跟 (一阶) 导数概念一样, 高阶导数的概念在自然科学及技术科学中也是经常会应用到的. 例如, 在 §4.1 中我们已经讲过, 在直线上运动的点的速

度 v 是它所经过的路程 s 对于时间 t 的导数: $v=\dfrac{ds}{dt}$. 在物理上另一重要概念是动点的加速度 a, 它的定义是速度 v 对于时间 t 的变化率, 也就是速度 v 对于时间 t 的导数: $a=\dfrac{dv}{dt}$. 但 $v=\dfrac{ds}{dt}$, 所以动点在直线上运动的加速度是路程对于时间的二阶导数: $a=\dfrac{d^2s}{dt^2}$.

类似地, 如果函数 $y''=f''(x)$ 的导数存在, 这个导数就叫做原来函数 $y=f(x)$ 的三阶导数, 记作

$$y'''、f'''(x)、\frac{d^3y}{dx^3} 或 \frac{d^3f}{dx^3}.$$

一般地, 如果 $(n-1)$ 阶导数 $y^{(n-1)}=f^{(n-1)}(x)$ 的导数存在, 这个导数就叫做原来函数 $y=f(x)$ 的 n 阶导数, 记作

$$y^{(n)}、f^{(n)}(x)、\frac{d^ny}{dx^n} 或 \frac{d^nf}{dx^n}.$$

显然, 求高阶导数只需要进行一连串通常的微分运算, 因此不需要什么另外的方法. 下面提出几个求初等函数高阶导数的例子.

例 1 求 n 次多项式 $y=a_0x^n+a_1x^{n-1}+\cdots+a_{n-1}x+a_n$ 的各阶导数.

解 $$y'=na_0x^{n-1}+(n-1)a_1x^{n-2}+\cdots+a_{n-1}$$
是 $(n-1)$ 次多项式. 可见经过一次微分运算, 多项式的次数就减去一. 这样累次微分下去, 易知 n 阶导数

$$y^{(n)}=n!a_0$$

只是一个常数. 由此,

$$y^{(n+1)}=y^{(n+2)}=\cdots=0.$$

这就是说: n 次多项式的一切高于 n 阶的导数都是零.

例 2 求指数函数 $y=e^{ax}$、$y=a^x$ $(a>0$ 且 $a\neq 1)$ 的 n 阶导数.

解 $y=e^{ax}, y'=ae^{ax}, y''=a^2e^{ax}, \cdots, y^{(n)}=a^ne^{ax}$;

$$y=a^x, y'=(\ln a)a^x, y''=(\ln a)^2a^x, \cdots, y^{(n)}=(\ln a)^na^x.$$

例 3 求 $y=\sin x$ 的 n 阶导数.

解 $y'=\cos x=\sin\left(x+\frac{\pi}{2}\right), y''=\cos\left(x+\frac{\pi}{2}\right)=\sin\left(x+2\cdot\frac{\pi}{2}\right),\cdots,$

$$y^{(n)}=\sin\left(x+n\cdot\frac{\pi}{2}\right).$$

例 4 求 $y=\ln(1+x)$ 的 n 阶导数.

解 $y'=\frac{1}{1+x}, y''=-\frac{1}{(1+x)^2}, y'''=\frac{1\cdot 2}{(1+x)^3},\cdots,$

$$y^{(n)}=(-1)^{n-1}\frac{(n-1)!}{(1+x)^n}.$$

§4.9 参数方程所确定的函数的导数

在解析几何中, 我们讲过方程组

$$x=\varphi(t),\quad y=\psi(t) \tag{1}$$

在平面上一般地能表示一条曲线, 它们叫做这个曲线的参数方程. 现设这两个函数 $\varphi(t)$、$\psi(t)$ 都有导数 $\varphi'(t)$、$\psi'(t)$, 而且第一个函数具有单值连续反函数 $t=\bar{\varphi}(x)$. 于是, 当 $\varphi'(t)\neq 0$ 时, 这个反函数的导数存在, 并且是 $\frac{dt}{dx}=\frac{1}{\varphi'(t)}$(§4.6). 把 $t=\bar{\varphi}(x)$ 代入 $\psi(t)$, 得曲线的直角坐标方程

$$y=\psi[\bar{\varphi}(x)]=f(x).$$

把 $t=\bar{\varphi}(x)$ 看做中间变量, 该函数 $f(x)$ 为 x 的复合函数, 它的导数存在 (§4.7), 并且按照复合函数的求导数法, 它的导数是

$$y'=\frac{dy}{dx}=\frac{dy}{dt}\cdot\frac{dt}{dx}=\frac{\frac{dy}{dt}}{\frac{dx}{dt}}=\frac{\psi'(t)}{\varphi'(t)}. \tag{2}$$

由此可见, 我们不必重新建立 y 对于 x 的直接关系, 由已给方程组 (1) 就能求出 y 对于 x 的导数; 因之, 也就确定了曲线 (1) 的切线斜率.

当 $t=t_0$, 设曲线上一点的坐标为

$$x_0=\varphi(t_0),\quad y_0=\psi(t_0),$$

则在该点曲线的切线方程是

$$(x-x_0)\psi'(t_0)-(y-y_0)\varphi'(t_0)=0 \tag{3}$$

或

$$\frac{x-x_0}{\varphi'(t_0)}=\frac{y-y_0}{\psi'(t_0)};$$

而法线方程是

$$(x-x_0)\varphi'(t_0)+(y-y_0)\psi'(t_0)=0. \tag{4}$$

如果再假定 $\varphi''(t),\psi''(t)$ 存在, 则 y 对 x 的二阶导数可按照复合函数求导数法及商的导数法来求:

$$\begin{aligned} y''&=\frac{dy'}{dx}=\frac{dy'}{dt}\cdot\frac{dt}{dx}=\frac{d}{dt}\left(\frac{\psi'(t)}{\varphi'(t)}\right)\cdot\frac{1}{\varphi'(t)}\\ &=\frac{\varphi'(t)\psi''(t)-\psi'(t)\varphi''(t)}{\{\varphi'(t)\}^3} \end{aligned} \tag{5}$$

例 1 求参数方程

$$\begin{cases} x=a\cos^3 t,\\ y=a\sin^3 t \end{cases}$$

所确定的函数的导数.

解 $\dfrac{dx}{dt}=-3a\cos^2 t\sin t, \dfrac{dy}{dt}=3a\sin^2 t\cos t.$

代入 (2), 得到

$$\frac{dy}{dx}=\frac{3a\sin^2 t\cos t}{-3a\cos^2 t\sin t}=-\operatorname{tg} t\quad\left(t\neq\frac{n\pi}{2}, n\text{ 为整数}\right).$$

例 2 求椭圆

$$\begin{cases} x=a\cos t,\\ y=b\sin t \end{cases}$$

在 $t=\dfrac{\pi}{4}$ 的切线方程和法线方程.

解
$$\frac{dy}{dx}=\frac{\psi'(t)}{\varphi'(t)}=-\frac{b}{a}\operatorname{ctg}t,$$

而
$$\left.\frac{dy}{dx}\right]_{t=\frac{\pi}{4}}=-\frac{b}{a}.$$

所以椭圆上对应于 $t=\dfrac{\pi}{4}$ 的点 $\left(\dfrac{a}{\sqrt{2}},\dfrac{b}{\sqrt{2}}\right)$ 处的切线方程为

$$\left(y-\frac{b}{\sqrt{2}}\right)=-\frac{b}{a}\left(x-\frac{a}{\sqrt{2}}\right),$$

即

$$bx+ay=\sqrt{2}ab;$$

而法线方程为

$$\left(y-\frac{b}{\sqrt{2}}\right)=-\frac{a}{b}\left(x-\frac{a}{\sqrt{2}}\right),$$

即

$$ax-by=\frac{1}{\sqrt{2}}\left(a^2-b^2\right).$$

例 3 设

$$\begin{cases} x=a(\theta-\sin\theta),\\ y=a(1-\cos\theta). \end{cases}$$

求这组参数方程所确定的函数的二阶导数.

解 $$\frac{dy}{dx}=\frac{\dfrac{d}{d\theta}[a(1-\cos\theta)]}{\dfrac{d}{d\theta}[a(\theta-\sin\theta)]}=\frac{\sin\theta}{1-\cos\theta}\quad(\theta\neq 2n\pi,n\text{ 为整数}).$$

$$\frac{d^2y}{dx^2}=\frac{d}{d\theta}\left[\frac{\sin\theta}{1-\cos\theta}\right]\cdot\frac{1}{\dfrac{d}{d\theta}[a(\theta-\sin\theta)]}=\frac{(1-\cos\theta)\cos\theta-\sin^2\theta}{a(1-\cos\theta)^3}$$

$$=\frac{\cos\theta-1}{a(1-\cos\theta)^3}=\frac{-1}{a(1-\cos\theta)^2}\quad(\theta\neq 2n\pi,n\text{为整数}).$$

曲线的极坐标方程作为参数方程. 设已给曲线的极坐标方程为

$$r = r(\theta). \tag{6}$$

利用直角坐标与极坐标的关系 $x = r\cos\theta, y = r\sin\theta$, 则方程组

$$x = r(\theta)\cdot\cos\theta, \quad y = r(\theta)\cdot\sin\theta \tag{7}$$

就是曲线 (6) 的参数方程, 其中参数为极角 θ.

应用公式 (2), 这个曲线的切线斜率是

$$y' = \frac{dy}{d\theta} \div \frac{dx}{d\theta} = \frac{r'(\theta)\sin\theta + r(\theta)\cos\theta}{r'(\theta)\cos\theta - r(\theta)\sin\theta}$$

$$= \frac{r'(\theta)\,\mathrm{tg}\,\theta + r(\theta)}{r'(\theta) - r(\theta)\,\mathrm{tg}\,\theta}. \tag{8}$$

设曲线在点 $M(r,\theta)$ 的矢径 $\overrightarrow{OM}$ 与切线 $\overrightarrow{MT}$ 间的交角为 ψ, 则因 $\psi = \alpha - \theta$ (图 4.4), 故有

$$\mathrm{tg}\,\psi = \mathrm{tg}(\alpha - \theta) = \frac{y' - \mathrm{tg}\,\theta}{1 + y'\,\mathrm{tg}\,\theta};$$

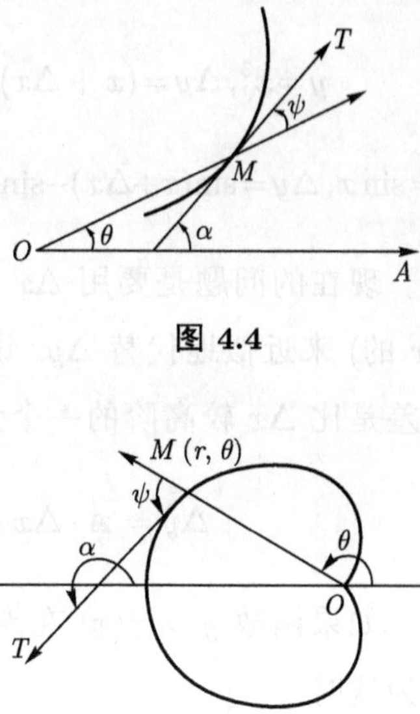

图 4.4

把 (8) 中 y' 的表达式代入再化简, 即得

$$\mathrm{tg}\,\psi = \frac{r(\theta)}{r'(\theta)}. \tag{9}$$

例 4　试求心形线

$$r = a(1 - \cos\theta)$$

的 ψ 和 α (图 4.5).

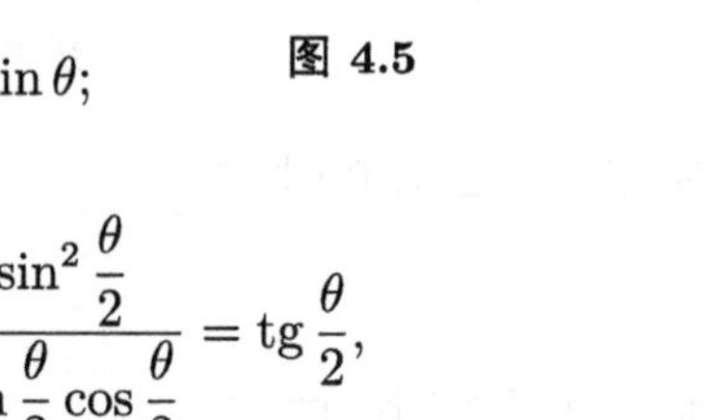

图 4.5

解

$$r'(\theta) = a\sin\theta;$$

$$\mathrm{tg}\,\psi = \frac{r}{r'} = \frac{a(1-\cos\theta)}{a\sin\theta} = \frac{2\sin^2\dfrac{\theta}{2}}{2\sin\dfrac{\theta}{2}\cos\dfrac{\theta}{2}} = \mathrm{tg}\,\frac{\theta}{2},$$

即

$$\psi = \frac{\theta}{2}.$$

又

$$\alpha = \psi + \theta = \frac{3\theta}{2}.$$

§4.10 微分概念

设函数 $y = f(x)$ 在某一区间 (a, b) 内有定义, 并在区间内一点 x 为连续. 于是, 当自变量 x 的增量 Δx 趋于零时, 对应的函数的增量

$$\Delta y = f(x + \Delta x) - f(x)$$

也趋于零. 但一般说来, 增量 Δy 是 Δx 的很复杂的函数, 例如

$$y = x^3, \Delta y = (x + \Delta x)^3 - x^3 = 3x^2 \cdot \Delta x + 3x \cdot (\Delta x)^2 + (\Delta x)^3,$$

$$y = \sin x, \Delta y = \sin(x + \Delta x) - \sin x = 2\cos\left(x + \frac{\Delta x}{2}\right)\sin\frac{\Delta x}{2} \text{ (参看 § 4.4 例 3).}$$

现在的问题是要用 Δx 的一个线性函数 $A \cdot \Delta x$ (其中 A 是不依赖于 Δx 的) 来近似地代替 Δy. 说得精确些, 就是要找出 A 使得 Δy 与 $A \cdot \Delta x$ 之差是比 Δx 较高阶的一个无穷小, 即

$$\Delta y = A \cdot \Delta x + \beta \cdot \Delta x \text{ (当}\Delta x \to 0\text{时, } \beta \to 0). \tag{1}$$

如果函数 $y = f(x)$ 在点 x 的导数存在, 这个问题立刻可以得到解答. 因为这时

$$y' = f'(x) = \lim_{\Delta x \to 0} \frac{\Delta y}{\Delta x},$$

所以当 $\Delta x \to 0$ 时, 差

$$\frac{\Delta y}{\Delta x} - y' = \alpha$$

是一个无穷小. 由此

$$\Delta y = y' \cdot \Delta x + \alpha \cdot \Delta x \quad (\text{当}\Delta x \to 0\ \text{时},\ \alpha \to 0\ ), \tag{2}$$

其中导数 $y' = f'(x)$ 是不依赖于 Δx 的, $\alpha \cdot \Delta x$ 是比 Δx 较高阶的一个无穷小. 于是以 y' 为系数的 Δx 的线性函数 $y' \cdot \Delta x$ 就是我们的答案.

其次, 我们还要问是否有另外一个 Δx 的线性函数 $A \cdot \Delta x$ 适合同样要求. 可以证明, 如果有不依赖于 Δx 的 A 存在使等式 (1) 满足, 则 $A = y'$. 为此, 把 (1) 的两边各除以 Δx 而令 $\Delta x \to 0$, 即有

$$\frac{\Delta y}{\Delta x} = A + \beta \to A.$$

这就是说, 导数 y' 存在且等于 A. 因此, 除掉 $y' \cdot \Delta x$ 外, 没有其他线性函数能适合我们的要求.

由于以上说明, 我们有下面的定义:

定义　设函数 $y = f(x)$ 在点 x 有导数 y', 则自变量的增量 Δx 与这个导数的乘积 $y' \cdot \Delta x$ 叫做函数在该点 x 的微分, 记作

$$dy = y' \cdot \Delta x, \tag{3}$$

这时 (即微分存在亦即导数存在时) 并叫函数在该点 x 是可微分的.

再着重指出, 函数的微分有两个特性:

1° 它是自变量的增量 Δx 的线性函数 (以导数为系数),

2° 它与函数的增量之差是比 Δx 较高阶的一个无穷小.

由微分的定义及公式 (2), 增量 Δy 可以写为

$$\Delta y = dy + \alpha \cdot \Delta x. \tag{4}$$

当 $y' \neq 0$ 时, 可见 dy $(dy = y' \cdot \Delta x \neq 0)$ 与 Δy 为等价无穷小. 或者说, 在 $\Delta x \to 0$ 时, 函数的微分是函数的增量的主部. 用简单的微分 dy 来代替依赖于 Δx 的很复杂的增量 Δy, 由此所产生的误差是比 Δx 较高阶的一个无穷小, 这就是微分在近似计算上所起的作用. 关于这一方面我们在另一节中再加讨论.

必须指出, 微分表达式 (3) 中的 Δx 是自变量 x 的一个任意增量 (并且不依赖于 x), 不必假定它是无穷小; 但在假定它是无穷小时, 微分 dy 也必然是无穷小并且 (当 $y' \neq 0$ 时) 是无穷小增量 Δy 的主部.

例 1 求函数 $y = x^2 + 1$ 在 $x = 1$、$\Delta x = 0.1$ 时的增量及微分.

解 增量

$$\Delta y = 1.1^2 + 1 - \left(1^2 + 1\right) = 0.21;$$

在点 $x = 1, y' = [2x]_{x=1} = 2$, 所以

$$dy = y' \cdot \Delta x = 2 \cdot 0.1 = 0.2.$$

例 2 半径为 r 的球的体积 $V = \frac{4}{3}\pi r^3$ 在半径增大 Δr 时, 求体积的增量及微分.

解 增量

$$\Delta V = \frac{4}{3}\pi(r + \Delta r)^3 - \frac{4}{3}\pi r^3 = 4\pi r^2 \cdot \Delta r + 4\pi r \cdot (\Delta r)^2 + \frac{4}{3}\pi \cdot (\Delta r)^3,$$

微分 $dV = V'_r \cdot \Delta r = 4\pi r^2 \cdot \Delta r$.

在 $\Delta r \to 0$ 时, 由增量本身就看出 dV 是它的主部.

微分的几何意义 在 $y = f(x)$ 所表示的曲线上 (图 4.6) 取点 $M(x, y)$ 及它邻近的点 $M'(x + \Delta x, y + \Delta y)$. 作出 M 及 M' 的纵标 PM 及 $P'M'$, 过点 M 作平行于 x 轴的直线与 $P'M'$ 相交于点 Q, 又作曲线 $y = f(x)$ 在点 M 的切线, 交 $P'M'$ 于 T. 于是

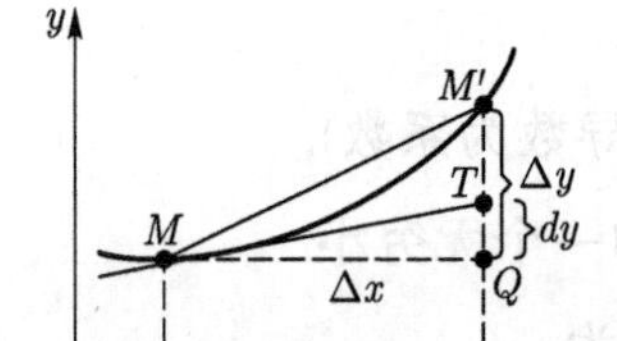

图 4.6

$$MQ = \Delta x, \quad QM' = \Delta y, \quad QT = f'(x)\Delta x = dy.$$

因此, **当 Δy 是曲线的纵标的增量时, dy 就是切线的纵标的对应增量.** Δy 与 dy 之差在图形上是 TM'; 一般地, 它是随着 Δx 愈小而愈小, 并且要比 Δx 减小得快些.

§4.11 微分的求法·微分形式不变性

我们把自变量 x 的微分认为就是函数 $y=x$ 的微分, 则根据前节的式 (3),

$$dx=dy=(x)'\cdot\Delta x=1\cdot\Delta x=\Delta x.$$

由此, 函数 $y=f(x)$ 的微分可以写为习惯采用的形式

$$dy=y'\cdot dx\,[=f'(x)dx]\,. \tag{1}$$

根据上式, 可见导数 y' 可以看作是 dy 与 dx 之商

$$y'=\frac{dy}{dx}. \tag{2}$$

以前我们必须把 $\frac{dy}{dx}$ 看作是导数的整个记号, 现在在引进微分概念之后, 就可把它作为分数来处理; 因此, 在分析运算中, 它给予我们以极大的方便.

求已知函数的微分, 同求它的导数一样, 也叫做微分法. 如果导数 y' 已经求出, 要求微分 dy, 只要用 dx 去乘 y' 就行了. 例如

当 $y=\sin x$ 时, 因 $y'=\cos x$, 所以 $dy=\cos x dx$.

同样, 可以根据函数的和、积、商的求导数法则 (§4.5), 得到函数的和、积、商的求微分法则. 例如, 由函数乘积 $y=uv$ 的导数 (§4.5 定理 2)

$$y'=(uv)'=uv'+vu',$$

把它的两边各乘 dx 后, 即得微分

$$dy=d(uv)=udv+vdu.$$

为了便于检查, 我们列出微分基本公式表及微分法则如下:

微分基本公式表

1. $y=c$	$dy=0$
2. $y=x^{\mu}$	$dy=\mu x^{\mu-1}dx$
3. $y=a^x$ $(a>0$ 且 $a\neq 1)$	$dy=a^x\ln a dx$
$y=e^x$	$dy=e^x dx$
4. $y=\log_a x$ $(a>0$ 且 $a\neq 1)$	$dy=\frac{\log_a e}{x}dx$
$y=\ln x$	$dy=\frac{dx}{x}$
5. $y=\sin x$	$dy=\cos x dx$
6. $y=\cos x$	$dy=-\sin x dx$
7. $y=\operatorname{tg} x$	$dy=\sec^2 x dx=\frac{dx}{\cos^2 x}$
8. $y=\operatorname{ctg} x$	$dy=-\csc^2 x dx=-\frac{dx}{\sin^2 x}$
9. $y=\arcsin x$	$dy=\frac{dx}{\sqrt{1-x^2}}$
10. $y=\arccos x$	$dy=-\frac{dx}{\sqrt{1-x^2}}$
11. $y=\operatorname{arctg} x$	$dy=\frac{dx}{1+x^2}$
12. $y=\operatorname{arcctg} x$	$dy=-\frac{dx}{1+x^2}$
13. $y=\operatorname{sh} x$	$dy=\operatorname{ch} x dx$
14. $y=\operatorname{ch} x$	$dy=\operatorname{sh} x dx$
15. $y=\operatorname{th} x$	$dy=\frac{dx}{\operatorname{ch}^2 x}$
16. $y=\operatorname{arsh} x$	$dy=\frac{dx}{\sqrt{1+x^2}}$
17. $y=\operatorname{arch} x$	$dy=\frac{dx}{\sqrt{x^2-1}}$
18. $y=\operatorname{arth} x$	$dy=\frac{dx}{1-x^2}$

微分法则

I. $d(u\pm v)=du\pm dv$

II. $d(uv)=udv+vdu$

$d(cu)=cdu$

Ⅲ. $d\left(\frac{u}{v}\right)=\frac{vdu-udv}{v^2}\quad(v\neq 0)$

微分形式不变性 我们已经知道, 当函数 $y=f(u)$ 具有导数而 u 为自变量时, 其微分为 $dy=f'(u)du$. 今设 u 不是自变量而是一个具有导数的函数 $u=\varphi(x)$, 那么 y 的微分是怎样的形式? 我们只要应用复合函数微分法就能解决这个问题. 实际上,

$$y'_x=\frac{dy}{dx}=f'(u)\cdot\varphi'(x),$$

于是

$$dy=y'_x dx=f'(u)\varphi'(x)dx;$$

但

$$du=\varphi'(x)dx,$$

所以

$$dy=f'(u)du.$$

这就是说, **不论 u 是自变量或是中间变量, 函数 $y=f(u)$ 的微分形式是一样的, 这样的性质叫做微分形式不变性.**

由于这个性质, 如果 u 不是自变量而是中间变量 $u=\varphi(x)$, 在上面的微分基本公式表中把 x 换为 u, 这些公式仍是正确的.

例 利用微分形式不变性, 求函数 $y=e^{\sin x}$ 的微分.

解 令 $u=\sin x$, 则 $du=\cos x dx$, 于是

$$dy=e^u du=e^{\sin x}\cos x dx.$$

§4.12 微分应用于近似计算及误差的估计

1. 近似计算

我们已经知道如果在点 $x=x_0$ 函数 $y=f(x)$ 的导数 $f'(x_0)\neq 0$, 则当 $\Delta x\to 0$ 时函数的微分 dy 是函数的增量 Δy 的主部. 于是, 不计高阶无穷

小, 我们有近似等式

$$\Delta y \approx dy; \tag{1}$$

或更详细些,

$$\Delta y = f(x_0 + \Delta x) - f(x_0) \approx f'(x_0) \cdot \Delta x. \tag{2}$$

一般说来, 求增量的手续繁复而求微分的手续简单, 所以当 $|\Delta x|$ 很小时, 我们就利用上面的近似等式来计算函数的增量 Δy 的近似值或函数值 $f(x_0 + \Delta x)$ 的近似值.

例 1 半径为 10 厘米的金属圆片加热后, 半径伸长了 0.05 厘米, 问面积约增大了多少?

解 以 A、r 分别表示这圆片的面积及半径, 则

$$A = \pi r^2.$$

现在 $r = 10$ 厘米, $\Delta r = 0.05$ 厘米, 求面积 A 的对应的增量. 由于 Δr 并不大, 所以要求的增量可用它的微分作为近似值.

$$\Delta A \approx dA = 2\pi r \Delta r = 2\pi \cdot 10 \cdot 0.05 = \pi(\text{平方厘米}).$$

例 2 求 $\sqrt[3]{1.02}$ 的近似值.

解 考虑函数 $f(x) = \sqrt[3]{x}$. 取 $x_0 = 1$、$\Delta x = 0.02$, 由公式 (2)

$$\sqrt[3]{1.02} = f(x_0 + \Delta x) \approx f(x_0) + f'(x_0)\Delta x,$$

但

$$f(x_0) = 1,\ f'(x_0)\Delta x = \frac{1}{3\sqrt[3]{x_0^2}}\Delta x = \frac{0.02}{3} = \frac{1}{150},$$

故

$$\sqrt[3]{1.02} \approx 1 + \frac{1}{150} = \frac{151}{150}.$$

例 3 在 $|x|$ 很小时, 导出下列近似公式:

$$e^x \approx 1 + x,\ \ln(1+x) \approx x,\ \sin x \approx x,\ \operatorname{tg} x \approx x,\ \sqrt{1+x} \approx 1 + \frac{1}{2}x.$$

解 在公式 (2) 中令 $x_0=0$, 并把 Δx 换写为 x, 我们有

$$f(x)\approx f(0)+f'(0)\cdot x. \tag{3}$$

于是, 对于函数 e^x, 因 $f(0)=1, f'(0)=1$, 就得

$$e^x\approx 1+x.$$

类似地, 读者自己可以导出其余公式.

2. 误差的估计

在这里我们先讲关于误差的几个术语. 如果某量的准确数值为 A, 它的近似值为 a, 则 A 与 a 之差的绝对值 $|A-a|$ 叫做 a 的**绝对误差**, 而绝对误差与 $|a|$ 的比值 $\left|\dfrac{A-a}{a}\right|$ 叫做 a 的**相对误差**. 在实际问题上, 因为准确数值 A 往往无法知道, 所以绝对误差或相对误差也就无法求得. 但若已知用 a 作为准确值 A 的近似值时产生的误差限度是一个正数 δ, 就是说有一个尽可能小的正数 δ 使得 $|A-a|\leqslant\delta$, 则 δ 叫做**最大绝对误差**, 而 $\dfrac{\delta}{|a|}$ 叫做**最大相对误差**. 因为实际上所考虑的近似值的误差问题都是它的最大绝对误差和最大相对误差, 为简便起见可以省去 "最大" 两字, 就叫最大绝对误差为绝对误差 (有时更简为误差) 最大相对误差为相对误差也不至于发生误会.

现设数量 x 可以直接地度量, 而依赖着 x 的数量 y 则依公式 $y=f(x)$ 来确定. 在度量 x 时所产生的误差设为 Δx, 由此就引起数量 y 的误差设为 Δy. 我们不知道误差 Δx 的准确值, 可是据估计它的最大绝对误差是 $\delta:|\Delta x|\leqslant\delta$ (通常 δ 是已知的). 于是, 在 $|\Delta x|$ 很小时, 由于 $\Delta y\approx dy$, 我们有

$$|\Delta y|\approx|f'(x)|\cdot|\Delta x|\leqslant|f'(x)|\cdot\delta.$$

因此, 用实际度量的 x 值算出近似值 $f(x)$ 来代替准确值 $f(x+\Delta x)$ 时, 可用 $|f'(x)|\cdot\delta$ 作为近似值 $f(x)$ 的最大绝对误差, 而用 $\left|\dfrac{f'(x)}{f(x)}\right|\cdot\delta$ 作为它的最大相对误差.

例 4 若度量圆的半径 r 时最大绝对误差是 0.1 厘米, 测得的 r 值为 21.5 厘米. 问当用公式 $A=\pi r^2$ 计算这圆面积时它的最大绝对误差约为若干?

解
$$|\Delta A|\approx|dA|=\left|\frac{dA}{dr}\Delta r\right|=|2\pi r\cdot\Delta r|,$$
但 $|\Delta r|\leqslant 0.1$ 厘米, $r=21.5$ 厘米, 故
$$|\Delta A|\leqslant 2\pi\cdot 21.5\cdot 0.1=4.3\pi(\text{平方厘米}),$$
即面积的最大绝对误差约为 4.3π 平方厘米.

例 5 量一立方体的边长, 其准确程度应如何, 方能使算得的体积的相对误差不超过 1%?

解 因 $v=x^3$, 两边取自然对数并微分, 即得
$$\frac{dv}{v}=\frac{3dx}{x},$$
从而
$$\left|\frac{\Delta v}{v}\right|\approx\left|\frac{dv}{v}\right|=3\left|\frac{\Delta x}{x}\right|.$$
但
$$\left|\frac{\Delta v}{v}\right|\leqslant\frac{1}{100},$$
所以 $\left|\dfrac{\Delta x}{x}\right|$ 必须不超过 $\dfrac{1}{300}$, 即 $\dfrac{1}{3}$%.

第五章

中值定理

在前一章中我们已经掌握了微分法的技术, 现在要进一步来研究关于导数的一些更深刻的性质——这些性质是微分学的理论基础. 因为这些性质都和自变量区间内部某个中间值有关, 所以总称为中值定理.

§5.1 中值定理

我们先讲罗尔定理, 然后根据它推出在微分学上极其重要的两个定理——拉格朗日中值定理及柯西中值定理.

罗尔 (Rolle) 定理 **若函数 $f(x)$ 在闭区间 $[a,b]$ 上连续, 且在开区间 (a,b) 内具有导数, 又在区间两端点的函数值相等, 即 $f(a)=f(b)$, 则在该区间内至少存在一点 $\xi(a<\xi<b)$, 使在该点函数的导数等于零**

$$f'(\xi)=0.$$

证 因函数 $f(x)$ 在闭区间 $[a,b]$ 上为连续, 故在该区间上它取得最大值 M 和最小值 m (§3.3 定理 1).

现分两种情形来讨论:

第一, 若 $m=M$, 因函数 $f(x)$ 在最大值 M 和最小值 m 之间, 故它在区间 $[a,b]$ 上恒等于常数 M. 于是它的导数 $f'(x)$ 必在这区间内为零, 而区间内每一点都可取作为 ξ.

第二, 若 $m \neq M$, 则两数 m, M 中至少有一不等于在端点的函数值 $f(a)=f(b)$. 设 $M \neq f(a)$ 并设 ξ 为 (a,b) 内一点能使 $f(\xi)=M$. 我们就要证明 $f'(\xi)=0$.

由于 $f(x)$ 在 ξ 处最大, 故不论 Δx 为正或负总有

$$f(\xi+\Delta x)-f(\xi) \leqslant 0.$$

当 $\Delta x>0$ 时,

$$\frac{f(\xi+\Delta x)-f(\xi)}{\Delta x} \leqslant 0.$$

又由于假定 $f'(\xi)$ 存在, 即 $\lim\limits_{\Delta x \to 0} \dfrac{f(\xi+\Delta x)-f(\xi)}{\Delta x}$ 存在, 故 (§2.3 定理 2)

$$f'(\xi)=\lim_{\Delta x \to +0} \frac{f(\xi+\Delta x)-f(\xi)}{\Delta x} \leqslant 0.$$

同理, 在 $\Delta x<0$ 时, 可以推得

$$f'(\xi)=\lim_{\Delta x \to -0} \frac{f(\xi+\Delta x)-f(\xi)}{\Delta x} \geqslant 0.$$

因此, 必然有

$$f'(\xi)=0.$$

这就证明了本定理.

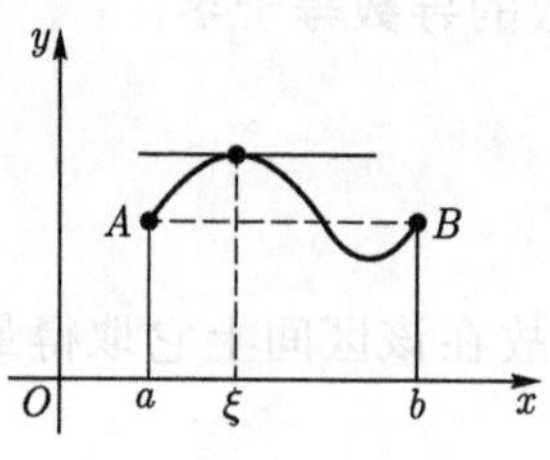

图 5.1

罗尔定理的几何意义是: 若连续曲线 $y=f(x)$ 的弧 AB 上处处具有不垂直于 x 轴的切线且两端点的纵标相等, 则在这弧上至少能找到一点, 使曲线在该点处的切线平行于 x 轴 (图 5.1).

拉格朗日 (Lagrange) 中值定理 **设函数 $f(x)$ 在闭区间 $[a,\ b]$ 上连续, 且在开区间 (a,b) 内具有导数, 则在该区间内至少存在一点 $\xi(a<\xi<b)$, 使等式**

$$f(b)-f(a)=(b-a)f'(\xi) \tag{1}$$

成立.

显然, 罗尔定理是拉格朗日定理当 $f(a)=f(b)$ 时的特例.

因为 $\dfrac{f(b)-f(a)}{b-a}$ 是曲线 $y=f(x)$ 上两点 $A(a,f(a)),B(b,\ f(b)\ )$ 连接起来的弦的斜率 (图 5.2), 所以拉格朗日中值定理的几何意义是: 若弧 AB 上处处具有不垂直于 x 轴的切线, 则在这弧上至少能找到一点使曲线在该点的切线平行于弦 AB. 从图形上看来, 这与罗尔定理类似, 不过这时弦 AB 不一定平行于 x 轴而已. 我们给予分析的证明如下:

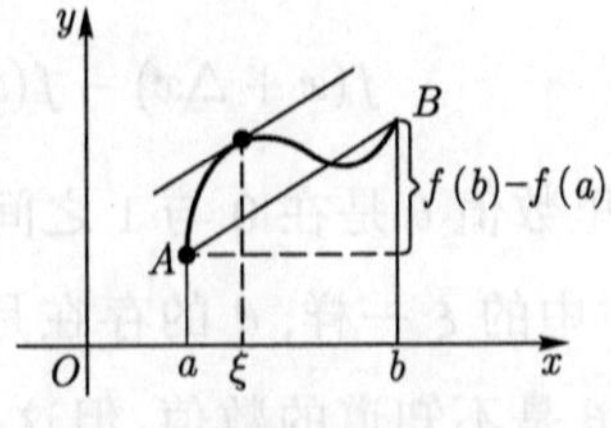

图 5.2

证 引进辅助函数

$$\varphi(x)=f(x)-f(a)-\frac{f(b)-f(a)}{b-a}(x-a).$$

(在上图中, 它表示曲线的纵标与弦的纵标之差). 不难看出, 函数 $\varphi(x)$ 适合罗尔定理的条件, 即: $\varphi(a)=\varphi(b)=0,\varphi(x)$ 在闭区间 $[a,b]$ 上连续, 导数 $\varphi'(x)$ 在开区间 (a,b) 内存在且等于

$$\varphi'(x)=f'(x)-\frac{f(b)-f(a)}{b-a}.$$

根据罗尔定理, 可知在 a、b 之间至少有一点 ξ 使得

$$\varphi'(\xi)=f'(\xi)-\frac{f(b)-f(a)}{b-a}=0.$$

由此得

$$f(b)-f(a)=(b-a)f'(\xi),$$

这就是所要证明的.

显然, 公式 (1) 对于 $b<a$ 时也是成立的.

证得的公式 (1) 叫做**拉格朗日中值公式**, 它在微分学中占着极其重要的地位, 我们以后要不止一次地应用到它.

设 x 为区间 (a,b) 内一点, $x+\Delta x$ 为这区间内的另一点 ($\Delta x>0$ 或 $\Delta x<0$), 则拉格朗日中值公式在区间 $[x,x+\Delta x]$ (当 $\Delta x>0$ 时) 或在区间 $[x+\Delta x,x]$ (当 $\Delta x<0$ 时) 上就成为另一形式

$$f(x+\Delta x)-f(x)=f'(x+\theta\Delta x)\cdot\Delta x \quad (0<\theta<1). \tag{2}$$

这里数值 θ 是在 0 与 1 之间, 所以 $x+\theta\Delta x$ 是在 x 与 $x+\Delta x$ 之间. 跟公式 (1) 中的 ξ 一样, θ 的存在是肯定的, 但它的准确数值一般是不知道的. 虽然 θ 是不知道的数值, 但这并不妨碍公式 (2) 在分析学中的各种应用.

把 (2) 写为 $\Delta y=f'(x+\theta\Delta x)\cdot\Delta x$ 并与在前章 [§4.10 公式 (2)] 获得的增量表达式 $\Delta y=f'(x)\cdot\Delta x+\alpha\cdot\Delta x$ 比较. 可见函数的微分 $dy=f'(x)\cdot\Delta x$ 只能作为增量 Δy 的近似表达式, 并且必须当 $\Delta x\to 0$ 时, 误差才趋于零; 而 $f'(x+\theta\Delta x)\cdot\Delta x$ 则在 Δx 是**有限**时就是增量 Δy 的准确表达式. 因此, 在某些问题中当自变量 x 取得有限增量 Δx 而需要函数的准确增量时, 拉格朗日中值定理就显出它的价值. 这个定理也叫做**有限增量定理**, 它的命名的来源是不难理解的.

作为本定理的一个应用, 我们来导出在以后讲积分学时很有用处的一个定理. 我们已经知道在某一区间上为常数的函数, 它的导数恒为零; 它的逆定理也成立, 就是

如果函数 $f(x)$ 在区间 (a,b) 上的每一点的导数为零: $f'(x)=0$, 则函数在该区间上是一个常数.

事实上, 在区间 (a,b) 上任取两点 x_1、x_2, 应用拉格朗日定理, 我们有

$$f(x_2)-f(x_1)=(x_2-x_1)\cdot f'(\xi) \quad (\xi\text{ 在}x_1,x_2\text{ 之间}).$$

由假定, $f'(\xi)=0$, 所以 $f(x_1)=f(x_2)$.

这就是说, 在区间上任意两点的函数值都是相等的, 也就是说, 函数在区间上是一个常数.

拉格朗日中值定理的一个重要推广是下面的定理:

柯西 (Cauchy) 中值定理 **设两函数 $f(x)$、$F(x)$ 在闭区间 $[a,b]$ 上连续, $f'(x)$、$F'(x)$ 在开区间 (a,b) 内存在, 且 $F'(x)$ 在 (a,b) 内每一点均不为**

零, 则在 a,b 之间至少存在一点 ξ, 使得

$$\frac{f(b)-f(a)}{F(b)-F(a)}=\frac{f'(\xi)}{F'(\xi)} \tag{3}$$

成立.

若取 $F(x)=x$, 则 $F(b)-F(a)=b-a, F'(x)=1$, 而公式 (3) 就可以写为

$$f(b)-f(a)=(b-a)f'(\xi) \quad (\xi \text{ 在}(a,b) \text{ 内}),$$

这就变成拉格朗日中值公式了. 所以我们可以说: 拉格朗日中值定理是柯西中值定理的一个特殊情形.

证 首先注意到 $F(b)-F(a)\neq 0$. 这是由于

$$F(b)-F(a)=(b-a)F'(\eta),$$

η 在 a,b 之间, 而 $F'(\eta)$ 不能为零的缘故.

引进辅助函数

$$\varphi(x)=f(x)-f(a)-\frac{f(b)-f(a)}{F(b)-F(a)}[F(x)-F(a)],$$

这函数就是从证明拉格朗日中值定理时的辅助函数变来的, 只要在其中以 $F(b)-F(a)$ 代替 $b-a$ 而以 $F(x)$ 代替 x 即可.

不难看出, 函数 $\varphi(x)$ 适合罗尔定理的条件, 即: $\varphi(a)=\varphi(b)=0$, $\varphi(x)$ 在 $[a,b]$ 上连续, 导数 $\varphi'(x)$ 在 (a,b) 内存在并且等于

$$\varphi'(x)=f'(x)-\frac{f(b)-f(a)}{F(b)-F(a)}\cdot F'(x).$$

根据罗尔定理, 可知在 a、b 之间至少有一点 ξ 使得

$$\varphi'(\xi)=f'(\xi)-\frac{f(b)-f(a)}{F(b)-F(a)}\cdot F'(\xi)=0.$$

因此得

$$\frac{f(b)-f(a)}{F(b)-F(a)}=\frac{f'(\xi)}{F'(\xi)},$$

而定理证毕.

§5.2 罗必塔法则

若当 $x \to a$ $(x \to \infty)$ 时, 两个函数 $f(x)$、$F(x)$ 都趋于零或都趋于无穷大, 则极限 $\lim\limits_{\substack{x \to a \\ (x \to \infty)}} \dfrac{f(x)}{F(x)}$ 可能存在、可能不存在. 通常把这种极限叫做**未定式**, 并分别简记成 $\dfrac{0}{0}$ 或 $\dfrac{\infty}{\infty}$. 在 §2.7 中讨论过的极限 $\lim\limits_{x \to 0} \dfrac{\sin x}{x}$ 就是未定式 $\dfrac{0}{0}$ 的一个例子. 对于这类极限 (即使它存在) 不能运用 "商的极限等于极限的商" 这一法则. 下面我们将根据柯西中值定理来推出求这类极限的一种简便且重要的方法, 即所谓**罗必塔** †(L'Hospital) **法则**.

1. 未定式 $\dfrac{0}{0}$

定理 1 设

1° 当 $x \to a$ 时, 函数 $f(x)$、$F(x)$ 都趋于零,

2° 在点 a 的某一邻域内 (点 a 本身除外), $f'(x)$、$F'(x)$ 均存在且

$$F'(x) \neq 0,$$

3° $\lim\limits_{x \to a} \dfrac{f'(x)}{F'(x)}$ 存在 (或无穷大),

则

$$\lim_{x \to a} \frac{f(x)}{F(x)} = \lim_{x \to a} \frac{f'(x)}{F'(x)}.$$

这定理的结论就是说: 当 $\lim\limits_{x \to a} \dfrac{f'(x)}{F'(x)}$ 存在时, $\lim\limits_{x \to a} \dfrac{f(x)}{F(x)}$ 也存在且等于 $\lim\limits_{x \to a} \dfrac{f'(x)}{F'(x)}$; 当 $\lim\limits_{x \to a} \dfrac{f'(x)}{F'(x)}$ 为无穷时, $\lim\limits_{x \to a} \dfrac{f(x)}{F(x)}$ 也是无穷.

证 由于条件 1°, 可知 $x = a$ 或是 $f(x)$、$F(x)$ 的连续点或是可去间断点. 若是连续点, 显然有 $f(a) = F(a) = 0$; 若是可去间断点, 就补充定义或改变定义使得这两个函数在点 $x = a$ 处连续 (§3.2 末段), 从而也有 $f(a) = F(a) = 0$.

† 现译为洛必达. 编辑注.

现设 x 为该邻域内的一点, 在以 x 及 a 为端点的区间上对函数 $f(x)$、$F(x)$ 根据条件 2°, 应用柯西中值定理, 得到

$$\frac{f(x)}{F(x)}=\frac{f(x)-f(a)}{F(x)-F(a)}=\frac{f'(\xi)}{F'(\xi)}\ (\xi\ 在x与a 之间).$$

在此式两端, 令 $x\to a$ 求极限并注意到 $x\to a$ 时 $\xi\to a$, 并根据条件 3° 即得要证明的结论.

如果 $\dfrac{f'(x)}{F'(x)}$ 当 $x\to a$ 时也呈 $\dfrac{0}{0}$ 的未定式, 且这时 $f'(x)$ 、$F'(x)$ 能满足定理中要求 $f(x)$、$F(x)$ 满足的条件, 则可用罗必塔法则先确定 $\lim\limits_{x\to a}\dfrac{f'(x)}{F'(x)}$, 从而再确定 $\lim\limits_{x\to a}\dfrac{f(x)}{F(x)}$, 即

$$\lim_{x\to a}\frac{f(x)}{F(x)}=\lim_{x\to a}\frac{f'(x)}{F'(x)}=\lim_{x\to a}\frac{f''(x)}{F''(x)},$$

且可以此类推.

例 1　求 $\lim\limits_{x\to 1}\dfrac{x^3-3x+2}{x^3-x^2-x+1}$ 的值.

解　$\lim\limits_{x\to 1}\dfrac{x^3-3x+2}{x^3-x^2-x+1}=\lim\limits_{x\to 1}\dfrac{3x^2-3}{3x^2-2x-1}=\lim\limits_{x\to 1}\dfrac{6x}{6x-2}=\dfrac{3}{2}.$

例 2　求 $\lim\limits_{x\to 0}\dfrac{e^x-e^{-x}-2x}{x-\sin x}$ 的值.

解

$$\begin{aligned}\lim_{x\to 0}\frac{e^x-e^{-x}-2x}{x-\sin x}&=\lim_{x\to 0}\frac{e^x+e^{-x}-2}{1-\cos x}\\&=\lim_{x\to 0}\frac{e^x-e^{-x}}{\sin x}=\lim_{x\to 0}\frac{e^x+e^{-x}}{\cos x}=2.\end{aligned}$$

例 3　求 $\lim\limits_{x\to 0}\dfrac{x-x\cos x}{x-\sin x}$ 的值.

解

$$\begin{aligned}\lim_{x\to 0}\frac{x-x\cos x}{x-\sin x}&=\lim_{x\to 0}\frac{1-\cos x+x\sin x}{1-\cos x}\\&=\lim_{x\to 0}\frac{2\sin x+x\cos x}{\sin x}=\lim_{x\to 0}\frac{3\cos x-x\sin x}{\cos x}=3.\end{aligned}$$

推论　设

1° 当 $x\to\infty$ 时函数 $f(x)$、$F(x)$ 都趋于零,

2° $f'(x)$ 与 $F'(x)$ 当 $|x|>N$ 时存在, 且 $F'(x)\neq 0$,

3° $\lim\limits_{x\to\infty}\dfrac{f'(x)}{F'(x)}$ 存在 (或无穷大),

则

$$\lim_{x\to\infty}\frac{f(x)}{F(x)}=\lim_{x\to\infty}\frac{f'(x)}{F'(x)}.$$

定理 1 后面的说明也适用于本推论.

证 令 $x=\dfrac{1}{z}$, 则 $x\to\infty$ 等价于 $z\to 0$. 因而

$$\lim_{x\to\infty}\frac{f(x)}{F(x)}=\lim_{z\to 0}\frac{f\left(\dfrac{1}{z}\right)}{F\left(\dfrac{1}{z}\right)}=\lim_{z\to 0}\frac{f'\left(\dfrac{1}{z}\right)\left(-\dfrac{1}{z^2}\right)}{F'\left(\dfrac{1}{z}\right)\left(-\dfrac{1}{z^2}\right)}$$

$$=\lim_{z\to 0}\frac{f'\left(\dfrac{1}{z}\right)}{F'\left(\dfrac{1}{z}\right)}=\lim_{x\to\infty}\frac{f'(x)}{F'(x)}.$$

这一系列等式中的第二等式是应用了定理 1 的结果.

例 4 求 $\lim\limits_{x\to+\infty}\dfrac{\dfrac{\pi}{2}-\operatorname{arctg}x}{\dfrac{1}{x}}$ 的值.

解 $\lim\limits_{x\to+\infty}\dfrac{\dfrac{\pi}{2}-\operatorname{arctg}x}{\dfrac{1}{x}}=\lim\limits_{x\to+\infty}\dfrac{-\dfrac{1}{1+x^2}}{-\dfrac{1}{x^2}}=\lim\limits_{x\to+\infty}\dfrac{x^2}{1+x^2}=1.$

2. 未定式 $\dfrac{\infty}{\infty}$

定理 2 设

1° 当 $x\to a$ 时函数 $f(x)$、$F(x)$ 都趋于无穷大,

2° 在 a 点的邻域内 (a 点本身除外) $f'(x)$、$F'(x)$ 都存在, 且

$$F'(x)\neq 0,$$

3° $\lim\limits_{x\to a}\dfrac{f'(x)}{F'(x)}$ 存在 (或无穷大),

则

$$\lim_{x\to a}\frac{f(x)}{F(x)}=\lim_{x\to a}\frac{f'(x)}{F'(x)}.$$

本定理的证明较繁, 这里不证了.

推论　设

1° 当 $x\to\infty$ 时函数 $f(x)$、$F(x)$ 都趋于无穷大;

2° $f'(x)$ 与 $F'(x)$ 当 $|x|>N$ 时存在, 且 $F'(x)\neq 0$,

3° $\lim\limits_{x\to\infty}\dfrac{f'(x)}{F'(x)}$ 存在 (或无穷大),

则

$$\lim_{x\to\infty}\frac{f(x)}{F(x)}=\lim_{x\to\infty}\frac{f'(x)}{F'(x)}.$$

例 5　求 $\lim\limits_{x\to+\infty}\dfrac{\ln x}{x^n}$ 的值, $n>0$.

解　$\lim\limits_{x\to+\infty}\dfrac{\ln x}{x^n}=\lim\limits_{x\to+\infty}\dfrac{\frac{1}{x}}{nx^{n-1}}=\lim\limits_{x\to+\infty}\dfrac{1}{nx^n}=0.$

例 6　求 $\lim\limits_{x\to+\infty}\dfrac{x^n}{e^{\lambda x}}$ 的值　$(n>0,\lambda>0)$.

解　设 n 为正整数 k, 继续应用罗必塔法则 k 次, 得

$$\lim_{x\to+\infty}\frac{x^k}{e^{\lambda x}}=\lim_{x\to+\infty}\frac{kx^{k-1}}{\lambda e^{\lambda x}}=\lim_{x\to+\infty}\frac{k(k-1)x^{k-2}}{\lambda^2e^{\lambda x}}=\cdots=\lim_{x\to+\infty}\frac{k!}{\lambda^k e^{\lambda x}}=0.$$

设 n 不是整数, 则它必在两正整数 k 与 $k+1$ 之间, 于是 $x^k<x^n<x^{k+1}$, $\dfrac{x^k}{e^{\lambda x}}<\dfrac{x^n}{e^{\lambda x}}<\dfrac{x^{k+1}}{e^{\lambda x}}$. 根据 §2.7 极限存在的准则 I, 所求极限的值亦必然为零. 在 $k=0$ 时, 即 $0<n<1$ 时, 也有同样结果.

上面两个例子的结果表明: 当 x 增大时, 幂函数比对数函数增大得快些, 而指数函数比幂函数又增大得快些.

3. 其他未定式 $0\cdot\infty$、$\infty-\infty$、0^0、1^∞、∞^0

如果乘积 $f(x)\cdot g(x)$ 为未定式 $0\cdot\infty$, 即 $f(x)\to 0$、$g(x)\to\infty$, 则可以先把它写成

$$f\cdot g=\frac{f}{\frac{1}{g}}\text{ 或 }\frac{g}{\frac{1}{f}},$$

使呈未定式 $\frac{0}{0}$ 或 $\frac{\infty}{\infty}$, 再用罗必塔法则求极限.

如果 $f(x)\to+\infty$、$g(x)\to+\infty$ 或 $f(x)\to-\infty$、$g(x)\to-\infty$ 则 $f(x)-g(x)$ 为未定式 $\infty-\infty$. 这时 $f-g$ 总可化成 $\frac{0}{0}$ 型的未定式, 如

$$f-g=\frac{\frac{1}{g}-\frac{1}{f}}{\frac{1}{f}\cdot\frac{1}{g}}.$$

但在实际问题中, 由问题本身往往可以得出较简单的化法.

如果 $f(x)^{g(x)}$ 为未定式 0^0、1^∞ 或 ∞^0, 可设

$$y=f^g,$$

则其对数 $\ln y=g\cdot\ln f$ 为未定式 $0\cdot\infty$.

假定求出它的极限为

$$\lim\ln y=\lim(g\cdot\ln f)=k\text{、}+\infty\text{ 或}-\infty,$$

则

$$\lim f^g=\lim y=\lim e^{\ln y}=e^k\text{、}+\infty\text{ 或}0.$$

例 7 求 $\lim\limits_{x\to0}x^n\ln x$ 的值 $(n>0)$.

解 这是 $0\cdot\infty$ 的情形. 将函数改写为

$$\lim_{x\to0}\frac{\ln x}{\frac{1}{x^n}},$$

它即为未定式 $\frac{\infty}{\infty}$, 应用罗必塔法则, 得

$$\lim_{x\to0}x^n\ln x=\lim_{x\to0}\frac{\ln x}{\frac{1}{x^n}}=\lim_{x\to0}\left(\frac{-x^n}{n}\right)=0.$$

例 8 求 $\lim\limits_{x\to\frac{\pi}{2}}(\sec x-\operatorname{tg}x)$ 的值.

解 这是 $\infty-\infty$ 的情形. 将函数改写为

$$\lim_{x\to\frac{\pi}{2}}\left(\frac{1-\sin x}{\cos x}\right),$$

则为 $\dfrac{0}{0}$. 应用罗必塔法则, 得

$$\lim_{x\to\frac{\pi}{2}}(\sec x-\operatorname{tg}x)=\lim_{x\to\frac{\pi}{2}}\left(\frac{1-\sin x}{\cos x}\right)=\lim_{x\to\frac{\pi}{2}}\left(\frac{-\cos x}{-\sin x}\right)=0.$$

例 9 求 $\lim\limits_{x\to 0}x^x$ 的值.

解 这是 0^0 形. 设 $y=x^x$, 取对数得 $\ln y=x\ln x$, 当 $x\to 0$ 时就变为 $0\cdot\infty$ 形. 应用罗必塔法则, 得

$$\lim_{x\to 0}\ln y=\lim_{x\to 0}\ln x^x=\lim_{x\to 0}x\ln x=\lim_{x\to 0}\frac{\ln x}{\frac{1}{x}}=\lim_{x\to 0}(-x)=0.$$

因为 $y=e^{\ln y}$, 而

$$\lim y=\lim e^{\ln y}=e^{\lim\ln y};$$

所以

$$\lim y=\lim x^x=e^0=1.$$

§5.3 泰勒公式

当函数 $f(x)$ 在 x_0 处有导数时, 由函数的增量公式 (§4.10 公式 (2)) $f(x)-f(x_0)=f'(x_0)(x-x_0)+\alpha\cdot(x-x_0)$ (当 $x\to x_0$ 时 $\alpha\to 0$), 知道在 x_0 的附近 x 处的函数值 $f(x)$ 可以用 $x-x_0$ 的一次多项式 $f(x_0)+f'(x_0)(x-x_0)$ 来近似表示, 且当 $x\to x_0$ 时 $f(x)-[f(x_0)+f'(x_0)(x-x_0)]$ 为比 $x-x_0$ 高阶的无穷小. 我们知道多项式是最简单的函数之一, 所以上述结果是具有一定意义的, 只是它还有不足之处: 首先, 用这个一次多项式来近似计算 $f(x)$ 时所产生的误差仅仅是关于 $(x-x_0)$ 的高阶无穷小, 它的

精确度往往还不够满足实际需要; 其次, 用它来作近似计算无法估计误差. 因此, 我们希望能找出一个关于 $x-x_0$ 的 n 次多项式

$$P_n(x)=A_0+A_1(x-x_0)+A_2(x-x_0)^2+\cdots+A_n(x-x_0)^n \tag{1}$$

来近似表示函数 $f(x)$, 使得当 $x\to x_0$ 时, $f(x)-P_n(x)$ 为比 $(x-x_0)^n$ 高阶的无穷小, 并且能够写出误差 $|f(x)-P_n(x)|$ 的具体表达式.

现在的问题是对于函数 $f(x)$, 在什么条件下, 我们就能找出这样的多项式. 为此, 假定 $f(x)$ 在含有点 x_0 的某个开区间 (a,b) 内具有直到 $(n+1)$ 阶的导数, 而且还假定所要求的多项式 (1) 在 x_0 处的值及它的各阶导数在 x_0 处的值分别与 $f(x_0)$ 及 $f'(x_0)$、$\cdots$、$f^{(n)}(x_0)$ 相等, 即令

$$P_n(x_0)=f(x_0),\quad P_n'(x_0)=f'(x_0),$$

$$P_n''(x_0)=f''(x_0),\quad \cdots,\quad P_n^{(n)}(x_0)=f^{(n)}(x_0).$$

于是, 由 (1) 得到

$$A_0=f(x_0),\quad 1\cdot A_1=f'(x_0),\quad 2!A_2=f''(x_0),\quad \cdots,\quad n!A_n=f^{(n)}(x_0);$$

即

$$A_0=f(x_0),\quad A_1=f'(x_0),\quad A_2=\frac{1}{2!}f''(x_0),\quad \cdots,\quad A_n=\frac{1}{n!}f^{(n)}(x_0).$$

下面来证明如此定出的多项式

$$P_n(x)=f(x_0)+f'(x_0)(x-x_0)+\frac{f''(x_0)}{2!}(x-x_0)^2+\cdots+\frac{f^{(n)}(x_0)}{n!}(x-x_0)^n$$

确实满足上述要求, 这里 x 在区间 (a,b) 内取值.

首先, 令 $R_n(x)=f(x)-P_n(x)$, 则 $R_n(x)$ 在 (a,b) 内具有直到 $(n+1)$ 阶导数且 $R_n(x_0)=R_n'(x_0)=\cdots=R_n^{(n)}(x_0)=0$. 据此, 累次运用罗必塔法则即可推得

$$\lim_{x\to x_0}\frac{R_n(x)}{(x-x_0)^n}=0,$$

即在 $x\to x_0$ 时 $R_n(x)$ 为比 $(x-x_0)^n$ 高阶的无穷小.

其次, 为了用 $f(x)$ 的导数来表达误差 $|R_n(x)|$, 我们先对于两个函数 $R_n(x)$ 及 $(x-x_0)^{n+1}$ 在以 x 及 x_0 为端点的区间上应用柯西中值定理 (显然, 这定理中所有假定现在都满足), 得到

$$\frac{R_n(x)}{(x-x_0)^{n+1}}=\frac{R_n(x)-R_n(x_0)}{(x-x_0)^{n+1}-0}=\frac{R_n'(\xi_1)}{(n+1)(\xi_1-x_0)^n}\ (\xi_1 \text{ 在 } x \text{ 及 } x_0 \text{ 之间}).$$

再对于两个函数 $R_n'(x)$ 及 $(n+1)(x-x_0)^n$ 在以 ξ_1 及 x_0 为端点的区间上应用柯西中值定理, 得到

$$\frac{R_n'(\xi_1)}{(n+1)(\xi_1-x_0)^n}=\frac{R_n'(\xi_1)-R_n'(x_0)}{(n+1)(\xi_1-x_0)^n-0}$$
$$=\frac{R_n''(\xi_2)}{n(n+1)(\xi_2-x_0)^{n-1}}\ (\xi_2 \text{ 在 } \xi_1 \text{ 及 } x_0 \text{ 之间}).$$

照这样方法继续做下去, 经过 $(n+1)$ 次后, 得到

$$\frac{R_n(x)}{(x-x_0)^{n+1}}=\frac{R_n^{(n+1)}(\xi)}{(n+1)!}\ (\xi \text{ 在 } x \text{ 及} x_0 \text{ 之间}).$$

由此, 并注意到 $R_n^{(n+1)}(x)=f^{(n+1)}(x)$ (因为 $P_n^{(n+1)}(x)=0$), 得到

$$R_n(x)=\frac{f^{(n+1)}(\xi)}{(n+1)!}(x-x_0)^{n+1}.$$

其绝对值就是用 $f(x)$ 的导数来表达误差的公式.

综合上面的讨论,我们得到下面的重要定理:

泰勒 (Taylor) 中值定理 **若函数 $f(x)$ 在含有点 x_0 的某个开区间 (a,b) 内具有直到 $(n+1)$ 阶导数, 则当 x 在 (a,b) 内时, $f(x)$ 可以表示为 $(x-x_0)$ 的一个 n 次多项式与一个余项 $R_n(x)$ 的和:**

$$f(x)=f(x_0)+f'(x_0)(x-x_0)+\frac{f''(x_0)}{2!}(x-x_0)^2+\cdots+\frac{f^{(n)}(x_0)}{n!}(x-x_0)^n+R_n, \tag{2}$$

其中

$$R_n=\frac{f^{(n+1)}(\xi)}{(n+1)!}(x-x_0)^{n+1}, \tag{3}$$

这里 ξ 是在 x 及 x_0 之间的某个值.

公式 (2) 称为 $f(x)$ 按 $(x-x_0)$ 的幂展开到 n 阶的**泰勒公式**, 而 R_n 的表达式 (3) 称为**拉格朗日型的余项**.

当 $n=0$ 时, 泰勒公式变成

$$f(x)=f(x_0)+f'(\xi)(x-x_0)\quad(\xi\text{ 在}x\text{ 及}x_0\text{ 之间}).$$

这就是拉格朗日中值公式, 所以泰勒中值定理是拉格朗日中值定理的推广.

弃去 (2) 中余项 R_n 得到函数 $f(x)$ 的近似表达式

$$f(x)\approx f(x_0)+f'(x_0)(x-x_0)+\frac{f''(x_0)}{2!}(x-x_0)^2+\cdots+\frac{f^{(n)}(x_0)}{n!}(x-x_0)^n. \tag{4}$$

由此所产生的误差

$$|R_n(x)|=\left|\frac{f^{(n+1)}(\xi)}{(n+1)!}(x-x_0)^{n+1}\right| \tag{5}$$

是比 $(x-x_0)^n$ 高阶的一个无穷小.

若对于某个固定的 n, 当 x 在开区间 (a,b) 内变动时 $\left|f^{(n+1)}(x)\right|$ 总不超过一个定数 M, 则由 (5) 得

$$|R_n|\leqslant\frac{M}{(n+1)!}|x-x_0|^{n+1}. \tag{6}$$

由此可见, 这时, 只要 x 与 x_0 足够接近, 上述误差 $|R_n(x)|$ 就能小于任何预先给定的正数.

在泰勒公式 (2) 中, 若 $x_0=0$, 则 ξ 在 0 与 x 之间, 故可令 $\xi=\theta x$ $(0<\theta<1)$, 因而泰勒公式取得较简单的形式, 即所谓**麦克劳林 (Maclaurin) 公式**

$$\begin{aligned}f(x)=&f(0)+f'(0)x+\frac{f''(0)}{2!}x^2+\cdots+\frac{f^{(n)}(0)}{n!}x^n+\\&\frac{f^{(n+1)}(\theta x)}{(n+1)!}x^{n+1}\ (0<\theta<1).\end{aligned} \tag{7}$$

由此得近似公式

$$f(x) \approx f(0) + f'(0)x + \frac{f''(0)}{2!}x^2 + \cdots + \frac{f^{(n)}(0)}{n!}x^n. \tag{8}$$

估计误差的公式 (6) 现在变成

$$|R_n| \leqslant \frac{M}{(n+1)!}|x|^{n+1}. \tag{9}$$

例 1 求 $f(x) = e^x$ 的麦克劳林的展开式.

解 由于现在 $f^{(n)}(x) = e^x \ (n = 1, 2, \cdots)$, 所以 $f(0) = f'(0) = \cdots = 1$. 按麦克劳林公式 (7), 得

$$e^x = 1 + x + \frac{x^2}{2!} + \frac{x^3}{3!} + \cdots + \frac{x^n}{n!} + \frac{e^{\theta x}}{(n+1)!}x^{n+1}$$

于是得近似公式为

$$e^x \approx 1 + x + \frac{x^2}{2!} + \frac{x^3}{3!} + \cdots + \frac{x^n}{n!}.$$

当 $x > 0$ 时, 误差 $|R_n(x)|$ 可以按下式估计:

$$|R_n| = \left|\frac{e^{\theta x}}{(n+1)!}x^{n+1}\right| < \frac{e^x}{(n+1)!}x^{n+1}.$$

取 $x = 1$, 得到

$$e \approx 1 + \frac{1}{1!} + \frac{1}{2!} + \cdots + \frac{1}{n!},$$

这时

$$|R_n| < \frac{e}{(n+1)!} < \frac{3}{(n+1)!}.$$

当 $n = 10$ 时, 用此法可算得 $e \approx 2.718\,281$.

例 2 求 $f(x) = \sin x$ 的麦克劳林展开式.

解 由于现在 $f^{(n)}(x) = \sin\left(x + n \cdot \frac{\pi}{2}\right) \ (n = 1, 2, \cdots)$, 所以 $f(0) = 0, f'(0) = 1, f''(0) = 0, f'''(0) = -1, f^{(4)}(0) = 0, \cdots$. 按近似公式 (8), 得到 (令 $n = 2m$)

$$\sin x \approx x - \frac{x^3}{3!} + \frac{x^5}{5!} - \cdots + (-1)^{m-1}\frac{x^{2m-1}}{(2m-1)!},$$

误差为

$$|R_{2m}| = \left| \frac{\sin\left(\theta x + \overline{2m+1} \cdot \dfrac{\pi}{2}\right)}{(2m+1)!} x^{2m+1} \right| \leqslant \frac{|x|^{2m+1}}{(2m+1)!}.$$

取 $m=1$, 得到近似公式 $\sin x \approx x$, 误差为 $|R_2| \leqslant \frac{|x|^3}{6}$. 如果要用这个近似公式并希望误差不超过 0.001 , 那么只要 $|x| < 0.181\ 7$.

取 $m=2$, 得到近似公式 $\sin x \approx x - \frac{x^3}{3!}$, 误差为 $|R_4| \leqslant \frac{|x|^5}{120}$. 如果要用这个近似公式并希望误差不超过 0.001 , 那么只要 $|x| < 0.654\ 4$.

第六章

导数的应用

在本章中, 我们要利用导数来判定函数的增减性、极值、函数图形的凹性、拐点, 并描绘函数的图形等.

§6.1 函数的单调增减性的判定法

在 §1.7 中我们已经定义过函数 $f(x)$ 在某一区间内的单调增减性, 但对于实际如何来判别它的单调性则没有加以讨论. 现在已可能很容易地来解决这问题. 事实上, 只要应用它的导数 $f'(x)$ 在这一区间的正负号便可判定它是单调增加的或是单调减少的. 从几何意义上来说, 导数是函数图形上的切线的斜率. 当斜率为正时, 切线上升, 曲线随之上升 (图 6.1); 当斜率为负时, 切线下降, 曲线随之下降 (图 6.2). 在个别点处, 切线可能是水平的. 可见在个别的点 x, 单调增函数或单调减函数的导数也可能为零.

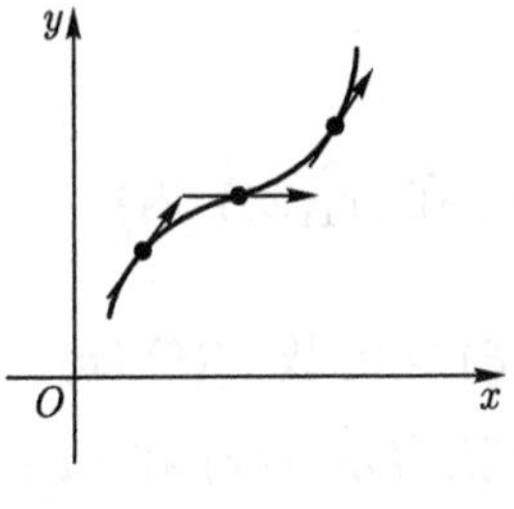

图 6.1

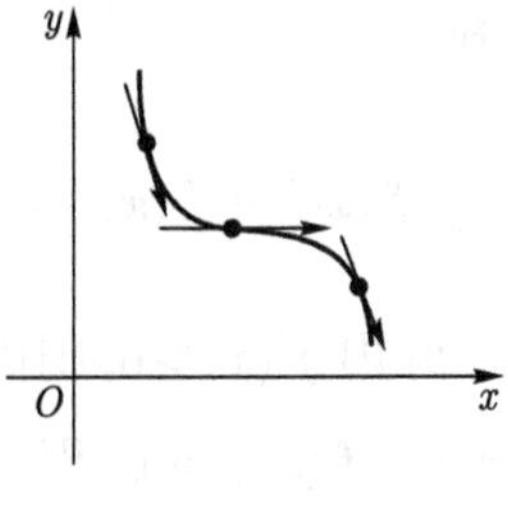

图 6.2

有了这样初步的直观认识, 我们来证明下面的定理:

定理 1(必要条件) **设函数 $f(x)$ 在区间 (a,b) 内具有导数. 如果 $f(x)$ 在 (a,b) 内为单调增加 (或减少), 则在该区间内这函数的导数 $f'(x) \geqslant 0$ (或 $\leqslant 0$).**

证 下面我们对函数为单调增加的情形来证明 (单调减少的情形可以同样证明).

令 X、x 为 (a,b) 内的两个不同的点, 由于 $f(x)$ 在 (a,b) 内为单调增加, 所以

当 $X<x$ 时, $f(X)<f(x)$;

当 $X>x$ 时, $f(X)>f(x)$.

因此, 不论 $X<x$ 或 $X>x$, 总有

$$\frac{f(X)-f(x)}{X-x}>0.$$

因而 (§2.3 定理 2)

$$f'(x)=\lim_{X\to x}\frac{f(X)-f(x)}{X-x}\geqslant 0.$$

定理 2(充分条件) **设函数 $f(x)$ 在区间 (a,b) 内具有导数. 如果在这区间内导数是正的: $f'(x)>0$, 则 $f(x)$ 在 (a,b) 内为单调增加; 导数是负的: $f'(x)<0$, 则 $f(x)$ 在 (a,b) 内为单调减少.**

证 令 x_1、x_2 为 (a,b) 内任何两个不同的点, 且 $x_1<x_2$. 由于导数 $f'(x)$ 在 (a,b) 内存在, 故在 $[x_1,x_2]$ 上也存在, 所以可以应用拉格朗日中值定理, 得到

$$f(x_2)-f(x_1)=f'(\xi)(x_2-x_1)\quad (\xi \text{ 在 } (x_1,x_2) \text{ 内}).$$

如果在 (a,b) 内 $f'(x)>0$, 则由于 $x_2-x_1>0$, $f'(\xi)>0$, 故 $f'(\xi)(x_2-x_1)>0$. 从而 $f(x_2)-f(x_1)>0$, 即 $f(x_2)>f(x_1)$, 这就表示 $f(x)$ 在 (a,b) 内为单调增加. 如果在 (a,b) 内 $f'(x)<0$, 同样可以证明 $f(x)$ 在 (a,b) 内为单调减少.

在上面的论证过程中易于看到不论区间为开、为闭、为有限或无限，定理都是成立的.

一般地，由于定出导数的符号比直接根据定义定出函数的单调性来得容易，所以这结果有很大的实用价值.

例 求函数 $f(x)=2x^3-9x^2+12x-3$ 的单调增减区间.

解 $f'(x)=6x^2-18x+12=6(x-1)(x-2)$.

当 $-\infty<x<1$ 时，$f'(x)>0$，故 $f(x)$ 在 $(-\infty,1)$ 内单调增加；

当 $1<x<2$ 时，$f'(x)<0$，故 $f(x)$ 在 $(1,2)$ 内单调减少；

当 $2<x<+\infty$ 时，$f'(x)>0$，故 $f(x)$ 在 $(2,+\infty)$ 内单调增加 (图 6.3).

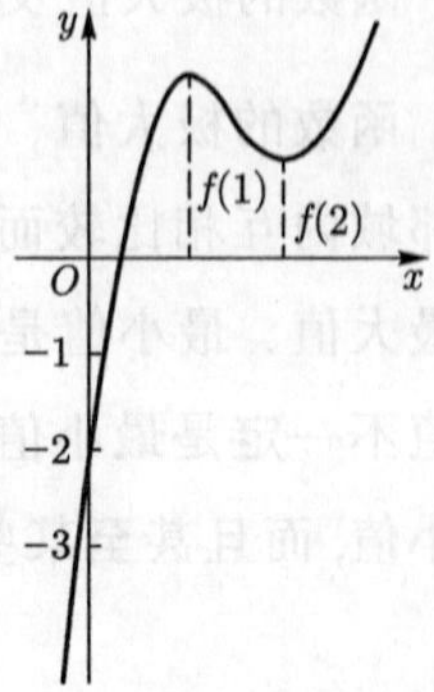

图 6.3

注意：当 $f'(x)$ 在 (a,b) 内个别点处为零，在其余点处均为正 (或负) 时，$f(x)$ 在这区间内仍旧是单调增加 (或单调减少) 的. 例如，在 $(-\infty,+\infty)$ 上，函数 $f(x)=x^3$ 的导数 $f'(x)=3x^2$ 在 $x=0$ 处为零，在其余各点处 $f'(x)$ 均为正，而函数 $f(x)$ 显然在 $(-\infty,+\infty)$ 上为单调增加的.

§6.2 函数的极值及其求法

考察前节例题中的函数 $f(x)=2x^3-9x^2+12x-3$ 在 $x=1$ 处及此点左、右附近的函数值. 由于此函数在 $x=1$ 的左边附近是单调增加的，故当 x 在 1 的左边附近时 $f(x)<f(1)$. 同样地，可推得当 x 在 1 的右边附近时 $f(x)<f(1)$. 总之，对于 $x=1$ 的邻域内任一个不为 1 的点 $x, f(x)<f(1)$ 成立. 仿此，可推得：对于 $x=2$ 的邻域内任一个不为 2 的点 $x, f(x)>f(2)$ 成立. 函数 $f(x)$ 具有这种性质的点如 $x=1, x=2$ 在理论及实用上均有重

要的意义, 因而我们作出下列一般定义:

定义 (i) **如果有一个点** x_0, **它有一个邻域存在, 使函数** $f(x)$ **在这邻域内有定义且对于这邻域内异于** x_0 **的任何** x **值,** $f(x) < f(x_0)$ **恒成立, 则称** $f(x_0)$ **为函数** $f(x)$ **的一个极大值.** (ii) **如果有一个点** x_0, **它有一个邻域存在, 使函数在这邻域内有定义且对于这邻域内异于** x_0 **的任何** x **值,** $f(x) > f(x_0)$ **恒成立, 则称** $f(x_0)$ **为函数** $f(x)$ **的一个极小值.**

函数的极大值及极小值统称为**极值**. 使函数取得极值的点称为**极值点**.

函数的极大值、极小值是有其**局部性**的, 就是它们只限于在某些点 x 的邻域内互相比较而显现出来的. 它们与函数的最大值、最小值不同, 因为最大值、最小值是对整个区间来说的. 所以极大值不一定是最大值, 极小值不一定是最小值. 在一个区间上, 一个函数可能有几个极大值与几个极小值, 而且甚至某些极大值还可能比另一些极小值来得小.

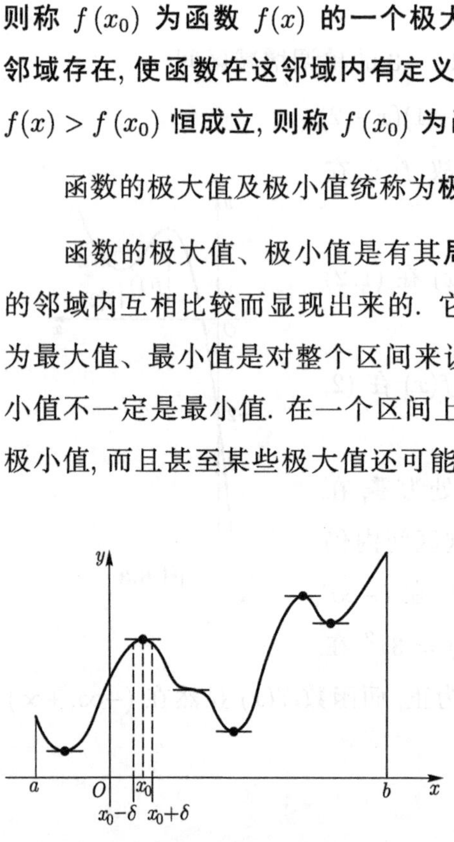

图 6.4

图 6.4 中表示出两个极大值与三个极小值, 没有一个极大值等于最大值, 有一个极小值大于一个极大值.

我们又从这图中看出在取得极值处曲线的切线是水平的. 但反之, 在曲线的切线是水平的地方, 函数并不一定取得极值.

关于函数具有极值的必要条件和充分条件, 我们将分别在下面三个定理中加以讨论.

定理 1(必要条件) **设函数** $f(x)$ **在点** x_0 **处具有导数, 且在** x_0 **处** $f(x)$ **取得极值 (不论极大或极小), 则这函数在** x_0 **处的导数** $f'(x_0) = 0$.

证 为了确定起见, 假定 $f(x_0)$ 为极大值 (为极小值时可仿此证明). 根据极大值的定义, 在 x_0 的某个邻域内, 对异于 x_0 的任何 x 值, 恒有 $f(x) < f(x_0)$. 于是,

当 $x<x_0$ 时, $\dfrac{f(x)-f(x_0)}{x-x_0}>0$, 故

$$f'(x_0)=\lim_{x\to x_0-0}\frac{f(x)-f(x_0)}{x-x_0}\geqslant 0;$$

当 $x>x_0$ 时, $\dfrac{f(x)-f(x_0)}{x-x_0}<0$, 故

$$f'(x_0)=\lim_{x\to x_0+0}\frac{f(x)-f(x_0)}{x-x_0}\leqslant 0.$$

从而得到

$$f'(x_0)=0.$$

凡使导数 $f'(x)$ 为零的点 (就是方程 $f'(x)=0$ 的实根) 都叫做函数 $f(x)$ 的**驻点**. 上面的定理就是说: 具有导数的函数 $f(x)$ 的极值点必定是它的驻点. 但注意函数的驻点却不一定是极值点. 例如, $f(x)=x^3$ 的导数 $f'(x)=3x^2$ 在 $x=0$ 时为零, 即 $x=0$ 是这函数的一个驻点, 但显然它不是极值点. 下面来讲如何判定一个驻点是不是极值点的问题.

定理 2 (第一种充分条件) **设函数 $f(x)$ 在点 x_0 的一个邻域内具有导数且 $f'(x_0)=0$.**

1° 如果当 x 取 x_0 左边附近的值时, $f'(x)$ 恒为正 (或负); 当 x 取 x_0 右边附近的值时, $f'(x)$ 恒为负 (或正), 则函数 $f(x)$ 在 x_0 处取得极大值 (或极小值).

2° 如果当 x 取 x_0 的左边及右边附近的值时, $f'(x)$ 均恒为正 (或恒为负), 则函数 $f(x)$ 在 x_0 处无极值.

证 1° 设 x 为这邻域内不同于 x_0 的任何一点, 根据拉格朗日中值定理得到

$$f(x)-f(x_0)=f'(\xi)(x-x_0)\ (\ \xi \text{ 在} x \text{ 与} x_0 \text{ 之间}).$$

按假定, 当 $x<x_0$ 时, $f'(x)>0$ (或 <0); 当 $x>x_0$ 时 $f'(x)<0$ (或 >0), 并注意到点 ξ 与 x 同在 x_0 的左边或右边, 我们从上式右端的符号就能推得:

当 $x<x_0$ 时, $f(x)<f(x_0)$ [或 $f(x)>f(x_0)$];

当 $x>x_0$ 时, $f(x)<f\left(x_0\right)$ [或 $f(x)>f\left(x_0\right)$].

这就表示函数 $f(x)$ 在 x_0 处取得极大值 (或极小值).

2° 因为 $f'(x)$ 在点 x_0 的这个邻域内除在 x_0 处为零外都是同号的, 所以由单调性的判别法知道函数 $f(x)$ 在这邻域内是单调的, 因而 x_0 不是 $f(x)$ 的极值点.

按上述两条定理, 对于在讨论的区间内具有导数的函数 $f(x)$, 可以将求极值点及极值的步骤总结为

(i) 求出导数 $f'(x)$;

(ii) 求出 $f(x)$ 的全部驻点 (即方程 $f'(x)=0$ 在所讨论的区间内的全部实根);

(iii) 考察 $f'(x)$ 在每个驻点的左、右附近的符号, 然后按定理 2 考察在各驻点处函数 $f(x)$ 是否取得极值, 在取得极值的点处, 还要确定哪些是极大值, 哪些是极小值;

(iv) 求出各极值点处的函数值, 就得函数 $f(x)$ 的诸极值.

例 1 求出函数 $f(x)=x^3-3x^2-9x+5$ 的极值.

解 (i) $f'(x)=3x^2-6x-9=3(x+1)(x-3)$.

(ii) 令 $3(x+1)(x-3)=0$, 求得驻点 $x_1=-1, x_2=3$.

(iii) 由 $f'(x)=3(x+1)(x-3)$ 来确定符号:

当 x 在 -1 的左边附近时, $x+1<0, x-3<0$, 所以 $f'(x)>0$;

当 x 在 -1 的右边附近时, $x+1>0, x-3<0$, 所以 $f'(x)<0$;

因而, 按定理 2, 函数 $f(x)$ 在 $x=-1$ 处取得极大值. 同理, 函数 $f(x)$ 在 $x=3$ 处取得极小值.

(iv) 算出极大值 $f(-1)=10$, 极小值 $f(3)=-22$.

当在驻点处函数 $f(x)$ 的二阶导数存在时, 有时可以利用下列定理来判定在驻点处函数 $f(x)$ 是否取得极值.

定理 3 (第二种充分条件) **设函数 $f(x)$ 在点 x_0 处具有二阶导数且 $f'\left(x_0\right)=0, f''\left(x_0\right) \neq 0$, 则**

1° 当 $f''\left(x_0\right)<0$ 时, 函数 $f(x)$ 在 x_0 处取得极大值;

2° 当 $f''(x_0) > 0$ 时, 函数 $f(x)$ 在 x_0 处取得极小值.

证 1° 由于 $f''(x_0) < 0$, 故按二阶导数的定义, 我们有

$$f''(x_0) = \lim_{x \to x_0} \frac{f'(x) - f'(x_0)}{x - x_0} < 0,$$

因而, 根据 §2.3 定理 1 , 当 x 在 x_0 的足够小的邻域内且不同于 x_0 时,

$$\frac{f'(x) - f'(x_0)}{x - x_0} < 0.$$

但 $f'(x_0) = 0$, 所以上式为

$$\frac{f'(x)}{x - x_0} < 0.$$

从而知道对于这邻域内不同于 x_0 的 x 来说, $f'(x)$ 与 $x - x_0$ 异号. 因此, 当 $x - x_0 < 0$ 即 $x < x_0$ 时, $f'(x) > 0$; 当 $x - x_0 > 0$ 即 $x > x_0$ 时, $f'(x) < 0$. 根据定理 2 知道 $f(x)$ 在点 x_0 取得极大值.

2° 的证法与 1° 相同.

若函数 $f(x)$ 在 x_0 处有二阶导数且 $f'(x_0) = 0$, 但 $f''(x_0)$ 也为零, 则函数在 x_0 处可能有极大值, 也可能有极小值, 也可能没有极值. 例如 $f_1(x) = -x^4, f_2(x) = x^4, f_3(x) = x^3$ 在 $x = 0$ 处就分别属于这三种情况. 因而, 如果在驻点处二阶导数为零, 则仍旧要用定理 2 来判定在该点处是否取得极值.

例 2 求函数 $f(x) = (x^2 - 1)^3 + 1$ 的极值.

解 (i) $f'(x) = 6x(x^2 - 1)^2$.

(ii) 令 $f'(x) = 0$, 求得驻点: $x_1 = -1, x_2 = 0, x_3 = 1$.

(iii) $f''(x) = 6(x^2 - 1)(5x^2 - 1)$.

(iv) 因 $f''(0) = 6 > 0$, 故 $f(x)$ 在 $x = 0$ 处取得极小值. 极小值为 $f(0) = 0$.

(v) 因 $f''(-1) = f''(1) = 0$, 故按定理 3 就无法判别, 再用定理 2 来判别.

(vi) 当 x 取 -1 左边附近的值时, $f'(x) < 0$; 当 x 取 -1 右边附近的值时 $f'(x) < 0$; 故按定理 2, $f(x)$ 在 $x = -1$ 处没有极值. 同理, 在 $x = 1$ 处, 函数也没有极值 (图 6.5).

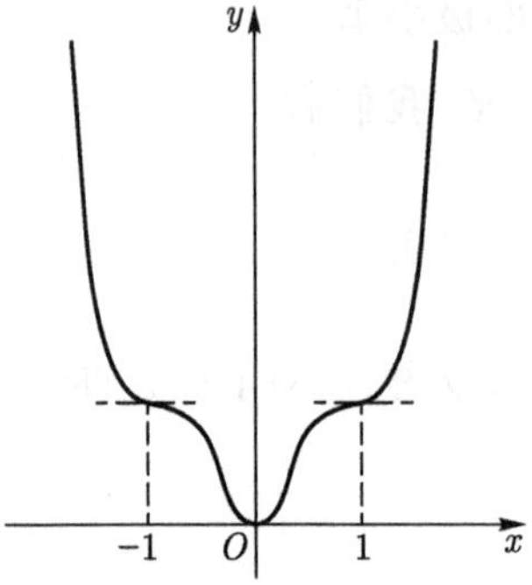

图 6.5

在上面讨论函数的极值时, 都假定函数在所论点处是具有导数的, 但函数在它没有导数的点处也可能取得极值. 图 6.6 至图 6.9 就表明了这种情形. 虽然函数在 x_0 处没有导数, 但若这函数在 x_0 的左、右附近诸点处均有导数且这函数在 x_0 处连续, 则仍旧可用定理 2 中类似的办法来决定函数 $f(x)$ 在 x_0 处是否取得极值.

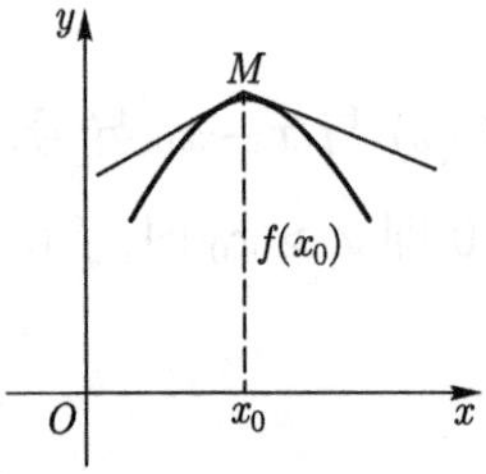

图 6.6

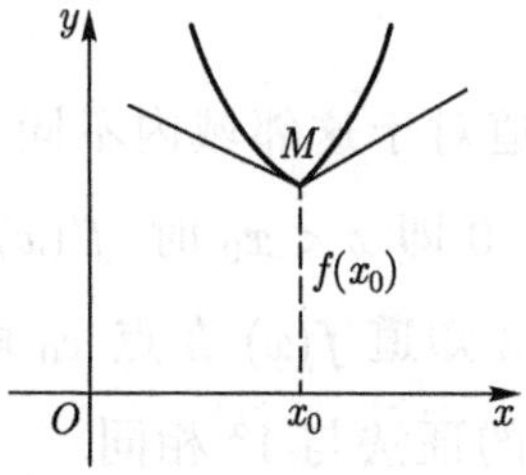

图 6.7

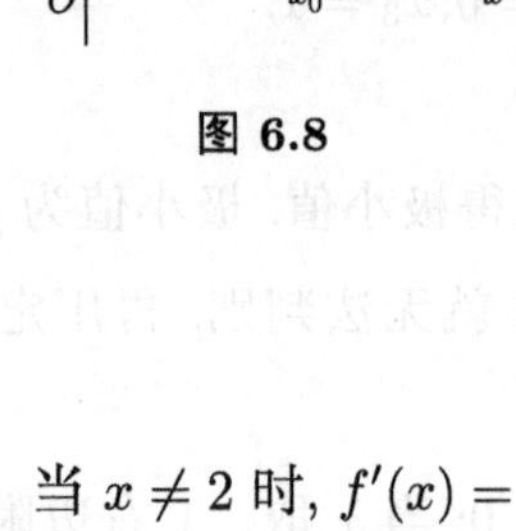

图 6.8

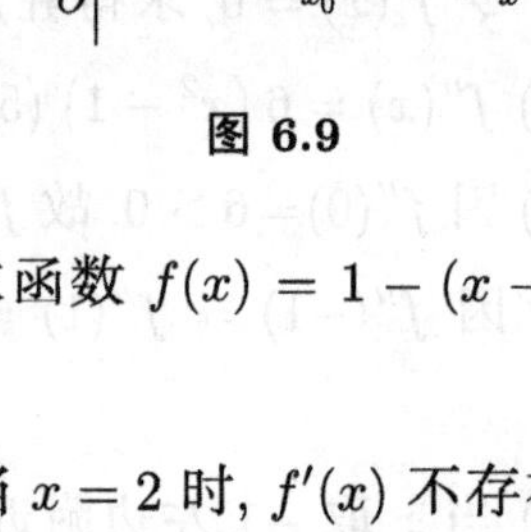

图 6.9

例 3 求函数 $f(x)=1-(x-2)^{\frac{2}{3}}$ 的极值.

解 当 $x\neq 2$ 时, $f'(x)=-\dfrac{2}{3}(x-2)^{-\frac{1}{3}}$; 当 $x=2$ 时, $f'(x)$ 不存在.

显然, 在 $x\neq 2$ 时, $f'(x)$ 不为零, 故在这时按定理 1 不可能有 $f(x)$ 的极值点.

虽然在 $x=2$ 处 $f'(x)$ 不存在, 但在 $x=2$ 的左、右附近 $f'(x)$ 均存在

且 $f(x)$ 在 $x=2$ 处连续, 故可从 $f'(x)$ 在 $x=2$ 的左、右附近的符号来判定 $x=2$ 处 $f(x)$ 是否取得极值.

当 x 取 2 左边附近的值时, $f'(x)$ 恒为正; 当 x 取 2 右边附近的值时, $f'(x)$ 恒为负, 故 $f(x)$ 在 $x=2$ 处取得极大值, 极大值为 $f(2)=1$ (参看图 6.8).

§6.3　最大值及最小值的求法

设函数 $f(x)$ 在闭区间 $[a,b]$ 上是连续的, 则它的最大值及最小值必然是存在的 (§3.3 定理 1). 我们来讨论怎样求出最大值的方法 (求最小值的方法也可同样讨论).

如果函数在 a 与 b 间的一点达到最大值, 这个最大值显然也是极大值; 但最大值也可以在区间的端点 a,b 处达到. 因此, 把函数的一切极大值与函数在区间端点的函数值 $f(a)$ 及 $f(b)$ 相互比较 (在特殊情形下, 若函数在部分区间上为常数, 则须把这常数加入比较), 这些数中最大者就是所要求的 $f(x)$ 在 $[a,b]$ 上的最大值.

例 1　求函数 $f(x)=x^3-3x^2-9x+5$ 在区间 $[-4,4]$ 上的最大值和最小值.

解　在前节例 1 中已求出函数只有一个极大值 $f(-1)=10$ 及一个极小值 $f(3)=-22$.

把它们与在端点的函数值 $f(-4)=-71, f(4)=-15$ 互相比较, 即得函数在区间 $[-4,4]$ 上的最大值为 10 , 最小值为 -71.

有时为避免判定极值, 可以计算函数在一切可能的极值点 (即一切驻点及使导数不存在的点) 的函数值并把它们与 $f(a)$ 及 $f(b)$ 相互比较, 这些数中最大者就是函数的最大值, 最小者就是函数的最小值.

例 2　求函数 $f(x)=x^{\frac{2}{3}}-\left(x^2-1\right)^{\frac{1}{3}}$ 在区间 $[-2,2]$ 上的最大值及最小值.

解 当 $x \neq 0$、± 1 时,

$$f'(x) = \frac{2}{3}x^{-\frac{1}{3}} - \frac{1}{3}\left(x^2-1\right)^{-\frac{2}{3}} \cdot 2x = \frac{2}{3} \cdot \frac{\left(x^2-1\right)^{\frac{2}{3}} - x^{\frac{4}{3}}}{x^{\frac{1}{3}} \cdot \left(x^2-1\right)^{\frac{2}{3}}}.$$

$f'(x) = 0$ 给出驻点 $x = \pm\dfrac{1}{\sqrt{2}}$.

在点 $x = 0$、$x = \pm 1$ 处 $f'(x)$ 不存在. 故求出可能的极值点为

$$-1、-\frac{1}{\sqrt{2}}、0、\frac{1}{\sqrt{2}}、1.$$

因 $f(x)$ 为偶函数, 仅需计算

$$f(0) = 1, \quad f\left(\frac{1}{\sqrt{2}}\right) = \sqrt[3]{4}, \quad f(1) = 1$$

及在端点 $x = 2$ 的函数值 $f(2) = \sqrt[3]{4} - \sqrt[3]{3}$. 相互比较, 得函数的最大值为 $\sqrt[3]{4}$, 最小值为 $\sqrt[3]{4} - \sqrt[3]{3}$.

特殊地, 如果在闭区间 $[a, b]$ 上的连续函数 $f(x)$ 在区间内只有一个可能的极值点, 并且函数在该点确有极大值 (或极小值), 则不必再与端点的函数值比较, 就可断定这就是函数在所给闭区间上的最大值 (或最小值). 所讲的结果对于开区间及无穷区间也是适用的. 在应用问题中往往遇着这样的情形, 且看下面的两个例子.

例 3 将各边为 a 的正方铁皮于各角截去相等的小正方块, 然后折起各边, 要做成体积最大的无盖箱. 问所截去的小正方形之边长应该是多少?

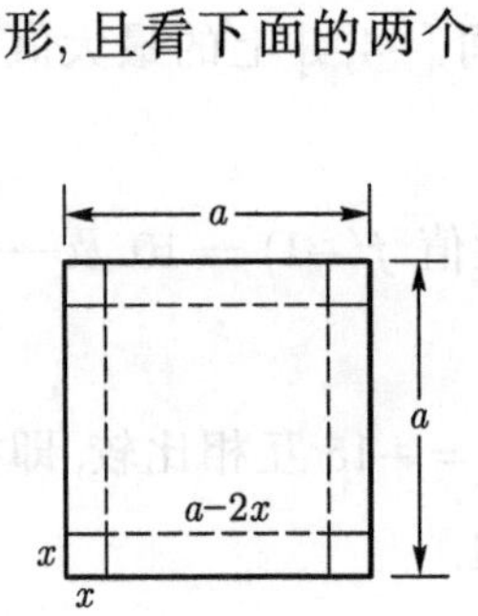

图 6.10

解 令 x 为小正方形之边长, 则正方形箱底之边长为 $a - 2x$ (图 6.10), 其体积为

$$V = (a - 2x)^2 x,$$

x 的变化区间是 $\left(0, \dfrac{a}{2}\right)$. 于是问题成为求这个函数在区间上的最大值.

$$V' = (a - 2x)^2 - 4x(a - 2x) = a^2 - 8ax + 12x^2 = (a - 2x)(a - 6x).$$

函数 V 在区间 $\left(0,\dfrac{a}{2}\right)$ 内只有一个驻点 $x=\dfrac{a}{6}$. 这时二阶导数 $V''<0$, 即知 $x=\dfrac{a}{6}$ 给出最大体积 $\dfrac{2a^3}{27}$. 所以截去的正方形的边乃是所给正方形边长的六分之一.

例 4　横梁的强度和它的矩形断面的宽成正比, 并和高的平方成正比; 要将直径为 d 的圆木锯成强度最大的横梁, 问断面的高和宽应是多少?

解　设 x 为断面的宽、y 为它的高, 则当函数 xy^2 是极大时横梁的强度为最大. 但 $y^2=d^2-x^2$ (图 6.11), 因此我们应考察函数 $f(x)=x\left(d^2-x^2\right)$ $(0<x<d)$.

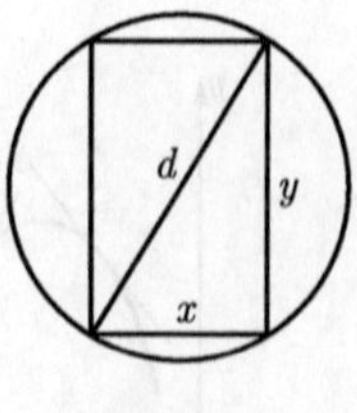

图 6.11

因导数

$$f'(x)=-2x^2+d^2-x^2=d^2-3x^2,$$

故在区间 $(0,d)$ 内得驻点为 $x=\dfrac{d}{\sqrt{3}}$. 这时二阶导数 $f''(x)<0$, 故 $f\left(\dfrac{d}{\sqrt{3}}\right)$ 为函数的极大值且同时为最大值. 因此, 横梁倘锯成宽为 $x=$ 圆木直径的 $\sqrt{\dfrac{1}{3}}$, 而高为 $y=$ 圆木直径的 $\sqrt{\dfrac{2}{3}}$, 则横梁的强度最大.

§6.4　曲线的凹性及其判定法

为了准确地描绘函数的图形, 我们有必要来讨论在区间 (a,b) 内具有导数的函数 $f(x)$ 所表示的曲线弧的弯曲方向 (向上弯曲或向下弯曲), 因为同样是上升 (或下降) 的曲线弧, 可能一个向上弯曲而另一个是向下弯曲的. 为区别起见, 我们给出下列定义:

定义　**若曲线弧位于其每一点处切线的上方 (图 6.12), 则称此曲线弧是向上凹的; 若曲线弧位于其每一点处切线的下方 (图 6.13), 则称此曲线弧是向下凹的.**

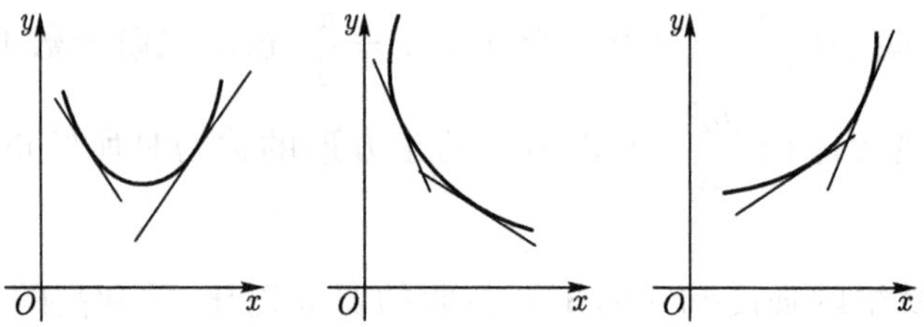

图 6.12

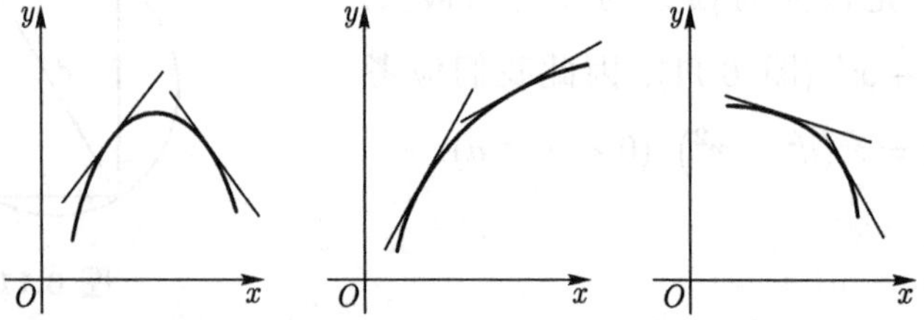

图 6.13

当函数 $f(x)$ 具有二阶导数时, 我们给出一种判定曲线弧的凹性的方法:

定理 设函数 $f(x)$ 在区间 (a,b) 内具有二阶导数 $f''(x)$, 则在该区间上

1° 当 $f''(x)>0$ 时, 曲线弧 $y=f(x)$ 向上凹;

2° 当 $f''(x)<0$ 时, 曲线弧 $y=f(x)$ 向下凹.

证 设 x_0 为 (a,b) 内任一点, x_1 为 (a,b) 内异于 x_0 的任意一点. 由 $n=1$ 的泰勒公式, 我们得到

$$f(x_1)=f(x_0)+f'(x_0)(x_1-x_0)+\frac{f''(\xi)}{2!}(x_1-x_0)^2\ (\xi\text{ 在}x_1\text{与}x_0\text{之间}). \tag{1}$$

这就是曲线弧上对应于 x_1 的点 M_1 的纵标 (图 6.14). 但曲线弧在点 $M_0(x_0, f(x_0))$ 的切线方程为 $y-f(x_0)=f'(x_0)(x-x_0)$, 所以此切线上对应于 x_1 的点 M_1' 的纵标为

$$y_1=f(x_0)+f'(x_0)(x_1-x_0). \tag{2}$$

将 (1)、(2) 两式相减, 得到

$$f\left(x_1\right)-y_1=\frac{f''(\xi)}{2!}\left(x_1-x_0\right)^2. \tag{3}$$

当 $f''(x)$ 在 (a,b) 上恒为正 (或负) 时, $f''(\xi)>0$ (或 <0). 因此, 由 (3) 知道

$$f\left(x_1\right)>y_1\ (\text{或} f\left(x_1\right)<y_1).$$

这就表示曲线弧位于其上任意一点 M_0 处的切线的上方 (或下方), 也就是说这时曲线弧是向上凹 (或向下凹) 的.

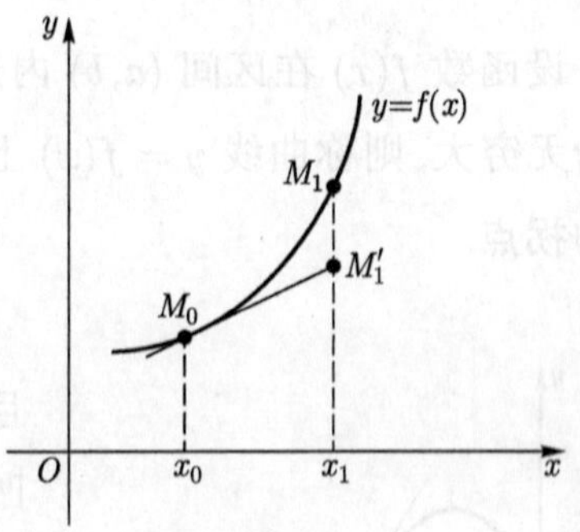

图 6.14

例 1 判定曲线 $y=\ln x$ 的凹性.

解 函数 $f(x)=\ln x$ 的定义域为 $(0,+\infty)$. $f'(x)=\dfrac{1}{x}, f''(x)=-\dfrac{1}{x^2}$. 由于在 $(0,+\infty)$ 上 $f''(x)$ 恒为负, 故整条曲线 $y=\ln x$ 是向下凹的.

例 2 判定曲线 $y=\dfrac{1}{x}$ 的凹性.

解 函数 $f(x)=\dfrac{1}{x}$ 的定义域为 $(-\infty,0),(0,+\infty)$.

$$f'(x)=-\frac{1}{x^2},\quad f''(x)=\frac{2}{x^3}.$$

当 x 在 $(-\infty,0)$ 内时, $f''(x)<0$, 故曲线弧向下凹; 当 x 在 $(0,+\infty)$ 内时, $f''(x)>0$, 故曲线弧向上凹.

注意: 在函数 $f(x)$ 于区间 (a,b) 内具有二阶导数的前提下, 如果 $f''(x)$ 在 (a,b) 内除在个别点处为零外, 它的符号恒为正 (或负), 则曲线弧仍旧是向上凹 (或向下凹) 的. 例如. 当 $f(x)=x^4,(a,b)$ 为 $(-1,1)$ 时, $f''(x)=12x^2$ 在 $(-1,1)$ 内除 $x=0$ 处为 0 外, 它的符号恒为正, 所以曲线弧是向上凹的.

§6.5 曲线的拐点及其求法

设函数 $f(x)$ 在区间 (a,b) 内连续且在 (a,b) 内各点处具有导数或其导数为无穷大, 则称曲线 $y=f(x)$ 上的向上凹与向下凹部分的分界点为这曲线的拐点.

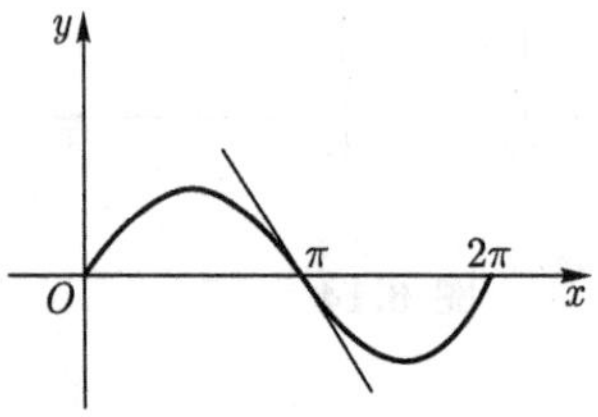

图 6.15

例如, 函数 $\sin x$ 在区间 $(0,2\pi)$ 内连续且具有导数, 在区间 $(0,\pi)$ 上, 曲线弧向下凹, 在区间 $(\pi,2\pi)$ 上曲线弧向上凹, 这两弧的分界点 $(\pi,0)$ 是曲线 $y=\sin x$ $(0<x<2\pi)$ 上的一个拐点 (图 6.15).

设函数 $f(x)$ 在区间 (a,b) 内具有二阶连续导数, 我们就可以按下面的定理, 利用 $f(x)$ 的二阶导数 $f''(x)$ 的符号来求出曲线上的拐点.

定理　设函数 $f(x)$ 在 (a,b) 内具有二阶连续导数 $f''(x)$, 又 x_0 为 (a,b) 内一点.

1° 当 $f''(x)$ 在 x_0 的左边附近处恒为一种符号, 在 x_0 的右边附近处恒为另一种符号时, 点 $(x_0,f(x_0))$ 为曲线 $y=f(x)$ 上的一个拐点, 这时 $f''(x_0)$ 必定为零.

2° 当 $f''(x)$ 在 x_0 的左、右附近处都保持同一种符号时, 点 $(x_0,f(x_0))$ 不是曲线 $y=f(x)$ 的一个拐点.

证　1° 按上节中的定理, 这时, 在点 $(x_0,f(x_0))$ 左、右两边的曲线弧的凹性是相反的. 故按定义, 点 $(x_0,f(x_0))$ 是一个拐点. 又由 $f''(x)$ 的连续性及连续函数的介值定理立即得到 $f''(x_0)=0$.

2° 按上节中的定理, 这时, 在点 $(x_0,f(x_0))$ 的两边的曲线弧的凹性是相同的. 故按定义, 点 $(x_0,f(x_0))$ 不是一个拐点.

根据这定理, 对于具有二阶连续导数的函数 $f(x)$, 曲线 $y=f(x)$ 上的

拐点的求法可以总结成下列步骤:

(i) 求 $f''(x)$.

(ii) 令 $f''(x)=0$, 解出这方程在所论区间 (a,b) 内的实根.

(iii) 对于 (ii) 中解出的每个实根 x_0, 检查在 x_0 的左、右附近 $f''(x)$ 的符号. 当 $f''(x)$ 在 x_0 的左边附近恒为一种符号、右边附近恒为另一种符号时, 点 $(x_0,f(x_0))$ 为一个拐点; 当 $f''(x)$ 在 x_0 的左、右附近恒为同一种符号时, 点 $(x_0,f(x_0))$ 不是一个拐点.

例 1 求曲线 $y=3x^4-4x^3+1$ 的拐点.

解 现在 $f(x)=3x^4-4x^3+1$, 故 $f'(x)=12x^3-12x^2$,

$$f''(x)=36x^2-24x=36x\left(x-\frac{2}{3}\right).$$

令 $f''(x)=0$, 得方程 $36x\left(x-\dfrac{2}{3}\right)=0$, 解得 $x_1=0,x_2=\dfrac{2}{3}$.

当 x 在 $x_1=0$ 的左边附近时, $f''(x)>0$; 当 x 在 $x_1=0$ 的右边附近时, $f''(x)<0$. 故点 $(0,1)$ 是这曲线弧上的一个拐点.

当 x 在 $x_2=\dfrac{2}{3}$ 的左边附近时, $f''(x)<0$; 当 x 在 $x_2=\dfrac{2}{3}$ 的右边附近时, $f''(x)>0$; 故点 $\left(\dfrac{2}{3},\dfrac{11}{27}\right)$ 也是这曲线弧上的一个拐点 (图 6.16).

在个别点处一阶导数存在或为无穷大而二阶导数不存在时, 曲线也可能具有拐点, 我们举例于下.

例 2 求曲线 $y=(x-2)^{\frac{5}{3}}$ 的拐点.

解 现在 $f(x)=(x-2)^{\frac{5}{3}}$, 故 $f'(x)=\dfrac{5}{3}(x-2)^{\frac{2}{3}}$, 且在 $x\neq 2$ 时,

$$f''(x)=\frac{10}{9}(x-2)^{-\frac{1}{3}}.$$

当 $x=2$ 时 $f'(x)=0, f''(x)$ 不存在. 显然, 在 $x\neq 2$ 时 $f''(x)\neq 0$. 可是, 当 x 在 2 的左边附近时, $f''(x)<0$; 当 x 在 2 的右边附近时, $f''(x)>0$. 因此, 点 $(2,0)$ 是仅有的一个拐点 (见图 6.17).

例 3 求曲线 $(y-2)^3=x-4$ 的拐点.

解 这曲线是函数 $f(x)=2+(x-4)^{\frac{1}{3}}$ 的图形. 现在, 在 $x\neq 4$ 处, $f'(x)=\dfrac{1}{3}(x-4)^{-\frac{2}{3}}, f''(x)=-\dfrac{2}{9}(x-4)^{-\frac{5}{3}}$. 在 $x=4$ 处 $f'(x)=+\infty, f''(x)$ 不存在. 显然在 $x\neq 4$ 时 $f''(x)\neq 0$. 但是, 当 x 在 4 的左边附近时, $f''(x)>0$; 当 x 在 4 的右边附近时, $f''(x)<0$. 故点 $(4,2)$ 是仅有的一个拐点 (见图 6.18).

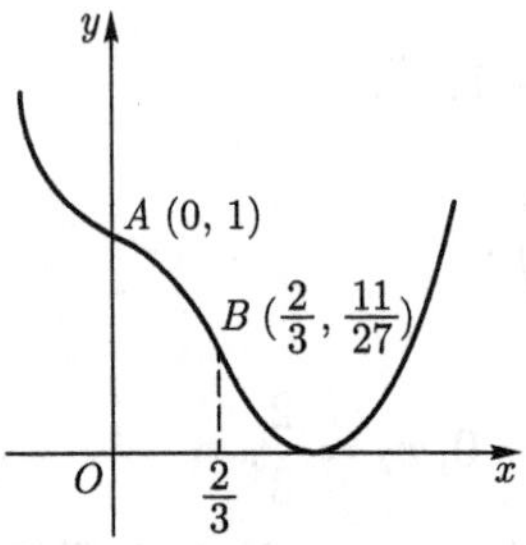

图 6.16

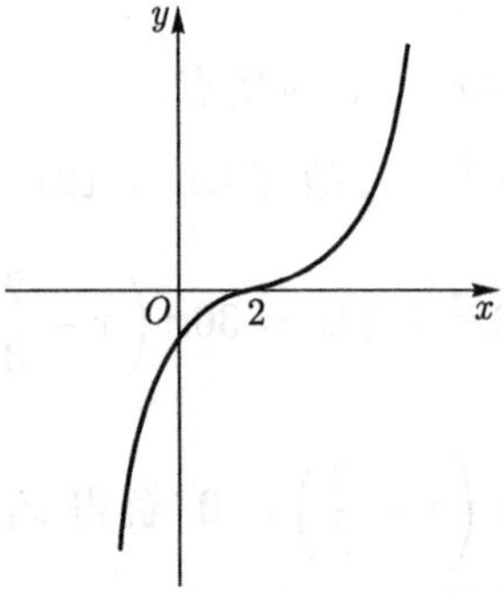

图 6.17

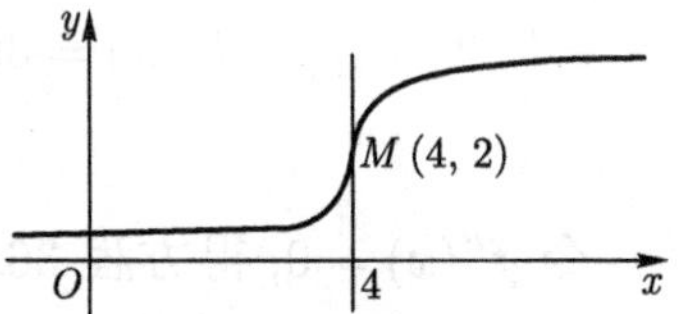

图 6.18

§6.6 曲线的渐近线

在平面解析几何中, 我们曾经讲过, 直线 $y=\pm\dfrac{b}{a}x$ 是双曲线 $\dfrac{x^2}{a^2}-\dfrac{y^2}{b^2}=1$ 的渐近线, 这是因为当点 M 沿着双曲线离坐标原点无限远移时, M 与这直线的距离就趋近于零. 一般地说, 如果一个点 M 沿着曲线 C 离坐标原点无限远移时, M 与某一直线 L 的距离趋近于零, 则称 L 为 C 的一条**渐近线**.

在 §2.3 及 §2.4 的例题中我们又曾经提出过:

如果当 $x\to\infty$ 时, $f(x)\to c$, 则曲线 $y=f(x)$ 有一水平渐近线 $y=c$;

如果当 $x\to x_0$ 时, $f(x)\to\infty$, 则曲线 $y=f(x)$ 有一铅直渐近线 $x=x_0$.

现在要进而对于曲线 $y=f(x)$ 是否有渐近线 $y=ax+b$ 的情形加以讨论. 设直线 $y=ax+b$ 的倾角 $\alpha\neq\dfrac{\pi}{2}$.$|MK|$ 是曲线上的任一点 M 与这直线的距离 (图 6.19), K_1M 是具有同一横标 x 的曲线上点 M 与这直线上点 K_1 的纵标之差, 即

$$K_1M=f(x)-(ax+b).$$

由直角三角形 MK_1K 得

$$|K_1M| = \frac{|MK|}{|\cos\alpha|}.$$

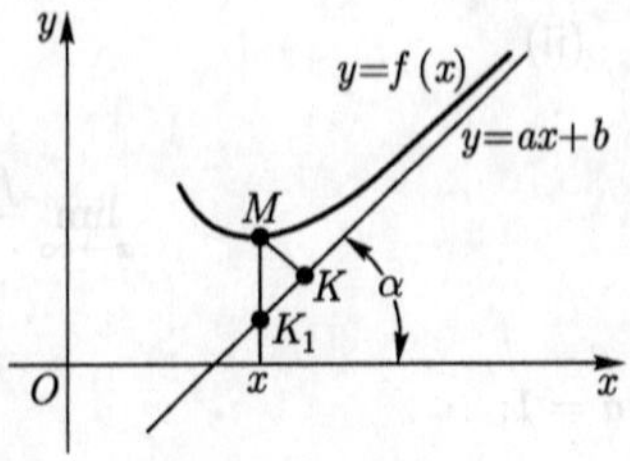

图 6.19

于是条件

$$\lim_{x\to\infty} |MK| = 0$$

这就等价于条件

$$\lim_{x\to\infty} |K_1M| = 0.$$

但因

$$K_1M = f(x) - ax - b,$$

所以曲线 $y = f(x)$ 的渐近线的存在及求法问题可以归结为下面的一个问题: 就是能使

$$\lim_{x\to+\infty} [f(x) - ax - b] = 0^{①} \tag{1}$$

成立的两个常数 a 及 b 的存在及求法的问题.

因

$$\frac{f(x)}{x} = \frac{1}{x}[f(x) - ax - b] + a + \frac{b}{x},$$

令 $x \to +\infty$ 取上式两边的极限并注意到 (1) 式, 得

$$\lim_{x\to+\infty} \frac{f(x)}{x} = a. \tag{2}$$

既求出了 a, 再从 (1) 求出

$$\lim_{x\to+\infty} [f(x) - ax] = b. \tag{3}$$

反之, 由 (2)、(3) 立即看出条件 (1) 必被满足. 于是得结论为

如果极限 $\lim\limits_{x\to+\infty} \dfrac{f(x)}{x} = a$ 存在, 且极限 $\lim\limits_{x\to+\infty} [f(x) - ax] = b$ 也存在, 则曲线 $y = f(x)$ 具有渐近线, 它的方程是 $y = ax + b$.

例 1　**求曲线 $y = \dfrac{x^3}{x^2 + 2x - 3}$ 的渐近线.**

解　(i) 由于 $f(x)$ 的分母 $x^2 + 2x - 3 = (x + 3)(x - 1)$, 立即看出

$$\lim_{x\to-3} f(x) = \infty \quad 及 \quad \lim_{x\to1} f(x) = \infty,$$

故 $x = -3$ 及 $x = 1$ 各为铅直渐近线.

---

① 我们现在只讨论 $x \to +\infty$ 的一方面, 对于 $x \to -\infty$ 也需作同样的讨论, 可能得出另一渐近线.

(ii)
$$\frac{f(x)}{x}=\frac{x^3}{x^3+2x^2-3x},$$

$$\lim_{x\to\infty}\frac{f(x)}{x}=\lim_{x\to\infty}\frac{1}{1+\dfrac{2}{x}-\dfrac{3}{x^2}}=1,$$

即 $a=1$;

$$\lim_{x\to\infty}[f(x)-ax]=\lim_{x\to\infty}\left(\frac{x^3}{x^2+2x-3}-x\right)=\lim_{x\to\infty}\frac{-2x^2+3x}{x^2+2x-3}$$
$$=\lim_{x\to\infty}\frac{-2+\dfrac{3}{x}}{1+\dfrac{2}{x}-\dfrac{3}{x^2}}=-2,$$

即 $b=-2$; 故 $y=x-2$ 也为渐近线 (图 6.20).

例 2 求 $y=\dfrac{x^2}{1+x}$ 的渐近线.

解 (i) $x=-1$ 为铅直渐近线.

(ii) $\lim\limits_{x\to\infty}\dfrac{f(x)}{x}=\lim\limits_{x\to\infty}\dfrac{x}{1+x}=\lim\limits_{x\to\infty}\dfrac{1}{\dfrac{1}{x}+1}=1,$

即 $a=1$;

$$\lim_{x\to\infty}[f(x)-ax]=\lim_{x\to\infty}\frac{-x}{1+x}=\lim_{x\to\infty}\frac{-1}{\dfrac{1}{x}+1}=-1,$$

即 $b=-1$; 故 $y=x-1$ 也为渐近线 (图 6.21).

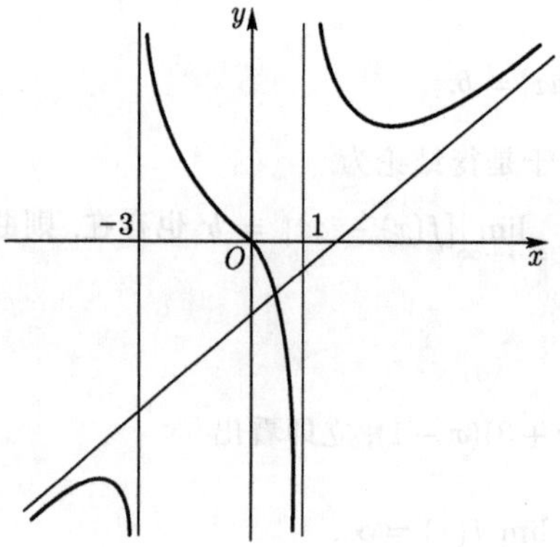

图 6.20

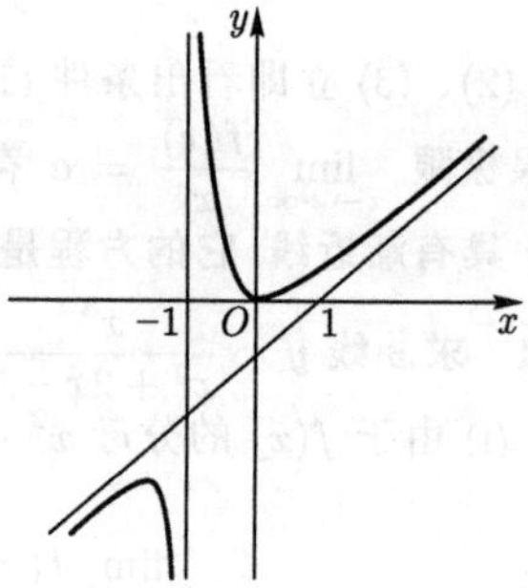

图 6.21

§6.7 函数图形的描绘方法

以前各节 (§6.1—§6.6) 所说的函数的性态大都可以用到笛卡儿坐标系上的描图方面来. 兹将描绘曲线的一般步骤列出如下:

(i) 确定函数的定义域.

(ii) 确定曲线关于坐标轴的对称性.

(iii) 确定曲线与坐标轴的交点 (如果不易确定, 不必强求).

(iv) 确定函数的增减性、极大值与极小值.

(v) 确定曲线的凹性与拐点.

(vi) 确定曲线的渐近线①.

(vii) 需要时, 还得由曲线的方程计算出一些适当的点的坐标.

(viii) 把上面所得的结果, 按自变量大小顺序列入一个表格内, 以观察图形的大概形态, 然后描绘成图.

例 1 描绘 $y=\dfrac{x^3}{3}-x^2+2$ 的曲线.

解 (i) 此函数的定义域为 $(-\infty,+\infty)$.

(ii) $y'=f'(x)=x^2-2x, y''(x)=2x-2$.

x	$(-\infty,0)$	0	$(0,1)$	1	$(1,2)$	2	$(2,+\infty)$
$f'(x)$	+	0	−	−	−	0	+
$f''(x)$	−	−	−	0	+	+	+
$f(x)$	↗	2	↘	$\frac{4}{3}$	↘	$\frac{2}{3}$	↗
$y=f(x)$	向下凹	极大	向下凹	拐点	向上凹	极小	向上凹

(iii) 令 $f'(x)=0$, 即 $x^2-2x=0$, 得 $x_1=0$、$x_2=2$. 因 $f''(0)=-2<0$, 故 $f(0)=2$ 是极大值. 又因 $f''(2)=2>0$, 故 $f(2)=\dfrac{2}{3}$ 是极小值. 由此得到点 $P_1(0,2)$ 及 $P_2\left(2,\dfrac{2}{3}\right)$.

① 如果上节未讲, 就不要求确定斜渐近线.

(iv) 令 $f''(x)=0$, 即 $2(x-1)=0$, 得 $x=1$. 因在点 $x=1$ 的左右近旁验得: 当 $x<1$ 时, $f''(x)<0$; 当 $x>1$ 时, $f''(x)>0$, 故 $P_3(1,f(1))$ 点, 乃是一拐点.

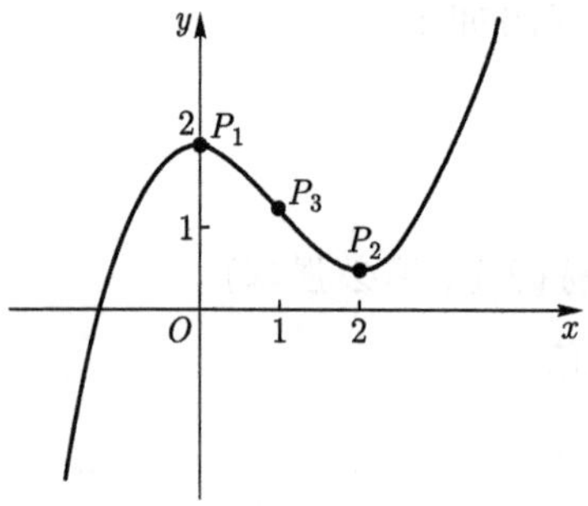

图 6.22

(v) 把上面的结果列成表格, 填明函数的增减性与凹性, 即可描出所需的曲线(图 6.22).

例 2 描绘 $y=\dfrac{(x-3)^2}{4(x-1)}$ 的曲线.

解 (i) 此函数的定义域为 $(-\infty,1)$ 及 $(1,+\infty)$, 因此 x 能在该两个区间内变动.

(ii) $y'=f'(x)=\dfrac{(x-3)(x+1)}{4(x-1)^2}, y''=f''(x)=\dfrac{2}{(x-1)^3}$.

令 $f'(x)=0$, 得

$$x_1=3,\quad x_2=-1.$$

因 $f''(3)>0$, 故

$$f(3)=0 \text{ 是极小值}.$$

又因 $f''(-1)<0$, 故

$$f(-1)=-2 \text{ 是极大值}.$$

由此得到点

$$Q(3,0) \quad \text{及} \quad P(-1,-2).$$

(iii) 因

$$\lim_{x\to1}f(x)=\lim_{x\to1}\frac{(x-3)^2}{4(x-1)}=\infty,$$

故 $x=1$ 是一条渐近线.

又

$$\lim_{x\to\infty}\frac{f(x)}{x}=\lim_{x\to\infty}\frac{(x-3)^2}{4x(x-1)}=\frac{1}{4}=a,$$

$$\lim_{x\to\infty}[f(x)-ax]=\lim_{x\to\infty}\left[\frac{(x-3)^2}{4(x-1)}-\frac{x}{4}\right]=\lim_{x\to\infty}\frac{-5x+9}{4(x-1)}=-\frac{5}{4}=b,$$

故得另一条渐近线为 $y=\frac{1}{4}x-\frac{5}{4}$.

(iv) 把结果列成表格, 便能按表描图.

x	$(-\infty,-1)$	-1	$(-1,1)$	1	$(1,3)$	3	$(3,+\infty)$
$f'(x)$	$+$	0	$-$		$-$	0	$+$
$f''(x)$	$-$	$-$	$-$		$+$	$+$	$+$
$f(x)$	↗	-2	↘		↘	0	↗
$y=f(x)$	向下凹	极大	向下凹		向上凹	极小	向上凹

附注: 渐近线二条: 一为 $x=1$, 一为 $y=\frac{x}{4}-\frac{5}{4}$.

描绘时先规定坐标轴的位置, 取适当的单位长. 那时已能把渐近线妥为描出, 接着可把由极值点与函数极值所决定的曲线上的点 P 及 Q 绘入. 因为点尚太少, 酌添若干点, 例如再计算得点

$$A\left(-2,-\frac{25}{12}\right)、B\left(0,-\frac{9}{4}\right)、C\left(2,\frac{1}{4}\right)$$

等, 把此种点一起绘入, 然后按表中曲线在区间内的凹性及增减性将曲线描出 (图 6.23).

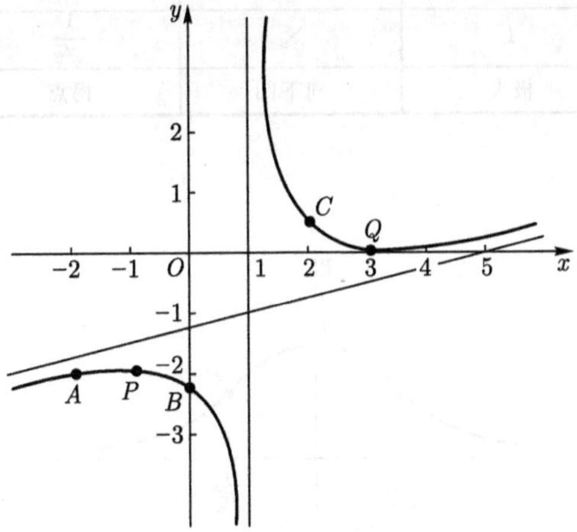

图 6.23

例 3 描绘高斯 (Gauss) 曲线 $y=e^{-x^2}$.

解 (i) 此函数的定义域为 $(-\infty,+\infty)$. 这是偶函数, 所以曲线对称于 y 轴.

(ii) $y'=f'(x)=-2xe^{-x^2}$, $y''=f''(x)=2e^{-x^2}\left(2x^2-1\right)$.

(iii) 由 $f'(x)=0$ 得 $x=0$. 因 $f''(0)<0$, 故 $f(0)=1$ 是函数的极大值. 在区间 $(0,+\infty)$ 内, $f'(x)<0$, 故函数 $f(x)$ 单调减少.

(iv) 由 $f''(x)=0$, 得 $x=\pm\dfrac{1}{\sqrt{2}}$.

因为在点 $x=\dfrac{1}{\sqrt{2}}$ 的邻域内 $f''(x)$ 符号互异, 故点 $B\left(\dfrac{1}{\sqrt{2}},\dfrac{1}{\sqrt{e}}\right)$ 是一拐点. 在区间 $\left(0,\dfrac{1}{\sqrt{2}}\right)$ 内, $f''(x)<0$, 故曲线向下凹; 在区间 $\left(\dfrac{1}{\sqrt{2}},+\infty\right)$ 内, $f''(x)>0$, 故曲线向上凹.

(v) 当 $x\to\infty$ 时, $e^{-x^2}\to 0$, 故 $y=0$ (即 x 轴) 是曲线 $y=e^{-x^2}$ 的一条渐近线.

(vi) 把上面的结果列成一个表格, 便能由此描绘函数 $y=e^{-x^2}$, 在区间 $(0,+\infty)$ 内的图形, 而在区间 $(-\infty,0)$ 内的图形即可由函数的对称性获得 (图 6.24).

x	0	$\left(0,\dfrac{1}{\sqrt{2}}\right)$	$\dfrac{1}{\sqrt{2}}$	$\left(\dfrac{1}{\sqrt{2}},+\infty\right)$
$f'(x)$	0	$-$	$-$	$-$
$f''(x)$	$-$	$-$	0	$+$
$f(x)$	1	$\searrow$	$\dfrac{1}{\sqrt{e}}$	$\searrow$
$y=f(x)$	极大	向下凹	拐点	向上凹

附注: x 轴是渐近线.

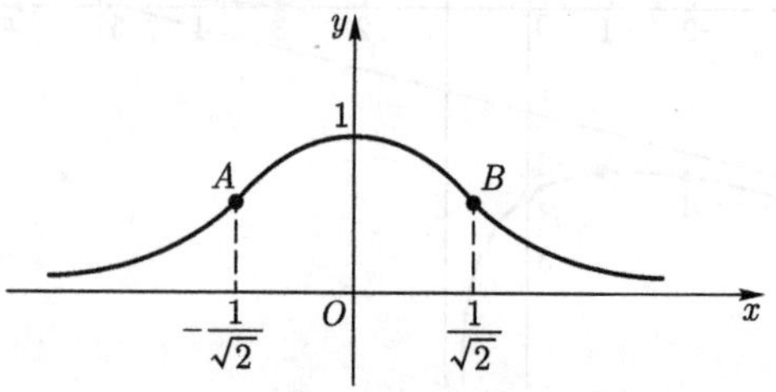

图 6.24

§6.8　弧微分 · 曲率

设函数 $f(x)$ 在 (a,b) 内具有连续导数, x_0 为 (a,b) 内一个定点, x 、$x+\Delta x$ 为 (a,b) 内两个邻近的点; M_0、M、M' 分别为曲线 $y=f(x)$ 上与 x_0、x、$x+\Delta x$ 对应的点 (图 6.25). 以 s 表示这曲线由基点 M_0 到点 M 的一段弧 $\overset{\frown}{M_0M}$ 的长度. (当 M 在 M_0 右边时规定 s 为正, M 在 M_0 左边时规定 s 为负.) 这里我们凭几何直观来理解曲线的弧长, 在 §9.3 中我们将给出弧长的分析定义, 并将证明弧长与弦长的比的极限等于 1:

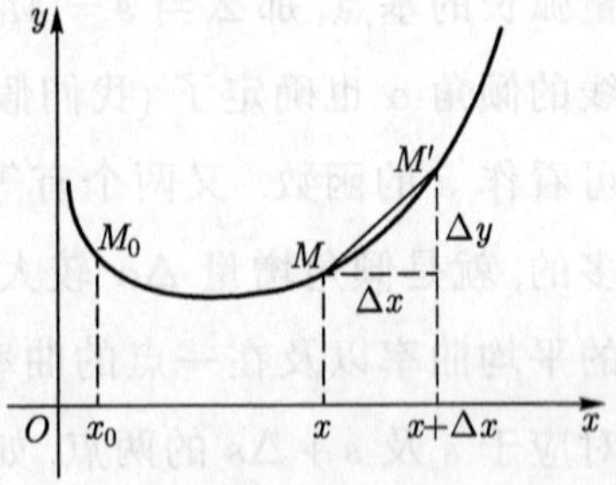

图 6.25

$$\lim_{M'\to M}\frac{|\overset{\frown}{MM'}|}{|MM'|}=1. \tag{1}$$

显然, 弧长 s 是 x 的函数. 设对应于 x 的增量 Δx, 弧长 s 的增量为 Δs, 则 $\Delta s=\overset{\frown}{MM'}=\overset{\frown}{M_0M'}-\overset{\frown}{M_0M}$. 于是,

$$\begin{aligned}\left(\frac{\Delta s}{\Delta x}\right)^2&=\left(\frac{\overset{\frown}{MM'}}{\Delta x}\right)^2=\left(\frac{\overset{\frown}{MM'}}{|MM'|}\right)^2\cdot\frac{|MM'|^2}{(\Delta x)^2}\\&=\left(\frac{\overset{\frown}{MM'}}{|MM'|}\right)^2\cdot\frac{(\Delta x)^2+(\Delta y)^2}{(\Delta x)^2}\\&=\left(\frac{\overset{\frown}{MM'}}{|MM'|}\right)^2\cdot\left[1+\left(\frac{\Delta y}{\Delta x}\right)^2\right].\end{aligned}$$

两边开方后, 令 $\Delta x\to 0$ 而取极限, 并利用公式 (1), 即得

$$\frac{ds'}{dx}=\pm\sqrt{1+y'^2},$$

或

$$ds=\pm\sqrt{1+y'^2}dx. \tag{2}$$

这就是**弧微分**的表达式. 按照上面关于 s 的符号规定, 可见 s 是 x 的单调增加函数, 从而公式 (2) 的根号前应取 (+) 号.

在已知具有长度和连续转动的切线的曲线 C 上, 选定一点 M_0 作为度量弧长的基点, 那么当 $s=\widehat{M_0M}$ 确定后, 点 M 也确定了, 并且在该点处切线的倾角 α 也确定了 (我们假定切线方向与弧长 s 增大方向一致), 因此 α 可看作 s 的函数. 又两个有等长 Δs 的弧中, 切线转动时的方向变更得较多的, 就是倾角增量 $\Delta\alpha$ 较大的, 曲线弯曲的程度也较大. 这样, 就引起弧的平均曲率以及在一点的曲率两个概念. 现在假设 M 及 M' 是这曲线上对应于 s 及 $s+\Delta s$ 的两点, 如果点沿着曲线 C 自点 M 移动到 M' 时曲线的切线的倾角由 α 变到 $\alpha+\Delta\alpha$ (图 6.26), 则比

$$\frac{\Delta\alpha}{\Delta s}$$

的绝对值叫做弧 MM' 的**平均曲率**. 当 $\Delta s\to 0$ (即 $M'\to M$) 时, 这个比的极限, 即 α 对 s 的导数

$$\frac{d\alpha}{ds}=\lim_{\Delta s\to 0}\frac{\Delta\alpha}{\Delta s},$$

其绝对值叫做**曲线** C **在点** M **的曲率**.

如此, 我们得到曲率 K 的表达式

$$K=\left|\frac{d\alpha}{ds}\right|. \tag{3}$$

根据定义, 不难证明: **在圆上任一点的曲率等于半径的倒数**.

设圆的半径为 a. 由图 6.27 可见在点 M、M' 处圆的切线所成的角 $\Delta\alpha$ 等于中心角 MDM'. 但角 $MDM'=\dfrac{\Delta s}{a}$, 于是

$$\frac{\Delta\alpha}{\Delta s}=\frac{\frac{\Delta s}{a}}{\Delta s}=\frac{1}{a};$$

从而

$$K=\left|\frac{d\alpha}{ds}\right|=\frac{1}{a}.$$

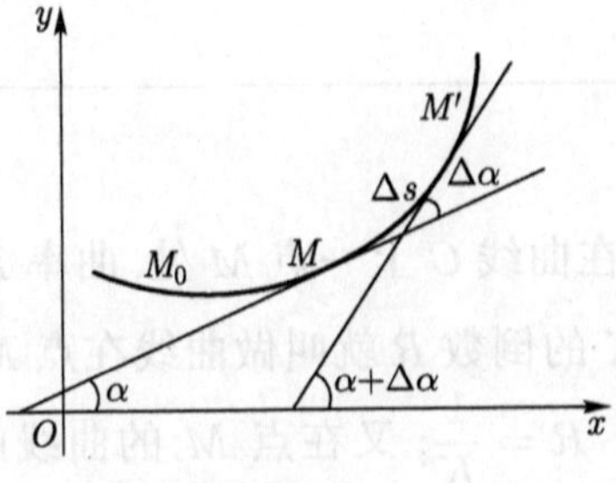

图 6.26

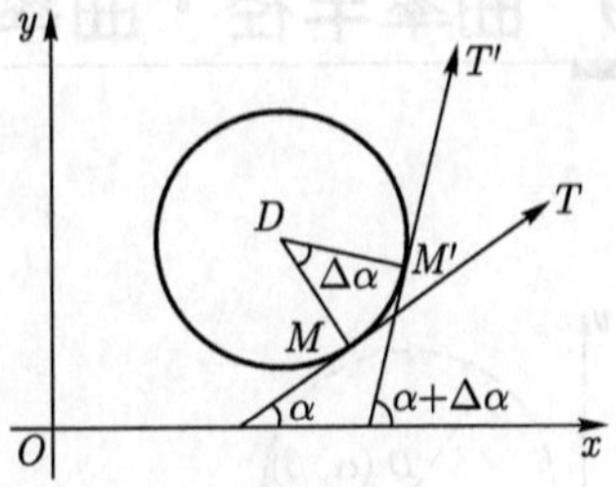

图 6.27

在一般情形下, 我们要根据 (3) 导出便于实际求曲率的公式.

设曲线的直角坐标方程是 $y=f(x)$, 且 $f(x)$ 具有二阶导数. 因为 $\operatorname{tg}\alpha$ 等于 y', 所以

$$\alpha=\operatorname{arctg} y'.$$

由此, 两边微分,

$$d\alpha=\frac{y''}{1+y'^2}dx.$$

由 (2) 知 $ds=\sqrt{1+y'^2}dx$. 用 ds 除 $d\alpha$, 就得到曲率的表达式

$$K=\left|\frac{y''}{(1+y'^2)^{\frac{3}{2}}}\right|. \tag{4}$$

在使 y'' 等于零的点处, 曲率等于零.

例　计算抛物线 $y^2=4px(p>0)$ 在点 $M(p,2p)$ 处的曲率.

解　现在 $y=2\sqrt{p}x^{\frac{1}{2}}$, 所以 $y'=\sqrt{p}x^{-\frac{1}{2}}, y''=-\frac{\sqrt{p}}{2}x^{-\frac{3}{2}}$. 代入公式 (4) 得

$$K_M=\left|\frac{-\frac{\sqrt{p}}{2}p^{-\frac{3}{2}}}{\left[1+\left(\sqrt{p}\cdot p^{-\frac{1}{2}}\right)^2\right]^{\frac{3}{2}}}\right|=\frac{1}{4\sqrt{2}p}.$$

§6.9 曲率半径 · 曲率中心

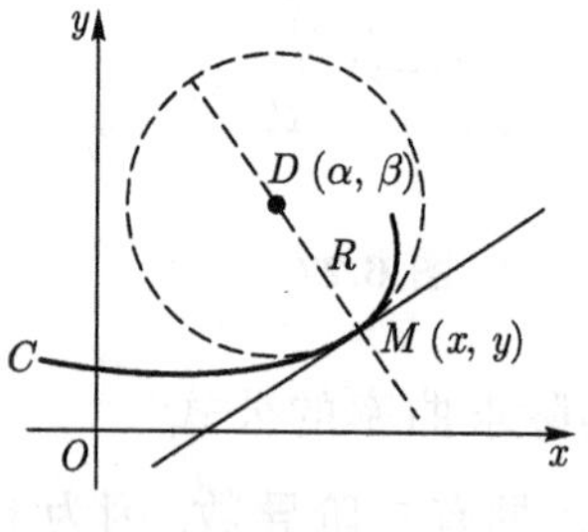

图 6.28

如果在曲线 C 上一点 M 处, 曲率 K 不为零, 则 K 的倒数 R 就叫做曲线在点 M 的**曲率半径**: $R=\dfrac{1}{K}$; 又在点 M 的曲线的法线上, 在凹向的一边取一点 D, 使 $|MD|=R$, 则中心为 D 半径为 R 的圆叫做曲线在点 M 的**曲率圆**. 曲率圆的圆心 D **叫做曲率中心** (图 6.28).

例如, 圆的曲率半径等于圆的半径 a, 圆的曲率中心就是圆心.

设已知曲线的方程是 $y=f(x)$, 且其二阶导数 y'' 在点 x 不为零, 则曲线在对应点 $M(x,y)$ 的曲率中心 $D(\alpha,\beta)$ 的坐标为

$$\begin{cases}\alpha=x-\dfrac{y'\left(1+y'^2\right)}{y''},\\[2ex] \beta=y+\dfrac{1+y'^2}{y''}.\end{cases}\tag{1}$$

证 根据定义, 曲线 $y=f(x)$ 在点 $M(x,y)$ 的曲率圆的方程为

$$(\xi-\alpha)^2+(\eta-\beta)^2=R^2,\tag{2}$$

其中 ξ,η 是流动坐标, 并且

$$R^2=\frac{1}{K^2}=\frac{\left(1+y'^2\right)^3}{y''^2}.$$

因为点 M 在曲率圆上, 所以

$$(x-\alpha)^2+(y-\beta)^2=R^2;\tag{3}$$

又因为曲线在点 M 的切线与曲率圆的半径 DM 相垂直, 所以

$$y'=-\frac{x-\alpha}{y-\beta}.\tag{4}$$

由 (3) 和 (4) 消去 $x-\alpha$, 解出

$$(y-\beta)^2=\frac{R^2}{1+y'^2}=\frac{(1+y'^2)^2}{y''^2}.$$

注意到当 $y''>0$ 时曲线向上凹, $y-\beta<0$; 当 $y''<0$ 时曲线向下凹, $y-\beta>0$, 因此取上式两边的平方根, 我们有

$$y-\beta=-\frac{1+y'^2}{y''},$$

又

$$x-\alpha=-y'(y-\beta)=\frac{y'(1+y'^2)}{y''}.$$

这就证得了公式 (1).

当点 $(x,f(x))$ 沿曲线 C 移动时, 对应的曲率中心 D 的轨迹曲线 G 称为 C 的**渐屈线** (图 6.29). 所以渐屈线的参数方程就是

$$\begin{cases}\alpha=x-\dfrac{(1+y'^2)\,y'}{y''},\\[2mm] \beta=y+\dfrac{1+y'^2}{y''},\end{cases}\tag{5}$$

这里 $y=f(x), y'=f'(x), y''=f''(x)$, 而把 x 作为参数.

例 求椭圆

$$\begin{cases}x=a\cos t,\\ y=b\sin t\end{cases}$$

的渐屈线方程.

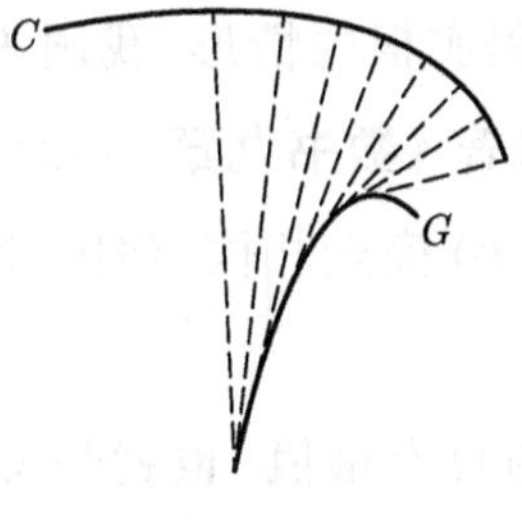

图 6.29

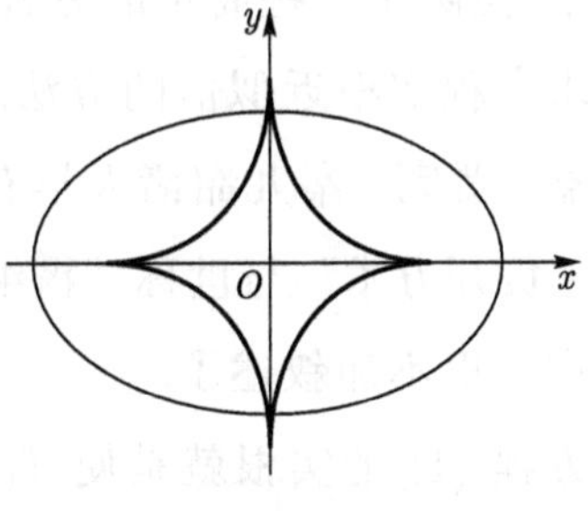

图 6.30

解 $\frac{dx}{dt}=-a\sin t, \frac{dy}{dt}=b\cos t$, 所以 $\frac{dy}{dx}=-\frac{b}{a}\operatorname{ctg} t$.

$$\frac{d^2y}{dx^2}=\frac{\frac{d}{dt}\left(\frac{dy}{dx}\right)}{\frac{dx}{dt}}=\frac{\frac{b}{a\sin^2 t}}{-a\sin t}=-\frac{b}{a^2}\cdot\frac{1}{\sin^3 t}.$$

将这些结果代入 (5) 得到渐屈线 (图 6.30) 的方程为

$$\begin{cases} \alpha=a\cos t+\dfrac{\left(1+\dfrac{b^2}{a^2}\operatorname{ctg}^2 t\right)\dfrac{b}{a}\operatorname{ctg} t}{-\dfrac{b}{a^2}\cdot\dfrac{1}{\sin^3 t}}=\dfrac{1}{a}\left(a^2-b^2\right)\cos^3 t, \\ \beta=b\sin t+\dfrac{1+\dfrac{b^2}{a^2}\operatorname{ctg}^2 t}{-\dfrac{b}{a^2}\cdot\dfrac{1}{\sin^3 t}}=-\dfrac{1}{b}\left(a^2-b^2\right)\sin^3 t. \end{cases}$$

消去 t 后得到

$$(a\alpha)^{\frac{2}{3}}+(b\beta)^{\frac{2}{3}}=\left(a^2-b^2\right)^{\frac{2}{3}}.$$

§6.10 方程的近似解

在实用上时常需要求方程

$$f(x)=0 \tag{1}$$

的实根; 但除了一些简单的方程外, 一般来说是不容易求得的. 因之就需要一种求方程实根近似值的方法. 在求代数方程实根的情形, 我国宋时数学家刘益、贾宪、秦九韶诸人早有研究. 秦九韶著《**数书九章**》(1247 年), 所创“正负开方术”与世称“霍纳法则”(1819 年) 完全相同. 但因计算较繁, 所以在这里不加叙述了.

方程 (1) 的实根就是使 $f(x)$ 的值为零的自变量值, 也就是 $y=f(x)$ 的图形与 x 轴的交点的横标. 利用 §6.7 曲线的描绘, 可以确定交点的大概位置,由此就可定出方程实根的近似值. 但这样定出的近似值的准确程度往往尚不能满足应用上的要求,因此就需要设法把这样的近似值加以改善. 下面我们将利用导数符号与函数图形之间的关系,叙述两种求方程实根近似值的简便方法—弦位法与切线法.

对于下面的讨论,我们都假定方程 (1) 的 $f(x)$ 满足下述条件:

1° 在闭区间 $[a,b]$ 上,$f'(x)$ 和 $f''(x)$ 都存在,且各自保持一定的符号;

2° 在区间的两端点的函数值 $f(a)$ 及 $f(b)$ 异号,即

$$f(a)\cdot f(b)<0.$$

由于 $f'(x)$ 在 $[a,b]$ 上存在,所以 $f(x)$ 在 $[a,b]$ 上连续. 根据 $f(x)$ 在 $[a,b]$ 上的连续性及条件 2° 推得,在 a 与 b 之间方程 (1) 必含有根 (§3.3 定理 2). 又因为 $f'(x)$ 在 $[a,b]$ 上保持一定符号,所以 $f(x)$ 在 $[a,b]$ 上是单调增加或单调减少. 因此,方程 (1) 在 a 与 b 之间只有一个实根,设为 x_0,即 $f(x_0)=0$. 这时 a 及 b 都可看做未知实根 x_0 的近似值.

条件 1° 在几何上指出,曲线 $y=f(x)$ 在 $[a,b]$ 上不仅总是上升或下降,而且还总是向上凹或向下凹. 由于 $f'(x)$ 及 $f''(x)$ 的正负号之间有不同的结合,所以在 $[a,b]$ 上的曲线不外乎如图 6.31 中所表示的四种情形.

1. 弦位法

把 $[a,b]$ 上的曲线弧 AB 的两端连成弦 AB,它的方程为

$$y-f(a)=\frac{f(b)-f(a)}{b-a}(x-a).$$

令 $y=0$,求得这弦与 x 轴的交点的横标 x_1 是

$$x_1=a-\frac{b-a}{f(b)-f(a)}f(a), \tag{2}$$

它显然又可表示为

$$x_1=b-\frac{b-a}{f(b)-f(a)}f(b). \tag{2'}$$

由图 6.31 可见上述弦 AB 与 x 轴的交点的横标 x_1 比 a (情形 Ⅰ 及 Ⅳ) 或比 b (情形 Ⅱ 及 Ⅲ) 更接近于 x_0,所以 x_1 对 a 或 b 来说是方程 (1) 的实根

x_0 的较好的近似值. 用同样的方法, 从新区间 $[x_1, b]$ 或 $[a, x_1]$ 出发, 可以得到比 x_1 更接近于 x_0 的近似值 x_2, 继续施行这样的方法, 就可求得具有足够准确度的近似值.

上述方法的本质是用弦来代替曲线弧, 所以叫做弦位法.

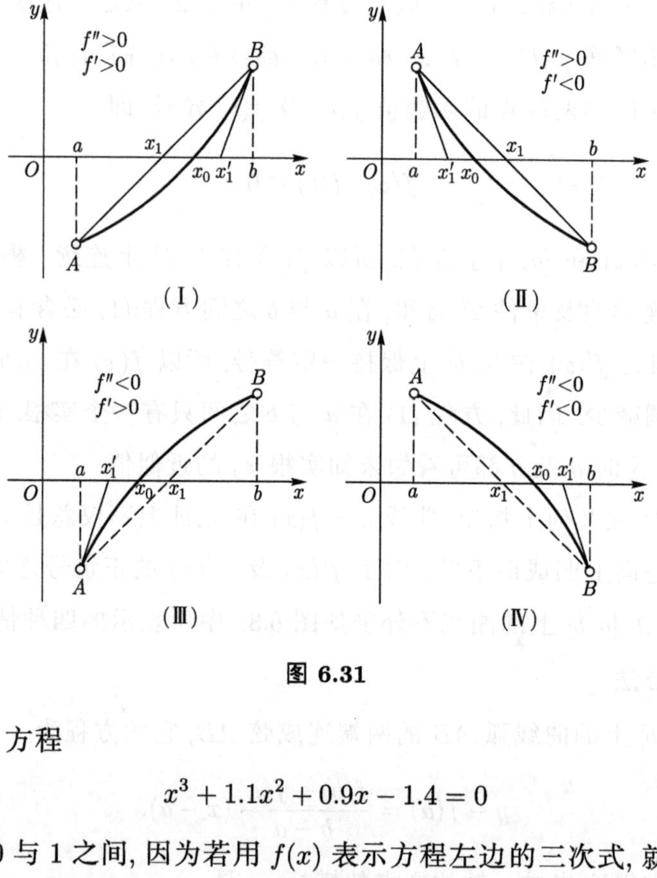

图 6.31

例 1 方程

$$x^3 + 1.1x^2 + 0.9x - 1.4 = 0$$

有一根在 0 与 1 之间, 因为若用 $f(x)$ 表示方程左边的三次式, 就有

$$f(0) = -1.4 < 0, \quad f(1) = 1.6 > 0.$$

现在要求这根的近似值, 使误差不超过 0.001 . 在区间 $[0, 1]$ 上, 导数

$$f'(x) = 3x^2 + 2.2x + 0.9 \text{ 及} f''(x) = 6x + 2.2$$

都保持正号 (情形 I). 根据公式 (2) 求得

$$x_1 = 0 - \frac{1 - 0}{f(1) - f(0)} f(0) \approx 0.467.$$

令 $a=0.467, b=1$, 再应用公式 (2) 求得

$$x_2=0.467-\frac{1-0.467}{f(1)-f(0.467)}f(0.467)\approx 0.619.$$

同样可求得

$$x_3\approx 0.658,\quad x_4\approx 0.668,\quad x_5\approx 0.670,\quad x_6\approx 0.670.$$

因 x_5 及 x_6 的前三位数字相同, 这表示我们已接近于根的准确数值. 为说明准确度, 我们用数值 0.671 试一下. 我们有 $f(0.671)\approx 0.001\,2$ 而 $f(0.670)<0$, 所以若取 0.670 为根的近似值, 则误差就不超过 0.001.

2. 切线法 (牛顿法)

弦位法是用弦来代替弧, 切线法则是用弧的端点处的切线来代替弧. 在曲线弧端点的纵标与 $f''(x)$ 同号的一个端点处引切线, 由图 6.31 可见这切线与 x 轴的交点的横标 x_1' 比 a (情形 Ⅱ 及 Ⅲ) 或比 b (情形 Ⅰ 及 Ⅳ) 更接近于 x_0; 于是 x_1' 将是比 a 或 b 较好的近似值.

曲线弧端点 A 或 B 处的切线方程分别是

$$y-f(a)=f'(a)(x-a),$$

或

$$y-f(b)=f'(b)(x-b).$$

令 $y=0$, 求出切线与 x 轴的交点的横标 x_1' 是

$$x_1'=a-\frac{f(a)}{f'(a)}, \tag{3}$$

或是

$$x_1'=b-\frac{f(b)}{f'(b)}. \tag{3'}$$

重复地应用上面的公式 (3) 或 (3′), 就可求得具有足够准确度的近似值. 但我们必须注意当 $f(a)$ 与 $f''(x)$ 同号时, 应该用公式 (3); 当 $f(b)$ 与 $f''(x)$ 同号时, 应该用公式 (3′), 否则 x_1' 可能不会接近于根而反与根远离.

例 2 用切线法求方程

$$f(x)=x^3+1.1x^2+0.9x-1.4=0$$

在 0 与 1 之间的实根的近似值, 使误差不超过 0.001.

解 因在 $[0,1]$ 上, $f''(x)=6x+2.2>0$ 与 $f(1)>0$ 同号, 所以我们要在横标为 1 的端点处作切线. 根据公式 $(3')$ 可得下面的近似值:

$$x_1'=1-\frac{f(1)}{f'(1)}\approx 0.738,$$

$$x_2'=0.738-\frac{f(0.738)}{f'(0.738)}\approx 0.674,$$

$$x_3'=0.674-\frac{f(0.674)}{f'(0.674)}\approx 0.671,$$

$$x_4'=0.671-\frac{f(0.671)}{f'(0.671)}\approx 0.671.$$

因前面已知 $f(0.671)>0$, 而 $f(0.670)<0$, 所以若取 0.671 为根的近似值, 其误差也不超过 0.001. 我们注意到用切线法求得同样准确度的近似值, 比用弦位法要快些.

例 3 求方程 $x\cdot\lg x=1$ 的实根的近似值, 使误差不超过 0.01.

解 已知方程可改写为

$$\lg x=\frac{1}{x},$$

所以它的实根就是两曲线

$$y=\frac{1}{x} \quad 及 \quad y=\lg x$$

的交点的横标. 由图 6.32 可以看到方程的实根介于 2 与 3 之间. 这是容易用计算来检验的, 因为令 $f(x)=x\cdot\lg x-1$, 就有

$$f(2)\approx -0.398<0 \text{ 及 } f(3)\approx 0.431>0.$$

在区间 $[2,3]$ 上, $f'(x)=\lg x+\lg e>0, f''(x)=\dfrac{\lg e}{x}>0$ (情形 1).

因为 $f(3)$ 与 $f''(x)$ 同号, 所以用公式 $(3')$ 得

$$x_1' = 3 - \frac{f(3)}{f'(3)} \approx 2.53,$$

$$x_2' = 2.53 - \frac{f(2.53)}{f'(2.53)} \approx 2.507.$$

因 $f(2.507) > 0$, 而 $f(2.50) \approx -0.005$, 所以若取 2.50 为近似值, 其误差不超过 0.01.

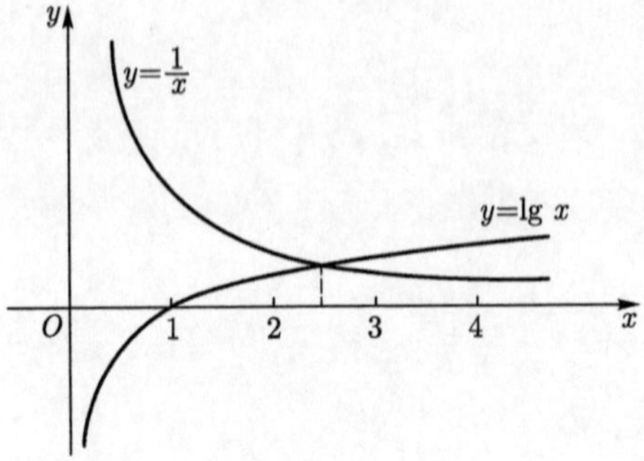

图 6.32

如果我们同时应用弦位法与切线法 (两法合用称为**综合法**), 则可同时求得实根的过剩近似值与不足近似值, 它们从 x_0 的两侧接近于 x_0, 这样就可以加速计算近似根的过程. 例如用综合法来求方程

$$x^3 + 1.1x^2 + 0.9x - 1.4 = 0$$

的近似根, 得

$$x_1 = 0 - \frac{(1-0)f(0)}{f(1)-f(0)} \approx 0.467,$$

$$x_1' = 1 - \frac{f(1)}{f'(1)} \approx 0.738.$$

$$x_2 = 0.467 - \frac{(0.738-0.467)f(0.467)}{f(0.738)-f(0.467)} \approx 0.658,$$

$$x_2' = 0.738 - \frac{f(0.738)}{f'(0.738)} \approx 0.674.$$

$$x_3 = 0.658 - \frac{(0.674 - 0.658)f(0.658)}{f(0.674) - f(0.658)} \approx 0.670,$$

$$x_3' = 0.674 - \frac{f(0.674)}{f'(0.674)} \approx 0.671.$$

这里我们只算了三步, 就得同样准确度的近似值.

第七章 不定积分

前面导数与微分、中值定理、导数的应用三章, 总起来称为一元函数的微分学. 从这一章起到第九章为止, 我们将要讲一元函数的积分学. 在积分学中有两个基本概念, 即所谓不定积分与定积分. 本章先讲不定积分的概念、性质与基本积分法.

§7.1 原函数与不定积分的概念

如果做直线运动的点 M 的运动规律由函数

$$s = f(t)$$

给出, 其中 t 是时间, s 是点 M 经过的路程, 则函数 $f(t)$ 的导数就表示点 M 在时刻 t 的速度

$$v = f'(t).$$

这是我们在第四章微分学中所熟悉的问题. 但是, 在力学里我们也常遇到相反的问题: 即做直线运动的点 M 在任一时刻的速度 $v = v(t)$ 为已知, 而要找出点 M 的运动规律, 即要找出点 M 所经过的路程与时间的依赖关系 $s = f(t)$. 从数学上来说, 这个相反的问题的实质是: 要找一个函数 $s = f(t)$, 使这个函数 $f(t)$ 的导数 $f'(t)$ 等于已知的函数 $v(t)$, 即 $f'(t) = v(t)$. 因为这个问题具有普遍的意义, 因此值得我们把它的一般形式提出来, 同时引进

一些必要的术语; 并且来寻求如何解决这个问题的一些方法. 下面让我们先来引进原函数的概念.

已知定义在某一区间上的一个函数 $f(x)$. **如果有这样的函数** $F(x)$, **使得在已知区间上的任何一点都有**

$$F'(x)=f(x) \quad \text{或} \quad dF(x)=f(x)dx,$$

具有这样性质的函数 $F(x)$, **即以** $f(x)$ **为导数, 或以** $f(x)dx$ **为微分的函数** $F(x)$, **称为函数** $f(x)$ **的原函数**. 例如 $F(x)=\sin x$ 是 $f(x)=\cos x$ 的原函数, 因为 $(\sin x)'=\cos x$, 或 $d\sin x=\cos xdx$.

引进了原函数以后, 上面的问题就可以简单叙述为: 已知函数 $f(x)$, 要找出它的原函数. 求给定函数的原函数是积分学中的第一个基本问题, 也是本章所讨论的中心问题.

关于原函数, 我们首先提出这样的问题: 已知函数 $f(x)$ 应具备什么条件, 才可以保证它的原函数一定存在? 这问题将在下一章中加以讨论, 这里先指出它的结论, 结论是: **如果** $f(x)$ **在某一区间上连续, 则在这区间上** $f(x)$ **的原函数一定存在**. 在第三章中曾经证明, 一切初等函数在它有定义的区间上都是连续的; 因此如果给定的函数 $f(x)$ 是初等函数, 则可以肯定, 在它有定义的区间上它的原函数一定存在.

其次, 如果 $f(x)$ 有原函数, 一共有多少? 很显然, 设 $F(x)$ 是 $f(x)$ 的一个原函数, 即 $F'(x)=f(x)$, 则函数族

$$F(x)+C \tag{1}$$

(C 是一个任意常数) 中的任何一个函数也一定是 $f(x)$ 的原函数. 这是因为常数的导数为零, 故

$$[F(x)+C]'=F'(x)=f(x).$$

最后还有一个问题, 函数族 (1) 是否已包含了 $f(x)$ 的所有原函数呢? 回答是肯定的, 已包含了. 因为我们可以证明 $f(x)$ 的任一个原函数 $\varPhi(x)$ 和

$F(x)$ 之差 $\Phi(x)-F(x)$ 必定是一个常数. 事实上, 因

$$[\Phi(x)-F(x)]'=\Phi'(x)-F'(x)=f(x)-f(x)=0,$$

并且我们知道, 在一区间上导数恒为零的函数必定是一个常数 (§5.1), 所以在所考虑的区间上有

$$\Phi(x)-F(x)=C,$$

即

$$\Phi(x)=F(x)+C.$$

综合上面的讨论, 我们得到一个重要的结论: **如果函数 $f(x)$ 有一个原函数 $F(x)$, 那么它就有无穷多个原函数, 并且所有的原函数刚好组成函数族 $F(x)+C$ (C 是任意常数)**.

函数 $f(x)$ 的所有原函数的全体叫做函数 $f(x)$ 的不定积分; 记作

$$\int f(x)dx,$$

并且函数 $f(x)$ 叫做**被积函数**, $f(x)dx$ 叫做**被积表达式**, 而 x 叫做**积分变量**.

根据以上所述, 要找 $f(x)$ 的不定积分, 也就是说, 要找 $f(x)$ 的所有原函数, 只要找出 $f(x)$ 的任何一个原函数就行了. 设 $F(x)$ 是 $f(x)$ 的一个原函数, 则函数族 $F(x)+C$ 就表示 $f(x)$ 的所有原函数的全体, 因此,

$$\int f(x)dx=F(x)+C,$$

其中 C 是任意常数, 我们叫它**积分常数**.

例如, 因为 $\sin x$ 是 $\cos x$ 的一个原函数, 所以 $\cos x$ 的不定积分是 $\sin x+C$, 即

$$\int \cos x dx=\sin x+C.$$

求已知函数的原函数的方法称为**不定积分法**或简称**积分法**. 如果把积分法看成是一种运算, 那么可以说, 积分法是微分法的逆运算.

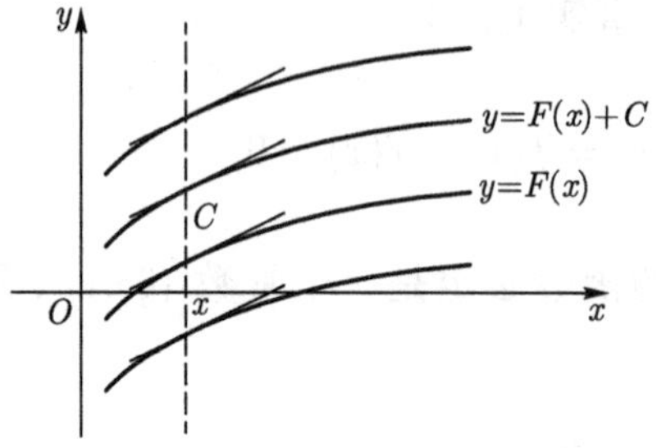

图 7.1

不定积分的几何意义 $f(x)$ 的一个原函数 $F(x)$ 的图形叫做函数 $f(x)$ 的**积分曲线**, 它的方程是 $y = F(x)$. 因 $F'(x) = f(x)$, 故积分曲线上点 x 处的切线的斜率恰好等于函数 $f(x)$ 在点 x 处的函数值. 如果把这条积分曲线沿 y 轴的方向平行移动一段长度 C 时, 我们就得到另一条积分曲线 $y = F(x)+C$. 函数 $f(x)$ 的每一条积分曲线都可由此法获得, 所以不定积分的图形就是这样获得的全部积分曲线所成的曲线族. 又因不论常数 C 取什么值, 都有 $[F(x)+C]' = f(x)$. 所以如果在每一条积分曲线上横标相同的点处作切线, 这些切线是彼此平行的 (图 7.1).

在求原函数的具体问题中, 往往要从全部原函数中确定一个具有已知性质的原函数. 这时应该利用这原函数所特别具有的性质来确定任意常数 C, 从而确定所要求的原函数.

例 1 求通过点 (2, 5) 而它的切线斜率为 $2x$ 的曲线.

解 因为 $\dfrac{dy}{dx} = 2x$, 而 x^2 是 $2x$ 的一个原函数, 所以我们得到全部积分曲线为

$$y = x^2 + C.$$

利用所求曲线通过点 (2, 5) 这个性质得

$$5 = 2^2 + C, \quad C = 1.$$

所求的曲线为

$$y = x^2 + 1.$$

例 2 已知点 M 在直线上运动的速度 v 和时间 t 的关系为 $v = at+v_0$, 其中 a 和 v_0 都是常量. 求距离 s 和时间 t 的关系, 如果 $t=0$ 时 $s=0$ 是已知的.

解 因为 $v=\dfrac{ds}{dt}=at+v_0$, 所以

$$s=\frac{1}{2}at^2+v_0t+s_0, \tag{2}$$

不难验证, 函数 (2) 对 t 求导数即得 $at+v_0$. 把 s_0 看作任意常数, 则 (2) 表示函数族, 我们所要求的函数必包含在这函数族中. 又因 $t=0$ 时 $s=0$, 求得 s_0 应等于零. 因此所求的点 M 的运动规律为

$$s=\frac{1}{2}at^2+v_0t.$$

§7.2 不定积分的性质

根据不定积分的定义, 直接可推出第一个性质:

1° $\left(\displaystyle\int f(x)dx\right)'=f(x)$ 或 $d\displaystyle\int f(x)dx=f(x)dx$;

及

$$\int f'(x)dx=f(x)+C \quad 或 \quad \int df(x)=f(x)+C.$$

这就是说: **若先积分后微分, 则两者的作用互相抵消; 反之, 若先微分后积分, 则抵消后要差一常数项.**

2° 有限个函数的和的积分等于各个函数的积分的和:

$$\int[f(x)+\varphi(x)+\cdots+\psi(x)]dx$$
$$=\int f(x)dx+\int\varphi(x)dx+\cdots+\int\psi(x)dx.$$

在上式中没有另加任意积分常数, 因为我们认为它已经包含在不定积分中. 要证明这等式的正确性, 只要证明右边的导数等于左边的被积函数就行了. 事实上, 因为函数和的导数等于各函数的导数的和 (§4.5) , 所以上式右边的导数是

$$\left(\int f(x)dx\right)'+\left(\int\varphi(x)dx\right)'+\cdots+\left(\int\psi(x)dx\right)',$$

由性质 1°, 这就是 $f(x)+\varphi(x)+\cdots+\psi(x)$.

同样推理, 可以证明不定积分的另一性质:

3° 被积函数中不为零的常数因子可以移到积分号外面来.

$$\int af(x)dx = a\int f(x)dx \quad (a \text{ 是常数}, a \neq 0).$$

§7.3 基本积分表

如果 $F(x)$ 是函数 $f(x)$ 的一个原函数, 则 $F'(x) = f(x)$ 而 $dF(x) = F'(x)dx = f(x)dx$. 根据不定积分的定义得

$$\int f(x)dx = \int dF(x) = F(x) + C.$$

例如, 因为 $d\left(x^3\right) = 3x^2dx$, 所以

$$\int 3x^2dx = x^3 + C.$$

又例如, 因为 $d\operatorname{tg} x = \dfrac{dx}{\cos^2 x}$, 所以

$$\int \frac{dx}{\cos^2 x} = \operatorname{tg} x + C.$$

上面的两个例子很清楚地说明, 有一个微分公式, 相应地就可得到一个积分公式. 因此由 §4.11 的微分基本公式就可得到下面的**基本积分表**:

1. $\int 0 \cdot dx = C.$

2. $\int x^\mu dx = \dfrac{x^{\mu+1}}{\mu+1} + C \quad (\mu \neq -1).$

3. $\int \dfrac{dx}{x} = \ln x + C$①, 当 $x > 0$.

---

① 对于这个等式必须作如下的补充. 当 $x > 0$ 时等式显然成立. 当 $x < 0$ 时因为函数 $\ln(-x)$ 的导数为 $\dfrac{(-x)'}{-x} = \dfrac{-1}{-x} = \dfrac{1}{x}$, 所以当 $x < 0$ 时有

$$\int \frac{dx}{x} = \ln(-x) + C,$$

因此, 不论 $x > 0$ 或 $x < 0$ 我们有下面的一般公式:

$$\int \frac{dx}{x} = \ln|x| + C.$$

4. $\int a^x dx = \frac{a^x}{\ln a} + C \quad (a > 0且a \neq 1)$.

5. $\int e^x dx = e^x + C$.

6. $\int \sin x dx = -\cos x + C$.

7. $\int \cos x dx = \sin x + C$.

8. $\int \frac{dx}{\cos^2 x} = \operatorname{tg} x + C$.

9. $\int \frac{dx}{\sin^2 x} = -\operatorname{ctg} x + C$.

10. $\int \frac{dx}{\sqrt{1-x^2}} = \arcsin x + C$.

11. $\int \frac{dx}{1+x^2} = \operatorname{arctg} x + C$.

12. $\int \operatorname{sh} x dx = \operatorname{ch} x + C$.

13. $\int \operatorname{ch} x dx = \operatorname{sh} x + C$.

要证明以上的公式成立, 只要验证右边的导数等于左边的被积函数就行了, 这是很容易的.

利用不定积分的性质和基本积分表, 我们可以求一些简单函数的不定积分, 下面来举几个例子.

例 1 $\int (2x^3 - 5x^2 - 3x + 4)\, dx$

$$= \int 2x^3 dx - \int 5x^2 dx - \int 3x dx + \int 4 dx$$

$$= 2\int x^3 dx - 5\int x^2 dx - 3\int x dx + 4\int dx$$

$$= \frac{x^4}{2} - \frac{5}{3}x^3 - \frac{3}{2}x^2 + 4x + C.$$

例 2 $\int \left(\frac{2a}{\sqrt{x}} - \frac{b}{x^2} + 3c^3\sqrt{x^2}\right) dx$

$$= 2a\int \frac{dx}{\sqrt{x}} - b\int \frac{dx}{x^2} + 3c\int x^{\frac{2}{3}}dx$$

$$= 2a\frac{x^{\frac{1}{2}}}{\frac{1}{2}} - b\frac{x^{-1}}{-1} + 3c\cdot\frac{x^{\frac{5}{3}}}{\frac{5}{3}} + C$$

$$= 4a\sqrt{x} + \frac{b}{x} + \frac{9c}{5}x^{\frac{5}{3}} + C.$$

例 3 $\displaystyle\int \left(a^{\frac{2}{3}} - x^{\frac{2}{3}}\right)^3 dx = \int \left(a^2 - 3a^{\frac{4}{3}}x^{\frac{2}{3}} + 3a^{\frac{2}{3}}x^{\frac{4}{3}} - x^2\right)dx$

$$= a^2x - \frac{9}{5}a^{\frac{4}{3}}x^{\frac{5}{3}} + \frac{9}{7}a^{\frac{2}{3}}x^{\frac{7}{3}} - \frac{x^3}{3} + C.$$

注意: 由于微分形式的不变性 (§4.11), 在上列基本积分表的每一个公式中, 如果 x 用 x 的可微分函数 u 替代, 公式还是成立的. 例如,

$$\int \cos u\,du = \int d\sin u = \sin u + c.$$

§7.4 换元积分法

利用基本积分表与积分的基本性质, 我们所能解决的不定积分问题是非常有限的. 因此, 有必要进一步来研究求不定积分的方法. 这一节先来讲一种基本的积分法, 即所谓**换元积分法**, 简称**换元法**. 换元法的目的是通过适当的变量代换, 使所求一些积分简化为基本积分表中的积分; 它所根据的是下面的两个定理.

定理 1 (第一种换元法) **设 $f(u)$ 具有原函数 $F(u), u=\varphi(x)$ 可导, 则 $F[\varphi(x)]$ 是 $f[\varphi(x)]\varphi'(x)$ 的原函数, 即有换元公式**

$$\int f[\varphi(x)]\varphi'(x)dx = F[\varphi(x)] + C = \left[\int f(u)du\right]_{u=\varphi(x)} \tag{1}$$

证 设 $G(x) = F[\varphi(x)]$, 利用复合函数求导法, 得到

$$G'(x) = \frac{dF}{du}\frac{du}{dx} = f(u)\frac{du}{dx} = f[\varphi(x)]\varphi'(x),$$

即 $G(x)$ 是 $f[\varphi(x)]\varphi'(x)$ 的原函数. 所以有

$$\int f[\varphi(x)]\varphi'(x)dx = G(x) + C = F[\varphi(x)] + C = \left[\int f(u)du\right]_{u=\varphi(x)}.$$

这就证明了公式 (1).

从这个定理我们看到: 如果要求的积分可以表为公式 (1) 左边的形式, 则令 $u=\varphi(x)$, 就化为右边 $f(u)$ 对 u 的积分, 积分后再用 $\varphi(x)$ 代 u 就行了. 以下举些例子来说明换元公式 (1) 的应用.

例 1 $\int (ax+b)^m dx, m \neq -1.$

解 设 $u = ax+b$, 则 $du = adx, dx = \frac{1}{a}du$,
于是

$$\int (ax+b)^m dx = \int u^m \cdot \frac{1}{a}du = \frac{1}{a}\int u^m du = \frac{1}{a}\cdot\frac{u^{m+1}}{m+1} + C$$
$$= \frac{(ax+b)^{m+1}}{a(m+1)} + C.$$

例 2 $\int (a^2+b^2x^2)^{\frac{1}{2}} xdx.$

解 设 $u = a^2+b^2x^2$, 则 $du = 2b^2xdx, xdx = \frac{du}{2b^2}$, 于是

$$\int (a^2+b^2x^2)^{\frac{1}{2}} xdx = \frac{1}{2b^2}\int u^{\frac{1}{2}}du = \frac{1}{2b^2}\cdot\frac{u^{\frac{3}{2}}}{\frac{3}{2}} + C = \frac{\sqrt{(a^2+b^2x^2)^3}}{3b^2} + C.$$

例 3 $\int \frac{dx}{a^2+x^2}.$

解 $\int \frac{dx}{a^2+x^2} = \frac{1}{a^2}\int \frac{dx}{1+\left(\frac{x}{a}\right)^2}.$

设 $u = \frac{x}{a}$, 则 $du = \frac{dx}{a}, dx = adu$, 于是

$$\int \frac{dx}{a^2+x^2} = \frac{a}{a^2}\int \frac{du}{1+u^2} = \frac{1}{a}\operatorname{arctg} u + C = \frac{1}{a}\operatorname{arctg}\frac{x}{a} + C.$$

例 4 $\int \operatorname{tg} xdx.$

解 $\int \operatorname{tg} x dx = \int \frac{\sin x}{\cos x} dx.$
设 $u = \cos x$, 则 $du = -\sin x dx$, 于是

$$\int \operatorname{tg} x dx = -\int \frac{-\sin x dx}{\cos x} = -\int \frac{d\cos x}{\cos x} = -\int \frac{du}{u}$$

$$= -\ln u + C = -\ln \cos x + C.$$

当练习比较纯熟后, 就可以不必再把 u 写出来, 举例如下.

例 5 $\int \frac{dx}{\sqrt{a^2 - x^2}}.$

解 $\int \frac{dx}{\sqrt{a^2-x^2}} = \frac{1}{a}\int \frac{dx}{\sqrt{1-\left(\frac{x}{a}\right)^2}} = \frac{a}{a}\int \frac{d\left(\frac{x}{a}\right)}{\sqrt{1-\left(\frac{x}{a}\right)^2}} = \arcsin \frac{x}{a} + C.$

例 6 $\int \operatorname{ctg} x dx.$

解 $\int \operatorname{ctg} x dx = \int \frac{\cos x}{\sin x} dx = \int \frac{d\sin x}{\sin x} = \ln \sin x + C.$

例 7 $\int \sin^2 x dx.$

解 $\int \sin^2 x dx = \int \frac{1-\cos 2x}{2} dx = \frac{1}{2}\int dx - \frac{1}{2}\int \cos 2x dx$

$$= \frac{1}{2}\int dx - \frac{1}{4}\int \cos 2x d(2x) = \frac{x}{2} - \frac{1}{4}\sin 2x + C.$$

例 8 $\int \sin^3 x dx.$

解 $\int \sin^3 x dx = \int \sin^2 x \cdot \sin x dx = -\int \left(1-\cos^2 x\right) d\cos x$

$$= -\int d\cos x + \int \cos^2 x d\cos x = -\cos x + \frac{1}{3}\cos^3 x + C.$$

例 9 $\int \frac{dx}{\sin x}.$

解 $\int \frac{dx}{\sin x} = \int \frac{dx}{2\sin\frac{x}{2}\cos\frac{x}{2}} = \int \frac{d\left(\frac{x}{2}\right)}{\operatorname{tg}\frac{x}{2}\cos^2\frac{x}{2}}$

$$= \int \frac{d\operatorname{tg}\frac{x}{2}}{\operatorname{tg}\frac{x}{2}} = \ln \operatorname{tg}\frac{x}{2} + C.$$

又

$$\operatorname{tg}\frac{x}{2}=\frac{\sin\frac{x}{2}}{\cos\frac{x}{2}}=\frac{2\sin^2\frac{x}{2}}{\sin x}=\frac{1-\cos x}{\sin x}=\csc x-\operatorname{ctg}x,$$

所以

$$\int\csc xdx=\int\frac{dx}{\sin x}=\ln(\csc x-\operatorname{ctg}x)+C.$$

例 10 $\int\sec xdx.$

解 $$\int\sec xdx=\int\frac{dx}{\cos x}=\int\frac{d\left(x+\frac{\pi}{2}\right)}{\sin\left(x+\frac{\pi}{2}\right)}$$

$$=\ln\left[\csc\left(x+\frac{\pi}{2}\right)-\operatorname{ctg}\left(x+\frac{\pi}{2}\right)\right]+C$$

$$=\ln(\sec x+\operatorname{tg}x)+C.$$

例 11 $\int\sec^6 xdx.$

解 $$\int\sec^6 xdx=\int\left(\operatorname{tg}^2 x+1\right)^2\sec^2 xdx$$

$$=\int\left(\operatorname{tg}^2 x+1\right)^2 d\operatorname{tg}x=\int\left(\operatorname{tg}^4 x+2\operatorname{tg}^2 x+1\right)d\operatorname{tg}x$$

$$=\frac{\operatorname{tg}^5 x}{5}+\frac{2\operatorname{tg}^3 x}{3}+\operatorname{tg}x+C.$$

例 12 $\int\operatorname{tg}^5 x\sec^3 xdx.$

解 $$\int\operatorname{tg}^5 x\sec^3 xdx=\int\operatorname{tg}^4 x\sec^2 x\sec x\operatorname{tg}xdx$$

$$=\int\left(\sec^2 x-1\right)^2\sec^2 xd\sec x$$

$$=\int\left(\sec^6 x-2\sec^4 x+\sec^2 x\right)d\sec x$$

$$=\frac{1}{7}\sec^7 x-\frac{2}{5}\sec^5 x+\frac{1}{3}\sec^3 x+C.$$

例 13 $\int \sin^2 x\cos^5 x dx$.

解
$$\int \sin^2 x\cos^5 x dx = \int \sin^2 x\cos^4 x\cdot\cos x dx$$
$$= \int \sin^2 x\left(1-\sin^2 x\right)^2 d\sin x$$
$$= \int \left(\sin^2 x - 2\sin^4 x + \sin^6 x\right) d\sin x$$
$$= \frac{1}{3}\sin^3 x - \frac{2}{5}\sin^5 x + \frac{1}{7}\sin^7 x + C.$$

例 14 $\int \cos 3x\cos 2x dx$.

解
$$\int \cos 3x\cos 2x dx = \frac{1}{2}\int[\cos(3-2)x+\cos(3+2)x]dx$$
$$= \frac{1}{2}\int(\cos x+\cos 5x)dx$$
$$= \frac{1}{2}\int\cos x dx + \frac{1}{10}\int\cos 5x d(5x)$$
$$= \frac{1}{2}\sin x + \frac{1}{10}\sin 5x + C.$$

例 15 $\int \frac{dx}{x^2-a^2}$.

解 因 $\frac{1}{x^2-a^2} = \frac{1}{2a}\left(\frac{1}{x-a} - \frac{1}{x+a}\right)$，故
$$\int \frac{dx}{x^2-a^2} = \frac{1}{2a}\int\left(\frac{1}{x-a}-\frac{1}{x+a}\right)dx$$
$$= \frac{1}{2a}\int\frac{dx}{x-a} - \frac{1}{2a}\int\frac{dx}{x+a}$$
$$= \frac{1}{2a}\int\frac{d(x-a)}{x-a} - \frac{1}{2a}\int\frac{d(x+a)}{x+a}$$
$$= \frac{1}{2a}[\ln(x-a)-\ln(x+a)]+C$$
$$= \frac{1}{2a}\ln\frac{x-a}{x+a}+C.$$

上面所举的大量例子, 可以使我们认识到公式 (1) 在求不定积分方面所起的作用. 像复合函数的求导公式在微分学中一样, 公式 (1) 在积分学中也是被用得最多的. 但利用公式 (1) 来求不定积分, 一般却比利用复合函数的求导公式来求函数的导数要困难得多, 因为其中需要更多的特殊灵活的技巧, 不仅如何适当地选择函数 $u=\varphi(x)$ 值得考虑, 有时还需要先把被积函数变换成合适的形式方可进行换元, 而所有这一切, 又没有一般的途径可循; 因此要想掌握换元法, 除了熟悉一些典型的例子外, 只有通过较多的练习才行.

我们也常常遇到相反的情况, 有时我们不会求 $\int f(u)du$, 但适当地选择 $u=\varphi(x)$ 后, 求不定积分 $\int f[\varphi(x)]\varphi'(x)dx$ 却比较容易, 这样也可按反方向来利用公式 (1).

因为原来的不定积分的积分变量通常是 x, 因此我们除了把公式 (1) 按反方向来改写外, 并同时将 u 换成 x 而 x 换成 u:

$$\int f(x)dx=\int f[\varphi(u)]d\varphi(u)=\int f[\varphi(u)]\varphi'(u)du.$$

必须补充说明, 这公式的成立是需要一定条件的. 首先, 等式右边的不定积分要存在, 就是说 $f[\varphi(u)]\varphi'(u)$ 必须有原函数, 其次, $\int f[\varphi(u)]\varphi'(u)du$ 求出后必须用 $x=\varphi(u)$ 的反函数 $u=\bar{\varphi}(x)$ 代回去, 为了保证这反函数存在而且是单值可微分的, 我们假定直接函数 $x=\varphi(u)$ 在 u 的某一个区间 (这区间和所考虑的 x 的积分区间相对应) 上是单调的, 可微分的并且 $\varphi'(u)\neq 0$.

归纳上述, 我们给出下面的定理.

定理 2 (第二种换元法) **设** $x=\varphi(u)$ **是单调的、可导的函数, 并且** $\varphi'(u)\neq 0$. **又设** $f[\varphi(u)]\varphi'(u)$ **具有原函数** $\varPhi(u)$, **则** $\varPhi[\bar{\varphi}(x)]$ **是** $f(x)$ **的原函数, 即有换元公式**

$$\int f(x)dx=\varPhi[\bar{\varphi}(x)]+C=\left[\int f[\varphi(u)]\varphi'(u)du\right]_{u=\bar{\varphi}(x)}. \tag{2}$$

这里 $\bar{\varphi}(x)$ **是** $x=\varphi(u)$ **的反函数.**

证 令 $F(x)=\Phi[\bar{\varphi}(x)]$, 利用复合函数求导法及反函数求导法, 得到

$$F'(x)=\frac{d\Phi}{du}\frac{du}{dx}=f[\varphi(u)]\varphi'(u)\cdot\frac{1}{\varphi'(u)}=f[\varphi(u)]=f(x),$$

即 $F(x)$ 是 $f(x)$ 的原函数. 所以有

$$\int f(x)dx=F(x)+C=\Phi[\bar{\varphi}(x)]+C=\left[\int f[\varphi(u)]\varphi'(u)du\right]_{u=\bar{\varphi}(x)}.$$

这就证明了公式 (2).

下面我们通过些例子来说明换元公式 (2) 的应用.

例 16 $\displaystyle\int\frac{\sin\sqrt{x}}{\sqrt{x}}dx$.

解 设 $x=u^2$, 则 $dx=2udu, u=\sqrt{x}(0<x<+\infty, 0<u<+\infty)$, 于是

$$\int\frac{\sin\sqrt{x}}{\sqrt{x}}dx=\int\frac{\sin u}{u}\cdot 2udu=2\int\sin udu=-2\cos u+C=-2\cos\sqrt{x}+C.$$

例 17 $\displaystyle\int\frac{dx}{\sqrt{a^2-x^2}}$.

解 设 $x=a\sin u$, 则 $dx=a\cos udu$,

$$u=\arcsin\frac{x}{a}\left(-a<x<a,-\frac{\pi}{2}<u<\frac{\pi}{2}\right),$$

于是

$$\int\frac{dx}{\sqrt{a^2-x^2}}=\int\frac{a\cos udu}{a\cos u}=\int du=u+C=\arcsin\frac{x}{a}+C.$$

例 18 $\displaystyle\int\frac{dx}{\sqrt{x^2+a^2}}$.

解 设 $x=a\,\mathrm{tg}\,u$, 则 $dx=a\sec^2 udu$, 于是

$$\int\frac{dx}{\sqrt{x^2+a^2}}=\int\frac{a\sec^2 udu}{a\sec u}=\int\sec udu.$$

利用例 10 的结果得

$$\int\frac{dx}{\sqrt{x^2+a^2}}=\ln(\sec u+\mathrm{tg}\,u)+C.$$

为了要把 $\sec u$ 及 $\operatorname{tg} u$ 换成 x 的函数, 可利用图 7.2 中所示的直角三角形, 这直角三角形是根据 $\operatorname{tg} u=\dfrac{x}{a}$ 作成的, 由这直角三角形可方便地得到

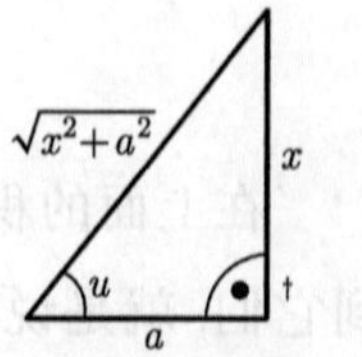

†—表示直角, 编辑注

图 7.2

$$\sec u=\frac{\sqrt{x^2+a^2}}{a},$$

因此

$$\int\frac{dx}{\sqrt{x^2+a^2}}=\ln\left(\frac{x}{a}+\frac{\sqrt{x^2+a^2}}{a}\right)+C=\ln\left(x+\sqrt{x^2+a^2}\right)+C'.$$

例 19 $\displaystyle\int\frac{dx}{\sqrt{x^2-a^2}}.$

解 设 $x=a\sec u$ (如图 7.3), 则 $dx=a\sec u\operatorname{tg} u du$, 于是

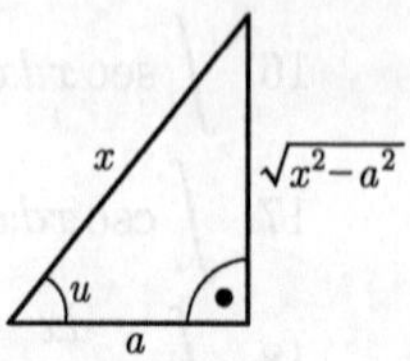

图 7.3

$$\begin{aligned}\int\frac{dx}{\sqrt{x^2-a^2}}&=\int\frac{a\sec u\operatorname{tg} u du}{a\operatorname{tg} u}=\int\sec u du\\&=\ln(\sec u+\operatorname{tg} u)+C\\&=\ln\left(\frac{x}{a}+\frac{\sqrt{x^2-a^2}}{a}\right)+C\\&=\ln\left(x+\sqrt{x^2-a^2}\right)+C'.\end{aligned}$$

在例 17, 18, 19 三个例子中所用的方法称为**三角函数代换法**. 一般当被积函数含有根式 $\sqrt{a^2-x^2}$ 或 $\sqrt{x^2\pm a^2}$ 时, 利用三角函数代换法往往能得到成功.

最后, 我们再通过例子来介绍一种也很有用的代换——**倒代换**. 如下面的例子所表示的那样, 我们利用倒代换来消去在被积函数的分母中的变量因子 x.

例 20 $\displaystyle\int\frac{\sqrt{a^2-x^2}}{x^4}dx.$

解 作代换 $x=\dfrac{1}{u}$, 则 $dx=-\dfrac{du}{u^2}$, 由此得

$$\int\frac{\sqrt{a^2-x^2}dx}{x^4}=\int\frac{\sqrt{a^2-\dfrac{1}{u^2}}\cdot\left(-\dfrac{du}{u^2}\right)}{\dfrac{1}{u^4}}=-\int\left(a^2u^2-1\right)^{\frac{1}{2}}udu$$

$$= -\frac{(a^2u^2-1)^{\frac{3}{2}}}{3a^2} + C = -\frac{(a^2-x^2)^{\frac{3}{2}}}{3a^2x^3} + C.$$

在上面的积分例题中, 有几个积分我们以后在求其他积分时常常会遇到它们, 就是说, 求其他积分时常常会引导到这一些积分上来; 因此, 如果把这些积分的结果当作公式, 则在求其他积分时便可引用这些结果而免去一部分计算工作. 为此, 除了 §7.3 基本积分表中的几个基本积分公式外, **我们再加添下面几个积分公式**:

14. $\int \operatorname{tg} x dx = -\ln\cos x + C.$

15. $\int \operatorname{ctg} x dx = \ln\sin x + C.$

16. $\int \sec x dx = \ln(\sec x + \operatorname{tg} x) + C.$

17. $\int \csc x dx = \ln(\csc x - \operatorname{ctg} x) + C.$

18. $\int \frac{dx}{x^2+a^2} = \frac{1}{a}\operatorname{arctg}\frac{x}{a} + C.$

19. $\int \frac{dx}{x^2-a^2} = \frac{1}{2a}\ln\frac{x-a}{x+a} + C.$

20. $\int \frac{dx}{\sqrt{x^2 \pm a^2}} = \ln\left(x + \sqrt{x^2 \pm a^2}\right) + C.$

21. $\int \frac{dx}{\sqrt{a^2-x^2}} = \arcsin\frac{x}{a} + C.$

§7.5 分部积分法

这一节我们来讲另一种基本积分法, 所谓**分部积分法**.

设函数 $u = u(x)$ 及 $v = v(x)$ 具有连续导数. 在微分学中关于两函数的乘积的导数公式是

$$(uv)' = uv' + vu'. \tag{1}$$

把公式 (1) 改写为

$$uv' = (uv)' - vu'. \tag{2}$$

积分等式 (2) 的两边利用不定积分性质 1° 和 2° 得:

$$\int uv'dx = uv - \int vu'dx. \tag{3}$$

公式 (3) 称为**分部积分公式**. 如果求 $\int uv'dx$ 有困难而求 $\int vu'dx$ 比较容易时, 就可以利用分部积分公式求积分.

为简便起见, 我们把公式 (3) 写成下面的形式:

$$\int udv = uv - \int vdu. \tag{4}$$

我们通过下面的例子来说明如何具体地运用这个重要公式.

例 1 $\int x\cos xdx$.

解 设 $u = x, dv = \cos xdx, udv = x\cos xdx$, 则

$$du = dx, \quad v = \sin x, \quad vdu = \sin xdx.$$

根据公式 (4) 得到:

$$\int x\cos xdx = x\sin x - \int \sin xdx = x\sin x + \cos x + C.$$

例 2 $\int x^2e^xdx$.

解 设 $u = x^2, dv = e^xdx, udv = x^2e^xdx$, 则

$$du = 2xdx, \quad v = e^x, \quad vdu = 2xe^xdx.$$

根据公式 (4) 得到

$$\int x^2e^xdx = x^2e^x - 2\int xe^xdx.$$

等式右边的不定积分 $\int xe^xdx$ 又可用分部积分法求之如下:

设 $u = x, dv = e^xdx, udv = xe^xdx$, 则

$$du = dx, \quad v = e^x, \quad vdu = e^xdx.$$

利用分部积分公式 (4) 得到

$$\int xe^x dx = xe^x - \int e^x dx = xe^x - e^x + C',$$

于是

$$\int x^2 e^x dx = x^2 e^x - 2xe^x + 2e^x + C = e^x \left(x^2 - 2x + 2\right) + C.$$

例 3 $\int x \ln x dx$.

解 设 $u = \ln x, dv = xdx, udv = x \ln x dx$, 则

$$du = \frac{dx}{x}, \quad v = \frac{x^2}{2}, \quad vdu = \frac{1}{2} xdx.$$

利用分部积分公式得到

$$\int x \ln x dx = \frac{x^2}{2} \cdot \ln x - \frac{1}{2} \int xdx = \frac{x^2}{2} \cdot \ln x - \frac{x^2}{4} + C.$$

例 4 $\int e^x \sin x dx$.

解 设 $u = e^x, dv = \sin x dx, udv = e^x \sin x dx$, 则

$$du = e^x dx, \quad v = -\cos x, \quad vdu = -e^x \cos x dx.$$

利用分部积分公式得到

$$\int e^x \sin x dx = -e^x \cos x + \int e^x \cos x dx.$$

再利用分部积分法求 $\int e^x \cos x dx$ 如下:

设 $u = e^x, dv = \cos x dx, udv = e^x \cos x dx$, 则

$$du = e^x dx, \quad v = \sin x, \quad vdu = e^x \sin x dx.$$

于是

$$\int e^x \cos x dx = e^x \sin x - \int e^x \sin x dx,$$

而

$$\int e^x \sin x dx = -e^x \cos x + e^x \sin x - \int e^x \sin x dx.$$

移项, 除以 2, 并加上任意常数 C, 即得

$$\int e^x \sin x dx = \frac{e^x}{2}(\sin x - \cos x) + C.$$

例 5 $\int \sec^3 x dx$.

解 设 $u = \sec x, dv = \sec^2 x dx, udv = \sec^3 x dx$, 则

$$du = \sec x \operatorname{tg} x dx, \quad v = \operatorname{tg} x,$$

$$vdu = \sec x \operatorname{tg}^2 x dx = \sec x \left(\sec^2 x - 1\right) dx.$$

于是

$$\begin{aligned}\int \sec^3 x dx &= \sec x \operatorname{tg} x - \int \sec x \left(\sec^2 x - 1\right) dx \\ &= \sec x \operatorname{tg} x - \int \sec^3 x dx + \int \sec x dx \\ &= \sec x \operatorname{tg} x - \int \sec^3 x dx + \ln(\sec x + \operatorname{tg} x).\end{aligned}$$

移项, 除以 2 , 并加上任意常数 C, 即得

$$\int \sec^3 x dx = \frac{1}{2} \sec x \operatorname{tg} x + \frac{1}{2} \ln(\sec x + \operatorname{tg} x) + C.$$

例 6 $\int \operatorname{arctg} x dx$.

解 设 $u = \operatorname{arctg} x, dv = dx, udv = \operatorname{arctg} x dx$, 则

$$du = \frac{dx}{1+x^2}, \quad v = x, \quad vdu = \frac{xdx}{1+x^2}.$$

于是

$$\begin{aligned}\int \operatorname{arctg} x dx &= x \operatorname{arctg} x - \int \frac{xdx}{1+x^2} \\ &= x \operatorname{arctg} x - \frac{1}{2} \ln\left(1+x^2\right) + C.\end{aligned}$$

到这里为止,我们已经把求不定积分的一些最基本的方法都讲过了.虽然这些方法的数量是不够多的,但已经使得我们能够解决相当广泛的一类初等函数的积分了.下面将再讨论一些特殊类型的初等函数的积分法.

§7.6 有理函数的分解

有理函数 是指由两个多项式的商所表示的函数,即具有如下形式的函数:

$$\frac{P(x)}{Q(x)}=\frac{a_0x^n+a_1x^{n-1}+\cdots+a_{n-1}x+a_n}{b_0x^m+b_1x^{m-1}+\cdots+b_{m-1}x+b_m}, \tag{1}$$

其中 m 和 n 都是正整数或零; a_0、a_1、$\cdots$、a_n 及 b_0、b_1、$\cdots$、b_m 都是常数,并且 $a_0\neq 0, b_0\neq 0$.

我们总假定在分子多项式 $P(x)$ 与分母多项式 $Q(x)$ 之间是没有公因子的.当有理函数 (1) 的分子多项式的次数小于其分母多项式的次数时,即当 $n<m$ 时,我们称这有理函数是**真分式**.反之,当 $n\geqslant m$ 时,我们称这有理函数是**假分式**.如果 $\dfrac{P(x)}{Q(x)}$ 是假分式,我们可以利用多项式的除法,把它化为一个多项式与一个真分式之和:

$$\frac{P(x)}{Q(x)}=W(x)+\frac{R(x)}{Q(x)},$$

其中 $W(x)$、$R(x)$ 都是多项式,并且 $R(x)$ 的次数小于 $Q(x)$ 的次数.

例 1 化假分式 $\dfrac{x^3+x+1}{x^2+1}$ 为多项式与真分式之和.

解 $\dfrac{x^3+x+1}{x^2+1}=\dfrac{x\left(x^2+1\right)+1}{x^2+1}=x+\dfrac{1}{x^2+1}.$

现在假定 $\dfrac{P(x)}{Q(x)}$ 是真分式.我们来证明下面的两个分解定理.

定理 1 **设 $x=a$ 是多项式 $Q(x)$ 的 k 重根,即设**

$$Q(x)=(x-a)^kQ_1(x)\quad (Q_1(a)\neq 0),$$

则有分解式

$$\frac{P(x)}{(x-a)^k Q_1(x)}=\frac{A_1}{(x-a)^k}+\frac{P_1(x)}{(x-a)^{k-1}Q_1(x)}, \tag{2}$$

(2) 式右边第一项中 A_1 是常数, 第二项是真分式, $P_1(x)$ 是多项式.

证 对于任意常数 A_1, 差式

$$\frac{P(x)}{(x-a)^k Q_1(x)}-\frac{A_1}{(x-a)^k}\equiv\frac{P(x)-A_1Q_1(x)}{(x-a)^k Q_1(x)} \tag{3}$$

是两个真分式之差, 显然是真分式. 现确定 A_1 使得 $P(a)-A_1Q_1(a)=0$, 即使得多项式 $P(x)-A_1Q_1(x)$ 含有因子 $x-a$, 于是

$$A_1=\frac{P(a)}{Q_1(a)}.$$

分出 $P(x)-A_1Q_1(x)$ 的因子 $x-a$, 得到

$$P(x)-A_1Q_1(x)=(x-a)P_1(x),$$

其中 $P_1(x)$ 是多项式; 将上式代入 (3) 即证得恒等式 (2).

如果我们对 (2) 式中的真分式 $\dfrac{P_1(x)}{(x-a)^{k-1}Q_1(x)}$ 再应用定理 1 , 可得

$$\frac{P_1(x)}{(x-a)^{k-1}Q_1(x)}=\frac{A_2}{(x-a)^{k-1}}+\frac{P_2(x)}{(x-a)^{k-2}Q_1(x)}.$$

容易明白, 我们把上面的过程重复 k 次, 就得分解式

$$\frac{P_1(x)}{(x-a)^k Q_1(x)}=\frac{A_1}{(x-a)^k}+\frac{A_2}{(x-a)^{k-1}}+\cdots+\frac{A_k}{x-a}+\frac{P_k(x)}{Q_1(x)}, \tag{4}$$

式中 A_1、A_2、$\cdots$、A_k 都是常数, $P_k(x)$ 是多项式, $\dfrac{P_k(x)}{Q_1(x)}$ 是真分式.

定理 2 **设复数 $x=a+ib\ (b\neq 0)$ 是多项式 $Q(x)$ 的 k 重根 (其共轭复数 $a-ib$ 也应是 $Q(x)$ 的 k 重根), 并令 $(x-a-ib)(x-a+ib)=x^2+px+q$, 其中 $p^2-4q<0$, 即设**

$$Q(x)=\left(x^2+px+q\right)^k Q_1(x) \quad (Q_1(a\pm ib)\neq 0),$$

则有分解式

$$\frac{P(x)}{(x^2+px+q)^k Q_1(x)} = \frac{M_1x+N_1}{(x^2+px+q)^k} + \frac{P_1(x)}{(x^2+px+q)^{k-1} Q_1(x)}, \tag{5}$$

(5) 式右边第一项中的 M_1 和 N_1 都是常数, 第二项是真分式, $P_1(x)$ 是多项式.

证 完全类似于定理 1 的证法, 我们来证明本定理. 事实上, 对于任意常数 M_1 和 N_1, 差式

$$\frac{P(x)}{(x^2+px+q)^k Q_1(x)} - \frac{M_1x+N_1}{(x^2+px+q)^k} \equiv \frac{P(x)-(M_1x+N_1)\,Q_1(x)}{(x^2+px+q)^k Q_1(x)} \tag{6}$$

是真分式. 现确定常数 M_1 和 N_1 使得

$$P(a+ib) - [M_1\cdot(a+ib)+N_1]\,Q_1(a+ib) = 0,$$

即使得多项式 $P(x)-(M_1x+N_1)\cdot Q_1(x)$ 含有因子 $x-a-ib$ (自然也应含有因子 $x-a+ib$), 从而含有因子 x^2+px+q. 于是

$$M_1\cdot(a+ib)+N_1 = \frac{P(a+ib)}{Q_1(a+ib)},$$

把右边的复数写成 $c+id$, 并比较两边的实部与虚部, 就有

$$aM_1+N_1=c, \quad bM_1=d.$$

因为 $b\neq 0$, 所以我们得到

$$M_1=\frac{d}{b} \quad 及 \quad N_1=\frac{bc-ad}{b}.$$

分出 $P(x)-(M_1x+N_1)\,Q_1(x)$ 的因子 x^2+px+q, 得到

$$P(x)-(M_1x+N_1)\,Q_1(x) = \left(x^2+px+q\right)P_1(x),$$

其中 $P_1(x)$ 是多项式; 将上式代入 (6) 即证得恒等式 (5).

如果我们对 (5) 式中的真分式 $\dfrac{P_1(x)}{(x^2+px+q)^{k-1} Q_1(x)}$ 再应用定理 2 , 可得

$$\frac{P_1(x)}{(x^2+px+q)^{k-1} Q_1(x)} = \frac{M_2x+N_2}{(x^2+px+q)^{k-1}} + \frac{P_2(x)}{(x^2+px+q)^{k-2} Q_1(x)}.$$

容易明白, 我们把上面的过程重复 k 次, 就得

$$\frac{P(x)}{\left(x^2+px+q\right)^k Q_1(x)}=\frac{M_1x+N_1}{\left(x^2+px+q\right)^k}+\frac{M_2x+N_2}{\left(x^2+px+q\right)^{k-1}}+\cdots+\frac{M_kx+N_k}{x^2+px+q}+\frac{P_k(x)}{Q_1(x)},\tag{7}$$

式中 M_1、M_2、$\cdots$、M_k; N_1、N_2、$\cdots$、N_k 都是常数, $P_k(x)$ 是多项式, $\dfrac{P_k(x)}{Q_1(x)}$ 是真分式.

最后, 我们把定理 1 和定理 2 归结成下面的结论:

设多项式

$$Q(x)=b_0(x-a)^{\alpha}\cdots(x-b)^{\beta}\left(x^2+px+q\right)^{\lambda}\cdots\left(x^2+rx+s\right)^{\mu},$$

则真分式 $\dfrac{P(x)}{Q(x)}$ 可以唯一地分解成为所谓部分分式:

$$\begin{aligned}\frac{P(x)}{Q(x)}=&\frac{A_1}{(x-a)^{\alpha}}+\frac{A_2}{(x-a)^{\alpha-1}}+\cdots+\frac{A_{\alpha}}{x-a}+\cdots+\\&\frac{B_1}{(x-b)^{\beta}}+\frac{B_2}{(x-b)^{\beta-1}}+\cdots+\frac{B_{\beta}}{x-b}+\\&\frac{M_1x+N_1}{\left(x^2+px+q\right)^{\lambda}}+\frac{M_2x+N_2}{\left(x^2+px+q\right)^{\lambda-1}}+\cdots+\frac{M_{\lambda}x+N_{\lambda}}{x^2+px+q}+\cdots+\\&\frac{R_1x+S_1}{\left(x^2+rx+s\right)^{\mu}}+\frac{R_2x+S_2}{\left(x^2+rx+s\right)^{\mu-1}}+\cdots+\frac{R_{\mu}x+S_{\mu}}{x^2+rx+s},\end{aligned}\tag{8}$$

式中诸 A_i、B_i、M_i、N_i、R_i 及 S_i 等都是常数.

我们从上面的定理中注意到两点:

(i) **分母 $Q(x)$ 中如果有因子 $(x-a)^k$, 则分解后有下列 k 个部分分式之和**

$$\frac{A_1}{(x-a)^k}+\frac{A_2}{(x-a)^{k-1}}+\cdots+\frac{A_k}{x-a},$$

其中 A_1、A_2、$\cdots$、A_k 都是常数. 特别如果 $k=1$, 则分解后有 $\dfrac{A}{x-a}$.

(ii) **分母 $Q(x)$ 中如果有因子 $\left(x^2+px+q\right)^k$, 其中 $p^2-4q<0$, 则分解后有下列 k 个部分分式之和**

$$\frac{M_1x+N_1}{\left(x^2+px+q\right)^k}+\frac{M_2x+N_2}{\left(x^2+px+q\right)^{k-1}}+\cdots+\frac{M_kx+N_k}{x^2+px+q},$$

其中 M_i、N_i 都是常数. 特别如果 $k=1$, 则分解后有 $\dfrac{Mx+N}{x^2+px+q}$.

例如, 因为真分式

$$\frac{3x^2+1}{x^2(x-1)(x+2)^3\left(x^2-2x+3\right)^2}$$

的分母中含有因子 x^2、$x-1$、$(x+2)^3$ 及 $\left(x^2-2x+3\right)^2$, 故其分解式为下列八个部分分式之和

$$\frac{A_1}{x^2}+\frac{A_2}{x}+\frac{B}{x-1}+\frac{C_1}{(x+2)^3}+\frac{C_2}{(x+2)^2}+\frac{C_3}{x+2}+\frac{D_1x+E_1}{\left(x^2-2x+3\right)^2}+\frac{D_2x+E_2}{x^2-2x+3}.$$

在具体问题中, 我们不是用证明定理的方法, 而是用待定系数法来确定 (8) 式中的那些未知常数. 下面便是将真分式分解成部分分式的例子.

例 2 将分式 $\dfrac{2x+3}{x^3+x^2-2x}$ 分解成部分分式.

解 分母之因子为 $x, x-1, x+2$; 今设

$$\frac{2x+3}{x(x-1)(x+2)}=\frac{A}{x}+\frac{B}{x-1}+\frac{C}{x+2}, \tag{9}$$

其中 A、B、C 为所设常数. 由 (9) 式得

$$2x+3=A(x-1)(x+2)+B(x+2)x+C(x-1)x. \tag{10}$$

在等式 (10) 中设 $x=0$, 得 $3=-2A$, 所以 $A=-\dfrac{3}{2}$;

又设 $x=1$, 得 $5=3B$, 所以 $B=\dfrac{5}{3}$;

再设 $x=-2$, 得 $-1=6C$, 所以 $C=-\dfrac{1}{6}$.

将 A、B、C 的数值代入 (9), 得

$$\frac{2x+3}{x(x-1)(x+2)}=-\frac{3}{2x}+\frac{5}{3(x-1)}-\frac{1}{6(x+2)}.$$

例 3　将分式 $\dfrac{x^3+1}{x(x-1)^3}$ 分解成部分分式.

解　因 $(x-1)$ 是三重因子, 故设

$$\frac{x^3+1}{x(x-1)^3}=\frac{A}{x}+\frac{B}{(x-1)^3}+\frac{C}{(x-1)^2}+\frac{D}{x-1}, \tag{11}$$

其中 A、B、C、D 为所设常数. 由 (11) 式得

$$x^3+1=A(x-1)^3+Bx+Cx(x-1)+Dx(x-1)^2. \tag{12}$$

令　　$x=1$,　　得 $B=2$;

令　　$x=0$,　　得 $A=-1$.

比较 x^3 的系数, $1=A+D$,　　得 $D=2$;

比较 x^2 的系数, $0=-3A+C-2D$,　　得 $C=1$.

将所得 A、B、C、D 数值代入 (11), 得

$$\frac{x^3+1}{x(x-1)^3}=-\frac{1}{x}+\frac{2}{(x-1)^3}+\frac{1}{(x-1)^2}+\frac{2}{x-1}.$$

例 4　将分式 $\dfrac{4}{x^3+4x}$ 分解成部分分式.

解　设

$$\frac{4}{x^3+4x}=\frac{A}{x}+\frac{Bx+C}{x^2+4}, \tag{13}$$

其中 A、B、C 为所设常数. 由 (13) 式得

$$4=A\left(x^2+4\right)+(Bx+C)x. \tag{14}$$

比较 x 之同幂项之系数, 得

$$A=1,\quad B=-1,\quad C=0,$$

因之

$$\frac{4}{x\left(x^2+4\right)}=\frac{1}{x}-\frac{x}{x^2+4}.$$

例 5 将分式 $\dfrac{x^3+x^2+2}{\left(x^2+2\right)^2}$ 分解成部分分式.

解 因 $\left(x^2+2\right)$ 为二重因子, 故设

$$\frac{x^3+x^2+2}{\left(x^2+2\right)^2}=\frac{Ax+B}{\left(x^2+2\right)^2}+\frac{Cx+D}{x^2+2}, \tag{15}$$

其中 A、B、C、D 为所设常数. 由 (15) 式得

$$x^3+x^2+2=(Ax+B)+(Cx+D)\left(x^2+2\right).$$

比较 x 的同幂项的系数, 得

$$C=1,\quad D=1,\quad A=-2,\quad B=0,$$

故有

$$\frac{x^3+x^2+2}{\left(x^2+2\right)^2}=\frac{-2x}{\left(x^2+2\right)^2}+\frac{x+1}{x^2+2}.$$

§7.7 有理函数的积分

我们看到, 有理函数的积分问题可以归结为多项式的积分及真分式的积分. 关于多项式的积分问题, 我们已经熟知的了. 现在, 当我们知道了部分分式的理论以及实际将真分式分解成部分分式的一些方法之后, 真分式的积分问题已变成下面四种类型的分式的积分问题了:

$$1^\circ \int\frac{A}{x-a}dx,\qquad 2^\circ \int\frac{A}{(x-a)^n}dx,$$

$$3^\circ \int\frac{Mx+N}{x^2+px+q}dx,\quad 4^\circ \int\frac{Mx+N}{\left(x^2+px+q\right)^n}dx.$$

这四种类型的积分是都可以解决的, 分别求之如下:

$$1^\circ \int \frac{A}{x-a}dx = A\int \frac{d(x-a)}{x-a} = A\ln(x-a)+C.$$

$$2^\circ \int \frac{A}{(x-a)^n}dx = A\int \frac{d(x-a)}{(x-a)^n} = \frac{A}{-n+1}(x-a)^{-n+1}+C$$

$$= \frac{A}{1-n}\cdot\frac{1}{(x-\mu)^{n-1}}+C.$$

$$3^\circ \int \frac{Mx+N}{x^2+px+q}dx$$

$$= \int \frac{Mx+\dfrac{Mp}{2}-\dfrac{Mp}{2}+N}{x^2+px+q}dx$$

$$= \int \frac{Mx+\dfrac{Mp}{2}}{x^2+px+q}dx + \int \frac{N-\dfrac{Mp}{2}}{x^2+px+q}dx$$

$$= \frac{M}{2}\int \frac{2x+p}{x^2+px+q}dx + \left(N-\frac{Mp}{2}\right)\int \frac{dx}{\left(x+\dfrac{p}{2}\right)^2+q-\dfrac{p^2}{4}}$$

$$= \frac{M}{2}\int \frac{d\left(x^2+px+q\right)}{x^2+px+q} + \left(N-\frac{Mp}{2}\right)\int \frac{d\left(x+\dfrac{p}{2}\right)}{\left(x+\dfrac{p}{2}\right)^2+\left(\sqrt{q-\dfrac{p^2}{4}}\right)^2}$$

$$= \frac{M}{2}\ln\left(x^2+px+q\right) + \frac{N-\dfrac{Mp}{2}}{\sqrt{q-\dfrac{p^2}{4}}}\operatorname{arctg}\frac{x+\dfrac{p}{2}}{\sqrt{q-\dfrac{p^2}{4}}}+C.$$

因为 $p^2-4q<0$, 所以 $\sqrt{q-\dfrac{p^2}{4}}$ 是实数. 最后一个积分是利用 §7.4 中例 3 的结果得到的.

$$4^\circ \int \frac{Mx+N}{\left(x^2+px+q\right)^n}dx$$

$$= \frac{M}{2}\int \frac{2x+p-p+\dfrac{2N}{M}}{\left(x^2+px+q\right)^n}dx$$

$$= \frac{M}{2}\int \frac{2x+p}{\left(x^2+px+q\right)^n}dx + \left(N-\frac{Mp}{2}\right)\int \frac{dx}{\left(x^2+px+q\right)^n}.$$

第一个积分

$$\int \frac{2x+p}{(x^2+px+q)^n}dx = \frac{(x^2+px+q)^{-n+1}}{-n+1}+C.$$

第二个积分

$$\begin{aligned}\int \frac{dx}{(x^2+px+q)^n} &= \int \frac{dx}{\left[\left(x+\frac{p}{2}\right)^2+q-\frac{p^2}{4}\right]^n}\\ &= \int \frac{dx}{\left[\left(x+\frac{p}{2}\right)^2+\frac{4q-p^2}{4}\right]^n}.\end{aligned}$$

令 $x+\frac{p}{2}=u, \frac{4q-p^2}{4}=a^2$ (因 $p^2-4q<0$), 则第二个积分就化为形如

$$I_n = \int \frac{du}{(u^2+a^2)^n}$$

的积分. 现在我们要对这个积分导出它的递推公式.

$$\begin{aligned}\int \frac{du}{(u^2+a^2)^n} &= \frac{1}{a^2}\int \frac{(u^2+a^2-u^2)\,du}{(u^2+a^2)^n}\\ &= \frac{1}{a^2}\int \frac{du}{(u^2+a^2)^{n-1}} - \frac{1}{a^2}\int \frac{u^2du}{(u^2+a^2)^n}\\ &= \frac{1}{a^2}\int \frac{du}{(u^2+a^2)^{n-1}} - \frac{1}{2a^2}\int \frac{ud\,(u^2+a^2)}{(u^2+a^2)^n}\\ &= \frac{1}{a^2}\int \frac{du}{(u^2+a^2)^{n-1}}\\ &\quad -\frac{1}{2a^2}\left[\frac{u}{(1-n)\,(u^2+a^2)^{n-1}} - \frac{1}{1-n}\int \frac{du}{(u^2+a^2)^{n-1}}\right]\\ &= \frac{u}{2a^2(n-1)\,(u^2+a^2)^{n-1}} + \frac{1}{a^2}\left(1+\frac{1}{2(1-n)}\right)\int \frac{du}{(u^2+a^2)^{n-1}}\\ &= \frac{u}{2a^2(n-1)\,(u^2+a^2)^{n-1}} + \frac{2n-3}{2a^2(n-1)}\int \frac{du}{(u^2+a^2)^{n-1}}\\ &= \frac{1}{2a^2(n-1)}\left[\frac{u}{(u^2+a^2)^{n-1}} + (2n-3)\int \frac{du}{(u^2+a^2)^{n-1}}\right].\end{aligned}$$

这样, 我们就得到这个**递推公式**为

$$I_n=\frac{1}{2a^2(n-1)}\left[\frac{u}{(u^2+a^2)^{n-1}}+(2n-3)\cdot I_{n-1}\right]\quad(n=2,3,\cdots).$$

对于 $n=1$, 我们有

$$I_1=\int\frac{du}{u^2+a^2}=\frac{1}{a}\operatorname{arctg}\frac{u}{a}+C.$$

于是,

$$I_2=\frac{1}{2a^2}\left(\frac{u}{u^2+a^2}+I_1\right)=\frac{1}{2a^2}\left(\frac{u}{u^2+a^2}+\frac{1}{a}\operatorname{arctg}\frac{u}{a}\right)+C;$$

$$I_3=\frac{1}{4a^2}\left[\frac{u}{(u^2+a^2)^2}+3I_2\right]=\cdots;$$

$$\cdots.$$

从而第 4° 型的积分问题就完全解决了.

因为每一个有理函数都可以表示为多项式与部分分式之和, 而多项式与部分分式的积分又都是初等函数, 因此我们可以说, **每一个有理函数的积分都是初等函数**.

例 1 $\displaystyle\int\frac{x^3+x+1}{x^2+1}dx.$

解 上节例 1 已将被积函数分解成

$$\frac{x^3+x+1}{x^2+1}=x+\frac{1}{x^2+1}.$$

因此

$$\int\frac{x^3+x+1}{x^2+1}dx=\int xdx+\int\frac{dx}{x^2+1}=\frac{x^2}{2}+\operatorname{arctg}x+C.$$

例 2 $\displaystyle\int\frac{2x+3}{x^3+x^2-2x}dx.$

解 上节例 2 已将被积函数分解成部分分式为

$$\frac{2x+3}{x^3+x^2-2x}=-\frac{3}{2x}+\frac{5}{3(x-1)}-\frac{1}{6(x+2)}.$$

因此

$$\begin{aligned}\int \frac{2x+3}{x^3+x^2-2x}dx &= -\frac{3}{2}\int \frac{dx}{x}+\frac{5}{3}\int \frac{dx}{x-1}-\frac{1}{6}\int \frac{dx}{x+2} \\ &= -\frac{3}{2}\int \frac{dx}{x}+\frac{5}{3}\int \frac{d(x-1)}{x-1}-\frac{1}{6}\int \frac{d(x+2)}{x+2} \\ &= -\frac{3}{2}\ln x+\frac{5}{3}\ln(x-1)-\frac{1}{6}\ln(x+2)+C.\end{aligned}$$

例 3 $\displaystyle\int \frac{x^3+1}{x(x-1)^3}dx.$

解 上节例 3 已将被积函数分解成部分分式为

$$\frac{x^3+1}{x(x-1)^3}=-\frac{1}{x}+\frac{2}{(x-1)^3}+\frac{1}{(x-1)^2}+\frac{2}{x-1}.$$

因此

$$\begin{aligned}&\int \frac{x^3+1}{x(x-1)^3}dx \\ =&-\int \frac{dx}{x}+2\int \frac{dx}{(x-1)^3}+\int \frac{dx}{(x-1)^2}+2\int \frac{dx}{x-1} \\ =&-\int \frac{dx}{x}+2\int \frac{d(x-1)}{(x-1)^3}+\int \frac{d(x-1)}{(x-1)^2}+2\int \frac{d(x-1)}{x-1} \\ =&-\ln x-\frac{1}{(x-1)^2}-\frac{1}{x-1}+2\ln(x-1)+C.\end{aligned}$$

例 4 $\displaystyle\int \frac{4dx}{x^3+4x}.$

解 上节例 4 已将被积函数分解成部分分式为

$$\frac{4}{x^3+4x}=\frac{1}{x}-\frac{x}{x^2+4}.$$

因此

$$\begin{aligned}\int \frac{4dx}{x^3+4x} &= \int \frac{dx}{x}-\int \frac{xdx}{x^2+4}=\int \frac{dx}{x}-\frac{1}{2}\int \frac{d\left(x^2+4\right)}{x^2+4} \\ &= \ln x-\frac{1}{2}\ln\left(x^2+4\right)+C.\end{aligned}$$

例 5 $\displaystyle\int \frac{x^3+x^2+2}{\left(x^2+2\right)^2}dx.$

解 上节例 5 已将被积函数分解成部分分式为

$$\frac{x^3+x^2+2}{(x^2+2)^2}=\frac{-2x}{(x^2+2)^2}+\frac{x+1}{x^2+2}.$$

因此

$$\begin{aligned}\int\frac{x^3+x^2+2}{(x^2+2)^2}dx&=-\int\frac{2xdx}{(x^2+2)^2}+\int\frac{(x+1)dx}{x^2+2}\\&=-\int\frac{d\left(x^2+2\right)}{(x^2+2)^2}+\frac{1}{2}\int\frac{d\left(x^2+2\right)}{x^2+2}+\int\frac{dx}{x^2+2}\\&=\frac{1}{x^2+2}+\frac{1}{2}\ln\left(x^2+2\right)+\frac{1}{\sqrt{2}}\operatorname{arctg}\frac{x}{\sqrt{2}}+C.\end{aligned}$$

例 6 $\displaystyle\int\frac{5x+3}{(2x^2-4x+10)^2}dx.$

解 $2x^2-4x+10=2\left(x^2-2x+5\right)=2\left[(x-1)^2+4\right].$

令 $x-1=u$, 即 $x=1+u$, 则

$$2x^2-4x+10=2\left(u^2+4\right),\quad dx=du.$$

于是

$$\begin{aligned}\int\frac{5x+3}{(2x^2-4x+10)^2}dx&=\frac{1}{4}\int\frac{5u+8}{(u^2+4)^2}du\\&=\frac{5}{8}\int\frac{d\left(u^2+4\right)}{(u^2+4)^2}+2\int\frac{du}{(u^2+4)^2}.\end{aligned}$$

右边第一个积分

$$\int\frac{d\left(u^2+4\right)}{(u^2+4)^2}=-\frac{1}{u^2+4}+C_1;$$

第二个积分, 应用递推公式, 得

$$\int\frac{du}{(u^2+4)^2}=\frac{1}{8}\left(\frac{u}{u^2+4}+\frac{1}{2}\operatorname{arctg}\frac{u}{2}\right)+C_2.$$

因此

$$\begin{aligned}\int\frac{5x+3}{(2x^2-4x+10)^2}dx&=-\frac{5}{8\left(u^2+4\right)}+\frac{1}{4}\left(\frac{u}{u^2+4}+\frac{1}{2}\operatorname{arctg}\frac{u}{2}\right)+C\\&=\frac{2u-5}{8\left(u^2+4\right)}+\frac{1}{8}\operatorname{arctg}\frac{u}{2}+C\left(C=C_1+C_2\right).\end{aligned}$$

代入 $u=x-1$, 即得

$$\int\frac{5x+3}{\left(2x^2-4x+10\right)^2}dx=\frac{2x-7}{8\left(x^2-2x+5\right)}+\frac{1}{8}\operatorname{arctg}\frac{x-1}{2}+C.$$

我们在下面两节里, 将讨论被积函数能化为有理函数的一些积分问题.

§7.8 三角函数的有理式的积分

如果组成某一式子时对变量 x 所施行的运算只限于四则运算 (四则运算也称为有理运算) , 这式子就称为 x 的有理式 (实际上, 就是 x 的有理函数). 我们常用 $R(x)$ 表示 x 的有理式.

仿照上面 x 的有理式的定义, 可说明什么叫三角函数的有理式. 如果对三角函数只施行四则运算, 所组成的式子就称为**三角函数的有理式**. 我们用 $R(\sin x,\cos x)$ 表示三角函数的有理式. 在括弧中我们没有把 $\operatorname{tg}x,\operatorname{ctg}x$ 等表出来, 因为它们可以表示为 $\sin x$ 和 $\cos x$ 的商. $R(\sin x,\cos x)$ 的例子如

$$\frac{1+\sin x}{\sin x(1+\cos x)},\ \frac{1}{\sin x+\operatorname{tg}x},\ \frac{1}{5+4\sin 2x}\ 等.$$

现在我们来证明, **三角函数的有理式的积分**

$$\int R(\sin x,\cos x)dx$$

可用代换 $\operatorname{tg}\frac{x}{2}=u$ 即 $x=2\operatorname{arctg}u$ 化为 u 的有理函数的积分.

因

$$\sin x=2\sin\frac{x}{2}\cos\frac{x}{2}=\frac{2\operatorname{tg}\frac{x}{2}}{\sec^2\frac{x}{2}}=\frac{2\operatorname{tg}\frac{x}{2}}{1+\operatorname{tg}^2\frac{x}{2}}=\frac{2u}{1+u^2},$$

$$\cos x=\cos^2\frac{x}{2}-\sin^2\frac{x}{2}=\frac{1-\operatorname{tg}^2\frac{x}{2}}{\sec^2\frac{x}{2}}=\frac{1-\operatorname{tg}^2\frac{x}{2}}{1+\operatorname{tg}^2\frac{x}{2}}=\frac{1-u^2}{1+u^2},$$

又由 $x=2\operatorname{arctg}u$ 得

$$dx=\frac{2du}{1+u^2}.$$

故

$$\int R(\sin x,\cos x)dx=\int R\left(\frac{2u}{1+u^2},\frac{1-u^2}{1+u^2}\right)\frac{2}{1+u^2}du.$$

上式右边是 u 的有理函数的积分.

因为 u 的有理函数的积分可用上节的方法来进行, 因此三角函数有理式的积分问题算是解决了.

例 1 $\displaystyle\int\frac{1+\sin x}{\sin x(1+\cos x)}dx.$

解 因为这个被积函数是 $\sin x$ 及 $\cos x$ 的有理函数, 故作上述代换后, 立即得到

$$\begin{aligned}\int\frac{1+\sin x}{\sin x(1+\cos x)}dx&=\int\frac{\left(1+\dfrac{2u}{1+u^2}\right)\dfrac{2du}{1+u^2}}{\dfrac{2u}{1+u^2}\left(1+\dfrac{1-u^2}{1+u^2}\right)}\\&=\frac{1}{2}\int\left(u+2+u^{-1}\right)du=\frac{1}{2}\left(\frac{u^2}{2}+2u+\ln u\right)+C\\&=\frac{1}{4}\operatorname{tg}^2\frac{x}{2}+\operatorname{tg}\frac{x}{2}+\frac{1}{2}\ln\operatorname{tg}\frac{x}{2}+C.\end{aligned}$$

例 2 $\displaystyle\int\frac{dx}{5+4\sin 2x}.$

解 令 $2x=t$, 则 $2dx=dt$, 所求积分为

$$\int\frac{dx}{5+4\sin 2x}=\frac{1}{2}\int\frac{dt}{5+4\sin t}.$$

再令 $\operatorname{tg}\dfrac{t}{2}=u$, 则

$$\sin t=\frac{2u}{1+u^2},\quad \cos t=\frac{1-u^2}{1+u^2},\quad dt=\frac{2du}{1+u^2},$$

于是 $\displaystyle\int\frac{dx}{5+4\sin 2x}=\frac{1}{2}\int\frac{\dfrac{2du}{1+u^2}}{5+4\cdot\dfrac{2u}{1+u^2}}=\int\frac{du}{5u^2+8u+5}$

$$= \frac{1}{5}\int \frac{du}{u^2 + \frac{8}{5}u + 1} = \frac{1}{5}\int \frac{du}{\left(u + \frac{4}{5}\right)^2 + \frac{9}{25}}$$

$$= \frac{1}{5} \cdot \frac{1}{\frac{3}{5}} \operatorname{arctg}\left(\frac{u + \frac{4}{5}}{\frac{3}{5}}\right) + C = \frac{1}{3}\operatorname{arctg}\left(\frac{5u+4}{3}\right) + C.$$

因为 $u = \operatorname{tg}\frac{t}{2} = \operatorname{tg} x$, 所以

$$\int \frac{dx}{5 + 4\sin 2x} = \frac{1}{3}\operatorname{arctg}\left(\frac{5\operatorname{tg} x + 4}{3}\right) + C.$$

§7.9 简单无理函数的积分

像上节中 $R(\sin x, \cos x)$ 的意义一样, 我们用 $R(u, v)$ 表示对函数 $u(x)$ 及 $v(x)$ 只施行四则运算所组成的式子.

1. 对于形如 $R(x, \sqrt[n]{ax+b})$ 或 $R\left(x, \sqrt[n]{\frac{ax+b}{cx+e}}\right)$ 的无理函数的积分

不难证明, 当 n 是大于 1 的正整数时, 我们只需用代换

$$\sqrt[n]{ax+b} = t \quad 或 \quad \sqrt[n]{\frac{ax+b}{cx+d}} = t$$

就可以将 $R(x, \sqrt[n]{ax+b})$ 或 $R\left(x, \sqrt[n]{\frac{ax+b}{cx+e}}\right)$ 的积分化为 t 的有理函数的积分. 事实上, 由 $\sqrt[n]{ax+b} = t$ 得

$$x = \frac{t^n - b}{a}, \quad dx = \frac{nt^{n-1}}{a}dt.$$

所以

$$\int R(x, \sqrt[n]{ax+b})dx = \int R\left(\frac{t^n - b}{a}, t\right) \cdot \frac{nt^{n-1}}{a}dt.$$

上式右边是 t 的有理函数的积分.

同样, 由 $\sqrt[n]{\dfrac{ax+b}{cx+e}}=t$ 得

$$x=\frac{et^n-b}{a-ct^n},dx=\frac{n(ae-bc)t^{n-1}}{(a-ct^n)^2}dt,$$

而有

$$\int R\left(x,\sqrt[n]{\frac{ax+b}{cx+e}}\right)dx=\int R\left(\frac{et^n-b}{a-ct^n},t\right)\cdot\frac{n(ae-bc)t^{n-1}}{(a-ct^n)^2}dt.$$

例 1 $\displaystyle\int\frac{dx}{x-\sqrt[3]{3x+2}}$.

解 设 $\sqrt[3]{3x+2}=t$, 由此得 $x=\dfrac{t^3-2}{3}, dx=t^2dt$, 于是

$$\begin{aligned}\int\frac{dx}{x-\sqrt[3]{3x+2}}&=\int\frac{t^2dt}{\dfrac{t^3-2}{3}-t}=\int\frac{3t^2dt}{t^3-3t-2}\\&=\int\left[\frac{-1}{(t+1)^2}+\frac{5}{3(t+1)}+\frac{4}{3(t-2)}\right]dt\\&=-\int\frac{dt}{(t+1)^2}+\frac{5}{3}\int\frac{dt}{t+1}+\frac{4}{3}\int\frac{dt}{t-2}\\&=\frac{1}{t+1}+\frac{5}{3}\ln(t+1)+\frac{4}{3}\ln(t-2)+C\\&=\frac{1}{\sqrt[3]{3x+2}+1}+\frac{5}{3}\ln(\sqrt[3]{3x+2}+1)+\frac{4}{3}\ln(\sqrt[3]{3x+2}-2)+C.\end{aligned}$$

例 2 $\displaystyle\int\frac{dx}{(1+\sqrt[3]{x})\sqrt{x}}$.

解 设 $\sqrt[6]{x}=t$, 则 $x=t^6, dx=6t^5dt$, 于是

$$\begin{aligned}\int\frac{dx}{(1+\sqrt[3]{x})\sqrt{x}}&=\int\frac{dx}{\left(1+x^{\frac{1}{3}}\right)x^{\frac{1}{2}}}=\int\frac{6t^5dt}{(1+t^2)\,t^3}=6\int\frac{t^2}{1+t^2}dt\\&=6\int\left(1-\frac{1}{1+t^2}\right)dt=6(t-\operatorname{arctg}t)+C\\&=6\sqrt[6]{x}-6\operatorname{arctg}\sqrt[6]{x}+C.\end{aligned}$$

例 3 $\displaystyle\int\frac{1}{x}\sqrt{\frac{1+x}{x}}dx$.

解 设 $\sqrt{\frac{1+x}{x}}=t$, 则 $\frac{1+x}{x}=t^2, x=\frac{1}{t^2-1}, dx=-\frac{2tdt}{\left(t^2-1\right)^2}$. 于是

$$\begin{aligned}\int \frac{1}{x}\sqrt{\frac{1+x}{x}}dx &= \int \left(t^2-1\right)t\cdot\frac{-2tdt}{\left(t^2-1\right)^2}=-2\int\frac{t^2}{t^2-1}dt\\ &=-2\int\left(1+\frac{1}{t^2-1}\right)dt=-2t-\ln\frac{t-1}{t+1}+C\\ &=-2\sqrt{\frac{1+x}{x}}-\ln\left[x\left(\sqrt{\frac{1+x}{x}}-1\right)^2\right]+C.\end{aligned}$$

2. 形如 $R\left(x,\sqrt{ax^2+bx+c}\right)$ 的无理函数的积分

这时, 我们一般对二次三项式 ax^2+bx+c 先利用配方法, 然后应用三角函数代换法化为三角函数有理式的积分.

例 4 $\int \frac{dx}{\sqrt{x^2+6x+5}}$.

解 $x^2+6x+5=(x+3)^2-4$.

设 $x+3=2\sec t$, 则 $x^2+6x+5=4\sec^2 t-4=4\operatorname{tg}^2 t$,

$$dx=2\sec t\cdot\operatorname{tg} tdt.$$

于是

$$\int\frac{dx}{\sqrt{x^2+6x+5}}=\int\frac{2\sec t\cdot\operatorname{tg} tdt}{2\operatorname{tg} t}=\int\sec tdt=\ln(\sec t+\operatorname{tg} t)+C'.$$

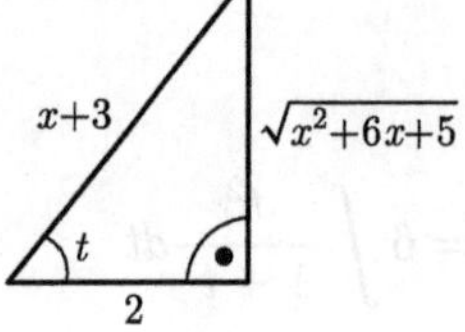

图 7.4

因为 $\sec t=\frac{x+3}{2}, \operatorname{tg} t=\frac{\sqrt{x^2+6x+5}}{2}$ (图 7.4), 所以

$$\begin{aligned}\int\frac{dx}{\sqrt{x^2+6x+5}}&=\ln\left(\frac{x+3}{2}+\frac{\sqrt{x^2+6x+5}}{2}\right)+C'\\ &=\ln\left(x+3+\sqrt{x^2+6x+5}\right)+C.\end{aligned}$$

例 5 $\int\frac{dx}{x\sqrt{3x^2-2x-1}}\quad(x>1)$.

解 作代换 $x=\frac{1}{t}$, 则 $dx=-\frac{dt}{t^2}$, 由此得

$$\int \frac{dx}{x\sqrt{3x^2-2x-1}} = -\int \frac{\frac{dt}{t^2}}{\frac{1}{t}\sqrt{\frac{3}{t^2}-\frac{2}{t}-1}} = -\int \frac{\frac{dt}{t^2}}{\frac{1}{t^2}\sqrt{3-2t-t^2}}$$

$$= -\int \frac{dt}{\sqrt{4-(t+1)^2}} = -\arcsin\frac{t+1}{2} + C$$

$$= -\arcsin\frac{\frac{1}{x}+1}{2} + C = -\arcsin\frac{1+x}{2x} + C.$$

§7.10 二项微分式的积分

表达式 $x^\alpha\left(a+bx^\beta\right)^\gamma dx$ 称为二项微分式, 其中 α,β 和 γ 都是有理数, a 和 b 是任何实数. 我们现在来研究, 在什么样的条件下

$$I = \int x^\alpha\left(a+bx^\beta\right)^\gamma dx$$

是初等函数.

令 $x^\beta = t$, 于是[①]

$$x = t^{\frac{1}{\beta}}, \quad dx = \frac{1}{\beta}t^{\frac{1}{\beta}-1}dt.$$

因此

$$I = \frac{1}{\beta}\int t^{\frac{\alpha+1}{\beta}-1}(a+bt)^\gamma dt. \tag{1}$$

我们要证明, **只要 $\dfrac{\alpha+1}{\beta},\gamma,\dfrac{\alpha+1}{\beta}+\gamma$ 这三个数中有一个是整数, I 就是初等函数**. 我们同时还要指出求 I 的方法.

1° 假定 γ 是整数. 这时 (1) 式中的被积函数是关于 t 和 $t^{\frac{\alpha+1}{\beta}}$ 的有理式. 设 $\dfrac{\alpha+1}{\beta} = \dfrac{m}{n}$, 其中 m,n 都是整数且 $n>0$, 则被积函数是 $R(t,\sqrt[n]{t})$ 型的. 因此, 可用 §7.9 的方法把 I 表示为初等函数.

2° 假定 $\dfrac{\alpha+1}{\beta}$ 是整数. 这时 (1) 式中的被积函数是关于 t 和 $(a+bt)^\gamma$ 的

① 我们不妨设 $\beta \neq 0$, 因 $\beta = 0$ 时 I 是初等函数, 这是很显然的.

有理式. 设 $\gamma=\dfrac{p}{q}$, 其中 p,q 都是整数且 $q>0$, 则被积函数是 $R(t,\sqrt[q]{a+bt})$ 型的. 因此, 也可用 §7.9 的方法把 I 表示为初等函数.

3° 假定 $\dfrac{\alpha+1}{\beta}+\gamma$ 是整数. 这时 (1) 式中的被积函数可改写为

$$\left(\frac{a+bt}{t}\right)^{\gamma}\cdot t^{\frac{\alpha+1}{\beta}+\gamma-1},$$

这函数是关于 t 和 $\left(\dfrac{a+bt}{t}\right)^{\gamma}$ 的有理式. 设 $\gamma=\dfrac{p}{q}$, 其中 p,q 都是整数且 $q>0$, 则该函数是 $R\left(t,\sqrt[q]{\dfrac{a+bt}{t}}\right)$ 型的. 因此, 还是可以用 §7.9 的方法把 I 表示为初等函数.

这样, 我们前面的论断已经完全证明了. 另一方面车贝谢夫 †(Чебышёв) 曾经指出, 如果 a 和 b 都不是零, $\dfrac{\alpha+1}{\beta},\gamma,\dfrac{\alpha+1}{\beta}+\gamma$ 三数中也没有一个是整数, 则 $I=\displaystyle\int x^{\alpha}\left(a+bx^{\beta}\right)^{\gamma}dx$ 就不可能是初等函数. 因此只有在这三数中有一为整数时, I 才可表示为初等函数.

例 $I=\displaystyle\int\frac{\sqrt{1+x^2}}{x}dx.$

解 $I=\displaystyle\int x^{-1}\left(1+x^2\right)^{\frac{1}{2}}dx,$

$$\alpha=-1,\ \beta=2,\ \gamma=\frac{1}{2},\ \frac{\alpha+1}{\beta}=0.$$

令 $x^2=t$, 则 $x=t^{\frac{1}{2}},dx=\dfrac{1}{2}t^{-\frac{1}{2}}dt$, 由此得

$$I=\int t^{-\frac{1}{2}}(1+t)^{\frac{1}{2}}\cdot\frac{1}{2}t^{-\frac{1}{2}}dt=\frac{1}{2}\int\frac{\sqrt{1+t}}{t}dt.$$

再令 $\sqrt{1+t}=u$, 则 $t=u^2-1,\quad dt=2udu$, 于是

$$\begin{aligned}I&=\frac{1}{2}\int\frac{u}{u^2-1}\cdot 2udu=\int\frac{u^2}{u^2-1}du\\&=\int du+\frac{1}{2}\int\frac{du}{u-1}-\frac{1}{2}\int\frac{du}{u+1}=u+\frac{1}{2}\ln\frac{u-1}{u+1}+C\end{aligned}$$

† 现译为切比雪夫. 编辑注.

$$= \sqrt{1+t} + \frac{1}{2}\ln\frac{\sqrt{1+t}-1}{\sqrt{1+t}+1} + C$$

$$= \sqrt{1+x^2} + \frac{1}{2}\ln\frac{\sqrt{1+x^2}-1}{\sqrt{1+x^2}+1} + C.$$

§7.11 关于积分问题的一些补充说明

在 §7.1 中我们曾经指出, 对初等函数来说, 在它有定义的区间上原函数一定存在. 但是必须分清, 原函数存在是一回事, 原函数能否用初等函数来表示又是一回事. 事实上的确有这样的初等函数, 它的原函数是存在的, 但这原函数却不能用初等函数来表示. 如果初等函数 $f(x)$ 的原函数不是初等函数, 我们就说 $\int f(x)dx$ 不能表示为**有限形式**. 例如

$$\int \frac{dx}{\sqrt{1+x^3}},\ \int e^{-x^2}dx,\ \int \frac{dx}{\ln x},\ \int \frac{\sin x}{x}dx$$

等看起来好像很简单, 但实际上它们都不能表示为有限形式. 为了更好地了解这一点, 我们不妨用类比的方法来说明. 如果我们研究的范围仅限制在有理函数, 则对于 $\int \frac{dx}{x}, \int \frac{dx}{1+x^2}$ 等很简单的有理函数的积分我们就已经不能把它们表示为有理函数了. 为了表示它们, 必须超出有理函数的范围而引入超越函数 $\ln x$ 和 $\operatorname{arctg} x$. 同样的道理, 初等函数的原函数也不一定是初等函数.

关于求不定积分的技术问题我们还有些补充说明.

求不定积分时往往不止可以运用一种方法, 因此在不同的方法中就应该加以选择, 选择的标准是看哪一种方法可用最少的时间和劳力来获得结果. 例如 $\int \frac{\cos x dx}{1+\sin x}$ 虽是 $\int R(\sin x, \cos x)dx$ 的类型, 但如果把 $\cos x dx$ 写成 $d(1+\sin x)$ 就立即可以得到结果, 比用代换 $\operatorname{tg}\frac{x}{2} = u$ 来得简单. 又例如求 $\int \frac{x^2 dx}{1+x^3}$ 时先把 x^2dx 写成 $\frac{1}{3}d\left(1+x^3\right)$ 也就立即可以得到结果, 比通过部分分式来得简单. 关于像这样的技巧, 我们只能在练习中获得.

在实际工作中我们常利用现成的积分表[①]来计算不定积分. 在这种表中列有大量的积分公式, 这些公式按被积函数的类型加以分类而作成便于查阅的排列形式. 求不定积分时可根据被积函数所属的类型而直接在这种积分表中查到相应的公式, 或者经过少量的运算就可把被积函数化成表中所列的形式.

① 例如, 徐桂芳编译《积分表》, 上海科学技术出版社出版.

第八章
定积分

§8.1 曲边梯形的面积 · 变力所做的功

与导数概念一样, 定积分概念也是由于实际问题的需要而引进数学的. 作为引进定积分概念的实际问题的例子, 下面先来讨论曲边梯形的面积与变力所做的功.

1. 曲边梯形的面积

在初等几何中我们只知道怎样计算多边形及圆形的面积, 至于任意曲线所围成的平面图形的面积, 这就需要运用数学分析的方法才能获得解决. 现在先就平面图形中简单的曲边梯形的面积问题来加以考虑. 所谓曲边梯形是这样的图形, 它有三条边是直线, 其中两条互相平行, 第三条与前两条垂直叫做底边, 第四边是一条曲线弧叫做曲边, 它与任意一条垂直于底边的直线交且只交于一点. 设取一个直角坐标系 xOy, 使得底边与 x 轴重合, 曲边完全位于 x 轴的上方 (第一及第二象限内) 并设曲边是连续函数 $y=f(x)$ 的图形 (图 8.1).

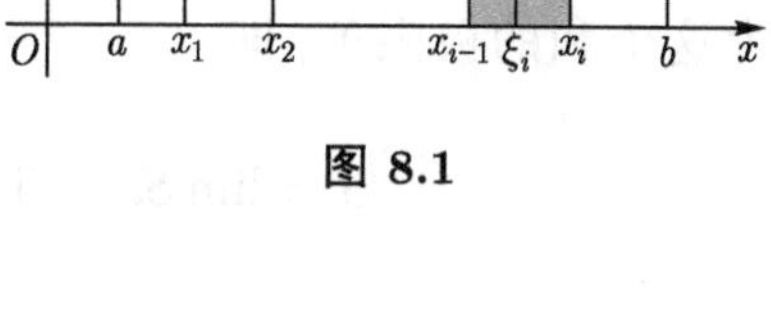

图 8.1

于是, 我们所要解决的问题是: 如何定义这个曲边梯形的面积? 如何计算这个面积?

初等几何中解决圆的面积问题所用的方法是用内接及外切多边形的面积作为圆的面积的近似值, 再经过极限步骤就定出圆的面积. 现在也用类似的方法来处理我们的问题.

把曲边梯形的底边所在的区间 $[a,b]$ 用分点 $x_0=a$、x_1、x_2 、$\cdots$ 、x_{i-1}、x_i、$\cdots$ 、x_{n-1}、$x_n=b$ 分为 n 个部分区间 $[x_0,x_1]$、$[x_1, x_2]$、$\cdots$ 、$[x_{i-1},x_i]$、$\cdots$ 、$[x_{n-1},x_n]$, 在各分点作 x 轴的垂线, 这样就把原来的曲边梯形分为 n 个小曲边梯形.

在每一小区间 $[x_{i-1},x_i]\,(i=1,2,\cdots,n)$ 上任取一点 ξ_i, 即 $x_{i-1}\leqslant\xi_i\leqslant x_i$; 在点 ξ_i 引 x 轴的垂线交曲边 $y=f(x)$ 于一点 P_i, 显然点 P_i 的纵标是 $f(\xi_i)$ (图 8.1). 过点 P_i 作平行于 x 轴的直线与纵线 $x=x_{i-1}$ 及 $x=x_i$ 相遇为止使成一个矩形, 如图中阴影部分所示. 这个矩形的高是 $f(\xi_i)$, 底边的长度是 x_i-x_{i-1}, 因而它的面积是 $f(\xi_i)(x_i-x_{i-1})$. 由直觉上可以承认: 只要底边很小时, 这个矩形的面积就可取作同底边的小曲边梯形面积的一个近似值; 又 n 个小曲边梯形面积的和等于所论曲边梯形的面积. 于是, n 个矩形面积的和

$$
\begin{aligned}
&f(\xi_1)(x_1-x_0)+\cdots+f(\xi_i)(x_i-x_{i-1})+\cdots+f(\xi_n)(x_n-x_{n-1})\\
=&\sum_{i=1}^{n} f(\xi_i)(x_i-x_{i-1})
\end{aligned}
$$

可以取作所论曲边梯形面积的一个近似值

$$
S_n=\sum_{i=1}^{n} f(\xi_i)(x_i-x_{i-1}). \tag{1}
$$

当 n 无限增大 (即分点无限增多) 而每个小区间的长度 x_i-x_{i-1} 无限缩小时, 如果这个和 S_n 的极限存在, 我们就很自然地定义曲边梯形的面积 S 为这个和的极限值, 即

$$
S=\lim S_n=\lim\sum_{i=1}^{n} f(\xi_i)(x_i-x_{i-1}). \tag{2}
$$

我们所提出的问题到这里为止就算解决了, 因为第一, 已经建立了曲边梯形面积的概念; 第二, 公式 (2) 给出计算这个面积的步骤. 不过要直接计算公式 (2) 的极限值在实际问题中是极端困难的, 所以要这个问题能够得到完全令人满意的解决, 还有待于进一步导出有效的方法.

2. 变力所做的功

设某物体受平行力 F 的作用沿直线 Ox 运动, 力 F 的方向与物体运动的方向一致. 如果力 F 是一个常数, 则力 F 与物体在直线 Ox 上所经路程 s (即物体经过的路程) 的乘积

$$W = F \cdot s$$

称为力 F 在这个线段 s 上所做的功.

现在假定力 F 不是常数, 而在直线 Ox 上不同的点取不同的数值, 则力 $F = F(x)$ 是 x 的函数. 当物体在这个变力作用之下, 由直线 Ox 上的一点 a 运动到另一点 b 时, 如何定义这个变力所做的功, 又如何去计算这个功, 这就是我们所要解决的问题.

如同上段一样, 用分点 $a = x_0$、x_1、x_2、$\cdots$、x_{i-1}、x_i、$\cdots$、x_{n-1}、$x_n = b$ 把区间 $[a, b]$ 分成 n 个部分区间, 并在每一小区间 $[x_{i-1}, x_i]$ 上任取一点 ξ_i. 在点 ξ_i 作用于物体上的力是 $F(\xi_i)$ (图 8.2). 如果区间很小, 在该段上变力变化不大, 就是说变力与 $F(\xi_i)$ 相差很小, 我们可以认为 $F(\xi_i)\,(x_i - x_{i-1})$ 是变力在该段上所做的功的一个近似值. 由于力 F 在区间 $[a, b]$ 上所做的功等于 n 个部分区间上所做功的和. 所以, 可以取和

$$W_n = \sum_{i=1}^{n} F(\xi_i)(x_i - x_{i-1}) \tag{3}$$

为变力 F 在区间 $[a, b]$ 上所做的功的一个近似值.

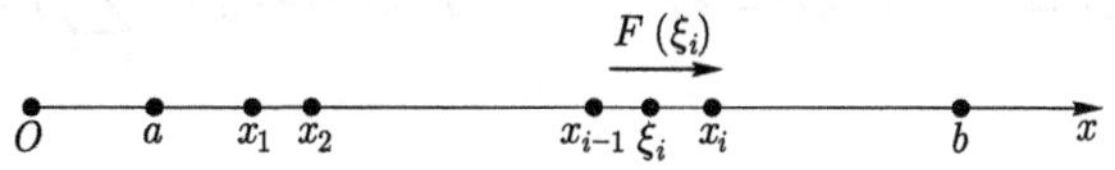

图 8.2

当分点愈多且每小段的长度愈小时，近似值就愈加准确. 现令 n 无限增大而每个小区间的长度 $x_i - x_{i-1}$ 无限缩小，如果这个和 W_n 的极限存在，我们很自然地定义变力 F 在 $[a,b]$ 上所做的功 W 为这个和的极限值，即

$$W = \lim W_n = \lim \sum_{i=1}^{n} F(\xi_i)(x_i - x_{i-1}). \tag{4}$$

跟在上段最后所说明的一样，我们提出的问题基本上是解决了.

§8.2 定积分的概念

我们已经看到，要解决前节中所提出的问题，最后都要求我们计算一种和的极限. 在各种技术科学的领域内有大量的问题，解决它们的途径都归结到这种类型的极限. 因此，从数学上来对这种类型的极限问题加以一般性的研究，不独是数学分析里一个极其重要的问题，同时也具有极其重要的现实意义.

如果我们抽去前节所讨论的问题的几何意义 (曲边梯形的面积) 及物理意义 (变力所做的功) 而保留其分析的结构，就可以引进数学分析里的一个新的概念——定积分的概念——如下：

定义 **设函数 $f(x)$ 在区间 $[a,b]$ 上为连续. 用分点**

$$a = x_0 < x_1 < x_2 < \cdots < x_{i-1} < x_i < \cdots < x_n = b,$$

把区间 $[a,b]$ 分为 n 个小区间 $[x_{i-1}, x_i]$，其长度各是

$$\Delta x_i = x_i - x_{i-1} (i = 1, 2, \cdots, n).$$

在每个小区间 $[x_{i-1}, x_i]$ 上任取一点 $\xi_i : x_{i-1} \leqslant \xi_i \leqslant x_i$，并作函数值 $f(\xi_i)$ 与小区间长度 Δx_i 的乘积 $f(\xi_i)\Delta x_i$ 的和

$$I_n = f(\xi_1)\Delta x_1 + f(\xi_2)\Delta x_2 + \cdots + f(\xi_n)\Delta x_n = \sum_{i=1}^{n} f(\xi_i)\Delta x_i^{①}. \tag{1}$$

① 和 I_n 是个变量，它与区间 $[a,b]$ 分成 n 个小区间 $[x_{i-1}, x_i]$ 的分法以及点 ξ_i 的取法都有关.

如果不论区间 $[a,b]$ 分成 n 个小区间 $[x_{i-1},x_i]$ 怎样分法及点 ξ_i 怎样取法，这和 I_n 当分点无限增多（记作 $n\to\infty$）而每一小区间无限缩小（记作 $\|\Delta x\|$[1] $\to 0$）时的极限存在，即设

$$I=\lim_{\substack{n\to\infty\\(\|\Delta x\|\to 0)}}\sum_{i=1}^{n} f(\xi_i)\,\Delta x_i,$$

则这个极限值 I 叫做函数 $f(x)$ 从 a 到 b（或在区间 $[a,b]$ 上）的定积分或简单叫做积分，记作

$$\int_a^b f(x)dx=I=\lim_{\substack{n\to\infty\\(\|\Delta x\|\to 0)}}\sum_{i=1}^{n} f(\xi_i)\,\Delta x_i. \tag{2}$$

函数 $f(x)$ 叫做被积函数，$f(x)dx$ 叫做被积表达式，变量 x 叫做积分变量，a 与 b 分别叫做积分的下限与上限，区间 $[a,b]$ 叫做积分区间.

上述定义中和 I_n 的极限存在的精确意义是：设有常数 I，如果对于任意小的正数 ε，总存在着一个正数 δ，使得对于区间 $[a,b]$ 分成 n 个小区间 $[x_{i-1},x_i]$ 的任意分法，只要 $\|\Delta x\|<\delta$ 时，就不论点 ξ_i 怎样取法，都有

$$\left|I-\sum_{i=1}^{n} f(\xi_i)\,\Delta x_i\right|<\varepsilon.$$

我们注意到，当和 I_n 的极限存在时，这个极限值只与被积函数 $f(x)$ 及积分区间 $[a,b]$ 有关. 其次，这个极限值与积分变量无关，因为把积分变量 x 换写为另一其他变量例如 t 时，(2) 的右边显然不变，所以记号 $\int_a^b f(t)dt$ 也表示同一极限值. 换句话说，我们有等式

$$\int_a^b f(t)dt=\int_a^b f(x)dx.$$

根据定积分的定义，前节所讨论的问题，现在可以说成为

曲边梯形的面积等于其曲边的纵标在其底边上的积分，即

$$S=\int_a^b f(x)dx; \tag{3}$$

---

① 记号 $\|\Delta x\|$ 表示长度 Δx_1、Δx_2、$\cdots$、Δx_n 中最大者.

变力所做的功等于变力在其所经过的路程上的积分, 即

$$W=\int_a^b F(x)dx. \tag{4}$$

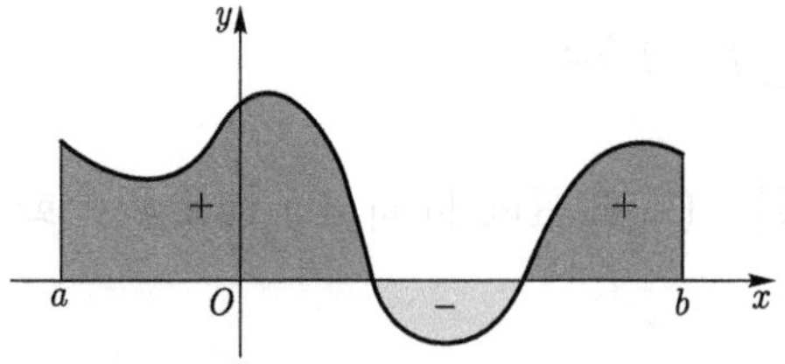

图 8.3

定积分的几何意义 当函数 $f(x)$ 为正时, 我们知道定积分的几何意义是以函数图形为曲边的一个曲边梯形的面积. 但在函数可为正又可为负的情形下, 则函数图形的某些部分在 x 轴上方, 而其他部分在 x 轴下方 (图 8.3). 这时, 作出和 (1), 则对应于 x 轴下方的一部分图形, 得到的项 $f(\xi_i)\Delta x_i$ 是负的, 因为 $\Delta x_i = x_i - x_{i-1}$ 是正的. 而纵标 $f(\xi_i)$ 是负的. 在取极限时, 得到的定积分 (2) 是这样的总面积, 其中在 x 轴上方的面积算正的, 在 x 轴下方的面积算负的. 于是, 在一般情形下, **定积分 $\int_a^b f(x)dx$ 的几何意义为: 它是介于 x 轴、函数 $f(x)$ 的图形及纵线 $x=a$、$x=b$ 之间的各部分面积的代数和; 在 x 轴上方的面积取正号, 在 x 轴下方的面积取负号.**

对于定积分有这样一个基本问题, 就是: 已给函数 $f(x)$ 在怎样的条件下, 和 (1) 的极限必存在? 这个问题的解决有赖于所谓定积分的存在定理, 它的证明越出本教材范围, 我们仅叙述如下:

存在定理 如果函数 $f(x)$ 在闭区间 $[a,b]$ 上连续, 则和 (1) 的极限必存在; 也就是, 函数 $f(x)$ 在 $[a,b]$ 上的积分必存在. 简单说来, 就是连续函数是可积的.

由于我们给出的定义只限于被积函数为连续的情形, 所以这时定积分的存在是肯定的. 近代数学分析的发展已把定积分的定义推广到被积函数比连续函数更为广泛的一类函数 (有界函数) 上去, 而同时对于定积分存在的条件比我们这里所叙述的也较为宽些. 不过初等数学分析研究的主要对象是连续函数; 尤其在积分学部分, 我们所提出来讨论的问题几乎要完全限于连续函数的范围. 因此, 在定义方面即便加以连续的限制, 对于以后进

行讨论不会有妨碍，但对于观念的确定倒有一定的好处.

至于被积函数在区间 $[a,b]$ 上只有有限个第一类间断点 (§3.2), 我们可就原来定义略加推广使适合于这种情形. 例如函数 $f(x)$ 只有一个这样的间断点 $x=c$, 则它在 $[a,b]$ 上的积分可规定为在两个部分区间 $[a,c]$ 及 $[c,b]$ 上的积分之和①:

$$\int_a^b f(x)dx = \int_a^c f(x)dx + \int_c^b f(x)dx.$$

从图形 (图 8.4) 上来看, 我们这样规定也是很自然的, 函数从 a 到 b 的积分所表示的面积显然是两个曲边梯形 $AacC_1$ 及 C_2cbB 的面积的和.

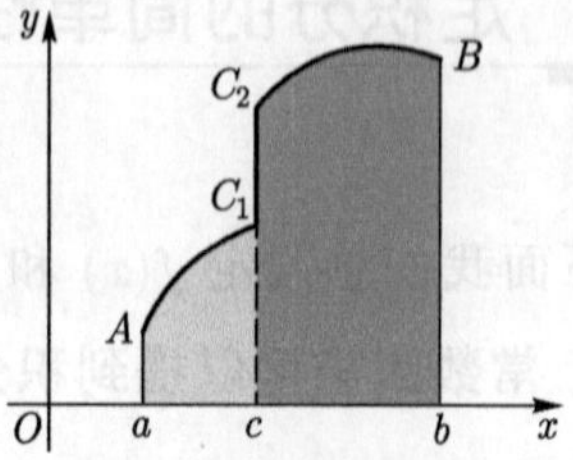

图 8.4

关于定积分的计算问题——它是积分学中第二基本问题，我们在 §8.4 中再讨论, 那时才得到这个问题的满意的解决. 下面直接根据定积分的定义, 举一例以说明其算法.

例 求定积分 $\int_0^b x^2dx \quad (b>0)$.

不妨将区间 $[0,b]$ 分为 n 个相等的小区间, 则各小区间之长为

$$\Delta x_i = \Delta x = \frac{b}{n},$$

分点为

$$x_0=0、x_1=\Delta x、x_2=2\Delta x、\cdots、x_n=n\Delta x=b.$$

不妨取

$$\xi_i = x_i \ (i=1,2,\cdots,n),$$

则

$$\int_0^b x^2dx = \lim_{n\to\infty}\sum_{i=1}^n x_i^2\Delta x_i.$$

① 在区间 $[a,c]$ 及 $[c,b]$ 的端点 c 处, 分别取左极限 $f(c-0)$ 及右极限 $f(c+0)$ 为函数值, 使得函数在这两个闭区间上都连续.

但

$$\sum_{i=1}^{n} x_i^2 \Delta x_i = \sum_{i=1}^{n} (i\Delta x)^2 \cdot \Delta x = \left(1^2+2^2+\cdots+n^2\right)(\Delta x)^3$$

$$= \frac{1}{6}n(n+1)(2n+1)\cdot\frac{b^3}{n^3} = \frac{b^3}{6}\left(1+\frac{1}{n}\right)\left(2+\frac{1}{n}\right),$$

故

$$\int_0^b x^2 dx = \lim_{n\to\infty}\frac{b^3}{6}\left(1+\frac{1}{n}\right)\left(2+\frac{1}{n}\right) = \frac{b^3}{3}.$$

§8.3 定积分的简单性质 · 中值定理

下面我们总假定 $f(x)$ 和 $\varphi(x)$ 是闭区间 $[a,b]$ 上的连续函数.

1° **常数因子可以提到积分号外**, 即若 k 为常数, 则

$$\int_a^b kf(x)dx = k\int_a^b f(x)dx.$$

因为 $\int_a^b kf(x)dx = \lim\sum_{i=1}^{n} kf(\xi_i)\Delta x_i$

$$= k\cdot\lim\sum_{i=1}^{n} f(\xi_i)\Delta x_i$$

$$= k\int_a^b f(x)dx.$$

2° **函数的代数和的积分等于它们的积分的代数和**, 即

$$\int_a^b [f(x)\pm\varphi(x)]dx = \int_a^b f(x)dx \pm \int_a^b \varphi(x)dx.$$

因为 $\int_a^b [f(x)\pm\varphi(x)]dx = \lim\sum_{i=1}^{n}[f(\xi_i)\pm\varphi(\xi_i)]\Delta x_i$

$$= \lim\sum_{i=1}^{n} f(\xi_i)\Delta x_i \pm \lim\sum_{i=1}^{n}\varphi(\xi_i)\Delta x_i$$

$$= \int_a^b f(x)dx \pm \int_a^b \varphi(x)dx.$$

3° **交换定积分的上下限时, 绝对值保持不变, 只是改变符号:**

$$\int_b^a f(x)dx = -\int_a^b f(x)dx.$$

以前我们定义函数 $f(x)$ 从 a 到 b 的定积分是和

$$\sum_{i=1}^{n} f\left(\xi_i\right) \Delta x_i = \sum_{i=1}^{n} f\left(\xi_i\right)\left(x_i - x_{i-1}\right)$$

的极限时, 总是假定 $a < b$, 于是 $x_{i-1} < x_i$.

现设 $a > b$, 则函数从 a 到 b (由右向左) 的定积分, 仍可以像以前一样, 定义为上面的和的极限, 不过这时

$$a = x_0 > x_1 > x_2 > \cdots > x_{i-1} > x_i > \cdots > x_n = b,$$

就是所有的差 $x_i - x_{i-1}$ 都是负的.

故若交换积分的上下限, 就是把 a 算作上限, b 算作下限, 则分点 x_0、x_1、x_2、$\cdots$、x_n 须要算作依照相反的顺序, 而和中所有的差 $(x_i - x_{i-1})$ 变号. 于是推知这个和以及它的极限也变号.

4° 此外, 要在 $a = b$ 时使得 3° 也能成立, 我们规定

$$\int_a^a f(x)dx = 0.$$

这样规定从几何意义来看是很自然的, 因为底边缩成一点 a 而高为 $f(a)$ 的一个线段的面积为零.

5° 若把 $[a, b]$ 分为两部分 $[a, c]$ 和 $[c, b]$, 则

$$\int_a^b f(x)dx = \int_a^c f(x)dx + \int_c^b f(x)dx.$$

因为作积分和时, 无论将 $[a, b]$ 如何划分, 积分和的极限总是不变的, 所以我们在划分区间时, 可以让 c 永远是个分点, 则

$$\sum_{[a,b]} f\left(\xi_i\right) \Delta x_i = \sum_{[a,c]} f\left(\xi_i\right) \Delta x_i + \sum_{[c,b]} f\left(\xi_i\right) \Delta x_i.$$

当 $[a,b]$ 上分点无限增加，且 $\|\Delta x\|\to 0$ 时，$[a,c]$ 和 $[c,b]$ 上也有同样性质，故

$$\int_a^b f(x)dx=\int_a^c f(x)dx+\int_c^b f(x)dx.$$

这个性质表示定积分对于区间是具有可加性的.

6° 若在 $[a,b]$ 上，$f(x)=1$，则

$$\int_a^b 1\cdot dx=\int_a^b dx=b-a.$$

这是因为

$$\int_a^b dx=\lim\sum_{i=1}^n \Delta x_i=b-a.$$

7° 若在 $[a,b]$ 上，$f(x)\leqslant\varphi(x)$，则

$$\int_a^b f(x)dx\leqslant\int_a^b \varphi(x)dx.$$

因为

$$\sum_{i=1}^n f(\xi_i)\Delta x_i\leqslant\sum_{i=1}^n \varphi(\xi_i)\Delta x_i,$$

所以取极限时，即得所要证的不等式 (§2.6 定理 4).

8° 设 M、m 是函数 $f(x)$ 在 $[a,b]$ 上的最大值和最小值 (§3.3 定理 1)，则

$$m(b-a)\leqslant\int_a^b f(x)dx\leqslant M(b-a).$$

因为 $m\leqslant f(x)\leqslant M$，所以由 7° 我们有

$$\int_a^b mdx\leqslant\int_a^b f(x)dx\leqslant\int_a^b Mdx,$$

再由 1°, 6° 即得证.

同理可以推出另一不等式

$$\left|\int_a^b f(x)dx\right|\leqslant\int_a^b |f(x)|dx.$$

因为

$$f(x) \leqslant |f(x)|, \quad -|f(x)| \leqslant f(x),$$

所以

$$-|f(x)| \leqslant f(x) \leqslant |f(x)|,$$

从而有

$$-\int_a^b |f(x)|dx \leqslant \int_a^b f(x)dx \leqslant \int_a^b |f(x)|dx.$$

这就等价于所要证的不等式.

9° 定积分中值定理　设函数 $f(x)$ 在闭区间 $[a,b]$ 上连续, 则在 $[a,b]$ 上至少存在一点 ξ 使得下式成立:

$$\int_a^b f(x)dx = f(\xi)(b-a) \quad (a \leqslant \xi \leqslant b).$$

证　把 8° 中的不等式各除以 $b-a$, 我们有

$$m \leqslant \frac{1}{b-a}\int_a^b f(x)dx \leqslant M.$$

这就是说, 确定的数值 $\frac{1}{b-a}\int_a^b f(x)dx$ 是介于函数 $f(x)$ 的最大值 M 和最小值 m 之间的. 根据闭区间上连续函数的介值定理 (§3.3 定理 2 的推论), 在区间 $[a,b]$ 上必有一点 ξ 使得函数在该点的函数值与这个确定的数值相等, 即应有

$$\frac{1}{b-a}\int_a^b f(x)dx = f(\xi).$$

两边各乘 $b-a$ 即得需要证明的中值公式.

这个公式的几何意义是: 以区间 $[a,b]$ 为底边, 以曲线 $y=f(x)$ 为曲边的曲边梯形, 它的面积等于同一底边而高为 $f(\xi)$ 的一个矩形的面积 (图 8.5).

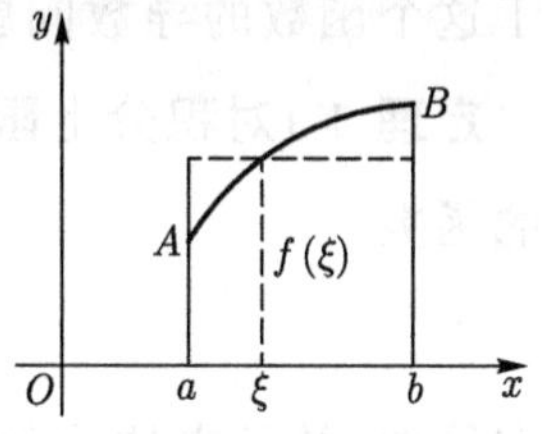

图 8.5

§8.4 牛顿–莱布尼兹 † 公式

积分学中要解决两个基本问题: 第一是原函数的求法问题, 在前一章中, 我们已经对它作了详细的讨论; 第二是定积分的计算问题, 直到现在为止我们尚未获得完全令人满意的解决. 原函数的概念与定积分为和的极限的概念是作为完全不相干的两个概念引进来的, 本节的目的就是要求找出它们之间的一定关系, 通过这个关系则积分学中第二基本问题——定积分的计算问题——就随着获得解决了.

设函数 $f(x)$ 在区间 $[a,b]$ 上连续, 并设 x 为区间上的一点. 因在部分区间 $[a,x]$ 上函数仍为连续, 所以定积分

$$\int_a^x f(x)dx$$

存在. 这时变量 x 有两种不同的意义: 一方面它表示定积分的上限, 另一方面它表示积分变量. 为明确起见, 可以把积分变量 x 换写为其他变量例如 t, 于是上面的定积分可以写成

$$\int_a^x f(t)dt.$$

令上限 x 在区间 $[a,b]$ 上任意变动, 对于 x 的每一个数值定积分有一个确定的数值与之对应, 所以它在该区间上定义一个函数, 记作 $\Phi(x)$:

$$\Phi(x) = \int_a^x f(t)dt \quad (a \leqslant x \leqslant b). \tag{1}$$

关于这个函数的导数问题, 我们有下面的定理:

定理 1 (对积分上限的导数) **设函数 $f(x)$ 在 $[a,b]$ 上连续, 则积分上限的函数**

$$\Phi(x) = \int_a^x f(t)dt$$

具有导数, 并且它的导数是

$$\Phi'(x) = \frac{d}{dx}\int_a^x f(t)dt = f(x) \ (a \leqslant x \leqslant b).$$

---

† 现译为莱布尼茨. 编辑注.

证　给 x 以增量 Δx, 则 $\Phi(x)$ 在点 $x+\Delta x$ 的函数值为

$$\Phi(x+\Delta x)=\int_a^{x+\Delta x} f(t)dt.$$

因此, 得函数的增量

$$\Delta\Phi=\Phi(x+\Delta x)-\Phi(x)=\int_a^{x+\Delta x} f(t)dt-\int_a^x f(t)dt.$$

应用前节性质 3° 及性质 5°, 这增量可以表示为

$$\Delta\Phi=\int_a^{x+\Delta x} f(t)dt+\int_x^a f(t)dt=\int_x^{x+\Delta x} f(t)dt.$$

再应用前节的中值定理, 则有等式

$$\Delta\Phi=f(\xi)\cdot\Delta x,$$

这里 ξ 是在 x 与 $x+\Delta x$ 之间.

把上式两边各除以 Δx 而令 $\Delta x\to 0$ 取极限. 因为右边的极限 $\lim\limits_{\Delta x\to 0} f(\xi)=f(x)$ 存在, 所以左边的极限存在也应等于 $f(x)$. 这就是, 函数 $\Phi(x)$ 的导数存在并且

$$\Phi'(x)=f(x),$$

定理于是证毕. 在图 8.6 中读者不难看到分析论证过程中的几何意义.

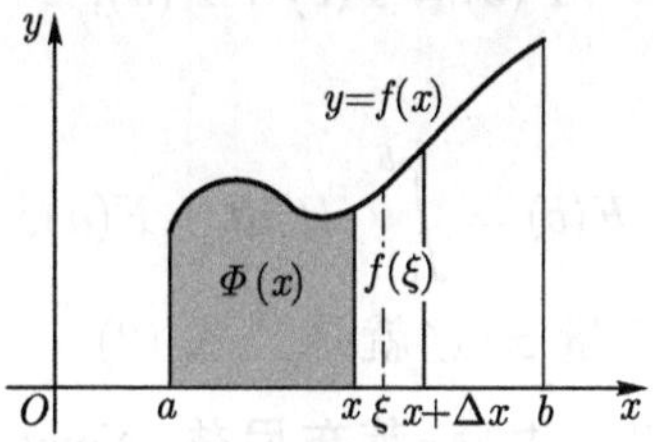

图 8.6

从这个定理我们知道 $\Phi(x)$ 是连续函数 $f(x)$ 的一个原函数, 因此也证明了下面的定理.

定理 2 (原函数的存在) 如果函数 $f(x)$ 在区间 $[a,b]$ 上连续, 则函数

$$\Phi(x)=\int_a^x f(t)dt$$

就是函数 $f(x)$ 在该区间上的一个原函数.

这个定理的价值在于肯定了连续函数的原函数必存在而不是要通过区间 $[a,x]$ 上的定积分来求原函数. 相反地, 我们要通过原函数来求定积分, 这就是下面所提出的定理的目的.

定理 3 (牛顿–莱布尼兹公式) 如果 $F(x)$ 是连续函数 $f(x)$ 在区间 $[a,b]$ 上的一个原函数, 则

$$\int_a^b f(x)dx=F(b)-F(a). \tag{2}$$

证 已给 $F(x)$ 是函数 $f(x)$ 的一个原函数, 但根据定理 2 ,

$$\Phi(x)=\int_a^x f(t)dt$$

也是 $f(x)$ 的一个原函数. 于是这两个原函数之差 $F(x)-\Phi(x)$ 必定是某一个常数 C (§7.1), 因此有等式

$$F(x)=\Phi(x)+C.$$

在上式中令 $x=a$, 则因 $\Phi(a)=0$ (前节性质 4°), 故得 $C=F(a)$. 又在上式中令 $x=b$, 就得到

$$F(b)=\Phi(b)+F(a),$$

即

$$F(b)=\int_a^b f(t)dt+F(a),$$

移项并把变量 t 换写为变量 x, 这就是公式 (2).

所建立的公式 (2) 叫做**牛顿–莱布尼兹** (Newton-Leibniz) **公式**, 它是积分学中的**基本公式**. 这个公式表示出定积分与不定积分之间的关系: **定积分的值等于被积函数的任一原函数在积分区间上的增量**. 我们常用下面的记号

$$F(b)-F(a)=[F(x)]_a^b$$

来表示这个增量. 我们前面提出的积分学中第二基本问题到此才获得满意的解决, **就是当被积函数的原函数可以求出时, 则计算定积分的方法就不需要根据定义以求和的极限, 只要将积分上下限分别代入所求出之原函数中而取其差就行了.** 因此, 在实际问题中应用范围极广的定积分的计算问题就转化为求原函数的问题. 正是由于这一点, 求已给函数的不定积分在数学分析以及它的应用中才具有非常重要的意义.

例 1 $\displaystyle\int_{-1}^{1}\frac{dx}{1+x^2}=[\operatorname{arctg}x]_{-1}^{1}=\frac{\pi}{4}-\left(-\frac{\pi}{4}\right)=\frac{\pi}{2}.$

例 2 $\displaystyle\int_{0}^{\pi}\sin x dx=[-\cos x]_{0}^{\pi}=1-(-1)=2.$

§8.5 用换元法计算定积分

在不定积分一章中, 我们讲过利用换元法可以求 $f(x)$ 的原函数; 现在要讲利用换元法可以计算连续函数 $f(x)$ 在区间 $[a,b]$ 上的定积分. 为此, 我们引进关系式 $x=\varphi(t)$ 把变量 x 换成新变量 t, 并对函数 $\varphi(t)$ 作如下的假定:

1° 函数 $\varphi(t)$ 在区间 $\alpha\leqslant t\leqslant\beta$ 上 (或 $\alpha>\beta$) 是单值的且有连续导数 $\varphi'(t)$;

2° $\varphi(\alpha)=a,\varphi(\beta)=b$, 且当 t 在区间 $\alpha\leqslant t\leqslant\beta$ 上变化时, 由变量代换关系式 $x=\varphi(t)$ 所确定的 x 的数值全部包含于区间 $a\leqslant x\leqslant b$ 内. 在这样假定下, 则有定积分的换元公式

$$\int_{a}^{b}f(x)dx=\int_{\alpha}^{\beta}f[\varphi(t)]\varphi'(t)dt. \tag{1}$$

证 考察积分上限的函数

$$G(x)=\int_{a}^{x}f(x)dx\quad(a\leqslant x\leqslant b)$$

及

$$\Phi(t)=\int_{\alpha}^{t}f[\varphi(t)]\varphi'(t)dt\quad(\alpha\leqslant t\leqslant\beta).$$

在第一积分中以 $\varphi(t)$ 代替上限 x, 得复合函数

$$F(t)=G[\varphi(t)]=\int_{\alpha}^{\varphi(t)}f(x)dx \quad (\alpha\leqslant t\leqslant\beta).$$

现在证

$$F'(t)=\Phi'(t).$$

事实上, 对于函数 $F(t)$, 应用复合函数的微分法及 §8.4 定理 1 , 求出它的导数

$$F'(t)=\frac{dG}{d\varphi}\cdot\varphi'(t)=f[\varphi(t)]\cdot\varphi'(t);$$

对于函数 $\Phi(t)$, 也同样应用 §8.4 定理 1 , 求出它的导数

$$\Phi'(t)=f[\varphi(t)]\varphi'(t).$$

因为这两个函数在区间 $\alpha\leqslant t\leqslant\beta$ 上有同一导数, 所以它们的差为某一个常数 C :

$$F(t)=\Phi(t)+C.$$

但因 $\varphi(\alpha)=a$, 故 $F(\alpha)=\Phi(\alpha)=0$, 从而 $C=0$. 现令

$$t=\beta,$$

得

$$F(\beta)=\Phi(\beta),$$

即

$$\int_{\alpha}^{\varphi(\beta)}f(x)dx=\int_{\alpha}^{\beta}f[\varphi(t)]\varphi'(t)dt,$$

由于 $\varphi(\beta)=b$, 这就是要证的等式 (1).

由此可见, **用换元法计算定积分时, 在把新的不定积分求出后, 不必再回到原来的变量, 只要直接把新的积分限代入相减就行了.**

有时我们不用 $x=\varphi(t)$ 而用代换 $t=\psi(x)$ 以引入新变量 t, 但这时 $t=\psi(x)$ 的反函数 $x=\bar{\psi}(t)$ 必须满足上面定理的条件.

分别各举一例于下:

例 1 $\int_0^a \sqrt{a^2-x^2}dx \quad (a>0)$.

令 $x=a\sin\theta$, 则当 $x=0$ 与 a 时, $\theta=0$ 与 $\frac{\pi}{2}$. 于是

$$\int_0^a \sqrt{a^2-x^2}dx = a^2\int_0^{\pi/2}\cos^2\theta d\theta = \frac{a^2}{2}\int_0^{\pi/2}(1+\cos 2\theta)d\theta = \frac{\pi a^2}{4}.$$

例 2 $\int_0^4 \frac{(x+2)dx}{\sqrt{2x+1}}$.

令 $\sqrt{2x+1}=t$, 即 $x=\frac{t^2-1}{2}$, 当 $x=0$ 时, $t=1; x=4$ 时, $t=3$, 故

$$\begin{aligned}\int_0^4 \frac{(x+2)dx}{\sqrt{2x+1}} &= \int_1^3 \frac{\frac{t^2-1}{2}+2}{t}\cdot tdt = \frac{1}{2}\int_1^3 (t^2+3)\,dt\\ &= \frac{1}{2}\left[\frac{t^3}{3}+3t\right]_1^3 = \frac{22}{3}.\end{aligned}$$

必须指出, 在用 $t=\psi(x)$ 进行换元时, 如果不注意反函数 $\bar{\psi}(t)$ 为单值的条件, 就可能会发生错误. 例如积分

$$\int_{-1}^2 x^2dx = \frac{1}{3}\left[x^3\right]_{-1}^2 = 3.$$

但用代换 $x^2=t$, 得

$$x^2dx = \frac{1}{2}\sqrt{t}dt,\ \alpha=1,\ \beta=4,$$

$$\int_{-1}^2 x^2dx = \frac{1}{2}\int_1^4 \sqrt{t}dt = \frac{1}{3}\left[t^{\frac{3}{2}}\right]_1^4 = \frac{7}{3}.$$

错误的原因是当 x 在区间 $[-1,2]$ 上变动时, 函数 $t=x^2$ 的反函数 $x=\pm\sqrt{t}$ 不是单值的.

§8.6 用分部积分法计算定积分

设函数 $u(x)$、$v(x)$ 在区间 $[a,b]$ 上具有连续导数 $u'(x)$ 、$v'(x)$, 则有 $(uv)'=uv'+vu'$. 在这等式的两边各取由 a 到 b 的定积分

$$[u(x)v(x)]_a^b = \int_a^b uv'dx + \int_a^b vu'dx,$$

即

$$\int_a^b uv'dx = [u(x)v(x)]_a^b - \int_a^b vu'dx.$$

或可简写为

$$\int_a^b udv = [uv]_a^b - \int_a^b vdu. \tag{1}$$

这就是对于定积分的**分部积分公式**.

例 1 $\int_0^\pi x\cos xdx$.

设 $u = x, dv = \cos xdx$, 则 $du = dx, v = \sin x$; 于是

$$\int_0^\pi x\cos xdx = [x\sin x]_0^\pi - \int_0^\pi \sin xdx = -\int_0^\pi \sin xdx = [\cos x]_0^\pi$$

$$= -1 - 1 = -2.$$

例 2 $\int_0^1 e^{\sqrt{x}}dx$.

令 $\sqrt{x} = t$, 则当 $x = 0$ 与 1 时 $t = 0$ 与 1; 故

$$\int_0^1 e^{\sqrt{x}}dx = 2\int_0^1 te^t dt.$$

设 $u = t, dv = e^t dt$, 则 $du = dt, v = e^t$; 于是

$$\int_0^1 te^t dt = \left[te^t\right]_0^1 - \int_0^1 e^t dt = e - \left[e^t\right]_0^1 = e - (e-1) = 1.$$

因此得

$$\int_0^1 e^{\sqrt{x}}dx = 2.$$

例 3 证明

$$I_n = \int_0^{\pi/2} \sin^n xdx \left(= \int_0^{\pi/2} \cos^n xdx\right)$$

$$= \begin{cases} \dfrac{1\cdot 3\cdot 5\cdot \cdots \cdot (n-1)}{2\cdot 4\cdot 6\cdot \cdots \cdot n}\cdot\dfrac{\pi}{2}, & 若n 为正偶数, \\ \dfrac{2\cdot 4\cdot 6\cdot \cdots \cdot (n-1)}{3\cdot 5\cdot 7\cdot \cdots \cdot n}, & 若n 为正奇数. \end{cases} \tag{2}$$

证 令 $u=\sin^{n-1}x, dv=\sin xdx$, 则

$$du=(n-1)\sin^{n-2}x\cos xdx, v=-\cos x,$$

故由公式 (1), 得

$$I_n=\left[-\cos x\sin^{n-1}x\right]_0^{\frac{\pi}{2}}+(n-1)\int_0^{\pi/2}\sin^{n-2}x\cos^2 xdx.$$

右边第一项等于零, 第二项中把 $\cos^2 x$ 写成 $1-\sin^2 x$, 得

$$\begin{aligned}I_n&=(n-1)\int_0^{\pi/2}\sin^{n-2}xdx-(n-1)\int_0^{\pi/2}\sin^n xdx\\&=(n-1)I_{n-2}-(n-1)I_n,\end{aligned}$$

由此得

$$I_n=\frac{n-1}{n}I_{n-2}.$$

于是我们把 n 换成 $n-2$, 则得

$$I_{n-2}=\frac{n-3}{n-2}I_{n-4}.$$

同样继续进行, I_n 的足标递减直至脚标为 0 或 1 为止. 于是

$$\begin{aligned}I_{2m}&=\frac{2m-1}{2m}\cdot\frac{2m-3}{2m-2}\cdot\frac{2m-5}{2m-4}\cdot\cdots\cdot\frac{5}{6}\cdot\frac{3}{4}\cdot\frac{1}{2}I_0,\\I_{2m+1}&=\frac{2m}{2m+1}\cdot\frac{2m-2}{2m-1}\cdot\frac{2m-4}{2m-3}\cdot\cdots\cdot\frac{4}{5}\cdot\frac{2}{3}I_1.\end{aligned}$$

但

$$I_0=\int_0^{\pi/2}dx=\frac{\pi}{2},\quad I_1=\int_0^{\pi/2}\sin xdx=1,$$

故

$$I_{2m}=\int_0^{\pi/2}\sin^{2m}xdx=\frac{1\cdot3\cdot5\cdot\cdots\cdot(2m-3)\cdot(2m-1)}{2\cdot4\cdot6\cdot\cdots\cdot(2m-2)\cdot2m}\cdot\frac{\pi}{2},$$

$$I_{2m+1}=\int_0^{\pi/2}\sin^{2m+1}xdx=\frac{2\cdot4\cdot6\cdot\cdots\cdot(2m-2)\cdot2m}{3\cdot5\cdot7\cdot\cdots\cdot(2m-1)\cdot(2m+1)}.$$

现在证明定积分 $\int_0^{\pi/2}\cos^n xdx$ 等于 $\int_0^{\pi/2}\sin^n xdx$.

令 $x=\frac{\pi}{2}-t$, 则当 $x=0$ 与 $\frac{\pi}{2}$ 时, $t=\frac{\pi}{2}$ 与 0; 于是

$$\int_0^{\pi/2}\cos^n xdx=-\int_0^{\pi/2}\cos^n\left(\frac{\pi}{2}-t\right)dt=\int_0^{\pi/2}\sin^n tdt=\int_0^{\pi/2}\sin^n xdx.$$

公式 (2) 全部证完.

§8.7 定积分的近似公式

当 $f(x)$ 的原函数不易求得或不能求得 (即不能以初等函数表示) 时, 我们就不能应用牛顿–莱布尼兹公式来计算定积分 $\int_a^b f(x)dx$ 的准确值. 因此, 求定积分的近似值的方法问题, 在实用上就具有一定的意义. 下面我们根据定积分的几何意义尽可能地加以简化, 以导出便于计算的三个近似公式——矩形公式、梯形公式及辛卜生 † (Simpson) 公式. 另外一种方法要到级数一章中才能讲到.

1. 矩形法与梯形法

将 $[a,b]$ 分成 n 个相等的小区间, 每一小区间之长为

$$\Delta x=\frac{b-a}{n},$$

分点为 $x_0=a$、x_1、x_2、$\cdots$、$x_n=b$, 所对应之纵标为

$$y_0、y_1、y_2、\cdots、y_n.$$

通过每个纵标线的端点 M_0、M_1、M_2、$\cdots$、M_{n-1}, 向右作水平线与次一纵标线相交 (图 8.7), 或通过端点 M_1、M_2、$\cdots$、M_n 向左作水平线与前一纵标线相交, 都能得到 n 个矩形. 分别取这 n 个矩形面积的和作为面积 M_0abM_n 的近似值, 也就是定积分 $\int_a^b f(x)dx$ 的近似值, 我们得着两个**矩形公式**为

† 现译为辛普森. 编辑注.

$$\int_a^b f(x)dx \approx \frac{b-a}{n}(y_0+y_1+\cdots+y_{n-1}), \tag{1}$$

$$\int_a^b f(x)dx \approx \frac{b-a}{n}(y_1+y_2+\cdots+y_n). \tag{2}$$

同样, 如果通过每相邻二纵标线上的端点作弦 $\overline{M_0M_1}$、$\overline{M_1M_2}$、$\cdots$、$\overline{M_{n-1}M_n}$, 于是得到 n 个梯形 (图 8.8). 取这 n 个梯形面积的和作为面积 M_0abM_n 的近似值, 也就是定积分 $\int_a^b f(x)dx$ 的近似值, 则得**梯形公式**为

$$\int_a^b f(x)dx \approx \frac{1}{2}(y_0+y_1)\Delta x+\frac{1}{2}(y_1+y_2)\Delta x+\cdots+\frac{1}{2}(y_{n-1}+y_n)\Delta x,$$

则

$$\int_a^b f(x)dx \approx \frac{b-a}{n}\left(\frac{1}{2}y_0+y_1+y_2+\cdots+y_{n-1}+\frac{1}{2}y_n\right). \tag{3}$$

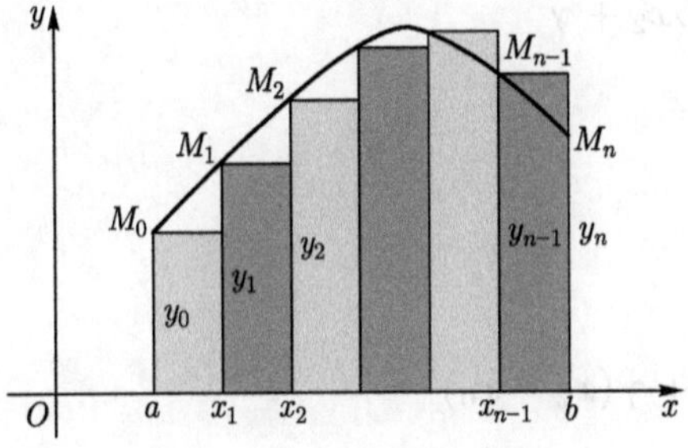

图 8.7

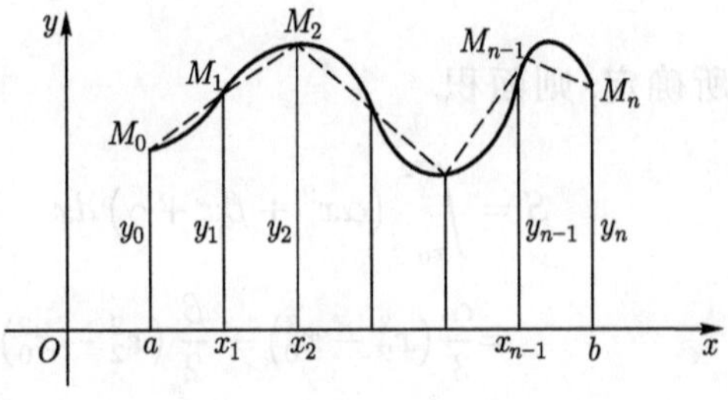

图 8.8

2. 辛卜生法 (即抛物线法)

在讲辛卜生公式以前, 我们先证一个辅助公式.

设一抛物线, 其轴平行于 y 轴, 通过已给三点 $M_0(x_0,y_0)$ 、$M_1(x_1,y_1)$、$M_2(x_2,y_2)$, 其中 $x_1=\dfrac{x_0+x_2}{2}$. 试证这个抛物线与 x 轴及二纵标线 $x=x_0$、$x=x_2$ 所包围的面积 (参看图 8.9) 为

$$S=\frac{1}{6}(x_2-x_0)(y_0+4y_1+y_2). \tag{4}$$

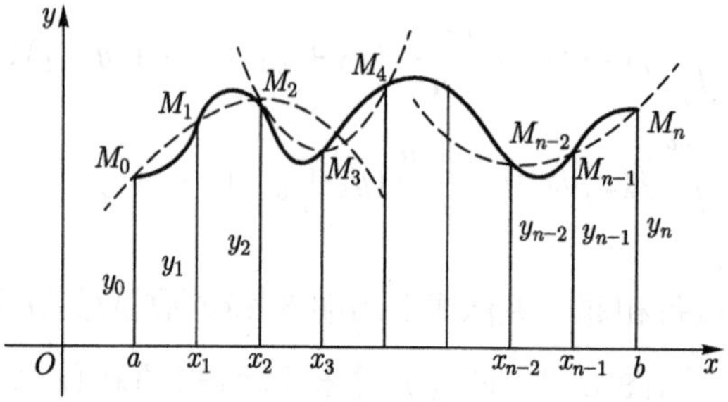

图 8.9

设抛物线的方程为

$$y = \alpha x^2 + \beta x + \gamma,$$

其中常数 α、β、γ 是由关系式

$$y_0 = \alpha x_0^2 + \beta x_0 + \gamma,$$

$$y_1 = \alpha x_1^2 + \beta x_1 + \gamma,$$

$$y_2 = \alpha x_2^2 + \beta x_2 + \gamma$$

所确定, 则面积

$$\begin{aligned} S &= \int_{x_0}^{x_2} \left(\alpha x^2 + \beta x + \gamma\right) dx \\ &= \frac{\alpha}{3}\left(x_2^3 - x_0^3\right) + \frac{\beta}{2}\left(x_2^2 - x_0^2\right) + \gamma\left(x_2 - x_0\right) \\ &= \frac{1}{6}\left(x_2 - x_0\right)\left[2\alpha\left(x_2^2 + x_0 x_2 + x_0^2\right) + 3\beta\left(x_2 + x_0\right) + 6\gamma\right] \\ &= \frac{1}{6}\left(x_2 - x_0\right)\Big[\left(\alpha x_0^2 + \beta x_0 + \gamma\right) + \left(\alpha x_2^2 + \beta x_2 + \gamma\right) + \\ &\quad \alpha\left(x_0 + x_2\right)^2 + 2\beta\left(x_0 + x_2\right) + 4\gamma\Big]. \end{aligned}$$

由于 $x_2 + x_0 = 2x_1$, 可见方括弧内的数值为 $y_0 + y_2 + 4y_1$, 这就证明了公式 (4).

现在我们可以讲辛卜生法了. 同前把 $[a, b]$ 分成 n (偶数) 个相等的小区间, 每一小区间之长为

$$\Delta x = \frac{b-a}{n},$$

分点为 $x_0 = a$、x_1、x_2、$\cdots$、$x_n = b$, 所对应之纵标为

$$y_0、y_1、y_2、\cdots、y_n.$$

把曲线 $y = f(x)$ 上对应于区间 $[x_0, x_2]$ 的弧换成一段抛物线, 使其轴平行于 y 轴, 且通过 $M_0(x_0, y_0)$、$M_1(x_1, y_1)$、$M_2(x_2,\ y_2)$ 三点. 又将对应于区间 $[x_2, x_4]$、$[x_4, x_6]$、$\cdots$、$[x_{n-2}, x_n]$ 的各弧同样换成这种抛物线弧. 于是把面积 M_0abM_n 换成 $\frac{n}{2}$ 个抛物线弧下的面积如图, 其面积由公式 (4) 知各为

$$\frac{1}{3}\Delta x\left(y_0+4y_1+y_2\right), \frac{1}{3}\Delta x\left(y_2+4y_3+y_4\right), \cdots, \frac{1}{3}\Delta x\left(y_{n-2}+4y_{n-1}+y_n\right).$$

取这些面积的和作为面积 M_0abM_n 的近似值, 亦即定积分 $\int_a^b f(x)dx$ 的近似值, 得辛卜生公式为

$$\int_a^b f(x)dx \approx \frac{1}{3}\Delta x\left(y_0+4y_1+2y_2+4y_3+2y_4+\cdots+4y_{n-1}+y_n\right),$$

即

$$\int_a^b f(x)dx \approx \frac{1}{3}\Delta x\left[y_0+y_n+4\left(y_1+y_3+\cdots+y_{n-1}\right)+2\left(y_2+y_4+\cdots+y_{n-2}\right)\right]. \tag{5}$$

例 计算积分 $\int_1^2 \frac{dx}{x}$.

这里原函数虽然知道是 $\ln x$, 但要把定积分的值表示为十进制小数时, 就不得不依赖于自然对数表. 由表查得

$$\int_1^2 \frac{dx}{x} = [\ln x]_1^2 = \ln 2 = 0.693\,1.$$

现在要分别用矩形法、梯形法和辛卜生法实行计算近似值.

取 $n = 10, \Delta x = \frac{b-a}{n} = \frac{2-1}{10} = 0.1; y = \frac{1}{x}$.

x	y	梯形公式	辛卜生公式
$x_0 = 1$	$1.000\,0 = y_0$	$\frac{1}{2}y_0 = 0.500\,0$	$y_0 = 1.000\,0$
$x_1 = 1.1$	$0.909\,1 = y_1$	$y_1 = 0.909\,1$	$4y_1 = 3.636\,4$
$x_2 = 1.2$	$0.833\,3 = y_2$	$y_2 = 0.833\,3$	$2y_2 = 1.666\,6$
$x_3 = 1.3$	$0.769\,2 = y_3$	$y_3 = 0.769\,2$	$4y_3 = 3.076\,8$
$x_4 = 1.4$	$0.714\,3 = y_4$	$y_4 = 0.714\,3$	$2y_4 = 1.428\,6$
$x_5 = 1.5$	$0.666\,7 = y_5$	$y_5 = 0.666\,7$	$4y_5 = 2.666\,8$
$x_6 = 1.6$	$0.625\,0 = y_6$	$y_6 = 0.625\,0$	$2y_6 = 1.250\,0$
$x_7 = 1.7$	$0.588\,2 = y_7$	$y_7 = 0.588\,2$	$4y_7 = 2.352\,8$
$x_8 = 1.8$	$0.555\,6 = y_8$	$y_8 = 0.555\,6$	$2y_8 = 1.111\,2$
$x_9 = 1.9$	$0.526\,3 = y_9$	$y_9 = 0.526\,3$	$4y_9 = 2.105\,2$
$x_{10} = 2$	$0.500\,0 = y_{10}$	$\frac{1}{2}y_{10} = 0.250\,0$	$y_{10} = 0.500\,0$
		$6.937\,7$	$20.794\,4$

用矩形公式 (1) 得

$$\int_1^2 \frac{dx}{x} \approx (y_0 + y_1 + \cdots + y_9) \cdot \Delta x = 0.718\,8,$$

而用矩形公式 (2) 得

$$\int_1^2 \frac{dx}{x} \approx (y_1 + y_2 + \cdots + y_{10}) \cdot \Delta x = 0.668\,8.$$

因被积函数 $\frac{1}{x}$ 在区间 $[1,2]$ 上单调减小, 故用公式 (1) 得出 0.718 8 是强近似值, 用公式 (2) 得出 0.668 8 是弱近似值, 而准确值必在这两数之间, 所生误差均不超出

$$0.718\,8 - 0.668\,8 = 0.050\,0.$$

用梯形公式 (3) 得

$$\int_1^2 \frac{dx}{x} \approx \Delta x \left(\frac{1}{2}y_0 + y_1 + y_2 + \cdots + y_9 + \frac{1}{2}y_{10} \right) = 0.693\,8,$$

其相对误差为

$$\frac{0.6938 - 0.6931}{0.6938} = \frac{0.0007}{0.6938} < 0.1\%.$$

用辛卜生公式 (5), 则得

$$\begin{aligned}\int_1^2 \frac{dx}{x} &\approx \frac{1}{3}\Delta x\,(y_0 + 4y_1 + 2y_2 + \cdots + 2y_8 + 4y_9 + y_{10}) \\ &= \frac{1}{3} \times 2.0794 = 0.6931.\end{aligned}$$

与 $\ln 2 = 0.6931$ 相同.

§8.8　广义积分

以前引进定积分的概念时, 我们假定被积函数 $f(x)$ 在积分区间 $[a,b]$ 上连续, 而且 a 和 b 都是有限数; 至于被积函数在个别点处具有第一类间断点, 我们把积分的概念也作了相应的推广. 这些积分都属于常义 (通常意义) 积分的范围. 现在假定积分区间为无限或者被积函数在积分区间上有无穷不连续点, 则这类积分不包含在前面所讲的范围中. 但是在许多情形下, 我们常遇到这些积分, 因此对定积分概念作了下面两种推广, 它们叫做**广义积分**† 以区别于常义积分.

1. 积分区间为无限

设 $f(x)$ 在区间 $[a,+\infty)$ 内连续, 取 $b>a$, 若极限

$$\lim_{b\to+\infty}\int_a^b f(x)dx$$

存在, 则定义

$$\int_a^{+\infty} f(x)dx = \lim_{b\to+\infty}\int_a^b f(x)dx,$$

† 现用反常积分. 编辑注.

此时, 我们说**广义积分** $\int_a^{+\infty} f(x)dx$ **存在或收敛**; 若极限不存在, 我们说**广义积分** $\int_a^{+\infty} f(x)dx$ **没有意义**或者是**发散的**.

同样地, 定义广义积分 $\int_{-\infty}^b f(x)dx = \lim\limits_{a\to-\infty}\int_a^b f(x)dx$.

我们也可以定义广义积分 $\int_{-\infty}^{+\infty} f(x)dx$ 为广义积分 $\int_{-\infty}^0 f(x)dx$ 与 $\int_0^{+\infty} f(x)dx$ 之和, 如果后两者都是存在的话.

例 1 计算 $\int_0^{+\infty}\frac{dx}{1+x^2}$.

因 $\lim\limits_{b\to+\infty}\int_0^b \frac{dx}{1+x^2} = \lim\limits_{b\to+\infty}[\operatorname{arctg} x]_0^b = \lim\limits_{b\to+\infty}\operatorname{arctg} b = \frac{\pi}{2}$,

故 $\int_0^{+\infty}\frac{dx}{1+x^2} = \frac{\pi}{2}$.

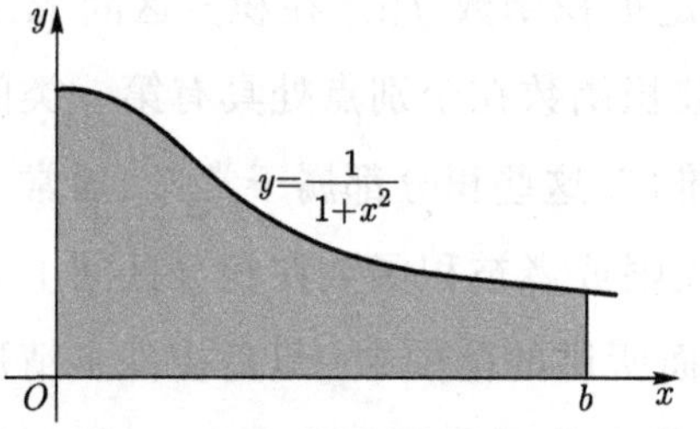

图 8.10

这结果的几何意义是: 当 b 无限增大时, 虽然图 8.10 中阴影部分无限向右延伸, 但其面积却有极限值 $\frac{\pi}{2}$.

例 2 证明积分 $\int_1^{+\infty}\frac{dx}{x^p}$ 当 $p>1$ 时收敛; 当 $p\leqslant 1$ 时发散.

证 当 $p=1$ 时,

$$\lim_{b\to+\infty}\int_1^b\frac{dx}{x^p} = \lim_{b\to+\infty}\int_1^b\frac{dx}{x} = \lim_{b\to+\infty}[\ln x]_1^b = \lim_{b\to+\infty}\ln b = +\infty.$$

当 $p\neq 1$ 时,

$$\lim_{b\to+\infty}\int_1^b\frac{dx}{x^p} = \lim_{b\to+\infty}\left[\frac{x^{1-p}}{1-p}\right]_1^b = \begin{cases} +\infty, & 若 p<1, \\ \dfrac{1}{p-1}, & 若 p>1. \end{cases}$$

故当 $p\leqslant 1$, 积分发散; 当 $p>1$, 积分收敛于 $\frac{1}{p-1}$.

2. 被积函数有无穷不连续点

设 $f(x)$ 在 $(a,b]$ 上连续, 而 $\lim\limits_{x\to a} f(x)=\infty$, 取 $s>0$, 若极限

$$\lim_{\varepsilon\to 0}\int_{a+\varepsilon}^{b} f(x)dx,$$

存在, 则定义

$$\int_a^b f(x)dx=\lim_{\varepsilon\to 0}\int_{a+\varepsilon}^{b} f(x)dx,$$

此时, 我们说**广义积分** $\int_a^b f(x)dx$ **存在或收敛**; 若极限不存在, 我们说**广义积分** $\int_a^b f(x)dx$ **没有意义或是发散的**.

同样, 若 $f(x)$ 在 $[a,b)$ 上连续, $\lim\limits_{x\to b}f(x)=\infty$, 取 $\varepsilon>0$, 若

$$\lim_{\varepsilon\to 0}\int_{a}^{b-\varepsilon} f(x)dx$$

存在, 则定义

$$\int_a^b f(x)dx=\lim_{\varepsilon\to 0}\int_{a}^{b-\varepsilon} f(x)dx;$$

否则, 没有意义.

又设 $f(x)$ 在 $[a,b]$ 上除 $x=c$ 一点外连续, 而 $\lim\limits_{x\to c}f(x)=\infty$, 取 $\varepsilon>0,\varepsilon'>0$, 若

$$\lim_{\varepsilon\to 0}\int_{a}^{c-\varepsilon} f(x)dx \quad 与 \quad \lim_{\varepsilon'\to 0}\int_{c+\varepsilon'}^{b} f(x)dx$$

都存在, 则定义

$$\int_a^b f(x)dx=\lim_{\varepsilon\to 0}\int_{a}^{c-\varepsilon} f(x)dx+\lim_{\varepsilon'\to 0}\int_{c+\varepsilon'}^{b} f(x)dx;$$

否则, 没有意义.

例 3 计算 $\int_0^a \frac{dx}{\sqrt{a^2-x^2}}$.

被积函数 $f(x)=\frac{1}{\sqrt{a^2-x^2}}$ 在 $x=a$ 处不连续 (图 8.11), 而 $\lim\limits_{x\to a}f(x)=\infty$, 故取 $\varepsilon>0$;

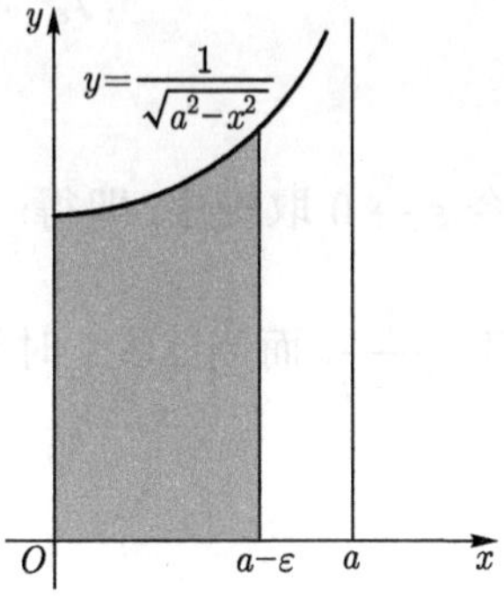

图 8.11

$$\lim_{\varepsilon\to 0}\int_0^{a-\varepsilon}\frac{dx}{\sqrt{a^2-x^2}}=\lim_{\varepsilon\to 0}\left[\arcsin\frac{x}{a}\right]_0^{a-\varepsilon}$$

$$=\lim_{\varepsilon\to 0}\arcsin\frac{a-\varepsilon}{a}=\arcsin 1=\frac{\pi}{2},$$

故

$$\int_0^a \frac{dx}{\sqrt{a^2-x^2}}=\frac{\pi}{2}.$$

例 4 计算 $\int_{-1}^{1}\frac{dx}{x^2}$.

当 $x=0$ 时, 函数 $f(x)=\frac{1}{x^2}$ 不连续, 其极限为 $+\infty$. 故取 $\varepsilon>0$ 与 $\varepsilon'>0$. 因

$$\lim_{\varepsilon\to 0}\int_{-1}^{0-\varepsilon}\frac{dx}{x^2}=\lim_{\varepsilon\to 0}\left[-\frac{1}{x}\right]_{-1}^{-\varepsilon}=\lim_{\varepsilon\to 0}\left(\frac{1}{\varepsilon}-1\right)=\infty,$$

故 $\int_{-1}^{1}\frac{dx}{x^2}$ 发散.

注意, 若本题不照上法演算, 便得一错误结果如下:

$$\int_{-1}^{1}\frac{dx}{x^2}=\left[-\frac{1}{x}\right]_{-1}^{1}=-1-1=-2.$$

例 5 证明积分 $\int_0^1\frac{dx}{x^q}$ 当 $q<1$ 时收敛; 当 $q\geqslant 1$ 时发散.

证 设 $\varepsilon>0$, 则

$$\int_{\varepsilon}^{1}\frac{dx}{x^q}=\begin{cases}\frac{1}{1-q}\left(1-\varepsilon^{1-q}\right), & q\neq 1,\\ -\ln\varepsilon, & q=1.\end{cases}$$

令 $\varepsilon\to 0$ 取极限, 即得: 当 $q<1$ 时等号右边的极限存在, 积分 $\int_0^1\frac{dx}{x^q}$ 收敛于 $\frac{1}{1-q}$; 而当 $q\geqslant 1$ 时等号右边的极限不存在 $(+\infty)$, 故积分 $\int_0^1\frac{dx}{x^q}$ 发散.

第九章

定积分的应用

§9.1 平面图形的面积

1. 在前一章里, 我们已经知道 (§ 8.2 公式 (3)): **介于曲线 $y = f(x)$** (假定 $f(x) > 0$) **及直线 $x = a, x = b$** ($a < b$) **与 x 轴之间的曲边梯形的面积 S 是定积分**

$$S = \int_a^b f(x)dx. \tag{1}$$

公式 (1) 中的被积表达式 $f(x)dx$ 叫做直角坐标下的面积元素, 它的简单几何意义是, 高为 y ($y = f(x)$) 底为 dx 的一个矩形的面积.

由此, 不难计算直角坐标系中任意曲线所围成的平面图形的面积.

下面所说到的函数 $f(x), g(x)$ 等假定都是连续的.

设在区间 $[a, b]$ 上曲线 $y = f(x)$ 位于曲线 $y = g(x)$ 之上方 (图 9.1, 图 9.2), **则这两条曲线及直线 $x = a, x = b$ 所包围的图形的面积 S 是**

$$S = \int_a^b [f(x) - g(x)]dx. \tag{2}$$

如果在 $[a, b]$ 上曲线 $y = f(x)$ 与 $y = g(x)$ 都在 x 轴的上方, 由图 9.1 可见所求的面积 S 正好等于由公式 (1) 所表达的两个曲边梯形 $AabB$ 与 $A'abB'$ 的面积之差, 所以

$$S = \int_a^b f(x)dx - \int_a^b g(x)dx = \int_a^b [f(x) - g(x)]dx.$$

如果在 $[a,b]$ 上曲线 $y=f(x)$ 与 $y=g(x)$ 并不都在 x 轴的上方 (图 9.2), 则把 x 轴向下平移一段使得这两条曲线都在 x 轴的上方. 这就是在两个函数 $f(x)$ 与 $g(x)$ 上都增加一个相同的常数 k, 而这时它们的差值 $[f(x)+k]-[g(x)+k]=f(x)-g(x)$ 仍然保持不变, 因此同样得到公式 (2).

在一般情形下, 任意曲线所围成的平面图形可以看作是由若干个像上面那样的图形所组成的例如图 9.3 所示的平面图形可以分成三部分, 而每一部分都可应用公式 (2) 来计算其面积.

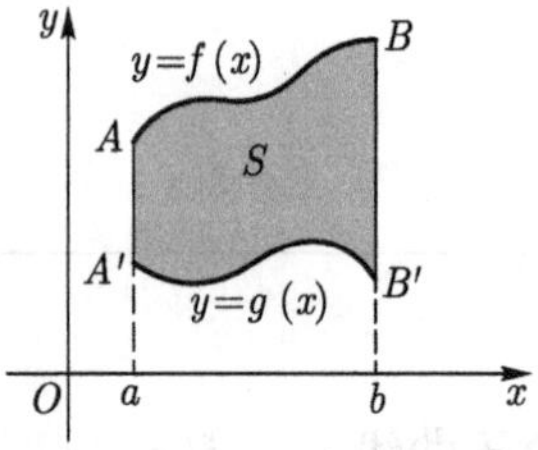

图 9.1

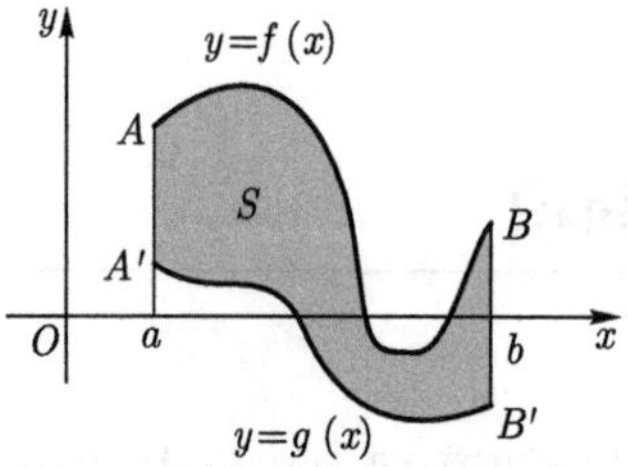

图 9.2

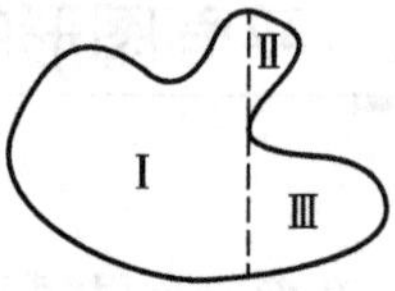

图 9.3

有时平面图形的边界曲线方程是 x 为 y 的单值函数 $x=\varphi(y)$, 则介于曲线 $x=\varphi(y)$ (假定 $\varphi(y)>0$) 及直线 $y=c, y=d$ $(c<d)$ 与 y 轴之间的曲边梯形的面积是定积分

$$S=\int_c^d \varphi(y)dy. \tag{3}$$

由此, 不难导出用**类似于 (2) 的公式**

$$S=\int_c^d [\varphi(y)-\psi(y)]dy \tag{4}$$

来计算两条曲线 $x=\varphi(y), x=\psi(y)$ 及两条直线 $y=c, y=d$ 所围成的平面图形的面积 (图 9.4).

例 1 求位于抛物线 $x^2=4ay$ 与箕舌线 $y=\dfrac{8a^3}{x^2+4a^2}(a>0)$ 间的图形的面积 S (图 9.5).

解 把方程 $x^2=4ay$ 及 $y=\dfrac{8a^3}{x^2+4a^2}$ 联立求解, 得两曲线的交点为 $A(-2a,a)$ 及 $B(2a,a)$. 由于图形的对称性, 我们可以取下限为 0 , 上限为 $2a$.

于是, 应用公式 (2) 得所求的面积为

$$
\begin{aligned}
S &= 2\int_0^{2a}\left(\frac{8a^3}{x^2+4a^2}-\frac{x^2}{4a}\right)dx \\
&= 16a^3\cdot\frac{1}{2a}\left[\operatorname{arctg}\frac{x}{2a}\right]_0^{2a}-\frac{1}{6a}\left[x^3\right]_0^{2a} \\
&= 8a^2\cdot\frac{\pi}{4}-\frac{1}{6a}\cdot 8a^3 = 2\pi a^2-\frac{4}{3}a^2 = 2a^2\left(\pi-\frac{2}{3}\right).
\end{aligned}
$$

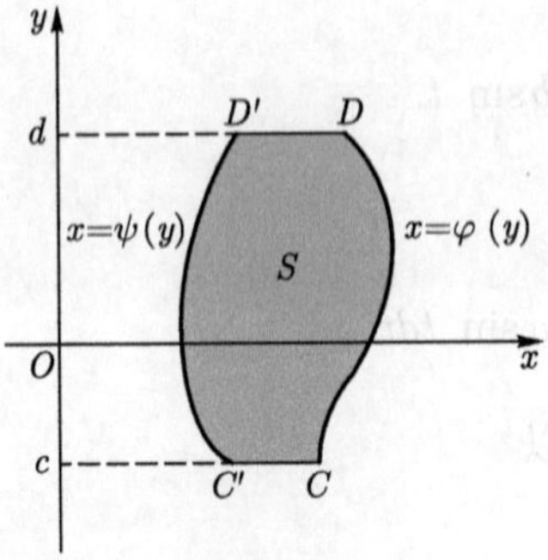

图 9.4

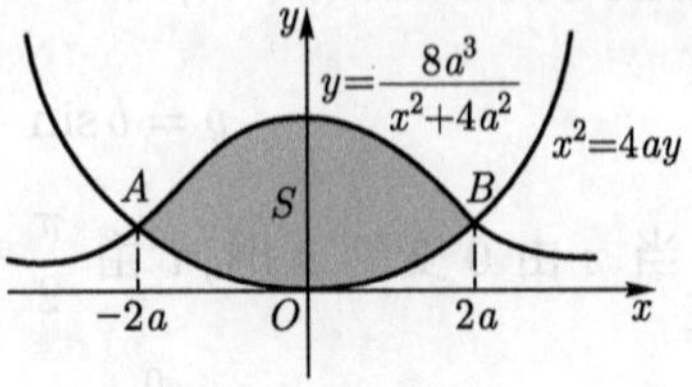

图 9.5

例 2　求抛物线 $y^2=2x$ 与直线 $y=x-4$ 围成的图形的面积 S (图 9.6).

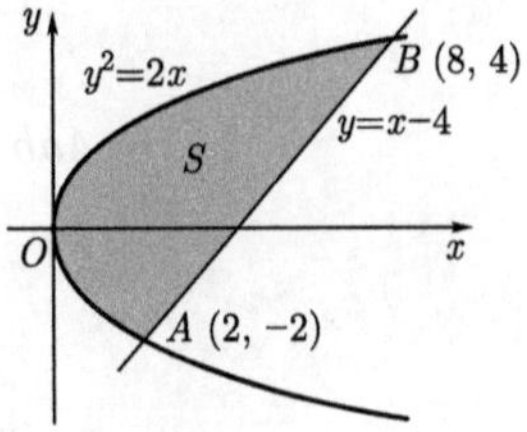

图 9.6

解　解联立方程组

$$
\begin{cases} y^2=2x, \\ y=x-4, \end{cases}
$$

得两组解为 $A:(2,-2), B:(8,4)$, 这就是直线与抛物线的交点. 这时, 宜用公式 (4), 所求的面积可以看作是 $x=y+4, x=\frac{y^2}{2}$ 所包围成的, 其数值为

$$
S=\int_{-2}^{4}\left(y+4-\frac{y^2}{2}\right)dy=\left[\frac{y^2}{2}+4y-\frac{y^3}{6}\right]_{-2}^{4}=18.
$$

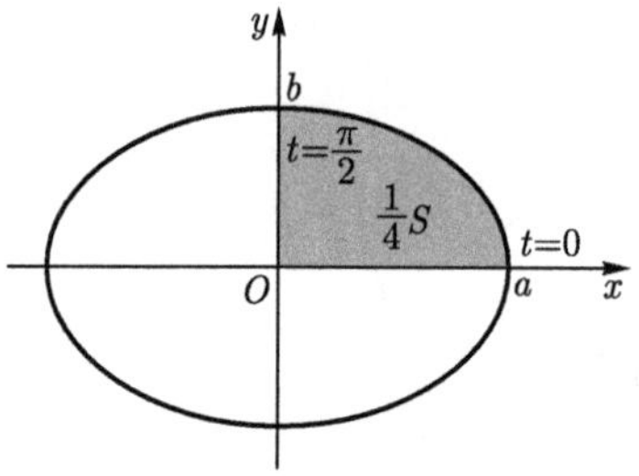

图 9.7

例 3 椭圆的面积. 因椭圆方程

$$\frac{x^2}{a^2}+\frac{y^2}{b^2}=1$$

对于坐标轴都对称, 所以面积 (图 9.7)

$$S=4\int_0^a ydx.$$

为避免由椭圆方程中解出 y 再代入到这积分中的复杂计算, 我们利用椭圆的参数方程

$$x=a\cos\ t,\quad y=b\sin\ t.$$

应用定积分换元法 (§8.5), 令 $x=a\cos\ t$, 则

$$y=b\sin\ t,\quad dx=-a\sin\ tdt.$$

当 x 由 0 变到 a 时, t 由 $\frac{\pi}{2}$ 变到 0 , 所以

$$\begin{aligned}S&=4\int_{\pi/2}^0 b\sin\ t(-a\sin\ tdt)\\&=-4ab\int_{\pi/2}^0\sin^2 tdt=4ab\int_0^{\pi/2}\sin^2 tdt\\&=4ab\cdot\frac{1}{2}\frac{\pi}{2}\ (\S 8.6\ \text{公式(2)}),\end{aligned}$$

即

$$S=\pi ab.$$

当 $a=b$ 时, 我们得着所熟知的圆的面积为 πa^2.

一般来说, 当曲边梯形的曲边由参数方程

$$x=\varphi(t),y=\psi(t)$$

给出时, 面积 S 为

$$S=\int_{t_1}^{t_2}\psi(t)\varphi'(t)dt,\tag{5}$$

其中 t_1 及 t_2 是对应于曲边的起点及终点的参数值.

2. 就极坐标系而言，我们有计算由极坐标方程 $r=r(\theta)$ 所表示的曲线及矢径 $\theta=\alpha, \theta=\beta\ (\alpha<\beta)$ 所围成的平面图形的面积公式

$$S=\frac{1}{2}\int_{\alpha}^{\beta} r^2 d\theta=\frac{1}{2}\int_{\alpha}^{\beta} r^2(\theta) d\theta. \tag{6}$$

证　如图 9.8，设所求面积 S 为 OAB，曲线弧 AB 所对的角为 $\beta-\alpha$，把 θ 作为自变量，任意分 $\beta-\alpha$ 为 n 个小区间，其中第 i 个小区间记作 $\Delta\theta_i\ (i=1,2,3,\cdots,n)$，则对应于 $\Delta\theta_i$ 的曲线弧 $CDEF$ 及矢径 OC 及 OF 围成的图形的面积 ΔS_i 适合于不等式

$$\frac{1}{2}m_i^2\Delta\theta_i \leqslant \Delta S_i \leqslant \frac{1}{2}M_i^2\Delta\theta_i,$$

其中 $m_i=r(\theta_i')$ 及 $M_i=r(\theta_i'')$ 是图形 $OCDEF$ 的最短及最长矢径，而此两矢径都是位于同一区间 $\Delta\theta_i$ 内. 就整个面积 OAB 而言，我们有

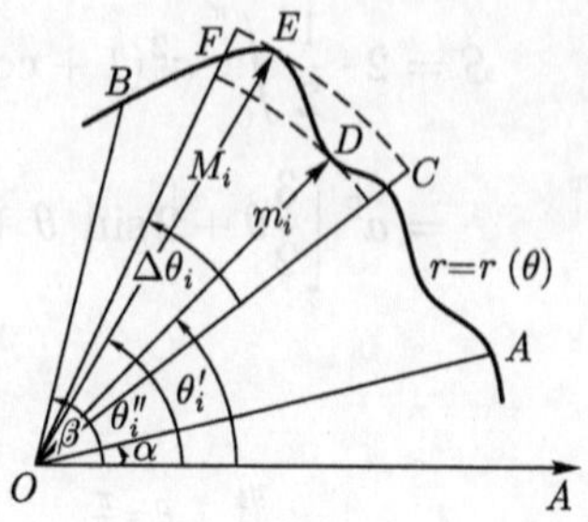

图 9.8

$$\frac{1}{2}\sum_{i=1}^{n} m_i^2\Delta\theta_i \leqslant \sum_{i=1}^{n}\Delta S_i \leqslant \frac{1}{2}\sum_{i=1}^{n} M_i^2\Delta\theta_i,$$

也就是

$$\frac{1}{2}\sum_{i=1}^{n} r^2(\theta_i')\Delta\theta_i \leqslant S \leqslant \frac{1}{2}\sum_{i=1}^{n} r^2(\theta'')\Delta\theta_i.$$

当 n 无限增大而每个 $\Delta\theta_i$ 都趋向于零时，如果 $r(\theta)$ 是在闭区间 $[\alpha,\beta]$ 上的连续函数，则上述左右两个和式的极限存在，并且极限值都是定积分 (§8.2 存在定理)

$$\frac{1}{2}\int_{\alpha}^{\beta} r^2(\theta) d\theta.$$

这就证明了公式 (6).

公式 (6) 中的被积表达式 $\frac{1}{2}r^2 d\theta$ 叫做**极坐标下的面积元素**，它具有简单的几何意义：就是半径为 r 圆心角为 $d\theta$ 的一个扇形的面积.

例 4　求双纽线 $r^2=a^2\cos 2\theta$ 围成的全面积 S.

解 在第一象限内此曲线上点的极角 θ 从 0 变到 $\frac{\pi}{4}$. 图 9.9 内画有阴影线的部分等于全面积 S 的 $\frac{1}{4}$. 所以

$$S=4\cdot\frac{1}{2}\int_0^{\pi/4}a^2\cos\ 2\theta d\theta=2a^2\cdot\left[\frac{1}{2}\sin\ 2\theta\right]_0^{\pi/4}=a^2.$$

例 5 求心形线 $r=a(1+\cos\ \theta)$ 围成的面积 S (图 9.10).

解 此曲线对称于 x 轴. 图 9.10 内位于 x 轴上方的面积是 θ 从 0 变到 π 时曲线弧段与 x 轴所围成, 故

$$\begin{aligned}S&=2\cdot\frac{1}{2}\int_0^{\pi}a^2(1+\cos\ \theta)^2d\theta=a^2\int_0^{\pi}\left(1+2\cos\ \theta+\cos^2\theta\right)d\theta\\&=a^2\left[\frac{3}{2}\theta+2\sin\ \theta+\frac{\sin\ 2\theta}{4}\right]_0^{\pi}=\frac{3}{2}\pi a^2.\end{aligned}$$

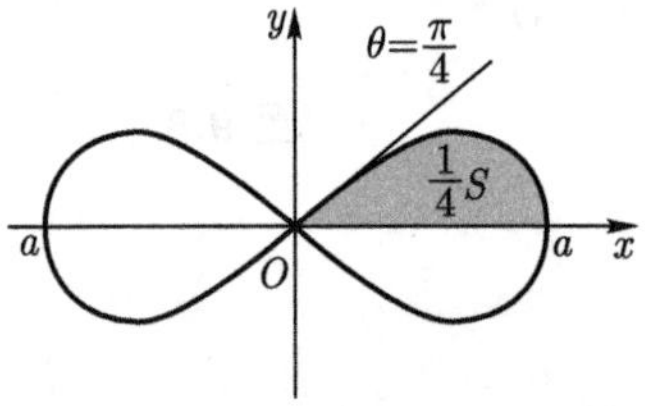

图 9.9

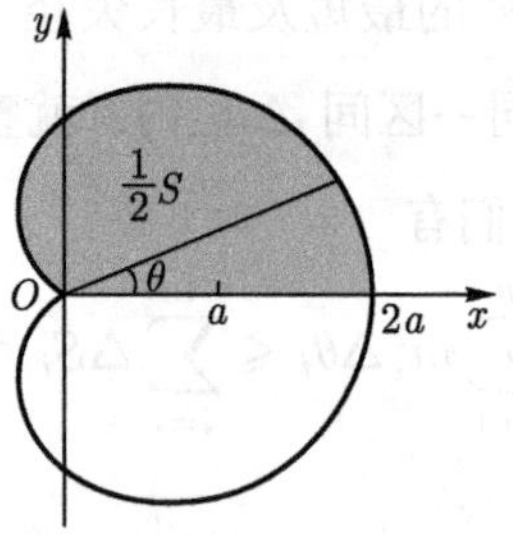

图 9.10

§9.2 体积

1. 平行截面面积为已知的立体的体积

设所考虑的立体为一曲面及垂直于 x 轴的两个平面 $x=a, x=b$ 所包围 (图 9.11), 并设垂直于 x 轴的平面与该立体相交的截面面积是已知的 x 的连续函数 $S(x)$ $(a\leqslant x\leqslant b)$. 为了计算这个立体体积 V, 可以把区间 $[a,b]$ 任意分成 n 个小区间 $[x_{i-1},x_i]$ $(i=1,2,\cdots,n)$, 其中 $x_0=a, x_n=b$. 再通过各分点 x_i 作垂直于 x 轴的平面, 则对应于点 x_i 的截面面积为 $S(x_i)$, 而介于两截面

$S(x_{i-1})$ 及 $S(x_i)$ 间的立体之高为 $x_i - x_{i-1} = \Delta x_i$, 设这样一个被曲面及两截面所包围的薄片体积为 ΔV_i, 则所求物体的体积 V 显然是

$$V = \sum_{i=1}^{n} \Delta V_i.$$

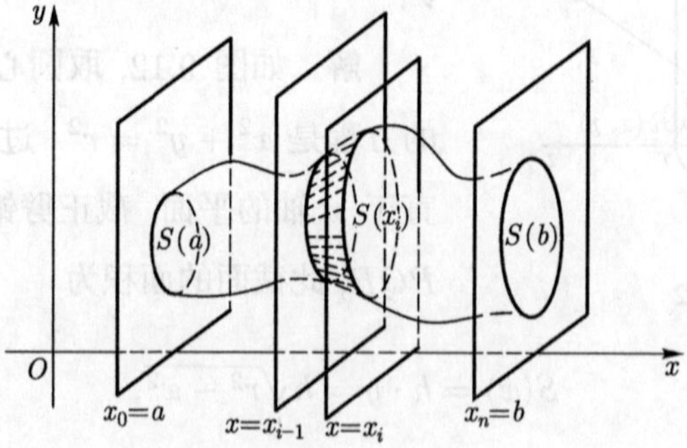

图 9.11

因为截面的面积 $S(x)$ 是 x 的连续函数, 该薄片在区间 $[x_{i-1}, x_i]$ 上有最小截面面积 $m_i = S(x_i')$ 与最大截面面积 $M_i = S(x_i'')$. 又因以面积 M_i 为底以 Δx_i 为高的直柱体体积是 $M_i \Delta x_i$, 以面积 m_i 为底以 Δx_i 为高的直柱体体积是 $m_i \Delta x_i$, 我们有

$$m_i \Delta x_i \leqslant \Delta V_i \leqslant M_i \Delta x_i.$$

就整个立体而言, 我们有

$$\sum_{i=1}^{n} m_i \Delta x_i \leqslant \sum_{i=1}^{n} \Delta V_i \leqslant \sum_{i=1}^{n} M_i \Delta x_i,$$

也就是

$$\sum_{i=1}^{n} S(x_i') \Delta x_i \leqslant V \leqslant \sum_{i=1}^{n} S(x_i'') \Delta x_i.$$

但 $S(x)$ 是在闭区间 $[a, b]$ 上的连续函数, 所以当 $\|\Delta x\| \to 0$ 时, 上述左右两个和式的极限存在而又相等, 因此在**区间 $[a, b]$ 上的立体体积为**

$$V = \int_a^b S(x) dx, \tag{1}$$

其中 $S(x)$ 是垂直于 x 轴而以 x 为横标的截面面积, a 与 b 各为垂直于 x 轴的首末两截面的横标.

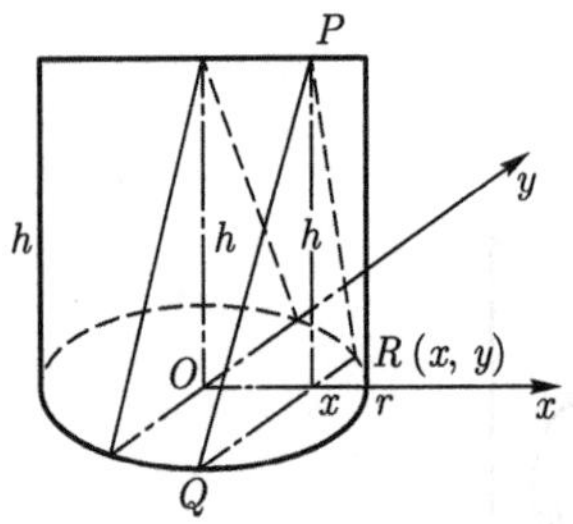

图 9.12

例 1 求以圆为底, 以平行且等于该圆直径的线段为顶, 而高为 h 的正劈锥体体积 V.

解 如图 9.12, 取圆心 O 为原点, 则圆的方程是 $x^2+y^2=r^2$. 过 x 轴上点 x 作垂直于 x 轴的平面, 截正劈锥体得等腰三角形 PQR, 此截面的面积为

$$S(x)=h\cdot y=h\sqrt{r^2-x^2},$$

故

$$V=h\int_{-r}^{r}\sqrt{r^2-x^2}dx.$$

令 $x=r\cos\ \theta$, 则当 $x=-r$ 与 r 时, $\theta=\pi$ 与 0. 故

$$\begin{aligned}V&=-h\int_{\pi}^{0}r^2\sin^2\theta d\theta=hr^2\int_0^{\pi}\frac{1-\cos\ 2\theta}{2}d\theta\\&=hr^2\left[\frac{\theta}{2}-\frac{1}{4}\sin\ 2\theta\right]_0^{\pi}=\frac{\pi r^2h}{2}.\end{aligned}$$

由此可知正劈锥体体积是底圆面积与高的一半之积. 也就是等于同底同高圆柱体体积的一半.

2. 旋转体的体积

(i) 若一连续曲线 $y=f(x)$ 的弧 AB (假定它并不与 x 轴相交, 图 9.13(a)) 与直线 $x=a, x=b$ 及 x 轴围成的平面图形绕着 x 轴旋转一周, 产生了一个旋转体, 则它的垂直于 x 轴的截面面积为

$$S(x)=\pi y^2.$$

因此, 应用公式 (1), 这个旋转体的体积为

$$V=\pi\int_a^b y^2dx=\pi\int_a^b f^2(x)dx. \qquad (2)$$

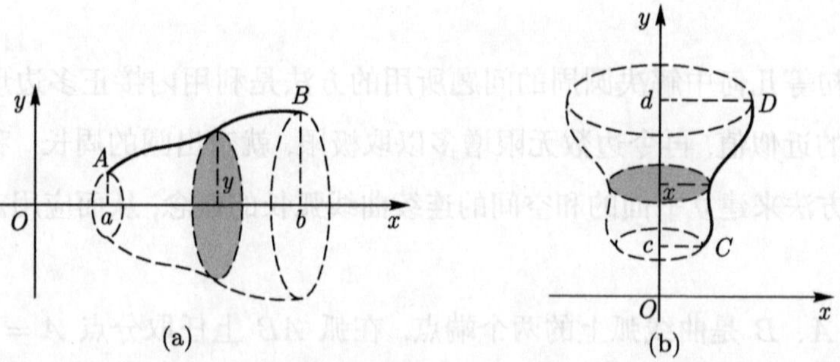

图 9.13

(ii) 若所考虑的连续曲线方程是 $x=\varphi(y)$ (假定它并不与 y 轴相交, 图 9.13(b)), 则弧 CD 与直线 $y=c, y=d$ 及 y 轴围成的平面图形绕着 y 轴旋转一周所产生的旋转体的体积为

$$V=\pi\int_c^d x^2dy=\pi\int_c^d \varphi^2(y)dy. \qquad (3)$$

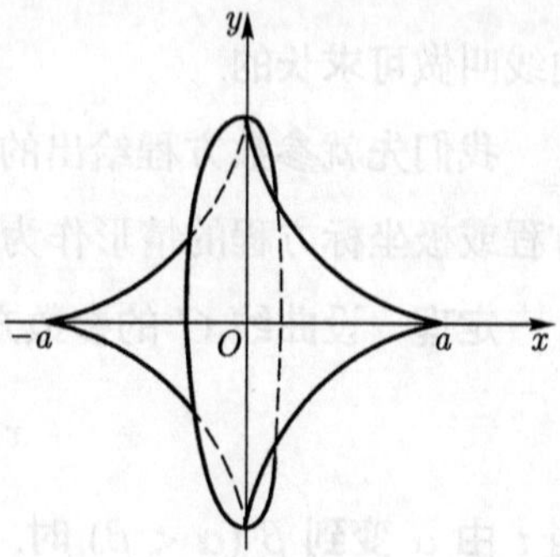

图 9.14

例 2　求星形线 $x^{\frac{2}{3}}+y^{\frac{2}{3}}=a^{\frac{2}{3}}$ 围成的图形绕 x 轴旋转一周所产生的旋转体的体积 (图 9.14).

解　这里, $y=\left(a^{\frac{2}{3}}-x^{\frac{2}{3}}\right)^{\frac{3}{2}}, y^2=\left(a^{\frac{2}{3}}-x^{\frac{2}{3}}\right)^3$, 故

$$\begin{aligned}V&=2\pi\int_0^a\left(a^{\frac{2}{3}}-x^{\frac{2}{3}}\right)^3dx\\&=2\pi\int_0^a\left(a^2-3a^{\frac{4}{3}}x^{\frac{2}{3}}+3a^{\frac{2}{3}}x^{\frac{4}{3}}-x^2\right)dx\\&=2\pi\left[a^2x-\frac{9}{5}a^{\frac{4}{3}}x^{\frac{5}{3}}+\frac{9}{7}a^{\frac{2}{3}}x^{\frac{7}{3}}-\frac{x^3}{3}\right]_0^a\\&=2\pi\left(a^3-\frac{9}{5}a^3+\frac{9}{7}a^3-\frac{1}{3}a^3\right)=\frac{32}{105}\pi a^3.\end{aligned}$$

§9.3 曲线的弧长

在初等几何中解决圆周的问题所用的方法是利用内接正多边形的周长作为圆周的近似值, 再令边数无限增多以取极限, 就定出圆的周长. 我们下面用类似的方法来建立平面的和空间的连续曲线弧长的概念, 从而应用定积分来计算弧长.

设 A、B 是曲线弧上的两个端点. 在弧 AB 上任取分点 $A=M_0$、M_1、M_2、$\cdots$、M_{i-1}、M_i、$\cdots$、M_{n-1}、$M_n=B$, 并依次连接每两个分点成弦而得一条内接折线. 当分点的数目 n 无限增加且每个弦长 $|M_{i-1}M_i|$ 趋于零时, 如果此折线长的极限存在, 则称此极限为曲线在 A、B 两点间的弧长, 而该段曲线叫做**可求长的**.

我们先就参数方程给出的平面曲线的情形提出下面的定理, 并把直角坐标方程或极坐标方程的情形作为它的推论.

定理　设曲线 C 的参数方程是

$$x=\varphi(t),\quad y=\psi(t), \tag{1}$$

当 t 由 α 变到 β $(\alpha<\beta)$ 时, 点 $M(x,y)$ 画出由 A 到 B 的曲线弧 C, 如果在区间 $[\alpha,\beta]$ 上函数 $\varphi(t)$、$\psi(t)$ 具有连续导数 $\varphi'(t)$、$\psi'(t)$, 则 C 是可求长的, 并且弧 AB 的长度 s 等于定积分

$$s=\int_\alpha^\beta\sqrt{\varphi'^2(t)+\psi'^2(t)}dt. \tag{2}$$

证　如图 9.15, 在弧 AB 上取分点

$$A=M_0、M_1、M_2、\cdots、M_{i-1}、M_i,\cdots、M_{n-1}、M_n=B,$$

各对应于参数 t 的值

$$\alpha=t_0、t_1、t_2、\cdots、t_{i-1}、t_i、\cdots、t_{n-1}、t_n=\beta.$$

把点 M_i 的坐标记作

$$x_i=\varphi(t_i),\quad y_i=\psi(t_i),$$

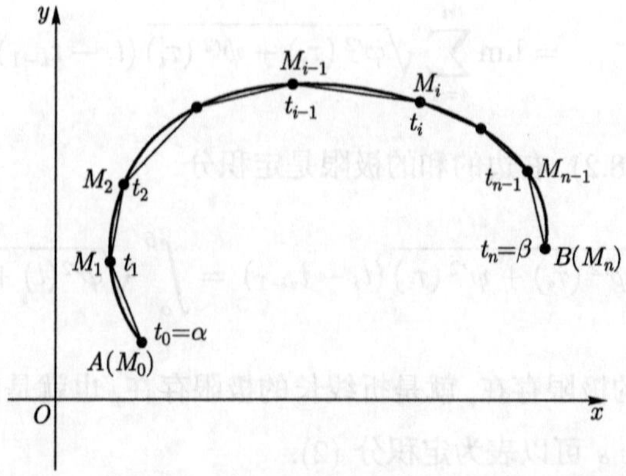

图 9.15

根据解析几何, 弦 $\overline{M_{i-1}M_i}$ 的长是

$$|M_{i-1}M_i| = \sqrt{(x_i - x_{i-1})^2 + (y_i - y_{i-1})^2}$$

$$= \sqrt{[\varphi(t_i) - \varphi(t_{i-1})]^2 + [\psi(t_i) - \psi(t_{i-1})]^2}.$$

应用拉格朗日中值定理 (§5.1),

$$\varphi(t_i) - \varphi(t_{i-1}) = (t_i - t_{i-1})\varphi'(\tau_i),$$

$$\psi(t_i) - \psi(t_{i-1}) = (t_i - t_{i-1})\psi'(\tau_i'),$$

其中 τ_i 、τ_i' 都在同一区间 (t_{i-1}, t_i) 内, 从而

$$|M_{i-1}M_i| = \sqrt{\varphi'^2(\tau_i) + \psi'^2(\tau_i')}\,(t_i - t_{i-1}).$$

于是弧 AB 的内接折线的长为

$$\sum_{i=1}^{n}|M_{i-1}M_i| = \sum_{i=1}^{n}\sqrt{\varphi'^2(\tau_i) + \psi'^2(\tau_i')}\,(t_i - t_{i-1})\,(t_{i-1} < \tau_i, \tau_i' < t_i). \quad (3)$$

当 n 无限增加而每个差 $t_i - t_{i-1}$ 无限减小时, 则每个弦长 $|M_{i-1}M_i|$ 也就无限减小. 在 $\varphi'(t)$ 、$\psi'(t)$ 连续的假定下, 能够证明

$$\lim\sum_{i=1}^{n}\sqrt{\varphi'^2(\tau_i) + \psi'^2(\tau_i')}\,(t_i - t_{i-1})$$

$$= \lim \sum_{i=1}^{n} \sqrt{\varphi'^2(\tau_i) + \psi'^2(\tau_i)}\,(t_i - t_{i-1})^{①}.$$

根据存在定理 (§8.2), 右边的和的极限是定积分

$$\lim \sum_{i=1}^{n} \sqrt{\varphi'^2(\tau_i) + \psi'^2(\tau_i)}\,(t_i - t_{i-1}) = \int_{\alpha}^{\beta} \sqrt{\varphi'^2(t) + \psi'^2(t)}dt.$$

因此 (3) 式左边的极限存在, 就是折线长的极限存在, 也就是曲线弧 C 是可求长的, 并且它的长 s 可以表为定积分 (2).

若所考虑的曲线弧是由定点 A 到对应于参数为 t 的变点 M, 显然, 弧 AM 的长度是 t 的函数, 记作 $s(t)$, 则由公式 (2) 得

$$s(t) = \int_{\alpha}^{t} \sqrt{\varphi'^2(t) + \psi'^2(t)}dt.$$

对积分的上限 t 求导数,

$$\frac{ds}{dt} = \sqrt{\varphi'^2(t) + \psi'^2(t)},$$

因而**弧微分** ds 为

$$ds = \sqrt{\varphi'^2(t) + \psi'^2(t)}dt = \sqrt{\left(\frac{dx}{dt}\right)^2 + \left(\frac{dy}{dt}\right)^2}dt. \tag{4}$$

因为我们规定 s 是 t 的增函数, 所以根号前取 (+) 号.

取 (4) 式两边的平方, 得

$$ds^2 = dx^2 + dy^2. \tag{5}$$

这个等式对于任意自变量都是成立的. 它的简单的几何意义是: 弧微分 ds 是以 dx、dy 为直角边的一个直角三角形斜边的长, 也就是在曲线的切线 MT 上从切点 $M(x,y)$ 到另一点 $M'(x+dx,\ y+dy)$ 一段的长 (图 9.16).

---

① 只要用到第二章所说闭区间上连续函数的一个性质 ——一致连续性, 就不难证明此等式成立.

我们总假定切线 MT 的方向与曲线弧增大方向一致. 设 MT 与坐标轴的正向所成的角为 α、β, 由图 9.16 就可看出

$$\cos\ \alpha = \frac{dx}{ds},\quad \cos\ \beta = \frac{dy}{ds}. \qquad (6)$$

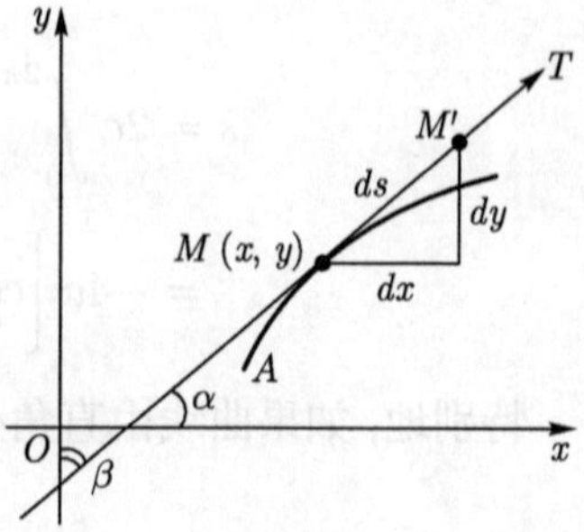

图 9.16

现设曲线 (1) 上的两点 M、N 分别对应于参数 t、$t+\Delta t$ $(\Delta t > 0)$, 我们在 $\varphi'(t)$、$\psi'(t)$ 连续的假定下, 来证明 §6.8 曾提出的弧长 $\widehat{MN}$ 与弦长 $|MN|$ 之比的极限

$$\lim_{\Delta t\to 0}\frac{\widehat{MN}}{|MN|} = 1.$$

由公式 (2) 及积分中值定理, 得

$$\widehat{MN} = \int_t^{t+\Delta t}\sqrt{\varphi'^2(t)+\psi'^2(t)}dt = \sqrt{\varphi'^2(\tau)+\psi'^2(\tau)}\Delta t\ (t \leqslant \tau \leqslant t+\Delta t).$$

令 $\Delta\varphi = \varphi(t+\Delta t)-\varphi(t), \Delta\psi = \psi(t+\Delta t)-\psi(t)$, 显然有

$$|MN| = \sqrt{(\Delta\varphi)^2+(\Delta\psi)^2} = \sqrt{\left(\frac{\Delta\varphi}{\Delta t}\right)^2+\left(\frac{\Delta\psi}{\Delta t}\right)^2}\Delta t.$$

我们把 $\widehat{MN}$ 和 $|MN|$ 两个表达式的两边相除并令 $\Delta t\to 0$, 即得要证的结果.

例 1 求摆线 $x = a(t-\sin t), y = a(1-\cos t)$ 的一拱之弧长 (图 9.17).

解
$$\begin{aligned} ds &= \sqrt{\left(\frac{dx}{dt}\right)^2+\left(\frac{dy}{dt}\right)^2}dt \\ &= a\sqrt{(1-\cos\ t)^2+\sin^2 t}dt \\ &= a\sqrt{2(1-\cos\ t)}dt = 2a\sin\frac{t}{2}dt, \end{aligned}$$

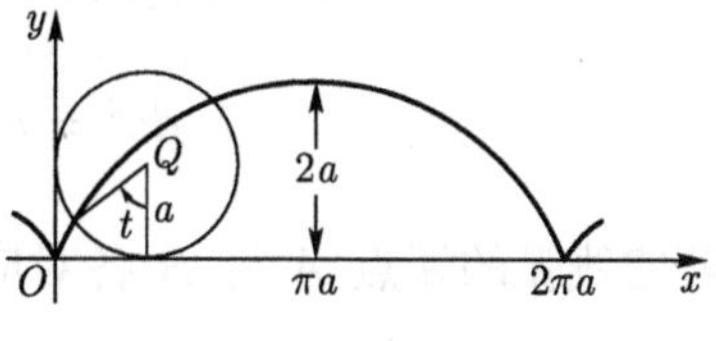

图 9.17

故

$$s = 2a\int_0^{2\pi} \sin\frac{t}{2}dt = 4a\int_0^{2\pi} \sin\frac{t}{2}d\left(\frac{t}{2}\right)$$

$$= -4a\left[\cos\frac{t}{2}\right]_0^{2\pi} = -4a\,(-1-1) = 8a.$$

特别地, 如果曲线由直角坐标方程

$$y = f(x)$$

给出, 并且曲线弧的端点 A 与 B 各对应于自变量 x 的值 a 与 b $(a < b)$. 当导数 $y' = f'(x)$ 在区间 $[a, b]$ 上连续时, 公式 (2) 就成为

$$s = \int_a^b \sqrt{1+y'^2}dx = \int_a^b \sqrt{1+f'^2(x)}dx. \tag{7}$$

这时

$$ds^2 = dx^2 + dy^2 = \left(1+y'^2\right)dx^2.$$

如果曲线由极坐标方程

$$r = r(\theta)$$

所给出, 则关系式

$$x = r\cos\ \theta, \quad y = r\sin\ \theta$$

可以看作是这曲线的参数方程, 其中极角 θ 为参数. 于是

$$dx = \cos\ \theta dr - r\sin\theta\ d\theta,$$

$$dy = \sin\ \theta dr + r\cos\theta\ d\theta,$$

从而极坐标下的弧微分的平方为

$$ds^2 = dx^2 + dy^2 = dr^2 + r^2 d\theta^2.$$

若曲线弧的端点 A 与 B 各对应于 θ 的值 α 与 β $(\alpha < \beta)$, 这时公式 (2) 成为

$$s = \int_\alpha^\beta \sqrt{r^2 + r'^2}d\theta. \tag{8}$$

例 2 自悬链线 (图 9.18)

$$y=\frac{a}{2}\left(e^{\frac{x}{a}}+e^{-\frac{x}{a}}\right)=a\operatorname{ch}\frac{x}{a}\quad(a>0)$$

的顶点 A 到另一点 $M(x,y)$ 的弧长为 $\widehat{AM}$,

求证

$$a^2+(\widehat{AM})^2=y^2.$$

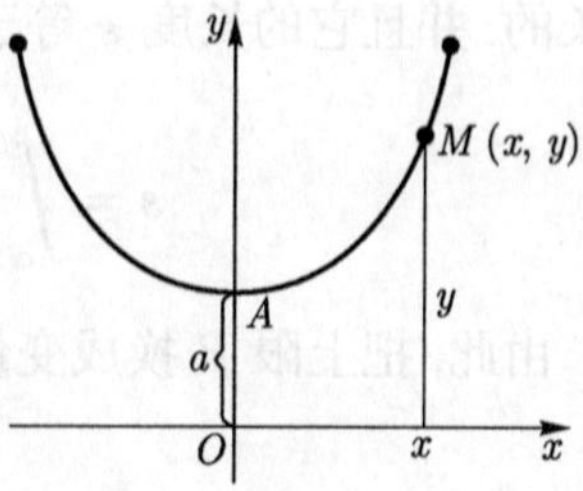

图 9.18

因为

$$y'=\operatorname{sh}\frac{x}{a},$$

$$1+y'^2=1+\operatorname{sh}^2\frac{x}{a}=\operatorname{ch}^2\frac{x}{a},$$

代入公式 (7), 即得

$$\widehat{AM}=\int_0^x\operatorname{ch}\frac{x}{a}dx=a\operatorname{sh}\frac{x}{a}.$$

于是

$$a^2+(\widehat{AM})^2=a^2+a^2\operatorname{sh}^2\frac{x}{a}=a^2\operatorname{ch}^2\frac{x}{a}=y^2.$$

例 3 求对数螺线 (图 9.19)

$$r=e^{a\theta}(-\infty<\theta<+\infty)$$

从矢径 $\theta=\alpha$ 到 $\theta=\beta$ 之间的弧长.

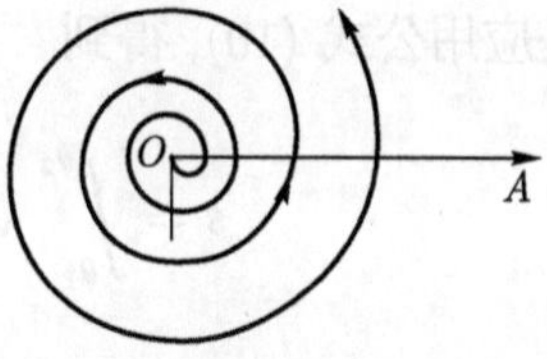

图 9.19

解 应用公式 (8),

$$\begin{aligned}s&=\int_\alpha^\beta\sqrt{r^2+r'^2}d\theta\\&=\sqrt{1+a^2}\int_\alpha^\beta e^{a\theta}d\theta=\frac{\sqrt{1+a^2}}{a}\left(e^{a\beta}-e^{a\alpha}\right).\end{aligned}$$

现设空间曲线的参数方程为

$$x=\varphi(t),\quad y=\psi(t),\quad z=\omega(t);\tag{9}$$

弧 AB 的端点 A 与 B 对应于参数 $t=\alpha$ 与 $t=\beta$ $(\alpha<\beta)$; 假定导数 $\varphi'(t)$、$\psi'(t)$、$\omega'(t)$ 在区间 $[\alpha,\beta]$ 上连续, 则与平面曲线的情形一样, 可证弧 AB 是可

求长的, 并且它的长度 s 等于定积分

$$s=\int_{\alpha}^{\beta}\sqrt{\varphi'^2(t)+\psi'^2(t)+\omega'^2(t)}dt. \tag{10}$$

由此, 把上限 β 换成变量 t 也可得弧微分的平方为

$$ds^2=dx^2+dy^2+dz^2. \tag{11}$$

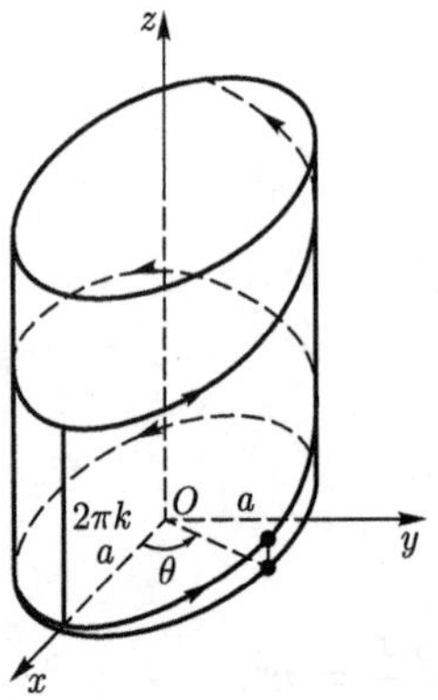

图 9.20

例 4 **求圆柱螺旋线**

$$x=a\cos\theta,\quad y=a\sin\theta,\quad z=k\theta \tag{12}$$

从 $\theta=\theta_1$ 到 $\theta=\theta_2\,(\theta_1<\theta_2)$ 的弧长 (图 9.20).

解 $dx=-a\sin\theta d\theta,$

$$dy=a\cos\theta d\theta,\quad dz=kd\theta,$$

$$ds=\sqrt{dx^2+dy^2+dz^2}=\sqrt{a^2+k^2}d\theta.$$

于是应用公式 (10), 得到

$$s=\int_{\theta_1}^{\theta_2}\sqrt{a^2+k^2}d\theta=\sqrt{a^2+k^2}\,(\theta_2-\theta_1)\,.$$

可见对应于极角 $\theta=\theta_1,\theta=\theta_2$ 的一段弧长 s 与 $\theta_2-\theta_1$ 之比为一常数.

§9.4 定积分在物理、力学上的应用

在讲定积分在物理、力学上的应用问题以前, 我们先来说明一下从具体问题导致定积分的条件以及实用上通常遵循的方法是怎样的?

首先要问, 哪些量可以用定积分来表示? 我们且看曲边梯形的面积. 曲边梯形的面积 S 所以能用定积分表示, 是由于 S 具有这样两个基本特性:(i) S 是一个与给定区间 $[a,b]$ 有关的量; (ii) 若将区间 $[a,b]$ 分成 n 个小区间, 则总面

积 S 等于每个小区间上的面积之和. 即是, 曲边梯形的面积是与给定区间 $[a,b]$ 有关, 并对区间具有"可加性"的量. 除了曲边梯形的面积以外, 我们还看到, 像变力所做的功、体积、弧长等, 也是具备这种特性的, 所以它们也都能用定积分来表示.

其次, 假定 Q 是这样一个量, 它与给定区间 $[a,b]$ 有关, 即 Q 决定于变量 x 的变化区间 $[a,b]$, 并具有"可加性". 这时我们要怎样来把 Q 表示成定积分, 也就是如何确定被积分函数 $q(x)$ 使

$$Q=\int_a^b q(x)dx$$

呢?

我们再来回顾曲边梯形的面积问题. 在 §8.1 和 §8.2 中讲过: 设 $f(x)$ 在区间 $[a,b]$ 上连续, 且 $f(x)>0$, 则以 $y=f(x)$ 为曲边, 底为 $[a,b]$ 的曲边梯形的面积 S 表示成定积分

$$S=\int_a^b f(x)dx$$

的步骤是

1° 用任意一组分点把区间 $[a,b]$ 分成长度为 $\Delta x_i\ (i=1,2,\cdots,n)$ 的 n 个小区间, 于是相应地把曲边梯形分成 n 个小曲边梯形, 第 i 个小曲边梯形的面积设为 ΔS_i. 于是有

$$S=\sum_{i=1}^{n}\Delta S_i;$$

2° 计算 ΔS_i 的近似值

$$\Delta S_i\approx f(\xi_i)\Delta x_i\ \ (x_{i-1}\leqslant \xi_i\leqslant x_i);$$

3° 写出 S 的近似值

$$S\approx\sum_{i=1}^{n}f(\xi_i)\Delta x_i;$$

4° 求极限

$$S=\lim_{\substack{n\to\infty\\(\|\Delta x\|\to 0)}}\sum_{i=1}^{n}f(\xi_i)\Delta x_i=\int_a^b f(x)dx.$$

在上面的四个步骤中, 主要是第二步, 这一步就是确定 ΔS_i 的近似值 $f(\xi_i)\Delta x_i$, 使

$$S=\lim_{\substack{n\to\infty\\(\|\Delta x\|\to 0)}}\sum_{i=1}^{n} f(\xi_i)\Delta x_i=\int_a^b f(x)dx.$$

在实用上, 为了简便起见, 省略下标 i, 用 ΔS 表示任一小区间 $[x,x+dx]$ 上的小曲边梯形的面积, 则

$$S=\sum \Delta S.$$

取 $[x,x+dx]$ 的端点 x 为 ξ, 以点 x 处的函数值 $f(x)$ 为高, dx 为底的矩形的面积 $f(x)dx$ 为 ΔS 的近似值 (如图 9.21 阴影部分所示), 即

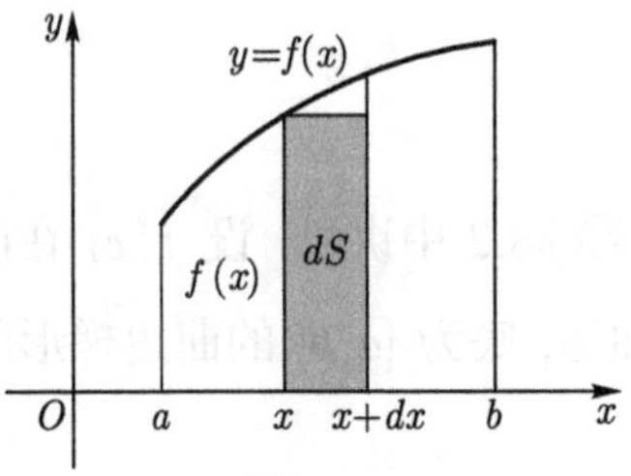

图 9.21

$$\Delta S\approx f(x)dx.$$

上式右端 $f(x)dx$ 就是 §9.1 中所说的面积元素, 记为 $dS=f(x)dx$. 于是

$$S\approx\sum f(x)dx.$$

而

$$S=\lim\sum f(x)dx=\int_a^b f(x)dx.$$

据此, 通常把上面所说的量 Q 表示为定积分的方法是: 选取 x 为积分变量, $[a,b]$ 为积分区间; 分区间 $[a,b]$ 为 n 个小区间, 并考虑任意一个小区间 $[x,x+dx]$ 所对应的部分量 ΔQ, 如果 ΔQ 能近似地表示为 x 的一个连续函数 $q(x)$ 与 dx 的乘积, 即

$$\Delta Q\approx q(x)dx=dQ,$$

dQ 就称为量 Q 的**元素**①, 则

$$Q=\int_a^b q(x)dx.$$

① 实际上, 元素 dQ 必须是部分量 ΔQ 的主部.

这种方法通常叫做元素法. 下面举两个例子来说明这种方法的应用.

例 1　一圆柱形的贮水桶高为 5 米, 底圆半径为 3 米, 桶内盛满了水. 试问要把桶内的水全部吸出需做多少功?

解　作 z 轴如图 9.22 所示. 设想把桶内的水分成很多薄层, 则把桶内的水全部吸出所需的功 W 等于每一薄层的水吸出时所需的功的总和.

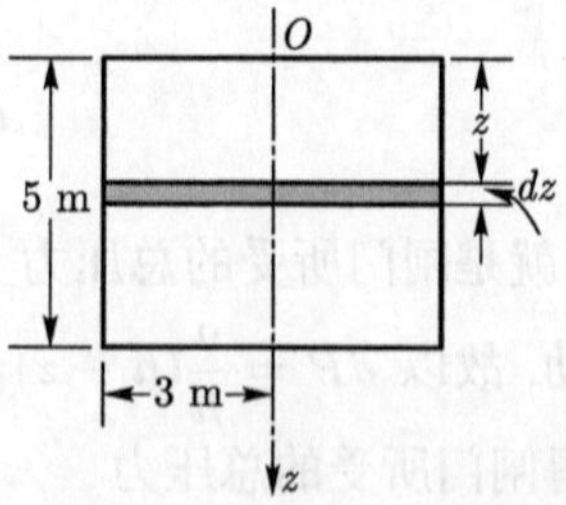

图 9.22

在深度为 z 的地方取一薄层水, 这层水的厚度为 dz. 因水的比重为 1 000 公斤 †/米 ^{3}, 因此如 dz 的单位为米, 这薄层的重量为 $1\ 000\pi\cdot 3^2dz$. 这层水吸出桶外需做之功近似地为

$$dW=9\ 000\pi\cdot z\cdot dz.$$

dW 就是功 W 的 "元素", 以 dW 为被积表达式, 在闭区间 $[0,5]$ 上 (因 z 可在 $[0,5]$ 上变动) 作定积分便得

$$W=\int_0^5 9\ 000\pi z dz=9\ 000\pi\left[\frac{z^2}{2}\right]_0^5=9\ 000\pi\cdot\frac{25}{2}\approx 353\ 430(\text{公斤}\cdot\text{米}).$$

例 2　某水坝中有一个三角形的闸门. 这闸门铅直地竖立在水中, 它的底边与水平面相齐. 已知三角形底边长 a 公尺 ‡, 高 h 公尺. 问这闸门所受的水压力等于多少?

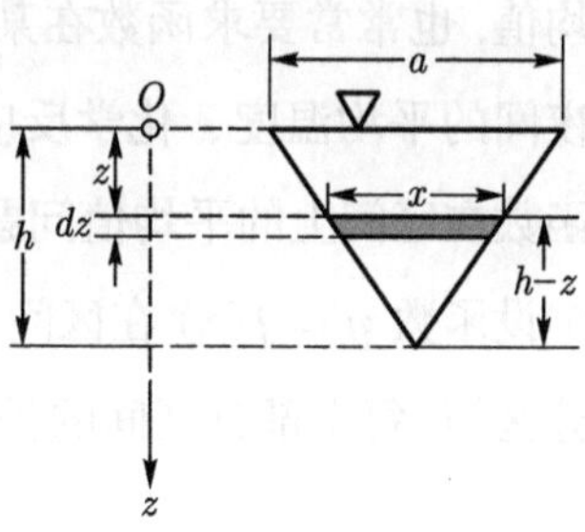

图 9.23

解　设立 z 轴如图 9.23 所示. 设想把这闸门的受压面分成许多极细的水平长条, 则闸门所受的总压力 P 等于所有细长条上所受压力之和.

† 1 公斤 =1 千克. 编辑注.

‡ 1 公尺 =1 米. 编辑注.

距水面 z 公尺的地方取一高度为 dz 的细长条, 设这细长条的宽度为 x, 则 $\dfrac{x}{h-z}=\dfrac{a}{h}$, 于是 $x=\dfrac{a}{h}(h-z)$. 因此这细长条的面积近似地为 $x\cdot dz=\dfrac{a}{h}(h-z)dz$ 平方公尺. 因距水面 z 公尺处单位面积上的水压力为 z 吨 / 公尺 ^{2}, 故上述细长条上所受的压力近似地为

$$dP=\frac{a}{h}(h-z)zdz \text{ 吨}.$$

dP 就是闸门所受的总压力 P 的"元素", 因所设坐标 z 可在闭区间 $[0,h]$ 上变动, 故以 $dP=\dfrac{a}{h}(h-z)zdz$ 为被积表达式, 以 $[0, h]$ 为积分区间作定积分, 即得闸门所受的总压力

$$P=\int_0^h\frac{a}{h}(h-z)zdz=\frac{a}{h}\left[\frac{hz^2}{2}-\frac{z^3}{3}\right]_0^h=\frac{a}{h}\cdot\frac{h^3}{6}=\frac{ah^2}{6}(\text{吨}).$$

最后, 我们还要讲一个定积分的应用问题, 就是用定积分来计算**函数在区间上的平均值**.

在实用上, 我们常用 n 个数值 $y_1,y_2,\cdots,y_n$ 的算术平均值

$$\bar{y}=\frac{y_1+y_2+\cdots+y_n}{n}$$

作为代表, 以表示这 n 个数值的大小, 例如用一个班级全体学生的平均年龄来代表这个班级学生的年龄. 但在自然科学与技术科学上, 不仅要求 n 个数值的平均值, 也常常要求函数在某区间上所取得一切值的平均值. 例如求气温在一昼夜间的平均温度、化学反应的平均速度, 等等. 这就引起了如何来定义与计算函数在区间上的平均值问题.

设函数 $y=f(x)$ 在区间 $a\leqslant x\leqslant b$ 上连续. 把区间 $[a,b]$ 分为 n 个相等的部分区间, 每个部分区间的长度为 $\Delta x=\dfrac{b-a}{n}$, 分点是

$$a=x_0<x_1<x_2<\cdots<x_{n-1}<x_n=b.$$

在每个部分区间的右端点, 函数值的算术平均值为

$$\bar{y}_n=\frac{1}{n}\left[f\left(x_1\right)+f\left(x_2\right)+\cdots+f\left(x_n\right)\right]=\frac{1}{n}\sum_{i=1}^n f\left(x_i\right).$$

当 n 越大时, 这个算术平均值就越能表示 $f(x)$ 在 $[a,b]$ 上的平均值. 因此我们就很自然地定义函数 $f(x)$ 在 $[a,b]$ 上的平均值 $\bar{y}$ 是 $\bar{y}_n$ 当 $n\to\infty$ 时的极限

$$\bar{y}=\lim_{n\to\infty}\bar{y}_n=\lim_{n\to\infty}\left[\frac{1}{n}\sum_{i=1}^{n}f(x_i)\right].$$

由于 $n\cdot\Delta x=b-a$ 及

$$\frac{1}{n}\sum_{i=1}^{n}f(x_1)=\frac{f(x_1)\Delta x+f(x_2)\Delta x+\cdots+f(x_n)\Delta x}{n\cdot\Delta x}$$

$$=\frac{1}{b-a}\sum_{i=1}^{n}f(x_i)\Delta x,$$

所以根据定积分的定义及定积分的存在定理 (§8.2), 有

$$\bar{y}=\frac{1}{b-a}\lim_{n\to\infty}\sum_{i=1}^{n}f(x_i)\Delta x=\frac{1}{b-a}\int_a^b f(x)dx.$$

于是我们得到函数 $f(x)$ 在 $[a,b]$ 上的平均值公式

$$\bar{y}=\frac{1}{b-a}\int_a^b f(x)dx.$$

即函数在给定区间上的平均值等于函数在该区间上的定积分除以区间长度. 这个平均值 $\bar{y}$ 正好是 §8.3 积分中值定理中的 $f(\xi)$.

现在来看气温问题, 设气温 T 是时间 t 的连续函数 $T=f(t)$, 则一昼夜间的平均气温为

$$\bar{T}=\frac{1}{24}\int_0^{24}f(t)dt.$$

例 3 一定质量的理想气体, 在等温过程中, 若体积由 V_a 膨胀到 V_b, 求在这个过程中压力的平均值.

解 由物理学知道

$$p=\frac{k}{V},$$

其中 p 是压强, V 是体积, k 是常数. 故压强的平均值为

$$\bar{p}=\frac{1}{V_b-V_a}\int_{V_a}^{V_b}\frac{k}{V}dV=\frac{k}{V_b-V_a}\ln\frac{V_b}{V_a}.$$

读者意见反馈

为收集对教材的意见建议，进一步完善教材编写并做好服务工作，读者可将对本教材的意见建议通过如下渠道反馈至我社。

咨询电话 400-810-0598

反馈邮箱 hepsci@pub.hep.cn

通信地址 北京市朝阳区惠新东街 4 号富盛大厦 1 座

高等教育出版社理科事业部

邮政编码 100029